進化論の時代

ウォーレス＝ダーウィン往復書簡

新妻昭夫

みすず書房

本書は、恵泉女学園大学の出版助成をえて刊行されました

進化論の時代――ウォーレス＝ダーウィン往復書簡　目次

プロローグ――ダーウィンとウォーレスと「進化論の時代」

現代進化論はダーウィンの『種の起原』（一八五九年一一月二四日刊行）にはじまる。その短い前史として、前年の七月一日にリンネ協会でのダーウィンとウォーレスによる進化の自然選択説の連名発表があった――進化論成立史のひとつのエピソードであり、たいていの教科書でふれられてはいる。しかし、このエピソードについて、それ以上に議論されることは多くない。そもそも、ダーウィンと名を連ねているウォーレスとは何者なのか？　どのようにして連名発表にいたり、その後はなにをしていたのか？

アルフレッド・ラッセル・ウォーレス（一八二三年一月八日―一九一三年一一月七日）は英国人の博物学者であり、独学で博物学を身につけ、アマゾン（一八四八―五二年）とマレー諸島（一八五四―六二年）を探検し、マレー諸島探検中にしたためた四編の論文で進化論を独自に展開していき、そしてモルッカ諸島の「テルナテにて、一八五八年二月」と末尾に記された五編目の論文「変種がもとの型から限りなく遠ざかる傾向について」で自然選択説に到達した。この論文を、ウォーレスはダーウィンに送った。ダーウィンとは文通をはじめたばかりだったが、同じような問題を研究していると知っていたからである。六月一八日にそれを受け取ったダーウィンは、彼が研究してきた進化論と内容が同一なのに驚き、友人のライエルとフッカーに相談し、二人のはからいによってリンネ協会での連名発表にいたった。

ウォーレスの九〇年にわたる生涯は、次頁以下の年表のように、五期に区分することができるだろう。この五期の区分には、彼の経歴だけでなく、時代の変化も反映させてある。もっとも重要な変化は、いうまでもなく第Ⅲ期における進化論の成立である。この探検家＝標本採集業時代（一八四八―六二年）について私は、彼の主著とされる『マレー諸島』（一八六九年）を邦訳し、またその間になされた彼の二大業績である「進化の自然選択説」と「動物地理学」の成立過程にそれなりに検討をくわえた（拙著『種の起原をもとめて』）。

次に重要な時代の変化は、ダーウィンの死（一八八二年）の直後にはじまる遺伝の時代の到来である。現代進化論は、前述のように一八五八年七月一日のリンネ協会におけるウォーレスとダーウィンの連名発表にはじまる。しかし、進化論のその後の展開には大きな盛衰があった。現在の進化論が「ネオ・ダーウィニズム」と呼ばれることがあるのは、進化論がふたたび重要なテーマとみなされるまで、断絶というべきほどの衰退期があったからである。ダーウィンの死後から約半世紀のあいだ、進化論はむしろ死語あつかいされていた。このあたりの状況については、ボウラー『ダーウィン革命の神話』でくわしく分析されている。

要点だけを述べておけば、発展しつつあった遺伝学とダーウィン＝ウォーレスの進化論とのあいだの齟齬である。たとえば、一九〇一年に再発見されて遺伝学の時代の幕開けとなったメンデルの法則の、いちばん単純な例を見てみよう。エンドウ豆の緑色と黄色（あるいは丸い豆としわの豆）の比率は、永遠に三対一である。緑色の豆と黄色の豆のあいだに連続的な変異は存在しないし、けっして緑から黄色に漸進的に変化つまり進化することもない。しかし、微細な連続的変異とそれに作用する自然選択による漸進的進化こそ、ダーウィン＝ウォーレスの進化論のかなめであった。メンデルの法則はそれに真っ向から対立し、また永遠に変化しないからこそ「法則」と呼ばれるに値した。

また進化は検証不能で反証にひらかれていない、とはいわないまでも、証明がほぼ不可能といっていいほどに困難な事象であることもわざわいした。「遺伝学の時代」はまた、「実験科学の時代」でもあったからだ。科学的な仮説は実験によ

年表　アルフレッド・R・ウォーレスの生涯（下段はダーウィン）

I　幼少年時代　1823–37

一八二三年一月八日　英国ウェールズ、モンマスシャー州ウスクに生まれる。

II　勤労青年時代　1837–48

一八三七年　自活のためロンドンに出る。オーエン主義と出会う。

一八三八年　長兄の土地測量の仕事を手伝いながら、地質と植物に興味をもつ。

一八四四年はじめ　レスターの私設学校の教員となる。ダーウィン、フンボルト、マルサス、チェンバーズなどを乱読。

一八四五年　ベイツに出会う。同年、急逝した長兄の測量の仕事を引き継ぐ。

一八〇九年　ダーウィンが生まれる。

一八三一―三六年　ビーグル号の航海。

一八三七年　「種のノート」一冊目。（ヴィクトリア女王の即位）

一八三八年九月二八日　マルサス『人口論』を読む。

一八三九年一月二九日　エマ・ウェジウッドと結婚。八月、『ビーグル号航海記』初版。

一八四二年六月　進化論を「一八四二年スケッチ」としてまとめる。同月、『サンゴ礁の構造と分布』。九月一七日、ダウン・ハウスに転居。

一八四四年　進化論を「一八四四年試論」としてまとめる。一一月、『火山島の地質学的観察』。

一八四五年八月　『ビーグル号航海記』第二版。

一八四六年暮れ　『南アメリカの地質学的観察』。

一八四七年　パリ旅行。ベイツに「種の起原の理論」のための探検を提案する。

Ⅲ　探検家＝標本採集業時代　1848–62

一八四八―五二年　アマゾンとリオ・ネグロ河探検。

一八五三年　『アマゾンのヤシの木』、『アマゾンおよびリオ・ネグロ紀行』。

一八五四―六二年　マレー諸島探検。

一八五五年二月　ボルネオ島サラワクにて、「新種の導入を調節してきた法則について」。

一八五六年　ダーウィンと文通を開始する。「鳥類の自然配列の試み」。

一八五七年　「アルー諸島の博物学について」。

一八五八年　「永続的な地理変種の理論に関する覚書」。二月、テルナテにて、「変種がもとの型から限りなく遠ざかる傾向について」。七月一日、リンネ協会例会で自然選択説連名発表。

一八六〇年　「マレー諸島の動物地理学について」。

一八六二年四月　帰国。

一八五一年六月　『化石エボシガイ類』。同年暮れ、『現生エボシガイ類』。

一八五四年八月　『現生フジツボ類』。暮れ、『化石フジツボ類』。

一八五六年　「未完の大著」に着手。

一八五八年六月一八日　ウォーレスから自然選択説論文を受け取る。

一八五九年　『種の起原』。

一八六〇年一月七日　『種の起原』第二版。六月三〇日、オックスフォードでの大英学術振興協会の会合でのハクスリーとウィルバーフォース司教との論争。

一八六一年四月　『種の起原』第三版。

Ⅳ　生物学者時代　1862-82

一八六六年四月　アニー・ミッテンと結婚。同年、『超自然の科学的側面』。
一八六九年三月　『マレー諸島』。
一八七〇年　『自然選択説への寄与』。
一八七四年　『奇跡と現代心霊主義』。
一八七六年　『動物の地理的分布』。

一八六二年　『サクラソウの二型について』、『英国産および外国産ラン類の昆虫による受粉』。
一八六四年一一月三〇日　王立協会からコプリー・メダルを受ける。
一八六六年一二月一五日　『種の起原』第四版。
一八六八年　『家畜と栽培植物の変異』。
一八六九年五月　『種の起原』第五版。
一八七一年　『人間の由来と性選択』。
一八七二年二月一九日　『種の起原』第六版。一一月、『人間と動物の感情の表出』。
一八七四年六月　『サンゴ礁の構造と分布』第二版。秋、『人間の由来と性選択』第二版。
一八七五年暮れ　『家畜と栽培植物の変異』第二版。同年、『食虫植物』、『よじのぼり植物』。
一八七六年　『植物の他家受粉と自家受粉』。
一八七七年一月　『英国産および外国産ラン類の昆虫による受粉』第二版。同年、『同種の植物における花の異型』。

一八七八年　『熱帯の自然およびその他の試論』。
一八七九年　『オーストラレーシア』。
一八八〇年　『島の生物』。
一八八一年　ダーウィンの奔走により王室から恩給を受ける。

一八八九年　『ダーウィニズム』。

V　社会思想家時代　1882–1913

一八八一年　土地国有化協会の創設、初代会長に就任。
一八八二年　『土地の国有化』。心霊科学協会（ＳＰＲ）創設。
一八八五年　『悪しき時代』。
一八八六―八七年　アメリカ旅行。

一八九八年　『すばらしい世紀』。
一九〇〇年　『自然科学と社会科学論集』。
一九〇一年　『すばらしい世紀読本』、『種痘は妄想である』。
一九〇三年　『宇宙における人間の位置』。
一九〇五年　『我が生涯』（自伝）。
一九〇七年　『火星は住みうるか？』。
一九〇八年　自然選択説発表五〇周年記念祝典（リンネ協会主催）に主賓として招待される。

一八八〇年　『植物の運動力』。
一八八一年　『ミミズの活動による腐植土の形成』。
一八八二年四月一九日　ダーウィンの死去。

一八八六年　（ワイスマンの生殖質連続説の英訳、すなわち遺伝の時代の開始）。
一八八七年　Ｆ・ダーウィン編『ダーウィンの生涯と書簡』。
一九〇〇年　（メンデルの再発見）。
一九〇一年　（ヴィクトリア女王の死去）。

一九〇九年　『種の起原』刊行五〇周年およびダーウィン生誕一〇〇周年記念祝典（ケンブリッジ大学）には招待されず。
一九一〇年　『生命の世界』。
一九一三年　『社会環境と道徳の進歩』、『民主主義の反乱』。
一一月七日、死去。
一九一四年　（第一次世界大戦はじまる）。
一九一六年　マーチャント編『アルフレッド・R・ウォーレスの書簡と回顧録』。

って検証されねばならない。進化という仮説を実験によって証明することは不可能である（少なくとも当時はそう考えられていた）。実験による検証の不可能な仮説（進化）を論じることは、科学者としては自殺行為だったのである。こうして「進化」は死語となった。

進化論が復活したのは一九三〇年代から四〇年代にかけて、集団遺伝学の発展によって遺伝学と進化論がようやく総合されたことによる。それが「進化の総合説」であり、より一般的には「ネオ・ダーウィニズム」と呼ばれる。ただのダーウィニズム（ウォーレスが一八八九年の著書『ダーウィニズム』で論じたようなダーウィニズム）ではなく、新しいダーウィニズム、新生ダーウィニズムなのである（「進化の総合説」については、その当事者の一人であったマイアの『進化論と生物哲学』を参照されたい）。

歴史をこのように振り返ってみたとき、年表の第Ⅳ期（一八六二―八二年）はウォーレスにとっては生物学者時代であったが、この時代を今日から振り返ってみれば「進化論の時代」だったということができる。そして「進化論の時代」は、ダーウィンの死と前後して終わっていった。科学史的な時代の流れとしては、その後に「遺伝学の時代」（一九世紀末—一九三〇年代）がつづき、そして「進化の総合説の時代」（一九四〇年代—）が到来して現在にいたる。

本書で紹介しようとしているのは、ウォーレスとダーウィンがこの「進化論の時代」にやりとりした約一五〇通の往復書簡のうち、科学史において重要な意味をもつと考えられるものである。[1] 二人のあいだの文通は、ウォーレスがまだマレー諸島を探検中で、進化論を提起する論文は発表していたが、進化がどのようにして起こるかを説明する自然選択説には到達していなかった一八五六年にはじまる。そしてダーウィンの死の半年前、一八八一年の一〇月一八日まで、この文通はつづけられた。

「進化論の時代」の最中においても、進化論を熱心に考察し議論していたのはむしろ少数の学者たちだけであり、多数派の学者たちは進化を無視したまま分類学や生理学の研究を進めていた。しかし、少なくともウォーレスとダーウィンの二人は、自分たちの進化論をより洗練させ完成させるため全身全霊をかけていたことが、この往復書簡からあきらかになるはずである。

（1） 本書で利用した往復書簡は、マーチャント編（一九一六年）『アルフレッド・R・ウォーレスの生涯と書簡』（Marchant, 1916: 以下では『W書簡集』と略記する）に収録されたものを基本資料とした。これらの書簡のうち、現在刊行中の新しいダーウィン書簡集（Burkhardt, F. & S. Smith eds. 1985-: 以下では『D新書簡集』と略記する）に収録されているものは、比較して異同を確認した。またダーウィンの三男フランシス・ダーウィンが編纂した書簡集（Darwin, F. (ed.), 1887 and Darwin, F. (ed.), 1903: 以下では『D旧書簡集』および『D旧書簡集・補』と略記）も参照した。

各書簡の訳文中に括弧〔……〕で挿入された語句は、とくに注記のない場合には、すべて訳者による補足である。

各書簡が書かれた状況については、おもにウォーレスの自伝（Wallace, 1905: 以下では『W自伝』と略記する）とダーウィンの自伝（ノラ・バーロウ編『ダーウィン自伝』、以下では『D自伝』と略記）を参照したほか、ド・ビア『ダーウィンの生涯』やデズモンド&ムーア『ダーウィン』などの伝記類や研究書も参考にした。

第1章　文通の開始

一八五六年一〇月一〇日、マレー諸島のセレベス（スラウェシ）島にいたウォーレス（三三歳）は、地球の裏側の英国はダウンの村で暮らすダーウィン（四七歳）にあてて手紙をしたためた。その手紙は残っていないが、冒頭には自己紹介が、遠慮した調子の文章で書かれていたにちがいない。一介の標本採集業者が、すでに名の知れわたった中堅学者にあてて書いた一通目の手紙だったのだから。それから四半世紀、ダーウィンの死までつづく文通が開始された。ウォーレスがマレー諸島からダーウィンにあてた手紙の大部分は処分され残っていないが、ウォーレスはダーウィンから受け取った手紙を大切に保存していた。

それらの手紙を保管していた大型封筒には、ウォーレスの自筆で次のようなメモが書かれている。「マレー諸島滞在中にダーウィンから受け取った最初の八通の手紙。／注。私がダーウィンに送り、リンネ協会誌に掲載された論文の原稿は私に返却されていず、紛失したものと思われる。校正刷りが原稿とともに、おそらく、チャールズ・ライエル卿か、あるいはリンネ協会の書記に送られたはずであり、いつの日か見つかるかもしれない。その原稿は薄い外国製の便箋に書かれている。／アルフレッド・R・ウォーレス〔署名〕」（このメモの複写は『W書簡集』一〇六頁にあり、またブラックマン『ダーウィンに消された男』でも見ることができる）。薄い外国製の便箋に書かれた原稿とは、一八五八年七月一日にリンネ協会の例会でダーウィンの草稿からの抜粋などとともに読み上げられ、ウォーレスの名を進化の自然選択説の連名発表者として歴史に残させた論文のことである（この論文の全訳は、拙著『種の起原をもとめて』の巻末に付録②として収録されている）。

ウォーレスがダーウィンから受け取った最初の八通は、以下のとおり。(1)一八五七年五月一日付け、(2)一八五七年一二月二二日付け、(3)一八五九年一月二五日付け、(4)一八五九年四月六日付け、(5)一八五九年八月九日付け、(6)一八五九年一一月一三日付け、(7)一八六〇年三月七日付け、(8)一八六〇年五月一八日付け（ただし、後述のように、この期間にウォーレスがダーウィンから受け取ったすべての手紙が保管されていたわけではない）。本章で紹介するのは、ウォーレスがダーウィンから受け取った最初の二通、および最初の一通に対してウォーレスが書いた返信の断片である。

ウォーレスがマレー諸島の探検を開始してから、すでに二年半が経過していた。一八五四年四月二〇日にシンガポールに到着し、マレー半島の古都マラッカの近郊とボルネオ島のサラワク地方を探検し、それからバリとロンボク島を経由して、セレベス（スラウェシ）島のマカッサル（現在のウジュン・パンダン）に到着したのは、一八五六年の九月二日だった。マカッサルは古くから交易の要所であり、またオランダ植民地政府の要所でもあったので、滞在費もそれなりにかかってしまうし、また開発が進んでいたので目的の博物学採集もできない。鳥や昆虫の多そうな森林を探して歩き、ダーウィンへのはじめての手紙を書いた一〇月には、マカッサルから「内陸に一三キロメートルほどのところの先住民の村」（『W自伝』上巻、三五六頁）に滞在していたと考えられる。マカッサルのオランダ人商人メスマン氏の世話になっていたので、手紙の発送など町との連絡はメスマン氏に頼んでいたのであろう。

ウォーレスがダーウィンに手紙を書いた目的は、一年半前の一八五五年二月にボルネオ島のサラワクで書いた論文「新種の導入を調節してきた法則について」について意見を聞くためであった（『W自伝』上巻、三五五頁）。彼はこの論文で、種は造物主によって個別に創造されたのではなく、「種は種から生じた」と主張した。いわば進化論の宣言である。この論文は博物学雑誌『アナルズ・アンド・マガジン・オブ・ナチュラル・ヒストリー』の同年九月号に掲載された。しかし反響はまったくなく、しかもロンドンの標本販売代理人スティーヴンズから「何人もの博物学者が、より多くの事実（標本）を採集しなければならないときに、私が〝理論をやっている（theorizing）〟ことを遺憾だといっている」（同前）と手紙で知らせてきていた。

ウォーレスは博物学者や探検家である以前に、一介の「標本採集人（collector）」であった。いわば辺境の地を放浪する出稼ぎ労働者である。しかし彼のアマゾンやマレー諸島での探検には、標本採集人として資金を稼ぎながら「種の起原の理論」を研究するという、明確な目的があった（拙著『種の起原をもとめて』の第2章「独学の博物学者」を参照されたい）。「何人もの博物学者」すなわち顧客からの批判は、ようするに、標本屋ごときが理論などとんでもないということである。ウォーレスが落ち込んで当然だろう。

有名なダーウィンに手紙を書こうと思い立ったのは、ワラにでもすがる気持ちだったのかもしれない。ダーウィンは名士の家系であり、当時すでに『ビーグル号航海記』をはじめ数冊の著書を発表し、学界でも世間でもかなり名を知られていた。『航海記』はウォーレスの愛読書であり、それによって探検博物学の夢が育まれたといってよい。

ダーウィンはビーグル号の航海から帰国して一年後の一八三七年六月に「種のノート」をつけはじめ、進化の研究に着手した。一八三八年一〇月にはマルサスの『人口論』を読んで、自然選択説の着想をえていた。一八四二年六月に進化論の簡単な摘要（三五頁）を書き、一八四四年夏に二三〇頁に拡充した（『D自伝』一五〇頁）。ただし、一八四六年から一八五四年にかけては蔓脚類の研究に没頭していた。進化の研究を再開したのは、蔓脚類の分類の研究成果を四巻本としてまとめた直後の一八五四年九月からである。

しかし、ダーウィンは世間の偏見をおそれ、進化の研究をいっさい公表していなかった。ウォーレスは自分の進化論の相談相手として、どうしてダーウィンを選んだのだろう？二人のあいだに面識はほとんどなかった。マレー諸島に出発する前、ロンドンの大英博物館でウォーレスはダーウィンに出会い、少しだけ言葉をかわしたとされるが、ウォーレス自身の記憶はあいまいである（『W書簡集』二九頁）。ウォーレスは生来の社交下手であり、著名人のダーウィンが初対面の若者に声をかけたとしても、進化の秘密をもらしたはずがない。

『D新書簡集』で関係する期間の書簡類などを見てみると、ダーウィンが家禽や家畜の標本をかなり熱心に収集していたことがわかる。たとえば第五巻（五一〇―一頁）には、ダーウィンの家禽や家畜の標本収集のためのメモ（一八五五年一二月に書かれたと推測される）が収録され、手紙の発送先リストのなかに、一八五七年一二月二二日付けの手紙（後出二一頁の1－3。以下、「章－書簡番号」と表記する）で言及されるE・ブライスや、ウォーレスがボルネオのサラワク地方で世話になったジェームズ・ブルック卿とともに、ウォーレスの名前も見つかる。また家禽の情報の交換相手であるテゲットメイアーという人物にあてた一八五六年一一月二九日付けの手紙（『D新書簡集』第六巻、二九〇頁）には、「ウォーレス氏がマレー諸島で採集している」とある。『D新書簡集』の編者注によれば、ウォーレスはロンドンの標本販売代理人スティーヴンズにあてた一八五六年八月二一日付けの手紙で、船荷のなかに「ダーウィン氏用の家禽のアヒルの変種」と「疑いなく家禽のニワトリの起原のひとつであるヤケイ」が含まれていることを知らせているという。

つまりウォーレスとダーウィンのあいだには、代理人スティーヴンズを経由して連絡があった。ダーウィンは進化論の研究に必要な家禽の標本を、代理人をつうじて標本採集人ウォーレスに注文していたと考えることができる。ウォーレスはその注文内容から、依頼人ダーウィンが家禽の変種や起原の問題に深い関心を抱いていることに気づいたのかもしれない。変種とその起原の問題は進化の理論のかなめのひとつであり、ダーウィンからの最初の返信（1-1）から、ウォーレスがこの問題について質問したことが推測できる——「私が種や変種がいかにして、そしてどのような方法でたがいに異なっているのかという疑問についてのノートの一冊目を開いてから、この夏で二〇年目（！）になります」。

あの著名なダーウィンが自分と同じような進化論を研究しているらしい——どれほどかすかな希望であれ、異国の地で標本採集人として研究をつづけていた孤独なウォーレスは、そこに活路を見いだすしかなかった。ダーウィンの住所はロンドンの代理人スティーヴンズに教えてもらったのだろう。かくしてウォーレスは、ダーウィンに手紙を書くことを決意した。ウォーレスのダーウィンあての第一信（一八五六年一〇月一〇日）は、ダーウィンからの注文品についてのスティーヴンズあての連絡（八月二一日）の二ヵ月後である。

1
ダーウィンからウォーレスへ
1857. 5. 1

ダウン、ブロムリー、ケント州①
一八五七年五月一日

拝啓

セレベスからの一〇月一〇日付けのお手紙②を数日前に拝受し、たいへん感謝しております。なぜなら、骨の折れる仕事をしているとき、共感ほど価値があり本当に勇気づけられることはないからです。あなたのお手紙から、またそれ以上に、一年前かもう少し前に『アナルズ』誌に掲載されていたあなたの論文③から、私たちが非常によく似たことを考えてきたこと、そしてある程度まで同じような結論に到達していることが、はっきりとわかりました。『アナルズ』誌の論文に関していえば、私はあなたの論文のほとんど一言一句にいたるまで真実であることに同意します④。理論的な論文について意見がこれほど一致するのは非常に稀だということには、あなたも同意してくださるだろうと思います。なぜなら、まったく同じ事実からそれぞれの人がどれほど異なった結論を引き出すかには、悲しむべきもの

(1)　英国とマレー諸島とのあいだの郵便のやりとりは、ふつう片道三ヵ月前後なので、ウォーレスからの一八五六年一〇月一〇日付けの手紙は、順調にいけば翌年一月にはダーウィンのもとに届いていたはずである。そうであるならば、なぜ返事を書くのが四ヵ月近くも遅れたのかという疑問がわいてくる（ブラックマン『ダーウィンに消された男』）。ただしウォーレスは、ダーウィンへはじめての手紙を書いた二ヵ月後の一二月一五日から翌年七月一一日まで、アルー諸島を探検していたため連絡のとれる状態にはなかった。ウォーレスがそのことをダーウィンへの手紙で伝えていたとも考えられ、もしそうであるならば、五月になってからダーウィンが返事を書いたことに不自然はない。しかし、その場合には、ウォーレスからの手紙を「数日前」に受け取ったというダーウィンの言葉に疑問が生じてしまう。

(2)　ウォーレスのこの手紙は、ダーウィンによって処分されたと考えられ、現存していない。

(3)　一八五五年二月にボルネオのサラワクで書いた「新種の導入を調節してきた法則について」のこと（Wallace, 1855）。この論文が掲載された『アナルズ・アンド・マガジン・オブ・ナチュラル・ヒストリー』は一般向けの博物学専門誌で、アマチュアでも論文などを投稿することができた。もうひとつの一般向け博物学雑誌『ズオロジスト』とともに、独学のウォーレスの勉強の場であり、また研究発表の場でもあった。このふたつの雑誌の性格と、ウォーレスにとっての意義については、拙著『種の起原をもとめて』の第2章で検討した。またこの論文の内容についても同書の第4章と5章でややくわしく分析し、また全文を付録①として巻末に付した。この論文の掲載誌が刊行されたのは同年九月だが、ダーウィンがこの論文をいつ読んだかは不明。

があるからです。

私が種や変種がいかにして、そしてどのような方法でたがいに異なっているのかという疑問についてのノートの一冊目を開いてから、この夏で二〇年目（！）になります。⑤現在、私の研究を出版する準備⑥をしていますが、しかし問題があまりに大きいことがわかり、すでに数多くの章を書きおえているとはいえ、この二年は印刷にまわせないだろうと考えています。⑦

あなたがマレー諸島にどのくらい滞在するおつもりなのかうかがってはおりませんが、私の研究が出る前に、あなたの旅行記⑧が出版されて利用させてもらえればと願っています。あなたが大量の事実を収穫されるだろうことは、疑いようもないからです。

あなたは家畜の変種と、野生状態にあって、異なっているように見えるものとを飼ってみてはどうかと助言⑨してくださいましたが、私はすでにそのとおりにしてきています。しかし私はこれでよいのかとときどき疑問を感じてきていましたので、あなたの意見でもとに戻れたことを嬉しく思っています。ただし、告白させてもらえば、家畜動物はすべていくつかの野生の集団《ストック》に由来したという、いま非常に流布している学説《ドクトリン》を、私はどちらかというと疑っています。もちろん、一部の例ではそうだろうことは疑ってはい

しかし、翌一八五六年四月にはライエルがダーウィン宅を訪れて進化論について議論し、ウォーレスのこの論文のことも話題となっていた（Wilson, ed., 1970 : 54-55）。ライエル自身は、前年一一月二八日にこの論文を読み、その内容に驚いて「種の問題についてのノート」をつけはじめた（同、三頁）。おそらくこのライエルとの一件の前後に、ダーウィンはウォーレスの論文を読んだものと考えられる。ダーウィンは自伝で、「一八五六年はじめに、ライエルは、私の見解を相当にくわしく書くようにと勧めた」（『D自伝』一五〇頁）と記している。ダーウィンは、結局は未完に終わった大著、通称『ビッグ・スピーシス・ブック』の執筆を開始した。ライエルの助言にダーウィンはかなり動揺したようで、同年五月三日付けのライエルあての手紙に次のような言葉が見える。「私の見解の概略をというあなたの提言について。考えがどうにもまとまりませんが、考えてみるつもりです。ですが、私にとって嫌なことではありります。簡単な概略というのは、絶対に不可能でしょう。問題のひとつひとつについて、かなりの事実が必要だからです。なにをするにしても、変化の主要な作用因、選択に言及することしかできないし、またおそらく、そのような見解を明確なものにするような、ごく少数の主要な特徴と、そして主要な難点の若干を指摘するにとどまってしまうでしょう。しかし、私はどう考えてよいのかわかりません。私は先取権《プライオリティー》のために書くという考えを、むしろ嫌悪していますが、しかし、もし誰かが私の学説《ドクトリン》を私より先に発表したりしたら、私はまちがいなく遺憾に思うにちがいありません。いずれにせよ、あなたの同情に、心から感謝しています」（『D新書簡集』第六巻、一〇〇頁。また同巻所収のJ・D・フッカーあて、同年五月九日および一一日付けの手紙も参照）。ダーウィンの日誌によれば、『ビッグ・スピーシス・ブック』に着手したのは同年五月一四日である（『D新書簡集』第六巻の付録Ⅱ、五二二頁）。なおダーウィンが所持していたウォーレスの論文の掲載誌は、現在はケンブリッジ大学図書館のダーウィン文書室に収蔵されている。この掲載誌には、ダーウィンによる次のようなメモが書き込まれている（頭に付されている数字は論文の頁数）。「一八五五　ウォーレスの論文　地質学的分布の諸法則、とくに新しいことはなし――一八六　彼の概括的な要旨〝す

ません。

雑種の動物の不妊性[10]について私は、たぶんあなたが考えられているよりは、よい証拠があると考えています。植物に関しては、ケールロイターとゲルトナー（とハーバート）が注意深く記録した事実の大量のコレクションがあります。

「気候条件」については、どんな本でも吐き気がするほど論じられているわけですが、その効果は小さいというあなたの意見に私はほとんど同意します。[11]なんらかの非常に小さな効果をおよぼしているにちがいないとは考えていますが、それはきわめて些細なものであろうと確信しています。手紙という枠のなかで、自然な状態における変異の原因と変異のしかたについての私の見解を説明することは、じっさい不可能といわねばなりませんが、しかし私は徐々にひとつの明確で手応えのあるアイデアを採用しつつあります――それが真実であるか虚偽であるかは、他の人々が判定すべきことでしょう。なぜなら、ある学説《ドクトリン》が真実であるとその筆者がどんなに固く確信していても、そう、それが真実であることの保証には少しもならないからです。

家禽の系統についての自分の結果については少々失望していますが、この手紙を受け取られたあとで、なにか変わった家禽に出会うようでしたら、それを送っていただける

べての種は時間的にも空間的にもそれ以前に存在していた種と重なりあって出現してきた〟――私の樹形の比喩を使っている――彼はすべて創造で行くようだ――ガラパゴスへの言及　一八九　隣接する種がもっとも近縁――（すべて創造、だがなぜ彼の法則があてはまるのか、彼は諸事実を注目すべき視点にもとづいて提出している）――一九四地質学的な記録が完全だという仮定に反論――痕跡器官を同じ考えかたで説明（創造でなく発生《ジェネレーション》だったら、私はまったく同意するといわねばならない）」（『D新書簡集』第五巻、五二二頁による）。

（4）『D新書簡集』の編者注（第六巻、三八八頁の注4）によれば、オリジナル書簡の「私はあなたの論文のほとんど一言一句にいたるまで真実であることに同意します」の部分に、おそらくウォーレスによる下線が引かれている。また次の二ヵ所にも下線が引かれている。「種や変種が……方法でたがいに異なっているのか」、「二〇年目(!)」。これら下線がウォーレスによるものだとしたら、どういう目的で引かれたのか。下線部は、彼が過去を振り返る大きなきっかけとなった『W自伝』（一九〇五年）には引用されていないし、またリンネ協会が主催した自然選択説発表五〇周年記念祝典（一九〇八年七月一日）での挨拶のなかにも見られない（Linnean Society, 1908）。しかし、ダーウィンの死後の一八九一年に、ウォーレスがみずからの自然選択説発見の経緯にはじめてふれた文章のなかに、これらの言葉が見られる。それは彼の二冊の論文集を合本して再刊された『自然選択と熱帯の自然』の第二章（一八五八年の自然選択説論文）の冒頭に付された「イントロダクトリー・ノート」であり、下線のうち後者の二個所の内容が使われている。しかしこの経緯説明では、この手紙と一八五七年一二月二二日付けの手紙の内容が区別されることなく引用されている（Wallace, 1891 : 20-21）。

（5）ダーウィンはビーグル号での世界一周の航海から帰国して九ヵ月たった一八三七年「七月に、それまで長いあいだ熟慮しつづけた『種の起原』に関係のある諸事実を記す最初のノートブックをつけはじめ、以後二〇年間、その仕事をやめずにつづけた」（『D自伝』九九頁）。その後、一八三八年一〇月にマルサスの『人口論』を読んで自然選択説の着想をえ、一八四二年六月に自分の理論の簡単な摘要（三五枚）

とたいへん嬉しいのですが[12]。しかし、その結果が私がこれまでしてきた苦労にまったく見合わないだろうこと、私ははっきりとわかっています。家バトの場合はまた別で、その研究から私は多くのことを学んできました[13]。ラジャ[14]が彼のハトとニワトリ、それにボルネオの内陸部とシンガポールのネコの毛皮を送ってくれました。

黒いジャガーあるいはヒョウが一般に、あるいはかならず黒いものとつがいになると信じられていることについて、あなたの意見を聞かせていただけますか[15]？　子どもの毛皮の色が有効な証拠になるとは、私は考えていません。

魚の脂身を食べたオウムの羽色が変わったという例が、あなたの旅行記に書かれていませんでしたか？　私の記憶では、オウムの初列風切羽を抜いた痕に、ヒキガエルかなにかの毒（だったのではと思いますが）を塗った話だったと思います[16]。

私がこのところ実験していて、かなり苦労している問題のひとつは、大洋諸島で見られるあらゆる生物の分布のしかたです[17]。この問題に関するどんな事実でも、大歓迎いたします。陸産軟体動物は、大きな悩みのタネです。

とても退屈な手紙になってしまいましたが、私の健康状態はかなりすぐれず、この手紙は日付のところに書いた自宅ではなく、ある水治療所で書いています[18]。

を書き、さらにそれを一八四四年夏に二三〇枚分に拡充した（同、一四九―五〇頁）。

(6)　いわゆる『ビッグ・スピーシス・ブック』のこと（書きはじめの経緯については、右の注3を参照）。『ビッグ・スピーシス・ブック』が未完のままに終わったのは、一八五八年六月にウォーレスから自然選択説論文が届いたからであり、リンネ協会での連名発表（同年七月一日）の後、九月にダーウィンはその要約版である『種の起原』の執筆にとりかかった（『D自伝』一五一―二頁）。なお『ビッグ・スピーシス・ブック』の一部が近年に刊行された（Stauffer, 1975）。

(7)　『ビッグ・スピーシス・ブック』の完成の見通しについては、ダーウィンの同年一二月二二日付けの手紙（1-3）も参照。

(8)　ウォーレスの旅行記『マレー諸島』は、帰国してから七年後の一八六九年にようやく出版された。

(9)　ダーウィンは家畜の変種に大きな関心をもっていた。彼の「自然選択」が、家畜や栽培植物のさまざまな品種を人間が作り上げてきた「人為選択」のアナロジーであったからである（『種の起原』のとくに第一章「飼育栽培のもとでの変異」を参照）。ウォーレスもまた家畜の変種に多大な関心をもっていたが、その視点はダーウィンのそれとは異なっていたと考えられる。ウォーレスは自然選択説を論じた「変種がもとの型から限りなく遠ざかる傾向について」（一八五八年七月一日に、ダーウィンの草稿などとともにリンネ協会で発表された論文）で、家畜を自然界に放置すると原種に戻る傾向を論じ、そのことから直接に自然選択を引き出している（拙著『種の起原をもとめて』の第10章を参照されたい）。

(10)　ダーウィンが雑種の不稔や不妊に関心をもっていたことは、『種の起原』の第八章「雑種」での議論をみればあきらかだろう。この章での議論中に、この手紙で名があげられているケールロイターとゲルトナーの研究が引用されている（岩波文庫版、上巻の三一九、三四九、三五〇頁）。ハーバートの研究は『起原』に引用個所は見当たらない。なお、この三人については巻末の人名解説も参照されたい。

(11)　これは変種の形成に「気候条件」など外的な影響はほとんどないということ。ダーウィンのこの同意がひとつのきっかけとなって、ウ

あらゆる面でのあなたの成功を、心より祈念しておりま
す。敬具

チャールズ・ダーウィン

ォーレスの論文「永続的な地理変種の理論に関する覚書」(Wallace, 1858)が書かれたのでは、と筆者は推測している(拙著『種の起原をもとめて』第8章参照)。当時、造物主によって創造された種は永遠に変化することはないが、変種は気候など外的な条件によって種から自然に生じたものであり、永続性に欠けるというのが大多数の学者の見解であった。もし変種の形成が外的な条件によるのではないのなら、変種と種の差は程度の問題になってしまう。ウォーレスのこの論文の結論「永続的な特徴を見せている個体の集団は、その特徴がどれほど些細であっても、すべて種を構成していると見なすべき」は、ダーウィンが『種の起原』で進化しはじめたばかりの新種を「発端の種」と呼んだのと同じ意味だと、筆者は考えている。ダーウィンの外的条件と変種との関係についての認識は、『起原』の第五章「変異の法則」を参照。

(12) ダーウィンの家禽への関心とウォーレスとの関係については、本章冒頭の解説の末尾部分を参照されたい。また右の注9も参照。

(13) ダーウィンが家バトを熱心に研究したことは、たとえば『種の起原』の第一章「飼育栽培のもとでの変異」とくに三五—四六頁を見ればあきらかだろう。

(14) ボルネオのサラワク地方をみずからの王国とした英国人ジェームズ・ブルックのこと(巻末の人名解説を参照)。「ラジャ」とは、この地方の王ないし土侯の称号。ウォーレスはマレー諸島探検に出発する以前から連絡をとり、一八五四年一一月から翌年一月までのサラワク探検のあいだブルックの世話になっていた(拙訳『マレー諸島』第4から6章および付録資料②を参照)。

(15) 黒いジャガーあるいはヒョウに関する質問に対するウォーレスの返答は、次の一八五七年九月二七日付けの手紙の断片(1-2)に見ることができる。二人のやりとりから、新大陸のジャガーと旧大陸のヒョウの分類学的な区別が、当時はあいまいだったことがうかがえる。

(16) ウォーレスの旅行記とは、彼が一八四八年から一八五二年にかけて南米を探検した記録『アマゾン河探検記』(Wallace, 1853)。オウムの羽色の変化とは、ワウペス川上流の村で観察したこの地方独特の技法で、羽を抜いたあとに小型のカエルの皮膚からの乳液状の分泌物を

塗っておくと、生えてくる羽の色が本来の色とは変わってしまうという例のこと（二九四頁）。

(17)　ダーウィンの大洋諸島の生物の分布への関心については、『種の起原』の第一二章「地理的分布（続）」を参照。また『ダーウィン論文集』（Barrett, ed., 1977）を見ると、彼がこのころ、いろいろな植物の種子を塩水に漬ける実験をくり返していたことがわかる。また『D新書簡集』のこの前後の手紙から、淡水産貝類がカモなどの足に付着して分布を広げるのではとの仮説にもとづいて実験していることもわかる（たとえばP・H・ゴスあて、一八五七年四月二七日付け、および『起原』下巻、一三六頁）。大洋諸島の生物の分布については、ダーウィンが他界するまで、ウォーレスとの論争がつづけられる。

(18)　ダーウィンはビーグル号の世界周航から帰国して以来、慢性的に体調がすぐれなかったが、原因についてはいくつもの説がある（たとえばド・ビア『ダーウィンの生涯』の一〇一—四頁を参照）。水治療法を試してみたのは、一八四九年以来のことで、マルヴァーンのガリー博士の治療施設やファーナム近郊ムーア・パークのレーン博士の治療施設などに通っていた。

2

ウォーレスからダーウィンへ

1857. 9. 27

〔一八五七年九月二七日〕(1)

〔表面〕

この五月の〔あなたからの手紙でいちばん興味深かったのは〕、種の遷移の秩序についての私の見解があなたご自身のそれ

(1)　ダーウィンによって処分されていたと考えられていた手紙の断片であり、ケンブリッジ大学図書館ダーウィン文書室に所蔵されている。〔……〕内は、この断片を最初に調査した米国の科学史家マッキンニーの推測による補足（Mckinney, 1972: 30 & 126）。表面には不要をしめすタテ線が書き込まれ、裏面の下に「ウォーレスからの手紙、一八

と一致していたということでした。それといいますのも、私は自分の論文[2]が議論を刺激しなかっただけでなく、反論をさそうことさえなかったことに、少しばかり落ち込みはじめていたからです。あの論文で学説を一応は提出し例証してはみましたが、もちろん、その詳細な証明を試みるための予備的なものにすぎず、私はその計画をすでに立て、一部を書きはじめています。[3] ただし、そのためには〔ヨーロッパの〕図書館やコレクション〔を〕かなり〔調べることが〕必要で、それは〔帰国してからの〕仕事でしょう……

〔裏面〕

黒いジャガー[4]がかならずそれ同士で繁殖しているかに関しては、もちろん証明できないことではありますが、黒いものと斑点のあるものは概して別々の地域に限られていますし、何百枚、何千枚という売買されている毛皮のなかに、一枚でもまだらのものがあったという話を、私は聞いたことがありません。私の考えでは、形態に相違があり、黒いほうが細身で優美だと思います。

五七年九月」のメモが書き込まれているので（『D新書簡集』第六巻、四五八頁）、ダーウィンはこの手紙を処分するにあたって、裏面の黒いジャガーに関する部分だけを資料として保存することにしたのであろう。この手紙はウォーレスがダーウィンにあてた二通目の手紙であり、いうまでもなく、先の一八五七年五月一日付けのダーウィンからの手紙（1-1）に対する返答である。残っていない部分の内容については、次のダーウィンからの返答（一八五七年一二月二二日付け、1-3）からある程度は推測でき、動物の地理的分布に関する理論的な考察がおもな話題だったと考えられる。ウォーレスはダーウィンあての一通目の手紙を書いた二ヵ月後にアルー諸島に向かい、約半年間の探検を終えて一八五七年七月一一日にマカッサルに帰ってきた。ダーウィンからの手紙をいつ受け取ったかは不明だが、ダーウィンへの返答であるこの手紙を書く前に、アルー諸島探検の成果である二編の論文を書き、ロンドンの雑誌に投稿していたものと推測される（次の手紙の注4参照）。アルー諸島探検の成果とは、「アルー諸島の博物学について」（Wallace, 1857b）と「永続的な地理変種の理論についての覚書」（Wallace, 1858）の二編の論文のこと。前者の論文で、ウォーレスは地理的な隔離による種分化の理論をかなり詳細に議論している（拙著『種の起原をもとめて』の第7章を参照されたい）。

（2）一八五五年二月に書かれた「新種の導入を調節してきた法則について」（Wallace, 1855）のこと。

（3）ウォーレスは同趣旨のことを、アマゾン探検にいっしょに出発した親友の博物学者H・W・ベイツへの手紙にも書いている——「あの論文は、もちろん、学説を述べてみただけのものであって、展開したものではありません。ぼくはこの問題をあらゆる側面から包括し、あの論文では指摘するにとどまったことを証明しようと努力するために、大きな著作の計画をすでに立て、一部を書いています」（ウォーレスからベイツへ、一八五八年一月四日。『W書簡集』五四頁）。この準備中の著作について、米国の二人の科学史家は、マレー諸島探検中のウォーレスの五種類のノートのうち、マッキンニーが「種のノート」と名づけたものがそれにあたるのではとしている（Mckinney, 1972: pp. 29-43; Brooks, 1984: pp. 64-69）。ただし二人はこのノートのうち、ど

3

ダーウィンからウォーレスへ

1857. 12. 22

ダウン、ブロムリー、ケント州
一八五七年一二月二二日

拝啓

九月二七日付けのお手紙、ありがとうございました。あなたが理論的なアイデアにしたがって分布に専念されていると聞き、とても嬉しく思っています。私は、思索《スペキュレーション》なしにすぐれた独創的な観察はありえないと、固く信じるものであります。旅行者のなかで、いまあなたが研究されているようなことに熱心な人はほとんどいませんし、じっさいのところ動物の分布という問題は、全体として、植物のそれに大幅に遅れをとっています。お手紙に、『アナルズ』誌に出たあなたの論文[1]が全然注目されないことに驚いたと

の部分がウォーレスの著作の準備であったか、またそれが書かれた時期について、かならずしも意見は一致していない。このノートはリンネ協会にいまも所蔵されている。

(4) ウォーレスはアマゾン探検中、リオ・ネグロ川の源流で一頭の黒いジャガーに出会っていた（Wallace, 1853: 241）。

(1) ウォーレスの論文「新種の導入を調節してきた法則について」（一八五五年）のこと。1-1の注3を参照。

(2) ライエルがウォーレスの論文を読んだ経緯については、1-1の注3を参照。

(3) ブライスについては、巻末の人名解説を参照。ブライスがダーウィンに注意を喚起した手紙（一八五五年一二月八日付け）は、挨拶もそこそこに「アナルズ誌に載ったウォーレスの論文を、あなたはどう考えますか？ すばらしい！ しかも、すべて！」と絶賛し、「彼の理論によれば」とさまざまな事実に照らして内容を検討している（『D新書簡集』第五巻、五一九頁）。ライエルがダーウィン宅を訪問してウォーレスの論文のことを議論したのは翌年四月であり（1-1の注3を参照）、そのときにはこのブライスの手紙はすでにダーウィンのもとに届いていたと考えていいだろう。

(4) ウォーレスが一八五七年に発表した「アルー諸島の博物学について」（Wallace, 1857b）。掲載号の刊行は同年一二月だが、ダーウィンがこの手紙を書いた時点ではまだ届いていなかったらしい。この論文の内容については、拙著『種の起原をもとめて』の第7章での分析を

いうようなことが書かれていましたね。私はけっしてそうは思いません。なぜなら、たんなる種の記載以上のなにかを求めている博物学者は、本当にごく少数しかいないからです。しかし、あなたの論文が注目を引かなかったなどと考えるべきではありません。C・ライエル卿[2]とカルカッタのE・ブライス氏[3]という、二人の非常にすぐれた人たちが、あなたの論文に注目するよう、私にわざわざいってきています。あの論文でのあなたの結論に同意はしていますが、私はあなたよりかなり先に進んでいると思っています。しかしこの問題は、私の思弁《スペキュレーション》的な意見に立ち入ると、あまりに長くなってしまうでしょう。

　あなたのアルー諸島における動物の分布に関する論文[4]をまだ拝見していませんが、きっと最大の関心をもって読むでしょう。なぜなら、分布ということに関して全地球のなかでもっとも興味深い地域ですし、また私はマレー諸島についてデータの収集が、ずっとうまくいっていなかったからです。

　あなたの沈降説《ドクトリン》に、私はすぐにでも同意の署名をするでしょう。じつはサンゴ礁についてのまったく別の証拠から、私のサンゴ礁についての本[5]のもともとの地図では、アルー諸島を沈降の一例として色を塗っていたのですが、こわくなって色をつけなかったのです。しかし、大洋諸島が

参照されたい。また拙訳『マレー諸島』の第33章「アルー諸島——自然地理学と自然の諸側面」は、この論文とほぼ同内容とみなしてよい。

(5)　ダーウィン『サンゴ礁の構造と分布』(Darwin, 1842)。アルー諸島に色を塗るのをやめた地図というのは図3のことで、赤道をはさんで南北それぞれ三〇度の範囲に分布するサンゴ礁を、環礁・堡礁・裾礁に分類して色分けされている。ダーウィンのサンゴ礁形成の理論は今日でも基本的に認められているが、沈降によって裾礁→堡礁→環礁と変化していくとしているので、サンゴ礁の分布は沈降地帯と一致することになる。ウォーレスは「アルー諸島の博物学について」で、この諸島の特異な地形と、動物相がニューギニアとほぼ同一であることから、この諸島がかつてはニューギニアと地続きであり、沈降によって分離されたと推測した。

(6)　同種ないし近縁種が見られる陸地間には、過去のいつの時代にか接続があったという説で、場合によっては現在の島はかつての仮想大陸の名残とすることさえあった。ダーウィンはとくに過去の仮想の陸地を想定することに反対し、大洋諸島の例から偶然の機会的な移住を主張して、植物の種子を塩水に漬ける実験などをくり返していた(1-1の注17参照)。次の注7から9からわかるように、当時は陸地接続説のほうが主流派であり、ダーウィンの移住説はむしろ孤立していた。ウォーレスは「新種の導入を調節してきた法則について」(Wallace, 1855)で、南米大陸と動物相のよく似たガラパゴス諸島について、南米にいま以上に接近していたことはないとして、機会的な移住で説明していた。この「アルー諸島の博物学について」では大陸諸島の例は議論されてなく、ブリテン島やシチリア島というヨーロッパ大陸の属島、あるいはアフリカ大陸とマダガスカル島との関係などを、アルー諸島をニューギニアの属島と位置づけるさいに比較しているだけであり、まして仮想の大陸を想定する議論はなされていない。したがって、ダーウィンがウォーレスのどこに接続説への傾向を見出し、不安に思ったのか、理解がむずかしい。注17も参照されたい。なおダーウィンの偶然を強調する機会的な移住説は、『起原』の第一二章「地理的分布(続)」で展開されている。

(7)　フォーブズによる接続説の提唱とは、彼の一八四六年の論文を指

かつて大陸と接続していたこと⑥に関して、あなたが私よりずっと先へ行こうとなさっていること、私にはすぐにわかります。故E・フォーブズ⑦がこの学説《ドクトリン》を提出して以来、この説は熱心に追随されていますし、フッカー⑧は南極海のすべての島々とニュージーランドと南アメリカのかつての接続を詳細に議論しています。一年ほど前に、私はこの問題をライエルおよびフッカーとかなり議論し（この問題を取りあつかわねばならないからです）、私なりの反論を手紙に書きました。しかし、あなたは喜ばれると思いますが、ライエルもフッカーも私の主張にあまり耳を貸そうとはしませんでした。にもかかわらず、私は自分の生涯においてたった一度だけ、ライエルのほとんど超自然的ともいえる頭の良さに思いきり抵抗しました⑨。

　あなたは大陸から遠く離れた島々の陸貝についてお尋ねでしたが、マデイラ諸島にはヨーロッパと同一の種はきわめてわずかしかいず、一部は半化石化しているので、この島々についてはかなりよい証拠があります⑩。太平洋諸島には同一種の例がありますが、人間の媒介によって移入されたという説明に、私はいまのところ納得できていません。ただし、A・グールド博士⑪は、多くの陸貝類が人間の媒介によって太平洋に広く分布したと結論しています。こういった移入の例は、いちばん厄介な問題です。あなたはマレ

していると考えられる（Forbes, 1846）。フォーブズは、この手紙が書かれる二年半ほど前に夭折（巻末の人名解説も参照）。

（8）　フッカーが南極周辺の陸地の接続を議論したのは、彼が参加した南極海航海の報告書の植物編のことで、一八四四年から一八五五年にかけて刊行された（Hooker, 1844–1855）。

（9）　ダーウィンは一八五六年六月一六日付けのライエルにあてた手紙で、フォーブズやフッカーの仮想大陸説を取り上げ、語気荒く批判している。「あなたがこれを止めさせないなら、また地質学者たちを罰する地獄があるならば、私の偉大な師であるあなたはそこへ行くことになるだろう、と私は思います。あなたの弟子たちは、これまでのすべての古くさい天変地異論者を叩くのに、なぜ手ぬるいのでしょうか。あなたは天変地異論者たちの偉大な首領として生きるつもりですか！」（『D新書簡集』第六巻、一四三—四頁）。ダーウィンが師と仰ぐライエルに対して激情にかられたのは、理論的な孤立感のあらわれなのだろう。

（10）　マデイラ諸島の陸貝類については、『起原』第一二章でも言及されている（下巻の一四三頁）。また『D新書簡集』第五巻に収録されている手紙（R・T・ロウからダーウィンへ、一八五四年九月一九日）から、この手紙の差出人が同年七月にロンドン動物学協会で発表したマデイラ産の現生および化石種の陸貝類と淡水貝類が、ダーウィンの情報源とわかる。ロウについては、巻末の人名解説を参照。

（11）　ダーウィンが言及しているのは、アメリカ海軍の探検航海（一八三二—四二年）で採集された貝類についてのオーガスタス・A・グールド（巻末の人名解説参照）の研究であろう。その報告書は一八五二年から一八五六年にかけて刊行された。

（12）　ウォーレスは『マレー諸島』（一八六九年）で、チモール産の哺乳類のうち、ルサジカとカニクイザルは帰化種だろうとしているが、それでもまだ判断に迷っている（第13章と14章）。

（13）　この実験の結果は、『起原』下巻の一五〇頁にある。『D新書簡集』第六巻の編者注（三〇六—七頁）によれば、ダーウィンは一八五六年一一月から一二月にかけて、マデイラ諸島のポルト・サント島から送ってもらった数百個体の陸貝と、自宅（ダウン）の周辺で採集し

ー諸島でそんな例を見つけていませんか？　私はチモールやその他の島々の哺乳類のリストを見て、数種以上が、おそらくは、帰化したものではないかと考えています[12]。

　このまえのお手紙を差し上げてから、私は数種類の陸産軟体動物について小さな実験をおこなったのですが、海水は私が予想していたほど致命的な影響をおよぼさないことがわかりました[13]。あなたは私が「人間」について議論するつもりかとお尋ねですが、あまりに偏見に取り巻かれているので、この問題全体を避けようと考えています。ただし、この問題が博物学者にとって最大の、もっとも興味深い問題であることを、私は十分に認めています[14]。私の著作[15]は、すでにかれこれ二〇年ほども取り組んでいるわけですが、なにかを決着させたり解決したりはしないでしょう。しかし私としては、大量の事実のコレクションを、ひとつの明確な結論とともに提供することによって、なんらかの役に立つものになればと希望しています。はかどりぐあいは非常に遅々としていますが、それはひとつには健康状態がすぐれないため、もうひとつには私が仕事のきわめてのろい男だからです。すでに半分ほどを書きましたが、二―三年のうちに出版できるとは思えません。交雑の章[16]ひとつに、すでにこの三ヵ月間をまるまるかけているのです！

　あなたがあと三―四年は帰ってこないつもりと知って、

た陸貝（カタツムリ）を用いてこの実験をおこなった。

(14)　ダーウィンは『起原』では、「人間の起原と歴史にたいして、光明が投じられるだろう」（下巻の二六〇頁）と示唆するにとどめたが、その一二年後に『人間の由来と性選択』（一八七一年）で人間の進化を論じることになる。ウォーレスがこの手紙の前後の時期に、とくに人種の問題に強い関心を抱いていたことが、アルー諸島探検に向かう途中のケイ諸島で「マレー人種」と「パプア人種」の分布境界線を発見したことから推測される（拙訳『マレー諸島』第1章および第29章を参照。この問題については拙著『種の起原をもとめて』の第8章で検討した）。

(15)　ウォーレスは後年に、一八五八年三月にテルナテから自然選択説論文をダーウィンに送ったときのことを回想するなかで、この手紙のこの部分を引用し、これらの「言葉、および手紙の全体的な調子が、彼が種の起原に関して明確な見解には達していないと結論させ」、そこでダーウィンに論文を送ってみることにしたとしている（Introductory Note to Chapter 2. pp. 20–21 in Wallace, 1891）。この手紙と、ウォーレスの自然選択説論文との関係については、注18も参照されたい。またダーウィンの著作（『ビッグ・スピーシス・ブック』）の進捗状況については、次の注16を参照。

(16)　ダーウィンの日誌によれば、『ビッグ・スピーシス・ブック』の第九章「雑種」は、一八五七年九月三〇日に着手し、同年一二月二九日に書き終えた（『D新書簡集』第六巻の付録Ⅱ）。ダーウィンが『ビッグ・スピーシス・ブック』を書きはじめたのは一八五六年五月一四日だが、この手紙の半年後の一八五八年六月にウォーレスから自然選択説論文が届いたとき、まだ完成にはいたっていなかった。

(17)　「死ぬまで闘うでしょう」という言葉は、残念ながら現実となった。大洋諸島の問題については、本当にダーウィンが他界するまで、ウォーレスとのあいだで激しい論争が継続されることになる（本書の第14章参照）。

(18)　この手紙をウォーレスはいつ受け取ったか？　注15に紹介したウォーレスの回想では、彼が自然選択説論文（末尾に「テルナテにて、一八五八年二月」とある）を書く前に受け取ったことになっている。

驚いています。どれほどたくさんのことを、あなたは知ることでしょう。それに、なんと興味深い地域でしょう――大マレー諸島、それに南アメリカのもっとも豊かな部分！自然科学のためのあなたの熱意と勇気を、私は手放しで賞賛し敬服しています。また本当に心から、あなたがあらゆる種類の成功をおさめられるよう願っています。あなたのすべての理論が、大洋諸島のことを除いて、成功されんことを――大洋諸島の問題に関しては、私は死ぬまで闘うでしょう。[17] どうぞ私を信頼してください。敬具

C・ダーウィン[18]

しかし、ウォーレスがテルナテからベイツにあてた一八五八年一月二五日付けの手紙の末尾には、「オランダの〔郵便〕汽船が毎月寄港し、英国からの手紙を約一〇週間で運んできます」とある（MaKinney, 1972, p. 139, n. 18による。この手紙は『W書簡集』の五五頁に収録されているが、この引用部分は削除されている）。ダーウィンの手紙は一二月二二日付けであり、一〇週間後は三月の上旬ということになる。しかも、ウォーレスのマレー諸島探検中の日誌によれば、オランダの郵便汽船は三月九日にテルナテに寄港したという（MaKinney, 1972, p. 132; Brooks, 1984, p. 200）。いうまでもなく、ウォーレスはこの郵便汽船に自然選択説論文を託したと考えられる。ウォーレス自身の言葉にあるように、郵便汽船が寄港するのは一ヵ月に一回であり、したがってダーウィンからの前年一二月二二日付けの手紙がテルナテに届いたのは、三月九日に寄港した郵便汽船によってと考えるのが妥当であろう。もしそうならば、ウォーレスはこの手紙を、自分の自然選択説論文と引き換えるようなかたちで受け取ったことになる。

いずれにせよ、これ以降のウォーレスとダーウィンのあいだの手紙のやりとりは、一八五八年七月一日のリンネ協会での自然選択説連名発表という歴史的な出来事のあとのことであり、それまでとは異なる局面に入ることになる。

第2章　自然選択説連名発表前後

前章で紹介した最後の手紙からこの章で紹介する手紙のあいだに、残されていない手紙が三通ある。一八五八年七月一日のリンネ協会例会での自然選択説連名発表の前後という、歴史的にもっとも重要な時期の書簡なので、発表にいたるダーウィン周辺での経緯も含めて、すこしくわしく検討しておくべきだろう。

残されていない手紙の一通目は、ウォーレスがダーウィンに送った自然選択説論文に添えられた手紙である。この論文と手紙は、一八五八年三月九日にテルナテに寄港したオランダ植民地政府の郵便汽船に（McKinney, 1972, p. 132）、前章の末尾で指摘したようにダーウィンからの一八五七年一二月二二日付けの手紙（1-3）と交換するようにして託されたと考えられる（1-3の注18）。二通目は、同年七月一日のリンネ協会での二人の自然選択説発表の経緯を報告するダーウィンの手紙（フッカーの手紙も添えられていた）で、七月一三日付けで発送されたと考えられる。そして三通目はその経過報告を受けてウォーレスが書いた手紙で、同年一〇月六日前後の日付だったと考えられる。

ウォーレスはダーウィンに送った論文に添えた手紙について、晩年に次のように説明している。すなわち、ダーウィンにとっても「このアイデアが私にとってと同じように新しいものであって、種の起原を説明するための欠けていた要因を提供できればよいのですが」と書き、「私の以前の〔一八五五年の〕論文を高く評価してくれていたチャールズ・ライエル卿に見せるほど重要なものと考えるかどうか」をたずねたという（『W自伝』上巻、三六三頁）。ライエルの評価をダーウィンがウォーレスに伝えたのは、前章で見たように一八五七年一二月二二日付けの手紙（1-3）であり、ウォーレスが自然選択説論文を郵便汽船に託した一八五八年三月九日以前に届いていたとは考えられない。郵便汽船がテルナテの港に寄港していた半日か一日のあいだに手紙を書き直した可能性は否定できないが、やはり晩年の回想は割り引いて参照すべきなのだろう。

ウォーレスが自然選択説論文に添えた手紙の内容の一部は、

論文を受け取ったダーウィンが善後策をライエルに相談した手紙からうかがい知ることができる。

何年か前のことですが、あなたは『アナルズ』誌に掲載されていたウォーレスの論文を読むよう私に勧めてくださいました。あの論文にあなたが興味をもたれていたことを、私は彼に手紙を書こうとしていたところだったので、彼がとても喜ぶだろうと考えて、そのように伝えました。彼から今日、同封のものが届けられ、あなたに送るようたのんできています。読んでみるべき価値が十分にあると思います。私が先を越されるにちがいないというあなたの言葉が、まさしく現実のものとなったのです。あなたがそうおっしゃってくださったのは、生存闘争に依存する〝自然選択〟についての私の見解を、あなたに手短に説明したときのことでした。私はこれ以上の見事な一致を、一度も見たことがありません。かりにウォーレスが一八四二年に私が書いた草稿を持っていたとしても、これ以上にすぐれた短い要約を書くことはできないでしょう。彼の用語のひとつひとつが、私の各章の見出しになっているのです。

原稿は送り返してください。彼はこの原稿を私に発表してほしいとはいってきていませんが、もちろん私はすぐに手紙を書いて、どこかの雑誌に送付することを提案するつもりです。そうなれば私の独創性《オリジナリテイー》は、それがどれほどのものであるにせよ、すべて打ち砕かれることでしょう。それでも私の本は、それがなんらかの価値をもつならば、その価値が下がることはないでしょう。あらゆる努力は、学説の適用にあるのですから。

あなたがウォーレスの草稿を評価されることを期待しています。あなたがなんとおっしゃるか、私は彼に伝えることになるでしょう。　親愛なるライエルへ　敬具

（ダーウィンからライエルへ、一八五八年六月一八日。『D新書簡集』第七巻、一〇七頁）

文面から、ダーウィンがウォーレスの自然選択説論文を読んで、かなりうろたえたらしいことがうかがえる。ダーウィンからの手紙を受け取ったライエルは、ダーウィンの友人フッカーと善後策を相談し、七月一日のリンネ協会でのダーウィンとウォーレスの連名発表をすすめた。この二週間のあわただしい動きについては、先取権をめぐる疑惑も含めて、ブラックマン『ダーウィンに消された男』にくわしい。

この間の出来事について、『D新書簡集』第七巻には、右の手紙のほかにも一次資料がいくつか収録されている。とくに重要なものを列挙すれば、ダーウィンからライエルへの一八五八年六月二五日付け、ダーウィンからライエルへの一八

五八年六月二六日付け、ダーウィンからフッカーへの一八五八年六月二九日付け、ダーウィンからフッカーへの一八五八年六月二九日夜付け、そしてフッカーとライエルからリンネ協会事務局へ送られた一八五八年六月三〇日付けの手紙であろう。ただしライエルやフッカーからダーウィンへの手紙は残っていない。

　一八五八年七月一日にリンネ協会でライエルとフッカーの紹介によって読み上げられた自然選択説連名発表のうち、ダーウィンの「一八四四年試論」草稿からの抜粋とエーサ・グレイあての手紙からの抜粋は、八杉龍一編『ダーウィン』の三六―四七頁に邦訳が収録されている。私は最近になって、このダーウィンのリンネ協会発表論文を詳細な注解を付して新訳するという機会をえた（新妻、二〇〇九年）。またウォーレスの自然選択説論文「変種がもとの型から限りなく遠ざかる傾向について」は、その全訳を拙著『種の起原をもとめて』に付録②として付しておいたので参照されたい。

　リンネ協会での一件をウォーレスに報告した手紙は、ダーウィンからとフッカーからの二通が同じ封筒で送られた――「あなたのウォーレスへの手紙は完璧かつきわめて明瞭で、しかもとても丁重だと思います。たぶん修正すべきところはないので、今日、私の手紙を添えて発送しておきます」（ダーウィンからフッカーへ、一八五八年七月一三日。『D新書簡集』第七巻、一二九頁）。ウォーレスはこの二人からの手紙を、おそらく同年一〇月のはじめにテルナテで受け取った。

　ダーウィン氏とフッカー博士という、イングランドでもっとも卓越した二人の博物学者から、とても嬉しい手紙を受け取りました。じつはダーウィン氏に、彼がいま大きな著作を準備している問題について、試論をひとつ送ってあったのです。彼がそれをフッカー博士とC・ライエル卿に見せたところ、とても高く評価してくださり、即座にリンネ協会で読み上げてくれたそうです。これで帰国したおりには彼らと近づきになれるでしょうし、きっと援助してもらえることでしょう。

（ウォーレスから母親へ、一八五八年一〇月六日。『W書簡集』五七頁）

　ウォーレスはマレー諸島探検中にダーウィンから受け取った八通の手紙を大切に保管していた（前章冒頭の解説を参照）。にもかかわらず、彼にとってもっとも嬉しいはずのこの手紙が残されていないというのは、理解に苦しむといわざるをえない。

　このダーウィンからウォーレスへの失われた手紙（おそらく一八五八年七月一三日付け）からのメモと思われる記録が、

ひとつだけ残っている。それはウォーレスのマレー諸島探検中の五種類のノートのうち、「昆虫採集品の日毎記録」の空き頁（右頁）の第一四頁目に書き込まれた「ダーウィン氏の『自然選択』（『ビッグ・スピーシス・ブック』）の概要」で、全一四章の表題が列挙されている（Brooks, 1984. p. 68）。ダーウィンが『ビッグ・スピーシス・ブック』の完成をあきらめ、その要約版である『種の起原』の執筆に着手したのは、一八五八年七月二〇日から八月一二日まで滞在したワイト島サンダウンのキングズ・ヘッド・ホテルにおいてである（ダーウィンの日誌。『D新書簡集』第七巻の付録Ⅱ、五〇三頁）。

ウォーレスがメモした「ダーウィン氏の『自然選択』の概要」は以下のとおり。「第Ⅰ章。動植物の飼養栽培下での変異、全般的にあつかう／第Ⅱ章。同上、個別にあつかう、ハト類の外部および内部構造　その変化の歴史／第Ⅲ章。交雑について、おもに植物に関する独自の観察にもとづく／第Ⅳ章。自然下における変異／第Ⅴ章。生存闘争、マルサス・ドクトリン、増加率、増加の阻止など／第Ⅵ章。〝自然選択〟その作用の様式／第Ⅶ章。変異の法則、用不用　祖先型への逆行などなど／第Ⅷ章。学説の難点。形質の漸次移行／第Ⅸ章。雑種／第Ⅹ章。本能／第Ⅺ章。古生物学と地質学／第Ⅻ章。／と第ⅩⅢ章。地理的分布／第ⅩⅣ章。分類、類縁、発生学」（Brooks, 1984. pp. 215-216）。

リンネ協会で自然選択説論文が発表されたことへのウォーレスの礼状は、ダーウィンの一八五九年一月二五日付けの手紙（2-1）の冒頭からもあきらかなように、ダーウィンあてとフッカーあての二通があった。ダーウィンはこの二通を、ウォーレスに返答を書く二日前にフッカーに転送した（ダーウィンからフッカーへ、同年一月二三日。『D新書簡集』第七巻、二三八頁）。この二通のうちダーウィンへの礼状は残っていないが、フッカーあての礼状は残されている。

ダーウィン氏から送られてきたさる七月のあなたのお手紙、たしかに落手しております。そして私がかの紳士（ダーウィン）に送った論文に関して、あなたがどのようになさってくださったかを知りました。まずもってあなたとチャールズ・ライエル卿のこの件でのご親切に心より感謝を申しあげさせていただくとともに、あなたがたがとられた段取りと、あなたがおっしゃってくださった私の試論《エッセー》についての好意的なご意見の両方に、私が満足していることを申しあげたいと思います。私はこの問題では、自分のことを恵まれた関係者だと見なさないわけにはいきません。なぜなら、これまでこの種の場合には、すべての功績が新事実や新学説の第一発見者に帰せられ、まったく独自にであれ、同じ結論に数年あるいは数時間遅れて到達したほかの関係者の功績は、ほとんどあるいはまったく認められないのが慣例だったからです。

私はまた、すこし前からダーウィン氏と「変種」の問題について手紙のやりとりをはじめていたことを、とても幸運なことだとみなしています。そのことが彼の研究の一部の発表をはやめ、先取権《プライオリティー》の主張を彼に確保させたのですから。私自身やだれかほかの関係者が独自に発表していたら、彼の先取権に悪い影響をあたえたかもしれません。なぜならいまや、こういった見解や似たような見解が公表されるだろうし、また公平に議論されなければならない時期が到来しているからです。

ダーウィン氏のありあまる心の広さゆえに、もし私の論文《ペーパー》が同じ問題についての彼自身のずっと早い時期の、そして疑いなくずっと完璧な見解を添えずに発表されることになっていたら、私はとても心苦しく遺憾に感じたことでしょう。私はそのことでも、あなたがたがとられた段取りに感謝しないではいられません。あなたがたの段取りは、どちらの関係者にとってもまちがいなく公正なものであるとともに、私自身にとってはとても好ましいものでした。

まもなく新たな旅に出るところなので、早々に筆をおき、はやく帰国をとのあなたのご親切な助言へのお礼だけを申し添えておきます。しかし、あなたもよくご存じでしょうが、もっとも興味深い地点で研究している博物学者にそれをやめさせるには、健康を損ねるかもしれないなどというよりは、もっと強力ななにかがなければなりません。

（ウォーレスからフッカーへ、一八五八年一〇月六日。
『D新書簡集』第七巻、一六六頁。傍点原文）

おそらくダーウィンあての礼状にも、このフッカーあての手紙とほぼ同じことが書かれていたと考えていいだろう。その礼状に対する返答が、次のダーウィンの手紙である。

1

ダーウィンからウォーレスへ

1959. 1. 25

ダウン、ブロムリー、ケント州
一八五九年一月二五日

拝啓——三日前にあなたからの私への手紙と、それからフッカー博士[1]への手紙を拝受し、本当に嬉しく思いました。お手紙の文面にあらわれているあなたの精神を、私が心からどれほど賞賛しているか、ひとこと言わないではいられません。ライエル[2]とフッカーが公正な段取りと考えておこなったことについて、彼らをそう差し向けるようなことを私は絶対になにもしていないのですが、それでもあなたがどう感じられたかをお聞きするのに、どうしても不安を禁じえませんでした。

　私はあなたとあの二人に、間接的に多くを負っています。というのも、ライエルは正しかったわけで、私は大きな著作を完成させられなかったにちがいないと、ほとんどそう思っています[3]。なぜならその要約さえ、私のたよりない健康には十分にきついことがわかったからです。しかしいま、神に感謝、一章を残して最後の章までできました[4]。この要約

（1）　ダーウィンの親友の一人で、一八五八年七月一日のリンネ協会におけるダーウィン＝ウォーレスの自然選択説連名発表をライエルとともに手配した。またこの七月一日に発表されたダーウィンの「一八四四年草稿」を読んで意見を書き込んだことがあるように、ダーウィンから進化論の研究を打ち明けられていた（後述の注14も参照）。巻末の人名解説も参照。

（2）　リンネ協会におけるダーウィン＝ウォーレスの連名発表を、フッカーとともに手配した。1-1の注3も参照。巻末の人名解説も参照。

（3）　『ビッグ・スピーシス・ブック』の執筆は一八五六年四月に、ライエルの助言によって開始された（1-1の注3）が、二年後の一八五八年六月にウォーレスから自然選択説論文が届いたことによって中断された。リンネ協会での自然選択説共同発表後、ダーウィンはライエルとフッカーから『ビッグ・スピーシス・ブック』を完成させるのではなく、その要約版を出版するよう助言されたことが、たとえば次の手紙からわかる。「……毎日二―三時間ほどを私の〝要約〟の執筆で過ごし、楽しくためになる仕事だとわかりました。あなたとライエルが私にこの仕事に着手させてくれたことに、いまでは本当に心から感謝しています。これが終われば、私の著作をずっと気楽にゆとりをもって完成させることができるからです……」（ダーウィンからフッカーへ、一八五八年七月三〇日。『D新書簡集』第七巻、一四〇頁）。要約とは一八五九年一一月二四日に出版された『種の起原』のこと。またダーウィンのいう「私の著書」とは未完に終わった『ビッグ・スピーシス・ブック』のことであり、この時点ではまだ完成をあきらめていなかったことがわかる。

（4）　要約すなわち『種の起原』執筆の進行状況は、ダーウィンの日誌

は四〇〇頁か五〇〇頁の、小さな本になるでしょう。いつ出版されるかわかりませんが、もちろん、あなたに一冊お送りしますし、それを読んでもらえれば、家畜と栽培植物で選択がどのような役割を果たしているかについて、私の考えていることがおわかりいただけるでしょう。その役割は、あなたも想像されているように、「自然選択」が果たしている役割とは非常に異なるものです。(5)

この手紙と同じあて先に、リンネ協会誌を一冊送ってあり、またその後に論文を五―六部ほど送りました。(6)私の手元にあなたの分がたくさんあり、あなたの友人のデイヴィス博士(7)(?)、人間の頭骨の本の著者あてに、二部送っておきました。

鳥の巣に注目しているとのこと、喜んでいます。私も鳥の巣に関心をはらってきましたが、ただしもっぱらひとつの観点からしか見てきませんでした。つまり、本能も変異し、したがって選択が本能に働いて本能を改良できるのだということをしめすためです。(8)いわば博物館に保存できる本能は、ほかにはまず見当たりませんから。

ウマの縞模様(9)に気をつけてくださるとのこと、たいへん感謝しています。もしロバがいたら、ロバにも気をつけてもらえるとありがたい。

ハナバチ類の巣を集めているとのこと、楽しみにしてい

(『D新書簡集』第七巻の付録Ⅱ、五〇三―五頁)によれば、以下のとおり。一八五八年七月二〇日―八月一二日に執筆開始、九月一六日に「第三章」〔生存闘争〕と「第四章」〔自然選択〕に着手、一〇月八日に「第五章、変異の法則」に着手し同月二二日に完成、同月二三日に「第六章、〔学説の〕難点」に着手し一一月一三日に完成、同日に〔第七章〕「本能」に着手、同月三〇日に〔第八章〕「雑種」に着手、一二月一一日に〔第九―一〇章〕「地質学的遷移」に着手、翌一八五九年一月一五日には〔第一一―一二章〕「地理的分布」に着手していた。そしてウォーレスに手紙を書いた三日後の一月二八日に〔第一三章〕「類縁と分類」に着手した。三月一九日には原稿の見直しに入った。

第一四章「要約と結論」は五月上旬までに完成したと思われ、五月一〇日に出版元ジョン・マレー社にすべての原稿が送付されたことがわかっている。ふたたび日誌にもどれば、校正刷りに着手したのは五月二五日で、一〇月一日に校正を終えた。原稿執筆を開始してから「一三ヵ月と一〇日間の重労働」(『D自伝』一五二頁)であった。

(5) ウォーレスがダーウィンにあてた一八五八年一〇月六日付けと思われる手紙が残っていないので、なにが問題になっていたのかあきらかではない。しかし、おそらくはウォーレスの自然選択説論文(拙著『種の起原をもとめて』の付録②を参照)の冒頭部分、およびそれを受けて家畜の変種と自然界の変種のちがいを論じた部分(三六四頁)に関係しているのではないかと考えられる。ダーウィンは人為選択(家畜の変種をもたらす)と自然選択(野生種の変種をもたらし、最終的には新種を進化させる)をアナロガスなものとみなし、人為選択から自然選択へと論理を展開していた。それに対してウォーレスは、家畜の変種は自然界に放置されると野生種に先祖返りすることから、家畜は自然選択の作用から逃れていることを論じ、その論理を逆転させて野生動物の変種に作用している自然選択という強力な作用因を論じた。

(6) 一八五八年七月一日のリンネ協会におけるダーウィンとウォーレスの自然選択説連名発表は、リンネ協会誌(動物学編)の三巻九号(同年八月二〇日発行)に掲載された。冒頭にライエルとフッカーの紹介文があり、それにダーウィンの二編とウォーレスの一編がつづく。

ます。こんどロンドンに出たとき、F・スミスとサウンダーズ氏[10]に聞いてみようと思います。これは私の特別の趣味でして、この問題に光を投じられるのではと思っています[11]。もしあまり費用をかけずに同じものを二個以上採集できたときには、それぞれハチ付きで私の標本にさせてもらえたなら嬉しく思います[12]。幼虫が発育中で不揃いな巣、まだ蛹になっていない巣が、測定したり調べたりするのにもっとも好都合です。巣の縁が破損しないよう、梱包に気をつけてください。

私が会ったどの人も、あなたの論文[13]はよく書けていて興味深いと考えています。おかげで、私の抜粋（書いたのは一八三九年[14]、ちょうど二〇年前！）は陰に隠れてしまいました——弁解させてもらえば、すぐに発表しようとは全然考えていなかったのです[15]。

ライエルがどう思っているか、おたずねでしたね。私の考えでは、彼は動揺しているようですが降参したわけではなく、もし彼が「邪道にみちびかれ」たりしたら、いったいどうなるのだろうとか、『［地質学の］原理』の次の改訂版ではどうすればよいのだろうなどと、心配ごとをしばしば私にいっています。しかし彼以上に率直で誠実な人物はなく、結局は邪道に入ってくるものと私は思います。フッカー博士はあなたや私と同じ異端にほぼなりつつあります

この連名発表のうちダーウィンの二編は、八杉龍一編『ダーウィン』に収録されている。同じダーウィンのリンネ協会発表論文、およびライエルとフッカーの協会事務局あての推薦文を、最近、私自身が詳細な注解を付して新訳した（拙稿、二〇〇九年）。またウォーレスの論文はその全訳を、拙著『種の起源をもとめて』に付録②として付しておいたので参照されたい。ダーウィンが五—六部送った論文というのは、おそらく連名発表部分の抜き刷りであろう。

(7)　デイヴィス博士（Dr. Davies ?）にダーウィンが（?）を付したのは、スペルに自信がなかったからだろう（正しくはDavis）。

(8)　ダーウィンは鳥の巣について、『起原』では第七章「本能」でわずか一—二行だけ触れるにとどまったが（上巻の二七五頁）、『ビッグ・スピーシス・ブック』の第一〇章「動物の心的能力と本能」では比較的長く議論していた（Stauffer ed., 1975. pp. 498-506）。ウォーレスがどのような観点から鳥の巣を調べていたのか、記録は残っていない。帰国後の一八六七年に大英学術振興協会の年次総会で「鳥の巣と羽衣について、あるいは鳥類の色彩の性差と巣造りの様式との関係」という論文を発表しているが、むしろダーウィンの性選択説への反論という色彩が強い（ウォーレス『熱帯の自然』の第5章「動物の色彩と性淘汰」を参照されたい）。

(9)　ダーウィンは『種の起原』第五章「変異の法則」で、ウマ属（家畜ウマ、シマウマ、ロバなど）の縞模様、とくに家畜ウマの一部に先祖返りのように出現する縞模様を論じ、縞模様をもつ共通祖先を想定している（岩波文庫版、上巻、二一三—八頁）。ただしウォーレスがこのころに探検していたモルッカ諸島は、少なくとも今日ではウマの少ない地域であり、またロバはマレー諸島ではほとんど見かけない。ウォーレスがこの地域の探検を終えた後、一八五九年五月に訪れたチモール島は古くからポニー（小型ウマ）で有名なので、おそらくダーウィンにこの島を調査する予定を知らせていたのだろう。『種の起原』ではマレー諸島のウマの縞模様の資料があると明言されているので、ウォーレスからなにがしかの情報提供があったと推測できる。

(10)　ウォーレスのマレー諸島での採集品のうち膜翅目の分類と新種記載論文は、すべてスミスによってリンネ協会で発表された。その論文

――私はフッカーをヨーロッパで、断然、もっとも有能な判事とみなしています。

　あなたの健康とあなたが追求されているすべてにおける成功を、本当に心の底から願っています。神はご存じでしょうが、賞賛されるべき熱意と行動力が成功の資格ならば、あなた以上に資格を持つ人はいないでしょう。

　私は自分のなすべきことが終わりに近づきつつあるように感じています――要約を出版できて、そしてたぶん、同じ主題の大きな著作[16]を出版できたとしたら、それで私の生涯は終わりということになるでしょう。敬具

C・ダーウィン

の紹介者はすべてサウンダーズである。サウンダーズは資産家だったようなので、ウォーレスの採集標本を購入して所蔵し、その研究を大英博物館の膜翅目の専門家スミスに依頼したのであろう。スミスとサウンダーズについては、巻末の人名解説を参照。

(11)　ダーウィンは『起原』第七章「本能」で、ミツバチやマルハナバチなどハナバチ類の造巣本能についてかなり長い議論を展開している(岩波文庫版、上巻の二九一―三〇五頁)。またウォーレスも後に、ミツバチの巣に関連した論文を書いている（Wallace, 1863a)。この論文については、ダーウィンからウォーレスへ、一八六四年一月一日付け（4-3）を参照。

(12)　第一章冒頭の解説で述べたように、ウォーレスは標本採集人であった（一一頁下段）。チモール島で採集したミツバチの巣を彼はダーウィンに提供したことが、第4章で紹介する書簡4-2（ダーウィンからウォーレスへ、一八六二年八月二〇日付け）、および第4章冒頭で一部引用するダーウィンからウォーレスへの同年四月七日付けの書簡からわかる。『D新書簡集』第七巻の編者注（二四二頁、注9）によれば、ダウン・ハウス（ダーウィンの住居、現在はダーウィン博物館）の旧書斎に当時のままに展示された標本箱のなかにミツバチの標本があり、そのラベルにはダーウィンの自筆で「ミツバチ類／チモール／ウォーレス／巣あり」と書かれているという。ウォーレスはダーウィンにチモール行きの予定を知らせたのではという、右の注9で述べた推測は、このミツバチの例からも裏付けられることになる。なお『マレー諸島』の第13章「チモール」に、地元の人々がオオミツバチの巣をどのように採取するかが描写されている。

(13)　いうまでもなく、一八五八年七月一日にリンネ協会でダーウィンの草稿からの抜粋などとともに発表された自然選択説論文のこと（注6参照）。

(14)　リンネ協会で発表されたダーウィンの草稿からの抜粋は、一八三九年ではなく一八四四年に書かれた「試論《エッセイ》」（通称）からとするのが定説である（たとえばド・ビア『ダーウィンの生涯』一三三頁）。その根拠は、『D自伝』の次の記述である（一四九―五〇頁）。すなわち、ダーウィンは「一八三八年一〇月に……マルサスの『人口論』を読

ん」で自然選択のアイデアを思いついたが、「偏見を避ける」ため「しばらくのあいだは、それの非常に簡単な概要も書かないでおくことにきめた」。そして「一八四二年六月に、私ははじめて、自分の理論の非常に簡単な摘要を鉛筆で三五頁分書いて満足することを自分に許した。これは、一八四四年の夏のあいだに、二三〇頁のものに拡充された」。

一八三九年をしめす記録は、リンネ協会でのダーウィン＝ウォーレス共同発表の紹介者ライエルとフッカーが学会事務局長J・J・ベネットにあてた書簡で、この草稿は「一八三九年にスケッチされ、一八四四年に複写されて、同年にフッカーがこの複写を読み……」とされている（Darwin and Wallace, 1858, p. 45 および『D新書簡集』第七巻の一二三頁）。またこの複写された草稿の冒頭に付された目次に、「これは一八三九年にスケッチされ、一八四四年にあなたが書き込み、読んだように、要約せずに複写された」とダーウィンによる書き込みがあり、この「あなた」とは草稿に目を通して意見を書き込んだフッカーのこととされる（『D新書簡集』第七巻、一二二頁の注5）。しかしケンブリッジ大学図書館ダーウィン文書室の所蔵資料のなかに、一八三九年にこのような草稿が書かれたことを裏付ける証拠はないという（同右、一二四頁の注4）。

(15) リンネ協会誌でも脚注で同じことを付記している。すなわち「この草稿はけっして発表を意図して書かれたものではなく、したがって注意を払って書かれたものではない——C・D　一八五八」。

(16) ダーウィンは結局は『ビッグ・スピーシス・ブック』の刊行をあきらめ、そのうちの一部を『家畜と栽培植物の変異』として一八六八年に刊行するにとどまった。またほかの部分は、最近になってStauffer, R. C., ed., 1975として刊行されている。なお、ダーウィンのなすべきことがこれですべて終わることはもちろんなく、その後も植物、昆虫による受粉、ミミズと土壌などの研究をつづけ、一〇冊以上の著書を残した（本書プロローグ、三—七頁の年表を参照されたい）。

2

ダーウィンからウォーレスへ

1859. 4. 6

ダウン、ブロムリー、ケント州
一八五九年四月六日

親愛なるウォーレス殿

今朝、あなたからの一一月三〇日付けの友情にあふれた気持ちのよい手紙を受け取りました。[1] 私の原稿の最初の部分はマレーの手元にあり、出版するかどうかの判断をしてもらっています。[2]

前書きはありませんが、短い序言をつけましたので、私の本を読んでくれるどの人もかならず読むでしょう。この序言の第二段落[3]を私のきたない副原稿から逐語的に写しておきましたので、私があなたのリンネ協会紀要の論文[4]を公平に指摘していること、あなたにわかっていただけるものと希望しています。あなたに忘れていただきたくないことは、私がいま出版しようとしているのは要約にすぎず、参考文献をあげていないということです。もちろん、あなたの分布についての論文[5]にも言及することになりますし、あなたの法則のあなた自身による説明が私の提出するものと

（1）　ここでふれられている〔一八五八年〕一一月三〇日付けのウォーレスの手紙は残っていない。ウォーレスはリンネ協会での自然選択説共同発表についての礼状を、おそらく一八五八年一〇月六日前後にダーウィンとフッカーに送り、その三日後の一〇月九日にバチャン島に向け出航して翌年四月まで滞在していた。したがって、この一一月三〇日付けの手紙はバチャンで書かれたことになる。いうまでもなく、ダーウィンの前便（一八五九年一月二五日付け、2-1）はまだ書かれていないが、そのなかで二人の連名で発表された自然選択説が掲載されているリンネ協会誌と別刷りをすでに送付したと伝えている。リンネ協会誌の該当号の発行は一八五八年八月二〇日であり、ウォーレスがバチャンに向け出発した一〇月九日にはまだ届いていなかっただろうが、一一月三〇日までにはテルナテ経由でバチャンに届けられ、ウォーレスはそれに対する礼状としてこの手紙を書いたのだろう。この推測は、ウォーレスがバチャンから英国の幼なじみジョージ・シルクにあてた手紙（『W自伝』上巻、三六五―七頁）で「この八月のリンネ協会誌」を見るように言っていることからも裏付けられる。このシルクあての手紙は一一月下旬ごろ、バチャンからテルナテに向かうオランダ植民地政府の船に託されたという。

（2）　『種の起原』の原稿のことであり、マレーとはそれを出版したジョン・マレー社のこと。執筆の進行状況についてはダーウィンの前便（2-1）の注4を参照されたい。

（3）　『起原』（岩波文庫版）上巻の一一―一二頁。「序言」のなかで、ウォーレスから論文が届き、ライエルとフッカーがリンネ協会での連名発表を手配した経過が記されている。

（4）　一八五八年七月一日にリンネ協会でダーウィンの草稿の抜粋など

同じであることを、手紙のやりとりで知ったということを付け加えました⑥。

あなたがおっしゃるように、選択が変化の原理であるという結論に私が達したのは家畜と栽培植物の研究からで、その後にマルサス〔の『人口論』〕を読み、ただちにこの〔マルサス〕原理がどう適用できるかわかりました⑦。地理的な分布と、南アメリカの絶滅動物と現在の動物との地質学的な関係が、最初に私をこの主題に導きました⑧。とくにガラパゴス諸島の例です。

来月の早いうちに印刷に入ればと願っています⑨。五〇〇頁くらいの小さな本になるでしょう。もちろん、一部お送りします。

あなたに知らせたかどうか忘れてしまいましたが、イギリスで最高の植物学者であり、おそらく世界でも最高の植物学者であるフッカーは完全に改宗し⑩、いま信仰告白をただちに発表しようと準備中です⑪。私は毎日、その校正刷りが見られるのを楽しみに待っています。ハクスリーは心変わりし、種の変化《ミューテーション》を信じていますが、われわれの側に改宗したかどうかはよくわかりません。私たちはこれから生涯のあいだ、すべての若者たちが改宗するのを見ることになるでしょう。私の隣人の卓越した博物学者J・ラボック⑫は、熱狂的な改宗者です。

ともに発表された自然選択説論文のこと（2-1の注6参照）。

(5)『W書簡集』の脚注によれば、ウォーレスが一八五五年二月にボルネオ島のサラワクで書いた進化論宣言論文のこと（Wallace, 1855）。『起原』初版ではウォーレスが三個所で言及され、最初の個所は右の注3の「序言」であり、残る二個所は地理的分布を論じた第一一章と一二章である。

(6)『起原』第一一章「地理的分布」で、ウォーレスが一八五五年二月にサラワクで書いた論文で提起した法則（簡単にいえば「種は種から生じる」とする法則）が原文のまま引用され、手紙のやりとりについてもふれられている（下巻、九九―一〇〇頁）。

(7) マルサス原理と家畜や栽培植物の人為選択については、リンネ協会でウォーレスの論文とともに発表されたダーウィンの一八四四年草稿の抜粋とエーサ・グレイあて一八五七年九月五日付けの手紙で論じられている（2-1の注6を参照）。またダーウィンはリンネ協会の一件をウォーレスに報告した一八五八年七月一三日付けの手紙で、本章冒頭の解説で指摘したように、彼の未完の大著『ビッグ・スピーシス・ブック』の目次を知らせていたと考えられる。おそらくウォーレスはそれらを一生懸命に勉強し、ダーウィンに質問のようなことを書き送ったのだろう。また『D自伝』（一四九頁）でも、家畜栽培植物の例から選択の重要性をすぐに理解し、そのしばらく後にマルサスの『人口論』を読んで自然選択説に到達したと、ここでと同じ説明がされている。

(8) いうまでもなくビーグル号航海中の観察による。ダーウィンの日誌には、これと同じ記述がある。「〔一八三七年〕七月に〝種の転成〟について最初のノートブックを開く。この三月ごろから、南アメリカの化石やガラパゴス諸島の種の形質について深い印象を受けてきた。これらの事実（とくに後者）は私のすべての見解の出発点である」（『ダーウィンの生涯』七六頁）。

(9)『起原』の原稿は、この手紙の一ヵ月後の五月一〇日にすべてが出版元ジョン・マレー社に送られ、同月の二五日にダーウィンは校正刷りに手を入れはじめた（2-1の注4参照）。

(10) 原語は「convert」であり、「改宗」ではなく「転向」と訳しても

博物学関係の記事で、あなたが〔マレー〕諸島でよい仕事をなされていることを見ています[13]。そして心の底からあなたに共感をおぼえています。どうか、健康に気をつけてください。自然科学のために働くあなたほど高貴な労働者が、これまで何人いたでしょうか。

ご幸運を祈りつつ、ではまた——敬具

C・ダーウィン

追伸——私たちの論文の公表にあたってなされたすべてに対するあなたの態度に見られるあなたの精神を、私がどれほど賞賛しているか、あなたにはお分かりにならないかもしれません。じつは、あなたが発表する前には私はなにも発表しないという手紙を書いていました[14]。私がその手紙を郵送しなかったのは、そのときライエルとフッカーから手紙を受け取り[15]、なにか原稿を彼らに送り、また私たちの両方にとって公平で名誉になると考えるよう行動する許可がほしいと説得されたからです。私はそのようにしました。

いいのだが、「信仰告白（confession of faith）」という言葉も使われているので、ダーウィンはあえて宗教的なニュアンスをもたせていると解釈した。

(11) おそらく、Hooker (1859) のことだろう。

(12) ラボックについては、巻末の人名解説参照。

(13) どの記事をさしているかはわからない。この時期、ウォーレスから代理人スティーヴンズあての手紙がロンドン動物学協会やロンドン昆虫学協会の例会で紹介され、それぞれの議事録に掲載されたり、また大英鳥類学者連盟の機関誌や一般向け博物学雑誌『ズオロジスト』などに掲載されたりしていた（Smith, 1991 の巻末に付されたウォーレスの全著作リストによる）。ダーウィンが見たというのは、それらのことであろう。

(14) ダーウィンがウォーレスに先取権放棄の手紙を書いていたが出さなかったことは、フッカーあての一八五八年七月一三日付けの手紙から裏付けられる——「……ウォーレスに先取権を渡すという手紙を半分書いていて、ライエルとあなたの並々ならぬご親切がなかったなら、その方針を変えることはけっしてなかったでしょう」（『D新書簡集』第七巻、一二九頁）。

(15) ライエルとフッカーからダーウィンが受け取った手紙は残っていないが、この前後の状況はダーウィンがライエルに善後策を相談した手紙からだけでも、ある程度までは想像できるだろう（本章冒頭の解説、二九頁に引用したので参照されたい）。

3 ダーウィンからウォーレスへ

1859. 8. 9

ダウン、ブロムリー、ケント州
一八五九年八月九日

親愛なるウォーレス殿

あなたのお手紙と研究論文を(1)、〔八月〕七日に受け取りました。明日、リンネ協会に送っておきます。ただし、一一月の初めまで例会がないことを、ご承知おきください。

あなたの論文は、その内容も形式も推論も見事だと思いますし、読ませていただいたことに感謝しています。この論文を数ヵ月前に読んでいたなら、私の今度の著書(2)にとって得るところがあったにちがいありません。しかしこの問題に関する二章(3)は活字が組まれてしまっていて、まだ校正前ではあるのですが、疲れきってしまい健康もすぐれないので、一語も加えず文体をととのえるだけにとどめようと心にきめています。ですから、あなたは私の見解があなたのそれとほとんど同じだと知ることでしょうが、私があなたの考えを読んで一語たりとも変えたのではないと考えていただければと思います。

(1) 研究論文とは、「マレー諸島の動物地理学について」(Wallace, 1860) のこと。この論文はリンネ協会の一八五九年一一月三日の例会で、ダーウィンの紹介によって読み上げられた。ウォーレスがこの論文の準備をはじめたのはバチャンに滞在していた一八五九年三月ごろで、四月二〇日にテルナテに戻ってから清書して発送したと推測される(拙著『種の起原をもとめて』二八〇頁)。この論文におそらく短い手紙が添えられていただろうが、それに該当する手紙は残っていない。この時点でウォーレスは、ダーウィンからの同年一月二五日付けの手紙 (2-1) は受け取っていたかもしれないが、同年四月六日付けの手紙 (2-2) はまだ受け取っていない。

(2) いうまでもなく『種の起原』のこと。ダーウィンは五月二五日に校正刷りに手を加えはじめ、一〇月一日にその作業を完了させた (2-1の注4参照)。

(3) 『起原』の第一一章「地理的分布」と、第一二章「地理的分布(続)」。

(4) ダーウィンは『起原』第一二章「地理的分布 (続)」でアール氏のこの見解を引用し (下巻の一四七―八頁)、ウォーレスは『マレー諸島』第1章「自然地理」(上巻の四二頁) と第34章「ニューギニア」(下巻の三〇三頁) でアール氏の見解を引用した。アール氏については、巻末の人名解説も参照。

(5) 『マレー諸島』第14章「チモール島群の博物学」での哺乳類についての記述 (上巻、三三八頁) は、改訂第一〇版 (一八九一年) では「陸生哺乳類は六種」とされているが、初版 (一八六九年) では「陸生哺乳類は七種」となっていて、「*Felis megalotis*――チモール特産のヤマネコといわれ、内陸部のみに生息し、きわめて稀である。もっと

W・アール氏[4]が数年前に、マレー諸島の動物の分布を島間の海の深さと関連づけた見解を発表しているのをご存じですか？　私はこれを見ておおいに感心し、この諸島や他の地域における分布に関するあらゆる事実をそれと関連させてメモするのが習慣となっています。それによって私が到達した結論は、マレー〔諸島〕のいろいろな島にかなりの帰化がみられ、私の考えでは、そのことによって異例がある程度まで説明されるのではということです。チモールが私にとって最大の謎です。この島の特産のネコ属（*Felis*）[5]について、あなたはどうお考えですか？　あなたがチモールをすでに訪れているとよいのですが[6]。この島でマストドンの化石かゾウの歯（どちらだったか忘れてしまいました）[7]が発見されたとされていますが、これは重要な事実です。セレベスがきわめて特異な島だとは知っていましたが、しかしアフリカとの関係は初耳の驚くような話で、私にはほとんど信じられません[8]。南西オーストラリアの植物と喜望峰の植物との関係と同じくらいに異例なことです[9]。

　大洋諸島の〔生物の〕移住については、私〔の見解〕はあなたと全面的に異なっていますが[10]、しかし他のすべての人たちがあなたの側につくでしょう。大洋中のそれほど遠くないところにある島々については、あなたにまったく同意します。生物が十分に生息している陸地のあいだで多少の

も近縁な種はジャワにいる」という一節があった。『D新書簡集』第七巻の編者注（三二四頁の注3）によれば、アール（右の注4参照）の一八三七年の旅行記にチモール特産のヤマネコの記述があり、ダーウィンはそれを読んで「Eノート」にメモを書き込んでいるという。

(6)　2-1の注9と12を参照。

(7)　『D新書簡集』第七巻の編者注（三二四頁の注5）によれば、ダーウィンの「Eノート」にグリーノウ（ロンドン地質学協会の創設会員で初代会長。巻末の人名解説を参照）が作成した地図からのメモがあり、チモールで発見されたとされるマストドンのことが書かれているという。この地図はグリーノウが一八四三年から作成を開始し、死の前年の一八五四年に刊行されたインドの地質図のことだろう。なおマストドンとされている化石は、おそらく近縁のステゴドンの化石だろう。チモールからステゴドン類の化石が出土している（Whitmore ed. 1981. p. 66）。

(8)　ウォーレスはこの論文で、セレベス（スラウェシ）島にクロザルやバビルーサ、アノアなどアフリカに類縁をもつ動物が特異的に分布することから、かつての古い時代にこの島とアフリカ大陸とのあいだになんらかの接続があったことを示唆した（拙著『種の起原をもとめて』第10章とくに二八五—九四頁参照）。次の注9も参照。

(9)　アフリカ南端の喜望峰周辺は、ごく狭い範囲ながら特異な植物が分布し、植物地理学ではケープ植物区系界という独立した地域として区分されている。オーストラリア南西部との関係は不明だが、ダーウィンの念頭にはおそらくフッカーがまとめたばかりのオーストラリアの植物相の研究（2-2とその注10）があったと推測される。

(10)　ウォーレスがかつての陸地の接続による移住という当時の主流派の考えを採用していたのに対して、ダーウィンはただ一人、偶然の機会的な移住を考えていた。ダーウィンはウォーレスが自分と意見を異にすることに、文通をはじめてすぐに気がついていた。1-1の注17、および1-3の後半部を参照されたい。

(11)　これらの例は『起原』第一二章「地理的分布（続）」で述べられている（下巻、一四二—三頁）。また『D新書簡集』第七巻の編者注（三二四頁の注8）によれば、この部分にウォーレスが次のような書

偶然による移動交流があることには全面的に賛成しますが、同じことが隆起しつつある、生物のあまりいない島々に適用されるとは考えません。

マデイラ諸島やアゾレス諸島まで（またアメリカからバミューダ島まで）、毎年、鳥が風で飛ばされていくことをご存じでしょうか。[11] 私はフォーブズの大陸大拡張[12]〔説〕を信じないことの理由を十分に要約できたと思いたいのですが、もう遅すぎてなにひとつ修正できないでしょう。私は疲れきってしまい、休息をとらねばなりません。

オーエン[13]は、私は確信をもっていますが、私たちに激烈に敵対すると思います。しかし私はほとんど気にしていません。彼は論証が下手ですし、世間とくに貴族社会の正論をよくよく考慮する男だからです。

フッカーはオーストラリアの植物相の壮大な序論[14]を刊行するところで、やるべきことを思いきりやっています。私はその校正刷りを半分ほどまで見たところです。敬具

C・ダーウィン

短い手紙で失礼しますが、体調がかなりよくないのです。[15]

き込みをしているという――「鳥類は進路をはずれても陸地にたどりつくことができる、ほかの動物や植物は風や潮流にたよるしかない」（傍点原文）。この書き込みがいつなされたかは不明だが、内容から考えて、一八八〇年に刊行された『島の生物』（Wallace, 1880b）を執筆するさいかもしれない（第14章参照）。

(12)　エドワード・フォーブズと彼の大陸拡大説については、1-3の注6と7を参照されたい。またダーウィンが述べているフォーブズに対する反対意見の要約は、『起原』第一一章「地理的分布」に見ることができる（下巻、一〇一―三頁）。フォーブズについては、巻末の人名解説を参照。

(13)　オーエンについては、巻末の人名解説を参照。

(14)　フッカーが刊行の準備を進めていたオーストラリアの植物相の序論については、2-2とその注10を参照。その手紙でも、ダーウィンが校正刷りを見ることになっているとされていた。

(15)　ダーウィンの慢性的な体調不良については、1-1の注18を参照されたい。

第3章　『種の起原』の刊行

ウォーレスとダーウィンのあいだの文通が開始されてから、すでに三年が経過した。まだ三年というべきかもしれないが、往復書簡の内容にはあきらかに変化が見られ、二人のあいだの関係が落ち着いたものになってきている。生涯にわたる文通相手に対する、それぞれのスタンスがさだまったといっていいだろう。

一八五六年一〇月一〇日、ウォーレスはダーウィンにはじめて手紙を書いた。彼が一八五五年二月にボルネオ島のサラワクで書いた進化論宣言論文について、その分野の先達に意見をもとめる手紙だった。その返事を待つまでもなく、アルー諸島探検の成果もあって彼の進化論は急激に展開していった。そして一八五八年二月、進化論宣言論文を書いてちょうど三年後、香料諸島の小島テルナテでマラリアのため病床に伏していたウォーレスの脳裏に、突然、自然選択のアイデアがひらめき、彼の進化論は完成した。その理論をしたためた論文を、ウォーレスはダーウィンに送った（ウォーレスの進化論の成立過程については、拙著『種の起原をもとめて』を参照されたい）。

ダーウィンにしてみれば青天の霹靂だったことだろう。まだ二通しか手紙をやりとりしていない若い博物学者から、彼自身が二〇年も研究してきた進化の自然選択説の論文が届いたのだから。ダーウィンとその周辺がどれほど混乱し、どのように事態が打開されたかは、第2章で紹介した書簡類が物語っている。

その後もウォーレスは探検をつづけ、一年後には「マレー諸島の動物地理学について」と題した論文をダーウィンに送り、一八五九年一一月三日にダーウィンの紹介によってリンネ協会で発表された（2-3を参照）。自然選択説とならぶ彼の二大業績である「進化論にもとづく動物地理学」の論文であり、彼の名をいまに残す「ウォーレス線」は、この論文ではじめて指摘された――バリ島とロンボク島のあいだを通り、アジアの動物相とオーストラリアの動物相を分ける動物地理学上の境界線である。

自然選択説のリンネ協会での発表はダーウィンとの連名で

あり、見た目にはダーウィンの添え物というかたちがとられていた。しかし「動物地理学」論文は単名での発表であり、しかも著名な学者ダーウィンの紹介である。この二度目のリンネ協会での発表の意義は大きい。標本採集業をいとなむアマチュア博物学者であったウォーレスが、一人前の学者として学界にデビューしたことを意味するからである。

ダーウィン側にも大きな変化があった。リンネ協会での自然選択説連名発表を機に、ダーウィンは未完の大著『ビッグ・スピーシス・ブック』の執筆を中断し、その要約版である『種の起原』にとりかかった。この歴史的な著作の出版は一八五九年一一月二四日、初版一二五〇部は即日完売した。ウォーレスの「動物地理学」論文がリンネ協会で発表されて、ちょうど三週間後である。

本章で紹介する二人のあいだの往復書簡は、この時期からウォーレスがマレー諸島探検を終える直前までのものである。

ダーウィンは『種の起原』の出版を手紙でウォーレスに知らせ、それに対する反響をこまごまと報告している。しかしよく読んでみれば、『種の起原』そのものではなく、あくまで二人（ダーウィンとウォーレス）の自然選択説への反響とダーウィンが認識していることがわかる。自然選択説は前年の七月一日のリンネ協会例会で連名発表されたのであって、『種の起原』ではじめて公表されたわけではない。ダーウィンはウォーレスを、自然選択説の共同発見者としてあつかっている。

いっぽうウォーレスのほうには、自然選択説への世間や学界の反響にあまり関心をしめしているようすが見えない。自分が自然選択説の連名発表者であることすら、忘れているようである。むしろ『種の起原』を絶賛する言葉が目立ち、ダーウィンの理論をより洗練し完成させるための資料と議論を提供しようとしている。ダーウィンを師とあおぎ、二歩も三歩も下がった立場から学びつつ討論させてもらうという意識が、一貫して感じられる。彼のこの態度は、ダーウィンが他界した後も変わることなく堅持された（拙著『種の起原をもとめて』のエピローグで紹介した、一九〇八年にリンネ協会が開催した自然選択説発表五〇周年記念式典でのウォーレスの挨拶を参照されたい）。

ウォーレスがダーウィンと『種の起原』をどれほど高く評価していたか、幼友だちジョージ・シルクあての一八六〇年九月一日の手紙を見てみよう（『W自伝』上巻、三七二―三頁）。

もう一冊の本（『種の起原』）のことは、きみも耳にしているかもしれないし、ひょっとしたら読んでいるかもしれないけれど、だれであっても一度通読しただけで理解できるような本ではありません。ぼくはこの本を五回か六回は読み、そのたびに賞賛の気持ちが増しました。この本はニュートンの『プリンキピア』に匹敵するほど長生きするでしょう。この本は自然が、以前の手紙でも書いたように、その雄大さと広大さにおいて、ほかのなにとくらべても劣らない研究分野であることをあきらかにしています。天文学の周期、あるいは地質学の期間を考えただけでも、この地球上における生命の緩慢な生長を理解しようとするとき、どれほど深遠な時間を考察しなければならないかわかるでしょう。重力の法則のきわめて複雑に入り組んだ結果も、太陽系のすべての天体のあいだの相互干渉も、どういった形態の生命が、どのような割合で生存するかを決定している錯綜した関係や複雑にからみあった闘争にくらべたなら、いとも単純なものといわなければならないと思います。ダーウィン氏はひとつの新しい科学を世界に提供したのです。彼の名前は、ぼくの意見では、古代と現代のどの哲学者より上に位置づけられるべきです。これ以上の賞賛の言葉は見つかりません!!!

ほぼ同じ賞賛の言葉を、ウォーレスは義兄シムズと博物学仲間の親友H・W・ベイツにも書き送っている（拙著『種の起原をもとめて』第11章）。ウォーレスにとって、ダーウィンは「博物学のニュートン」にほかならなかった。

シルクへの手紙からの引用の後半部の「重力の法則」「太陽系の天体」「生命」といった言葉から、ウォーレスが『種の起原』の末尾の有名な一節にどれほど強い感銘を受けたかをうかがい知ることができる。その一節を引用しておけば……「生命はそのあまたの力とともに、最初わずかのものあるいはただ一個のものに吹き込まれたとするこの見かた、そして、この惑星が確固たる重力法則に従って回転するあいだに、かくも単純な発端からきわめて美しくきわめて驚嘆すべき無限の形態が生じ、いまも生じつつあるというこの見かたのなかには、壮大なものがある」（岩波文庫版、下巻、二六一―二頁）。

ウォーレスにとってダーウィンを手助けできるだけで、十分に嬉しかった。しかもそのダーウィンが自分に一目置いてくれているのである。

1

ダーウィンからウォーレスへ

1859. 11. 13

ダウン、ブロムリー、ケント州(1)

一八五九年一一月一三日

拝啓

　マレー〔社〕に私の本を一冊、郵便で（もし可能なら）あなたに送るようにいっておきましたので、この手紙と前後してあなたの手元に届くものと思います(2)（注——指の調子が悪く、字がいつも以上に汚くて申しわけない）。よろしければ、この本についてのあなたの全般的な印象をぜひ聞かせてください。あなたはこの問題を深く考えてきたわけですし、私とほとんど同じ水路をたどってきたのですから。あなたにとって少しでも目新しいことがあればと願っていますが、さほど多くないのではと不安をおぼえています。以前にもいったように、この本は要約にすぎず、かなり圧縮しています。世間がどう考えるかは、神のみぞ知るでしょう。ライエル以外には、まだ誰も読んでいません(3)。彼とはかなりやりとりしました。フッカーはライエルが完全に改宗したと考えていますが、彼が私に書いてくる手紙では

(1) 手紙の後半に断り書きがあるように、ヨークシャー州のイルクリー（Ilkley）から郵送され、『W書簡集』に収録のさいには「イルクリー」と修正されている。イルクリーにはエドムンド・スミス博士（Edmund Smith: 1804-1864）の水治療施設があった。

(2) いうまでもなく『種の起原』のこと。同年一一月二四日にジョン・マレー社から出版された。見本刷り一冊は、一一月三日にはダーウィンのもとに届いていた（ジョン・マレーからダーウィンへ、一一月二日付け、およびダーウィンからジョン・マレーへ、一一月三日付け、『D新書簡集』第七巻、三六四—六頁）。他の寄贈相手への手紙が一一月一一日から書かれはじめているので、その前後にジョン・マレーに発送を手配したものと推測される。九四名の寄贈先リストは『D新書簡集』第八巻に付録Ⅲとして収録され、ウォーレスは「シンガポールのハミルトン・グレイ社（Hamilton Gray & Co.）気付」となっている。ウォーレスが『種の起原』を受け取ったのは、アンボイナ（アンボン）島にいた一八六〇年二月ごろと考えられ、二月一六日付けでダーウィンに礼状を書いた（3-3を参照）。

(3) ダーウィンがライエルに校正刷りを読んでもらったことは、一八五九年九月二日付けのダーウィンからライエルおよびジョン・マレーあての手紙などで裏付けられる（『D新書簡集』第七巻、三二九—三〇頁）。この前後の手紙を見るかぎり、ダーウィンがフッカーなどほかの人に校正刷りを送った形跡はない。

(4) ライエルとフッカーは、前章冒頭の解説で述べたように、一八五八年七月一日のリンネ協会におけるダーウィンとウォーレスの連名発表の紹介者である（2-1の注1と2も参照）。そのさいにダーウィンの草稿の抜粋とともに、ダーウィンがエーサ・グレイ（巻末の人名

そうとは見えません。ただし、彼がこの問題に深い関心をもっていることは明白です。あなたがこの学説を共有していることを、フッカー、ライエル、エーサ・グレイ[4]等々といった本物の判事たちが見落とすことがあるとは、私には思えません。

　スレイター氏から聞きましたが、あなたのマレー諸島についての論文がリンネ協会で読み上げられ、彼はきわめて深く興味をもったそうです[5]。

　私はこの六ヵ月から九ヵ月ほどのあいだ、健康状態のため一人の博物学者とも会っていないものですから、あなたに伝えるほどのニュースがひとつもありません。この手紙はイルクリー鉱泉[6]で書いています。家族といっしょにこの六週間ほど過ごしていますが、あと何週間かは滞在するつもりです。いまのところ、とくによくなってはいません。いつになったら体力が回復して大きなほうの本[7]にとりかかれるのか、神様に教えてもらいたいものです。

　あなたの健康を心から祈念しています。素晴らしいコレクションと、それ以上に大きな思索の材料を手にしての帰国を、そろそろ考えているのではありませんか。出版[8]をどうするか、迷われることでしょう。王立協会の基金は考えてみる価値があると思います。

　どうぞお元気で　敬具

チャールズ・ダーウィン

解説を参照）にあてた一八五七年九月五日付けの手紙からの抜粋も読み上げられた。

（5）　ウォーレスの論文「マレー諸島の動物地理学」は、ダーウィンの紹介によって同年一一月三日のリンネ協会例会で読み上げられた（2-3参照）。スレイターはその例会に出席していたのだろう。じつはこの論文は、スレイターがその前年に発表した鳥類の分布にもとづく動物地理学の論文に触発されたものだった。論文の冒頭でそのことにふれられているし、また直前に鳥類学の専門誌『アイビス』に同じ問題をめぐるスレイターへの公開書簡を投稿していた（拙著『種の起原をもとめて』の第11章、とくに二八〇―七頁参照）。

（6）　注1を参照。

（7）　一八五六年四月に書きはじめた未完の大著『ビッグ・スピーシス・ブック』（1-1の注3参照）、あるいはその一部を完成させた『家畜と栽培植物の変異』（一八六九年）のいずれを指しているか、判断はむずかしい（2-1の注3も参照）。ダーウィンはこの手紙の二ヵ月後の一八六〇年一月九日に『ビッグ・スピーシス・ブック』の変異の部分の原稿を読み返しはじめ、同年三月二四日に『家畜と栽培植物の変異』の執筆に着手した（『D新書簡集』第八巻の付録Ⅱ「ダーウィンの日誌」による）。

（8）　旅行記や探検記のことだろう。すでに一八五七年五月一日付けの、ウォーレスへの第一信（1-1）に「旅行記」を期待する言葉が見えたが、具体的な提案というよりは、一般的な話題と受け取るべきだろう。ウォーレスは帰国して六年後の一八六九年に『マレー諸島』を出すことになる。

（9）　ハクスリーの改宗についてダーウィンは、半年前の手紙（2-2）でもふれていた。

前にも伝えたかと思いますが、フッカーは完全に改宗していますす。ハクスリー[9]を改宗させられたら嬉しいのですが。

2

ダーウィンからウォーレスへ

1860. 3. 7

ダウン、ブロムリー、ケント州、S・E
一八六〇年三月七日[1]

親愛なるウォーレスへ

あなたが送ってくれたあて先[2]、とくにラジャ[3]の住所はとても役に立ちました。すでに二組の質問状を発送しました。あなたにも一組同封しますので、なんらかの回答がもらえるととてもありがたい。記憶についての追記は、最近になって挿入したものではけっしてありません。この質問状は私の原票になるので、ぜひ返送してください。私のねらいは、風変わりといわれるかもしれません――人間についての試論に、ちょっとおもしろい付録をつけられたらと思っているのです[4]。

(1) この手紙は『D新書簡集』第八巻（一九九三年）には収録されていない。したがって『W書簡集』（一九一六年）が編纂された以降に紛失したと考えられる。ウォーレスは一八六〇年二月下旬から、セラム島を皮きりに小さな島々をめぐる漂流すれすれの旅をつづけていたので、この手紙を受け取ったのは同年一一月にテルナテに帰りついてからだろう。

(2) ダーウィンからの問い合わせに対して、ウォーレスがいろいろな人の住所を教えたと考えられる。これまでに紹介したどの手紙にも、該当する内容はない。ダーウィンからの問い合わせの手紙と、それに対するウォーレスの返信が別に存在していたことになるが、いずれも残っていない。英国とマレー諸島間の郵便は順調な場合には約三ヵ月で届くので、ダーウィンの問い合わせは一八五九年九月ごろ、ウォーレスの返信は同年一二月ごろの日付だったと考えられる。

(3) ボルネオ島サラワク地方を統治していた英国人ブルックのこと（1-1の注14を参照）。ブルックは一八五七年に一時帰国し、一八六〇年一一月まで英国に滞在していた。かなり著名な人物だったはずだし、王立地理協会の会員だったのだから、ダーウィンがどうして彼の

「保護適応」が雌のチョウでも、雌の鳥でと同じような役割を果たしてきた可能性を、私は全面的に認めます。[5] 私は性選択が人間に適用されることを私に信じさせるに足る、かなり多数の事実を手に入れていますが、[6] しかし他の人々を納得させられるかどうかはかなり疑わしいでしょう――

親愛なるウォーレスへ　敬具　　チャールズ・ダーウィン

3

ダーウィンからウォーレスへ

1860. 5. 18

ダウン、ブロムリー、ケント州

一八六〇年五月一八日

親愛なるウォーレス殿へ

今朝、アンボイナからの二月一六日付けのお手紙を受け取り、私の著書[1]についてのいくつかの批評とあまりに高い称賛を拝見しました。お手紙をいただいてたいへん嬉しく、

住所をウォーレスに問い合わせなければならなかったのか、疑問がないわけではない。

（4）『人間の由来と性選択』（一八七一年）か『人間と動物の感情の表出』（一八七二年）のことと考えられるが、いずれにも該当する付録はつけられていない。この質問状をどのような目的で、どの範囲の人々に送付したかも不明。

（5）ウォーレスは帰国後に、チョウ類や鳥類の雄がはでな目立つ色をしているのに対して雌が目立たないのは保護色だからという議論を展開する（後述、とくに第6章を参照されたい）。またウォーレス『熱帯の自然』の第5章「動物の色彩と性淘汰」も参照されたい。

（6）『人間の由来と性選択』（一八七一年）でダーウィンは、人種の進化を性選択で説明した。ウォーレスは帰国後、人間の進化と性選択をめぐってダーウィンと激しい論争を展開することになる（後述、とくに第9章を参照）が、この問題にはウォーレスの色彩論（右の注5参照）が大きく関係していた（拙論「性選択・ウォーレスとダーウィン」も参照）。

（1）『種の起原』のこと。3-1を参照されたい。

（2）『起原』第九章「地質学的記録の不完全について」のこと。

（3）ライエル以下、数名の人名については、巻末の人名解説を参照。

（4）ピクテの名前は『起原』で何度か言及されている（巻末の人名解説を参照）。彼が書いた書評はPictet（1860）。

（5）ブロンによる『起原』のドイツ語訳は、一八六〇年に刊行された。ただし抄訳で、しかも批判的な注と補筆が付されていた（『ダーウィン』七七九頁）。巻末の人名解説も参照。

また私の本のどの部分がうまくいき、どこが弱いかについて、私はほとんど完全にあなたに同意します。

地質学的な記録の不完全さ[2]は、あなたのおっしゃるとおり、最大の弱点です。ですが嬉しいことに、地質学での改宗者が、自然の科学の他の分野を追求している人々の場合より多いらしいのです。たとえばライエル、ラムゼイ、ジュークス、ロジャーズ、ケイザーリング[3]ですが、いずれも好人物であり本物です。ジュネーヴのピクテ[4]は改宗していませんが、あきらかに動揺していますし（ハイデルベルクのブロン[5]も動揺していると思います）、彼がジュネーヴの『世界図書誌』に書いた書評は完璧に公正なものです。老ブロンが私の本を翻訳してくれて、上手なドイツ語にもなり、また彼の名はよく知られているので広く読んでもらえるでしょう。地質学者のほうがただの博物学者よりたくさん改宗するのは、私の考えでは、彼らのほうが推論ということに慣れているからだと思います。

この主題についての意見の進展のことをお話しする前に、あなたが私の本のことを寛大な態度でいってくださっていることに、私がどれほど敬服しているかいわせてください。たいていの人は、あなたと同じ立場になれば、なにがしか[6]の妬みや嫉みを感じるものです。あなたはこの人類が共有する欠点から、なんと気高く解放されているのでしょう。

(6)　『W書簡集』では「苦々しい（bitter）」となっているが、『D新書簡集』第八巻では「なにがしかの（some）」となっている（二二〇頁）。おそらく前者の判読がまちがえていたのだろう。なお同日付けのライエルへの手紙でも同じ言葉が見える――「……妬みや嫉みと、なんと賞賛すべきほどに無縁なのでしょう。彼はいい男にちがいありません」（同、二一八頁）。

(7)　オーエンについては、巻末の人名解説参照。彼が書いた『起原』書評は、『エディンバラ・レヴュー』誌の一八六〇年四月号に掲載された。

(8)　『起原』第六章「学説の難点」でダーウィンは、有柄蔓脚類（エボシガイ類）の負卵帯が固着性蔓脚類＝フジツボ類では鰓になったと述べている（岩波文庫版、上巻の二四八―九頁）。またダーウィンは『起原』の前身である『ビッグ・スピーシス・ブック』に着手する前に、蔓脚類の膨大なモノグラフ四冊を完成させていた（一八五一―四年）。

(9)　セジウィックが『種の起原』を攻撃する論文を発表したのは、一八六〇年五月七日のケンブリッジ哲学協会の例会において。その内容はヘンズローからフッカーを通じて、ダーウィンに伝えられた（ヘンズローからフッカーへ、一八六〇年五月一〇日付け、『D新書簡集』第八巻、二〇〇頁）。巻末の人名解説も参照。

(10)　クラークはケンブリッジ哲学協会の例会（右の注9）でセジウィックに賛同する講演をおこなったものと推測される。聖職者でケンブリッジ大学解剖学教授を長年務めていたからである（巻末の人名解説を参照）。

(11)　セジウィックの『起原』攻撃をダーウィンに知らせたのはヘンズローだった（注9参照）。ヘンズローはケンブリッジ時代の恩師といってよく、ビーグル号航海に推してくれたのもヘンズローだった（巻末の人名解説を参照）。

(12)　フィリップス（巻末の人名解説を参照）はこの年、『種の起原』を批判する著書を刊行した（Phillips, 1860）。

(13)　ジャーディンは、『エディンバラ新哲学誌』に掲載された『種の起原』を批判する匿名書評の筆者と目されていた。巻末の人名解説をしかし、あなたはご自身のことを謙遜しすぎています。あなたに私と同じくらいの自由な時間があったなら、私が書いたと同じような、おそらく私のよりすばらしい著書を書き上げられたことでしょう。

妬みのことをいえば、オーエンが『エディンバラ・レヴュー』誌に書いたもの以上に嫉妬と悪意にみちた（しかも事実をねじまげてばかりの）文章を、あなたは絶対に読んだことがないでしょう[7]。一例をあげずにはいられません。彼は私が蔓脚類の負卵帯が鰓に変わった[8]としているのに対して、疑念と嘲笑を投げかけています。負卵帯が鰓になったのを私が証明していないからだというのです。ところが彼自身が蔓脚類について、私が書く前に、この器官が鰓であることをなんの躊躇もなく認めていたのです。

攻撃が次第に激しく絶えまないものになってきました。セジウィック[9]とクラーク教授[10]がケンブリッジ哲学協会で私に野蛮な攻撃をしかけましたが、ヘンズローが、改宗はしていませんが、私をよく弁護してくれました[11]。フィリップス[12]はケンブリッジの講義で、ずっと私のことを攻撃しつづけています。W・ジャーディン卿[13]は『エディンバラ新哲学誌』で、ウォーラストン[14]は『アナルズ・オブ・ナチュラル・ヒストリー』誌で、A・マレー[15]はエディンバラ哲学協会で、ハーフトン[16]はダブリン地質学協会で、ドーソン[17]は

参照。

(14) ウォーラストン（巻末の人名解説を参照）も匿名で『起原』批判の書評を『ＡＭＮＨ』誌に書いた。

(15) マレーは『エディンバラ王立協会議事録』に『起原』批判書評を載せた（6-4の注5参照）。巻末の人名解説を参照。

(16) ハーフトンはダブリン地質学協会での会長講演で『起原』批判をおこなった。巻末の人名解説を参照。

(17) ドーソンの『起原』を批判する書評が掲載されたのは『カナディアン・ナチュラリスト』誌。雑誌名の異同はダーウィンの単純な思い違いだろう。巻末の人名解説を参照。

(18) 『Ｄ新書簡集』第八巻の付録Ⅶ（五九八―六〇三頁）に、一八五九―六〇年に発表された『種の起原』の書評が、ダーウィンが収集したものも含めて網羅されている。

(19) ルイス・アガシはダーウィンの進化論に徹底して反対した一人。『起原』批判の書評は『米国学芸雑誌』に掲載された（*American J. Science and Arts* 2nd ser. 30: 142-54）。巻末の人名解説を参照。

(20) エーサ・グレイについては3-1の注4参照。

(21) ライエルははじめ『地質学の要素（*Elements of Geology*）』の改訂版で人間の問題をあつかう予定だったが、結局は別の著作『人類の古さ』（Lyell 1863）として出版した。次章の4-5の注5参照。

(22) フッカーの試論については、前章で紹介した手紙でも言及されている（2-2および3参照）。

(23) この三人の植物学者は、ダーウィンのこの前後の他の手紙から次の三人と見なせる。ダブリンのトリニティー・カレッジの植物学教授ウィリアム・H・ハーヴィー、エディンバラ大学の教授で王立植物園園長ジョン・H・バルフォア、グラスゴー大学の植物学教授ジョージ・A・W・アーノット。巻末の人名解説を参照。

(24) パトリック・マシューの先取権については、『起原』第三版（一八六一年）に付された「種の起原にかんする意見の進歩の歴史的概要」のなかで説明されている（上巻、三六六頁）。マシューについては、巻末の人名解説を参照。

(25) 自然選択説に関する先取権を主張したマシューの手紙は『ガーデ

『カナダ自然雑誌』で、ほかにもたくさんあります[18]。しかし私は焼きを入れられている鋼のようなものですから、これらのどの攻撃も私の闘う決意を強めてくれるだけでしょう。アガシ[19]は丁重な私信をよこしていますが、しかし私に対する攻撃の手は休めていません。ですがエーサ・グレイ[20]が英雄のように闘い、防衛してくれています。ライエルは塔のように毅然としています。この秋には人間の地質学的な歴史について出版[21]するので、そのなかで彼の改宗——すでに広く知れわたっていますが——を表明することでしょう。フッカーのみごとな試論は、あなたもすでに受け取っているかと思います[22]。頑固さも度を越していて、フッカーの試論を絶対に読まないだろう三人!! の植物学者の名前[23]をあげることができます。

変わったことがひとつありました。パット・マシュー氏というスコットランド人が、一八三〇年に軍艦用木材と植林についての本を出していて、その付録のなかで私たちの自然選択の見解を非常に明快に、ただし五—六節という非常に短い分量で書いているのです[24]。これは先鞭のもっとも完璧な例です。彼は『ガーデナーズ・クロニクル』誌に抜粋を発表しました[25]。私はこの本を持っていたので、私が完全に先を越されていたことを認める書簡を発表しました[26]。また昨日ライエルから聞いたことですが、ドイツ人のシャ

ナーズ・クロニクル』誌の一八六〇年四月七日号の三一二—三頁に掲載された。

(26) ダーウィンの返答は『ガーデナーズ・クロニクル』誌の一八六〇年四月二一日号の三六二—三頁に掲載された。

(27) シャッフハウゼンについては、巻末の人名解説を参照。言及されている小冊子は、次のものと考えられる。Shaaffhausen, H., 1853. Über beständigkeit und Umwandlung der Arten. *Verhandlungen des Naturhistorischen Vereines der Preussischen Rheinlande und Wsetphalens* 10: 420-451.

(28) 未完の『ビッグ・スピーシス・ブック』の一部が拡大され、一八六八年に『家畜と栽培植物の変異』として刊行された。3-1の注7を参照。

ッフハウゼン博士が数年前に発行した小冊子[27]を彼のところに送ってきていて、そのなかで同じ見解がほとんど先を越されているそうですが、私はまだこの小冊子を見ていません。私の兄はとても聡明な男で、いずれだれかが先にいたことがわかるだろうと、つねづねいっていました。

　私は大きな著作にとりかかっていますが、別の本として出版することになるでしょう[28]。しかし、健康がすぐれないのと手紙の群れのため、遅々としてはかどりません。こまごまとしたことを書いてしまい、あなたを退屈させていなければよいのですが。

　あなたのお手紙に心から感謝しています。あなたが科学だけでなくあらゆる面で成功されますよう切に願っています。敬具

チャールズ・ダーウィン

4

ウォーレスからダーウィンへ

1860. 12

〔一八六〇年一二月?〕[1]

「フォン・ブーフのカナリー諸島の植物相」[2]より。「大陸

(1)『W書簡集』には収録されていない。断片が近年になって発見されたらしく、『D新書簡集』第八巻に収録されている（五〇四頁）。ダーウィンは一八六二年以前の書簡類は処分し、資料として使える部分

では一種類の植物の各個体が非常に遠くまで分散し、場所によって栄養や土壌が異なるために変種が生じるが、あまり離れていると他の変種と交雑して古い型に戻ることがなく、ついには永続的な個別の種となる。そして、もしほかの方向で偶然に、その歩みが同じように変化した別の変種と出会ったとしても、両者は非常に異なった種となっているので、もはや相互にまじりあうことはない」。

追伸。「自然選択」は自然界のほとんどすべてのことを説明しますが、ただ一群の現象[3]だけは、私は自然選択で説明できないでいます。それは異なる分類群の動物で形状や色彩がくり返されるということですが、その二種類の動物はかならず同じ地域の、一般にまったく同じ地点で見られるのです。

このような現象は昆虫でもっとも目につき、私は絶えまなく新たな例に出会っています。同じ地域のチョウ類に似たガ類がいます。アゲハチョウ類(*Papilio*)は東洋ではルリマダラ類(*Euploea*)に、アメリカではドクチョウ類(*Heliconias*)に似ています。アンボイナで私は同じ木で同時に別の属の二頭のカミキリムシを捕まえたことがありますが、色彩も模様もよく似ていたので、別物だとわかったのはようやく数日後のことでした。当地でもそうですが、マカッサルではまったく同じ金属光沢のある青色と淡

だけをファイルしていた。この断片も資料として使う目的で保存されていたと考えられる(1-2の注1参照)。この手紙の日付けを『D新書簡集』第八巻の編者は「一八六〇年一二月」と推定しているが、根拠は十分とはいいがたい。「フォン・ブーフ……」からの引用は、新種が形成されるメカニズムについてであり、この文献は一八二五年ないし一八三六年のものと考えられる(次の注2参照)。ダーウィンは一八六〇年五月一八日付けの手紙(3-3)の最後のほうで、パトリック・マシューが自然選択説の先取権を主張していることを知らせている。したがって、ウォーレスがそれを読んで、進化論の先駆けとしてこんな例もありますと知らせた可能性を指摘できる。もしそうならば、『D新書簡集』の編者による「一八六〇年一二月」という日付の推定に矛盾しない。じっさい、ダーウィンは『種の起原』第三版に付した「種の起原に関する意見の進歩の歴史的概要」で、ウォーレスがこの手紙で知らせたフォン・ブーフの文献をパトリック・マシューにつづけてあげている(上巻の三六六頁)。しかし第三版の出版は一八六一年四月であり、ウォーレスの手紙の日付が推定通り「一八六〇年一二月」だったとすると、校正段階で書き足したにしても間に合ったのかどうか疑問がある。また今日の進化生物学の長老マイアは『生物学思想の成長』(Mayr, 1982)で、フォン・ブーフのウォーレスが引用したのと同じと考えられる部分を、地理的隔離による種分化機構のもっとも初期の指摘として引用している(p. 411)。ただし、マイアの英語訳とウォーレスの英語訳は言葉もいいまわしもかなり異なる。またマイアは、ウォーレスのこの手紙には言及していない。また追伸で述べられている不可思議な現象とは、のちに「擬態」と呼ばれることになる現象である。「擬態」を発見したのはウォーレスとともにアマゾン探検に出発したベイツであり、その説明は一八六一年一一月二一日にリンネ協会で発表された(Bates, 1862)。したがってウォーレスが擬態現象とその説明を知ったのは帰国後ということになる。じっさい帰国直前の一八六一年一一月ごろに書かれたベイツあての手紙(3-5の注18参照)では、ベイツがロンドン昆虫学会で発表したアマゾンのチョウ類の変異に関する論文のことは議論しているが、擬態現象にはふれられていない。また追伸の冒頭にある「自然選択」とい

いオレンジ色で、同じように細い溝のはいった *Malacoderm*〔ジョウカイボンモドキ類？〕の一種とオナガコメツキ類（*Elater*）の一種がいっしょに見つかるのですが、両者のあいだに類縁はまったくありません。たった数日前に私は新種の風変わりな小さなハンミョウ類（*Cicindela*）を捕まえましたが、同じところにいるメダカハンミョウ類（*Therates*）と大きさも模様もよく似ていたので、捕虫網から取り出すまで全然気づきませんでした。しかしこのふたつの属をわける構造的な特徴には、変化の徴候さえ見つかりません。

これらのことは、体表の色彩や模様や手触りが地域の条件に厳密に依存していることをしめしているように思えます。本国の昆虫学者たちは、昆虫を繁殖させる実験で、食物や光や温度などを昆虫が耐えられる範囲で変化させて、なにかやっているのかもしれません。家畜の変種で、白、黒、あるいは特定の色の変異を生じさせるようななにかを、あなたは見つけていませんか？　あるいは、縞ではなく斑点を生じさせるようなことは？(4)

ARW

う言葉をウォーレスは、自然選択説連名発表の論文が掲載されたリンネ協会の議事録、あるいはそれと前後して連名発表を知らせるダーウィンの手紙を受け取るまで知らなかった。手紙を受け取ったのは一八五八年一〇月ごろ（2-1の注1参照）、議事録を受け取ったのは同年一一月ごろ（同参照）と考えられる。しかし「自然選択は自然界のほとんどすべてを説明する」といういいかたは、ウォーレスが『種の起原』をすでに十分に研究していることをうかがわせる。彼が『種の起原』を受け取ったのは一八六〇年二月ごろであり（3-1の注2参照）、その後は八ヵ月半にもおよぶ漂流のような航海をつづけ、彼が落ち着いて手紙を書くことのできる状況になったのは、同年一一月にテルナテに帰還してからである（このことが『D新書簡集』編者によるこの手紙の日付推定の主要な根拠である）。ただし、この漂流のような航海のあいだにも地元の交易船に手紙を依頼することはできたはずだし、六月半ばにはセラム北岸のオランダ植民地政府の基地ワハイに立ち寄っている。じっさいウォーレスはこの航海の途上でダーウィンやロンドンの代理人スティーヴンズに手紙を出している（3-5の冒頭部を参照）。また一八六一年一月にテルナテを出発してからは、オランダ政府の郵便汽船を利用して旅をつづけているので、手紙を出す機会はいくらでもあった。したがってこの手紙の日付はいまだ未確定というべきだろう。残された証拠は手紙の文面にある甲虫類であり（「当地で……」「数日前に」採集という言葉がある）、彼の採集記録（ノートがリンネ協会に保存されている）と照合してみる必要がある。

（2）　ウォーレスの引用は、Buch, C. L. von, 1825. *Phisicalische Beschreibung der Canarischen Inseln*. Berlin か、そのフランス語訳（一八三六年）からだろう。

（3）　右の注1で述べたように、これは「擬態」現象を指しているが、ウォーレスはまだそのことに気づいていない。

（4）　この断片にはダーウィンによる二種類の書き込みがある。はじめのそれは最初の部分と追伸の部分への書き込みで、それぞれ「第3章」と「第Ⅳ章」と褐色のクレヨンで書き込まれている。『D新書簡集』第八巻の編者注（五〇五頁の注5と注6）は、前者はダーウィンの未完の大著『ビッグ・スピーシス・ブック』の第三章、後者は『起

5

ウォーレスからダーウィンへ

1861. 11. 30

スマトラ、ベンクーレンの東一〇〇マイル地点
一八六一年一一月三〇日[1]

親愛なるダーウィン殿へ

スマトラのこの中央森林のただなかでの雨期の一夜、忘れてしまわないうちにと思い、すこしばかり書き送ることにします。一年半ほど前、セラムの東方のどこかで書いた手紙[2]であなたの本についての意見をまとめておいたのですが、その手紙と私の代理人スティーヴンズ氏あての手紙は、どうもアンボイナに届かなかったようです。それらの手紙でどんなことを書いたかよくおぼえていないのですが、く

原』の第四章のことだとしている。『ビッグ・スピーシス・ブック』の第三章は植物の交雑についてであり、この手紙の該当部分の内容とも一致する。しかし『起原』の第四章は「自然選択」であり、手紙の該当部分の内容（昆虫の擬態）とかならずしも一致しない。内容から考えて、むしろ『ビッグ・スピーシス・ブック』の第四章「自然界の変異」とみなすほうが自然だろう。もうひとつの書き込みは、この断片の末《もく》尾にインクで次のように書かれているという。「魚類のいくつかの目の発電器官と似ている——鳥についた麻の種子——オウムの羽毛に塗られたヒキガエルの毒——他の特異性に相関した色彩」。この書き込みがいつ、どのような目的でなされたかは不明。

(1)　『D新書簡集』第九巻に収録されている（三五六—八頁）が、『W書簡集』には収録されていない。ウォーレスは一八六一年七月にはマレー諸島探検からの撤退を開始し、最後にジャワとスマトラで採集をおこなった。ベンクーレンの東一〇〇マイル地点というのは、『マレー諸島』第8章「スマトラ」で、ウォーレスが「ロボ・ラマン」と呼んでいる宿場のことであろう。『起原』の反響が報告されていること、また誰が「改宗」したという言葉づかいやほかの内容から考えて、ダーウィンからの前年五月一八日付けの手紙（3-3）を意識して書かれているとみなすことができる。

(2)　一八六〇年二月にアンボイナを出発してから同年一一月にテルナテに帰還するまで、ウォーレスはセラムの東につらなる島々、そしてセラムの北方の島々を、まるで漂流するように探検していた。その途中で手紙を発送できたのは、セラム北岸のオランダ植民地政府の基地ワハイに立ち寄った同年六月ぐらいだろう。しかし、セラムの東のゴ

りかえし精読[3]するほど私には全体が明瞭になり関係が見えてきたこと、また総論も個々の議論も最初に読んだときより明瞭になり、より強力になったということは書いたはずです。

私はこの本を東洋のこの地で二人の男に貸しました。二人とも博物学についてはきわめて漠然とした、ごく一般的な趣味しか感じていないし、その程度の知識しかありませんが、いずれもかなりの読書家ですし、ベンサム[4]が思考の別名にほかならないといっている推論《スペキュレーション》や理論を好む人たちです。その一人はテルナテのダイヴェンボード氏[5]という、英国で教育をうけたオランダ人ですが、彼は返却してくれるまでに三度読みとおし、とても感銘をうけ興味をもったので、主張されていることをあますところなく理解したいといっていました。もう一人はチモールのディリに住んでいて交易を営んでいる大佐[6]で、私が彼のもとにやっかいになっていた三ヵ月のあいだ、いつも本を持っていって読んでいたので、顔をあわせるとたいていその話になりました。また私がその地を立ち去るとき、汽船が到着するまで本を返してくれずに各章の要点と結論を点検していて、ほとんどそれができたようです。これらささいな証拠は、あなたのこの問題のあつかいかたが魅力的だったこと、そしてあなたの主張の述べかたと議論の進めかたが明快であ

ラムやキルワルといった小島は地元の交易船の基地であり、とくにゴラムには一ヵ月ほど滞在していたので手紙を交易船に託すことができたかもしれない。ウォーレスはこの航海に出る前の二月一六日付けで、『起原』を受け取ったむねの礼状をダーウィンに書き、そのなかで『起原』について意見を書いていた（3-3の冒頭部分参照）。

(3) ウォーレスは義兄シムズへの手紙でも「五度精読してようやく……理解」したと、同じ言葉づかいをしている（一八六一年三月一五日、チモールのディリより。『W書簡集』五九―六七頁）。

(4) ジェレミー・ベンサムについては、巻末の人名解説を参照。

(5) ダイヴェンボード氏はウォーレスがテルナテで世話になった大物交易商。彼の紹介で借りていた家で、一八五八年二月に自然選択説論文が書かれたとされている。『マレー諸島』第21章「テルナテ」では「ダイヴェンボーデン氏」として紹介され、借りていた家の間取り図も掲載されている。ダイヴェンボーデン氏とその息子は、おそらくウォーレスの影響で博物学に関心をもったらしく、『マレー諸島』の数個所で言及されている（拙訳『マレー諸島』、上巻の三七六、四一〇頁、下巻の一四、二一、七〇、二八四頁）。また拙著『種の起原をもとめて』の二二八―二三三頁も参照されたい。

(6) 『マレー諸島』第13章「チモール」に登場するハート大佐のこと（拙訳の上巻、二九九頁参照）。

(7) リヒトホーフェン（巻末の人名解説を参照）は、一八五九年から一八六〇年にかけて東アジア探検隊に参加し、その後、インドネシアなど東南アジアを旅行した。

(8) 経歴などは不明。言及されている報文は、Schneider, C. F. A.. 1863. Bijdrage tot de geologische kennis van Timor. *Natuurkundig Tijdschrift voor Nederlandsch-Indie* 25: 87-98 & 107.

(9) チモールのマストドンについて、ダーウィンは一八五九年八月九日付けの手紙（2-3）でウォーレスに質問していた。

(10) チョウチンガイ類は、シャミセンガイ類やホウズキガイ類とともに、今日では腕足動物門に分類される。貝殻（構造も成分も異なる）をもつことから、当時はまだ軟体動物の一群と考えられていたのだろう。

ったことのいずれをも証明していると思います。私は本当に嬉しかったので、きっとあなたもよろこんでくれるものと信じています。

　またべつのときのことですが、オランダの汽船の船上で、プロイセンの探検航海に随行したりしたことのある地質学者「リヒトホーフェン男爵」[7]に出会いました。彼はジャワで化石を大量に収集したところで、これから船をはなれて英国領インドを旅行し、それからアムールに行って陸越えでヨーロッパに向かいながら地質を研究するのだといっていました。とても知性的で優秀な博物学者だと思いました。ちょうどジャワで借りたあなたの本を読んでいたので、私は改宗したのかと彼に聞いてみたところ、笑みをうかべながら「地質学者にとってはいたって簡単なことさ」と答えてくれました。またチモールで地質学の調査をしたシュネイダー博士[8]にも会いました——チモールでマストドン（*Mastodon*）の歯[9]をたくさん発見したそうです。またチョウチンガイの一種（*Terebratuloe orthoceras*）など軟体動物も[10]。彼は収集品の大部分を同じプロイセンの探検隊の動物学者にわたしてしまったそうですが、チモールの化石のすべての記載をバタヴィア自然諸科学雑誌に発表したといっています。オランダ語の表題は忘れてしまいましたが、あなたならきっと知っているでしょう。今月に発行された、

(11) ダーウィンは大きな著作、すなわち『家畜と栽培植物の変異』（一八六八年）の準備をはじめていることを、前年五月一八日付けの手紙（3-3）で知らせていた。

(12) 「ハトの変種」については、ダーウィンからウォーレスへの最初の手紙（1-1、一八五七年五月一日付け）で触れられていた。「ウマの縞模様」と「ハチの巣」については、一八五九年一月二五日付けの手紙（2-1）で観察や採集を依頼されていた。しかし「アリの変異」はこれまでのどの手紙でも言及されていない。いずれにせよ、これらの例はどれも『起原』に出てきているので、ウォーレスは同じ例が「大きな著作」ではさらに詳細に検討されるものと予測し、またそれを期待していたのだろう。

(13) ハクスリーとオーエンは、人間と類人猿の脳の解剖学的な相違について、たがいを批判する論文を発表しあい、両者のかなり激烈な書簡が『アシーニアム』誌の一八六一年三月号と四月号に発表されていた。

(14) ウォーレスはおそらく、ブリーの反進化論の著書（Bree, C. H. 1860. *Species not Transmutable, nor the Result of Secondary Cause*）の広告かなにかを雑誌で見たのだろう。ブリーについては、第12章の書簡12-7とその注1、および12-8も参照されたい。

(15) 『D新書簡集』第八巻の編者注によれば、この年の六月末ごろから特別にあかるい彗星が観察されていたという（三五九頁の注11）。

(16) オーエンが匿名で書いた『種の起原』の批判的な書評（Owen, 1860）のことだろう。

(17) 3-3の注12を参照。

(18) ここで言及されている論文はBates（1861）のこと。ウォーレスはこの論文をスマトラに到着する前後に受け取ったようで、ダーウィンへの手紙と同時期に書かれた手紙（日付は不明）で読後感をベイツに書き送り、採集地点の正確な記録の重要性などダーウィンへの手紙と同趣旨のことを議論している（『W自伝』上巻、三七七—九頁）。

といっていたように思います……〔一部破損〕……

あなたの大きな著作はきっと進展していて、まもなく出るものと思います[11]。ただし、図版がたくさんはいればいいなとも期待しています。出版社もそうしたいと考えているにちがいありません。そうすれば発行部数が倍増するにちがいないからです。文章や数字で記載しただけでは不十分なことがたくさんありますが、そういうことでも目に訴えたなら明快かつ強烈になります。ハト類の変種、ウマ類の縞、アリ類の変異、ハチの巣の形成[12]、そのほか一〇〇ものことが、よい図版をそえればずっとわかりよくなります。また大衆の目にも、前の本とはっきりちがう新しい本だとわかります——図版をいれなかったならば、おそらくただ分厚くしただけの本とうつるでしょう。もしまだ決まっていないならば、ぜひ真剣に考慮してみてください。

私にはよくわかっていないのですが、ただ『アシーニアム』誌で、博物学者たちのあいだでなにがおこっているか、すこし知ることができました——ハクスリーとオーエンが戦闘を開始したようですね[13]。しかし、どんな人が問題の全体についてあなたに公平な論争をしかけているのか、あるいはあなたの主張の全体に答えようとしているのか、私には調べるすべがありません。ブリー博士の広告で、彼がそれをやると宣言したことはわかりましたが、どんな本なのかは書かれていませんでした[14]。

　このところは先例のないほど雨の多い天候のため〔彗星の影響[15]では、と私は考えています〕、かんばしい成果があがっていません。これは私の……〔一部破損〕……


追伸。あなたに対立する人たち……〔数語欠落〕……落ちぶれたやりかたは、笑わせてくれます。その第一はオーエン[16]で、博物学者たちが「創造《クリエーション》」という言葉でいっていることは、彼の新しい解釈によれば、創造などではまったくないことがあきらかであり、「種が出現してきた未知の様式」にほかならないというではありませんか!!!　フィリップス[17]もこの新しい解釈を採用しているようですが、これを採用したならまちがいなく、議会の主教の議席を意に反して高めてしまうはずです。なぜならこの解釈をとれば、「特殊な創造」だとか、「特殊な適応」とか、「個々の特殊創造に見られる知的な深慮」といったことはどうなるのでしょう。創造は創造などではけっしてなく、種を起原させてきた法則についての無知を便宜的に表現したにすぎないのですから。

　私の友人のベイツはアマゾンの昆虫についての論文[18]を送ってきましたか？　彼がそこで述べている「変異」の詳細は、私たちの原因〔自然選択〕にとってもっとも価値のある貢献です。彼の論文はまた、たんなる盲目的な研究がいわば偶然の採集品から種を作っているにほかならないことをあきらかにしています。ここに一種いて、あちらに別種がいて、一頭の♂がある地点で捕れ、一頭の♀は別の地点で捕られ、あそこに稀少な変種がいて、別の場所には典型的な種類がいる。いうまでもなく、こんな材料や、しばしば不正確に記録された産地では、それを説明する人は混乱を追加することしかできないでしょう。そうしてできあがった全体は混沌であり、だれかが何年もかけて広大な、しかし部分間の関連がわかっている地域で採集と観察をして、全体を秩序だてることができるようになるまではそのままなのです。

第4章　「人類論文」をめぐって

一八六二年二月二〇日にシンガポールから帰国の途についたウォーレスの荷物のなかには、出航まぎわに購入した二羽の生きた極楽鳥がいた。生きたままの極楽鳥の売買契約を、すでに二年半前にロンドン動物学協会とむすんでいたからである（ヴェヴァーズ『ロンドン動物園〈一五〇年〉』一〇七頁）。四月一日にロンドンにたどりついたウォーレスは、ロンドン動物園（ロンドン動物学協会の付属施設）の園長バートレット氏に極楽鳥を手渡し、「かくして私のマレー旅行は終わった」（『W自伝』上巻、三八四頁）。

　ロンドンに帰ってきたウォーレスは、姉ファニーとその夫シムズが写真館を開いていた家に同居することになった（『W自伝』上巻、三八五頁）。彼のために用意されていた最上階の部屋には、昆虫や鳥の標本が山積みにされていた。マレー諸島で採集した自分の研究用の標本であり、標本販売代理人スティーヴンズが販売用の標本とは区別して保管してくれていたのである。

　ロンドンに帰りついたウォーレスは、なんらかの方法でダーウィンに帰国を知らせたようで、数日のうちにダーウィンから帰国を祝う手紙がとどいた。ウォーレスは姉夫婦の家の住所から、四月七日にダーウィンに返信を書いている。

> 　親愛なるダーウィン殿へ――今朝、あなたからの手紙を受け取り、とても嬉しくなりました。まだ仕事に取りかかっていませんが、まもなく忙しくなるでしょう。ちょっと医者にかかっているものですから、ご親切な招待をいまは受けることができそうもありません。ですが、夏にはうかがえるだろうと確信しております。
>
> 　チモール島産の野生ミツバチの巣を、どうぞお納めください。完全なものではありませんが、私が入手できたなかで最高のものです。大きさは小ぶりですが、形状は特徴的なものですので、あなたの興味をひくだろうと思います。巣から蜂蜜をどう取り出したらよいかわからなかったので、べたべたになっているかもしれません。あなたなら、きれいにする方法を知っているものと思い……

チモール産のミツバチの巣は、ダーウィンからの一八五九年一月二五日付けの手紙（2-1）で依頼されていたものであり、一八六一年のはじめにポルトガル領チモールのディリ近郊で採集されたと考えられる（2-1の注12参照）。四年前のリンネ協会での自然選択説連名発表、その前後からつづけてきた文通にもかかわらず、ウォーレスはいまだ標本採集人であり、したがってダーウィンは大切な顧客の一人なのである。

しかし、ダウン・ハウス（ダーウィンの自宅）への「ご親切な招待」を受けたウォーレスは、もはやただの標本採集人ではない。ダウン・ハウス訪問が夏までに実現したらしいことは、一八六二年八月八日付けのウォーレスからの手紙の末尾の「奥様とお嬢様によろしくお伝えください」という言葉から推測できる（『W書簡集』一二〇―一頁）。

ダウン・ハウスを訪ねるウォーレスは、何年ものあいだ文通でしか知らなかったダーウィンとの対面に、どんな思いをいだいていただろう。『種の起原』はすでにマレー諸島滞在中に何度も精読していた。帰国してまもなく『英国産および外国産ラン類の昆虫による受粉』（一八六二年）を寄贈されたウォーレスは、あこがれにも似た感想を書き送っている――「ランについてのとても興味深いご高著、たいへん感謝しております。注意深く一読させていただき、ランに存在することをあなたがしめされた驚くべき適応の数々に、動物の眼など複雑な器官を見るような思いがして、本当に眩暈さえおぼえました。すぐにでも郊外にでかけていって、あなたが照らされた新しい光のもとでランを見てみたいのですが……」（ウォーレスからダーウィンへ、一八六二年五月二三日。『W書簡集』二九頁）。

ウォーレスはダウン・ハウスで「一晩」を過ごした（『W自伝』下巻、一頁）が、そのときどんなことが話題となったかは記録に残っていない。ダーウィンはマレー諸島でのことをあれこれ聞きたかっただろうが、ウォーレスのほうは『種の起原』について矢継ぎばやに質問したらしい。「『起原』の書評をいくつか読みましたが、あなたは難点や異論について述べすぎていて、批判したがっている人々を手助けしてしまっているように思います。何人もの批判者が、あなた自身の言葉を引いてあなたへの強力な反論としています」（同前）。

ダウン・ハウスからロンドンに戻ってまもなくに書かれたと考えられる次の手紙には、ダーウィンとの会話の興奮がまださめやらぬウォーレスの、性急とさえいえるほどの意気込みが感じられる。その意気込みとは、尊敬する先達であり師と仰ぐダーウィンを手助けしたいという熱烈な思いである。

過日、あることを知りました。すでにご存じかもしれませんが、もし事実であればあなたの興味をひくものと思います。ワード氏（だったと思います）という顕微鏡学会の会員が、彼自身が気づいて驚いた事実として述べていたのですが、「クジラの筋肉繊維はミツバチのそれより少しも大きくはない！——起原の共有を見事にしめしている」というのです。

また別の日に動物園《ザ・ガーデン》でダチョウを見ていて考えついたのですが、この鳥は特別にむずかしい例だと思いました。古代の大陸でたくさんの敵に囲まれていたとき、ダチョウの翼はどのようにして発育を停止することになったのか、そして翼の発育が停止したのが現在のような巨大な大きさ、強さ、速さになる前だったとしたら、その移行のあいだはどうやって生存できたのか？　ウェストウッドが『アナルズ』誌で同じ例をあげて、ダチョウは歴史時代のあいだでも、いまより立派な翼を獲得したはずだと主張していることは知っています。しかし、いまもっとも足の速い動物であるダチョウが翼を必要としていないことは明白であり、いまの状態の翼がダチョウの生態において扇子とか平衡器といった他の些細な目的に役立っていて、そのためヒクイドリの翼ほど痕跡的にまで縮小するのを防いでいるのかもしれません。私が困難と考える点は、ダチョウがかつて飛んでいたとすると、足が速く力の強い食肉類に囲まれたなかで、どのようにして翼を失っていったのかということです。翼だけが防衛の手段だったにちがいないからです。

この問題はおそらくあなたには自明のことでしょうが、この反論は大部分の人々にとっては強力にみえると思うので、すこし考えておいたほうがよいと思います。

（ウォーレスからダーウィンへ、一八六二年八月八日。前出、六七頁上段）

筋肉繊維の大きさがクジラでもミツバチでも同じという事実へのウォーレスの驚きは、今日から見れば幼稚にも思えるだろう。全生物界を通じてＤＮＡの構造は同じというのと同じ意味をもつ、進化論を支持する強力な証拠である。「細胞はすべての生物の構造および機能の単位であり、生物体制の一次要素である」とする「細胞説」は、植物についてはシュライデンによって一八三八年に、動物についてはシュワンが翌一八三九年に提唱した。今日でも教科書でおなじみの科学史の一里塚だが、ウォーレスの文面から、この事実が進化の証拠として活用されていなかったことがわかる。ちなみに、筋肉を観察した顕微鏡学会の会員が「ワード」ならば、小型の携帯式温室「ワーディアン・ケース」を考案したことで有名なナサニエル・ワードのことだろう（巻末の人名解説参照）。

ダチョウの翼の問題については、ダーウィンが以下で紹介する書簡のひとつで自分の考えを答えているし、その内容が『種の起原』第三版での加筆に反映されている（4-2、とくにその注6と注7を参照）。ダーウィンに少しでも手を貸したいという思いは、一八六四年五月二九日付けの手紙（4-7）での、自分の貢献は『起原』出版のきっかけになったことだけという位置づけを見てもあきらかだろう。一九〇七年七月一日にリンネ協会で開催された自然選択説発表五〇周年記念式典でのウォーレスの挨拶でも同じ姿勢が強調されており、彼がダーウィンを師とあおぎ二歩も三歩も引いたスタンスを生涯つらぬいたことがよくわかる（拙著『種の起原をもとめて』のエピローグを参照）。

ただし、この手紙から一年半ほどは、二人のあいだでとくに熱心に手紙がやりとりされたようすはない。ひとつには二人とも健康がすぐれなかったせいだろう。

四年間のアマゾン探検と、それにつづく八年間のマレー諸島探検で、ウォーレスの身体はぼろぼろになっていたようだ（拙著『種の起原をもとめて』の三一〇頁に収録した、マレー諸島探検前と直後の写真を見くらべていただきたい）。帰国後はじめてのダーウィンへの手紙にも「医者にかかっている」という言葉がみえたし、五月二三日の手紙には「できもの」のため「一〇日ほど」外出できていないと書き、八月八日の手紙でも体力がなく仕事に手がつかないと訴えていた。

「体力がとても弱っていて、冬のことを憂慮しています。肋膜の炎症をわずらい、夜気にちょっとあたっただけで悪性の咳が出るのです」（ウォーレスからダーウィンへ、一八六二年八月二〇日以降。近年になって発見された手紙の断片。『D新書簡集』第一〇巻、三七二頁）。

一方、ダーウィンの慢性的な体調不良もあいかわらずだった。「私は持病に苦しむ哀れな動物であります」（4-1、一八六二年五月二四日）。ウォーレスはどの手紙にも、ダーウィンの健康を気づかう言葉を書き添えている。

またこの期間には、二人とも研究に追われていた。ダーウィンは一八六〇年三月二四日に着手した大著『家畜と栽培植物の変異』（3-1の注7参照）の完成に、体調不良のせいもあるのだろうが、一八六七年の末まで費やしてしまうことになる。また『種の起原』の刊行後は植物の研究に本格的に着手し、ウォーレスが帰国する直前には『サクラソウの二型について』、五月には「一〇ヵ月もかけた」（4-1）『英国産および外国産ラン類の昆虫による受粉』を出したばかりだった。

ウォーレスのほうは、姉夫婦の家の彼の部屋に山と積まれた標本の整理に追われていた。また「動物学協会、昆虫学協会、リンネ協会の例会」にほぼ定期的に出席していた（『W自伝』上巻、三八六頁）。これらの例会は夕方、それぞれ二週間毎に開催されたようなので、週に一度か二度は外出していたことになる。病身にもかかわらずの精力的な例会出席は、彼の研究への意欲のあらわれと見るべきだろう。

ウォーレスの研究の進展具合は、彼の著作リストにあきらかに見てとれる（Smith, 1991の巻末リストによる）。最初の研究発表は、帰国して二ヵ月にもならない五月二九日にロンドン動物学協会の例会で発表した極楽鳥探索の旅について。ウォーレスがロンドン動物園に納入した生きた極楽鳥の評判が高かったからだろう。ロンドン動物園は、本来はロンドン動物学協会（設立は一八二六年）の付属施設であり会員しか利用できなかったが、市民からの強い要望により一八四七年から一般公開されていた。

動物学協会の例会では、二週間後の一八六二年六月一〇日にもニューギニアの鳥類の新種と稀少種について発表し、この年と翌年にマレー諸島で採集した鳥類の分布と新種について五回発表している。また王立地理協会の例会ではマレー諸島の自然地理について発表し、大英学術振興協会の大会では動物の地理分布とマレー諸島の人種の分布について、二つの講演をおこなった。

そのほか大英鳥類学者連盟の『アイビス』誌、昆虫学雑誌、『アナルズ・アンド・マガジン・オブ・ナチュラル・ヒストリー』誌、『ズオロジスト』誌、『インテレクチュアル・オブザーバー』誌に、鳥類と昆虫の分類について寄稿している。

マレー諸島での採集品についての研究は、このあとも一八六九年に旅行記『マレー諸島』が刊行される直前まで、断続的に発表されている。これらマレー諸島での採集品の研究について特筆すべきは、いずれも彼自身の進化論にもとづく動物地理学を主要なテーマにしていることである。その結果、『マレー諸島』は彼の主著となり、「たんなる旅行記ではなく、哲学的博物学者の視点から見た大マラヤ諸島全体のほぼ完璧な素描となった」（『W自伝』上巻、三八六頁）。

しかし彼の研究の進展は一八六四年を境にして、ひとつの大きな変化をみせる。それは進化の自然選択説そのものが明確なテーマとして浮上してくることである。この年の三月、彼は二編の比較的大きな論文を発表した。

ひとつは三月一日にロンドン人類学協会の例会で発表した「〈自然選択〉説から推論される人種の起原と人類の古さ」（4-5の注4と7参照、以下「人類論文」と略記）、もうひとつが同月一七日にリンネ協会の例会で発表した「マラヤ地域のアゲハチョウ科が例証する変異と地理的分布の現象について」（4-5の注8参照）である。

後者の論文で注目されるのは、アマゾンをいっしょに探検したH・W・ベイツが提出していた「擬態」説を積極的に議論していることである。「擬態」や「保護色」など動物の体色の問題は、次章以降に紹介する書簡で頻繁に議論されることになるし、またすでに一八六〇年三月七日付けのダーウィンからの手紙（3-2）で問題にされていた。

前者の論文は表題のとおり、「自然選択説」すなわち「ダーウィン氏の学説」による人類進化とりわけ人種の進化の説明であり、進化論に反対する学者が大多数を占めるロンドン人類学会の例会会場は騒然となったらしい。その証拠に、論文本体が一二頁なのに対して、それに付された質疑応答の記録が一八頁にもおよんでいる。

この人類論文の内容については、以下で紹介する書簡でダーウィンとウォーレスが議論しているのでここでは触れないが、あらかじめ指摘しておくべきことがいくつかある。

ひとつはウォーレスが「人種」を「生物学的な実体」と見なしていることである。人種の生物学はしばしば人種差別思想を補強してきたし、今日では「人種」は「生物学的な概念」としてさえ否定ないし無視されつつある。しかし、すくなくとも当時のウォーレスは人種を進化しつつある単位とみなしていたし、ダーウィンもそれに反対せず、むしろ絶賛しているといってよい。ウォーレスにとってもダーウィンにとっても、人種は自然選択によって進化しつつある「発端の種」だったのだと考えられる（拙著『種の起原をもとめて』第8章参照）。

もうひとつ指摘しておくべきは、ハーバート・スペンサーの影響である。ウォーレス自身が人類論文の末尾の脚注で、スペンサーの影響を認めている──「……スペンサー氏の諸著作なかでも『社会静学』を精読したことが、（本論文の全般的なアイデアと主張を）私に示唆し、同時にその適用の一部を提供してくれた」。ウォーレスが最初にスペンサーを読んだのは、アマゾン探検から帰国してまもなくで、『社会静学』について数人の友人と読書会のようなものをした（『W自伝』下巻、二三五頁）。ただしこのときは政治的な改革や社会的な改革、とくに土地問題について強い影響を受けたという。その後、マレー諸島から帰国後の一八六二年九月に「スペンサーの『第一原理』を読み」（ダーウィンへ、一八六二年九月三〇日付け、『W書簡集』一二二頁）、感銘を受けたウォーレスは、やはり『第一原理』を読んで強い関心をもったベイツとともに「一八六二年か一八六三年」にスペンサーのもとを訪ね、「生命の起原」などについて質問をした（『W自伝』下巻、二三頁）。

そして、人類論文を準備中だったと考えられる一八六四年の一月二日に、ウォーレスはダーウィンへの手紙でスペンサーの『社会静学』を読むよう勧めた（4-4）。社会学者としてジョン・スチュアート・ミルとハーバート・スペンサーを比較し、米国の地質学者で進化論にもっとも強硬に反対した「アガシとダーウィンの関係のようなもの」だとさえいって、その知識の幅広さと正確さを絶賛し、次のような忠告の言葉を書いている——「次に出る生物の巻では、私の考えでは、自然界で働いている自然選択以外のなにかをしめそうとするのではと思っています。そう、あなたは〝相手に不足のない敵兵〟を警戒しなければならないのです！」

　ウォーレスは晩年にはスペンサーの影響から脱却し、ロバート・オーエンを高く評価するようになった（『W自伝』上巻、一〇四頁）。とはいえ、ここで検討している時期にはスペンサーの影響を無視するわけにいかない。

　ウォーレスがこの時期にスペンサーからどのような理論的影響を受けたかの検討は別の場所にゆずる（拙論「第二ウォーレス線——進化論と人種論」参照）が、しかし基本的な事実関係だけは指摘しておかなければならない。すなわち、この人類論文の後半部における人種進化の将来のゆくえについての議論で述べられている「人間社会の理想状態」の描写は、H・スペンサー『社会静学』（原著一八五〇年。山田隆夫訳、謄写版刷り、国会図書館蔵を参照）と発想も言葉づかいもきわめてよく似ている。さらに『マレー諸島』の第40章「マレー諸島の諸人種」の末尾での激しい文明批判の根拠となっている、未開と呼ばれる人々のあいだに見られる「完成された社会状態」の描写（拙訳、下巻、四三八—九頁）は、人類論文での「将来の人間社会の理想状態」を描いた文章をそのまま、ただし意味を逆転させて、逆説的に流用したものとみなすことができるのである。

　しかも人類論文では、この理想状態は「ゲルマン諸人種による南方の下等人種の駆逐」の後に招来されるとしている。これをナチスの人種差別思想の先取りと指摘する意見（ポリアコフ『アーリア神話』三八八頁）を無視するわけにはいかない。ウォーレスは当時の人種差別思想に毒されていなかったというのが定説だが、この人類論文を書いていた一八六四年前後に人種差別的な考えを持っていたことは事実であり、五年後に刊行された『マレー諸島』にもその残滓が残っている（下巻の四三七—八頁、および拙論「第二ウォーレス線」参照）。

　くりかえせば、ウォーレスは人類論文でのスペンサーの強い影響を受けた主張を、『マレー諸島』（一八六九年）では言葉はそのままに意味を逆転させ、過激ともいえる文明批判を展開した。一八六四年からの五年間になにがあったのか？　この往復書簡の研究のなかに、なんらかの解答を引き出す糸口が潜んでいるのかもしれない。

　最後にもう一点。この人種進化の問題をきっかけに、ダーウィンとウォーレスの生涯にわたる論争がはじまった。本章で紹介する手紙からダーウィンは人種進化を性選択で説明しようとしていることがあきらかであり、じっさい一八七一年の『人間の由来と性選択』でその主張を徹底的に展開することになる。ウォーレスは自然選択以外の作用因をいっさい認めず、性選択には生涯にわたって徹底して反対した。

またウォーレスは人間の進化について、身体的な部分と精神的・知性的な部分とに分けるべきという考えをこの論文ではじめて指摘した。この考えはやがて、人間の精神的・知性的な進化には自然選択は適用できないという主張に発展していくことになる。

ウォーレスは晩年の回想（『W自伝』下巻、一七頁）で、人間の精神的・知性的な部分への自然選択説の適用を否定したのは（そして「なんらかの別の作用因」を想定したのは）一八六四年の人類論文が最初であり、一八七〇年に『自然選択説への寄与』に収録したさいにさらに詳細に考察を加えたとしている。しかし本章で紹介する手紙を見てもわかるように、人類論文では自然選択が「身体的な形質ではなく精神的な形質に作用する」ようになったとされ、人間の精神的・知性的な部分への自然選択の適用は否定されていない。晩年の回想は記憶ちがいとみなすべきだろう。

ウォーレスの自然選択の部分的否定（人間の高度に知性的・精神的な部分への適用の否定）は、次の三段階をへてもたらされたと考えられる。すなわち、(1)自然選択の作用対象が身体的形質から精神的形質へ移ったとする主張、(2)人種進化論の人種差別的側面の撤回、そして(3)精神的・知性的な性質への自然選択説の適用の否定とそれ以外の作用因の想定である。(1)の段階が一八六四年の人類論文であり、(2)の段階は一八六九年春に刊行された『マレー諸島』、そして(3)の段階はおそらく同じ一八六九年の後半にやってくる（くわしくは拙論「第二ウォーレス線」参照）。この(2)と(3)の段階は、第10章でくわしく見ていくことになる。

いずれにせよ、ウォーレスが晩年に「ダーウィンとの主要な意見の相違」としてあげた四点（『W自伝』下巻、一六―二二頁）のうち二点、すなわち「知性的および道徳的存在としての人間の起原」と「雌の選り好みによる性選択」についての二人のあいだの議論は、以下で紹介する人類論文をめぐる往復書簡において開始された。

1

ダーウィンからウォーレスへ

1862. 5. 24

ダウン、ブロムリー、ケント州、S・E　1

親愛なるウォーレス殿

　お手紙[1]をいただいたお礼かたがた、少しだけ書かせてもらいます。オックスフォードの司教[2]が、オーエンの手助けをえて、[3]『クォータリー・レヴュー』誌に書きました（謝礼は六〇ポンド[4]です）。『エディンバラ』誌でオーエンが自画自賛したことは、疑うべくもありません[5]。『ズオロジスト』誌に載っているマオ氏の書評[6]はなかなかの出来で、私を慌てさせた部分があります。私にはその部分の詭弁法がわからなかったからです。いずれも、あなたがお読みになりたいならお貸しできます。ただし、読んでも疲れるだけかもしれません。フレイザー〔誌〕のホプキンズ[7]、それからピクテ[8]の二人は最高です。

　あなたに私の小さなランの本を認めていただき、嬉しく思います。しかし、一〇ヵ月もかけるほどの価値があったのかどうか、疑問がないわけでもありません[9]。この本は趣味でして、それだけ楽しめました[10]。

(1)　ウォーレスからの『ラン』の礼状（同年五月二三日付け、本章冒頭の解説、六七頁で一部引用）。『起原』の書評をいくつか読み、ダーウィンが「難点や異論について述べすぎていて、批判したがっている人々を手助けしてしまっているように思います」と意見を述べていた。ただし「オーエンが『クォータリー』誌に記事を書いていたことを、あなたから教えていただいたと思います」と誤解しているような文面であり、そこでダーウィンが情報を書き送ったのだと考えられる。ウォーレスは二年前の一八六〇年五月一八日付けの手紙（3-3）で、『起原』への賛否の嵐のことをダーウィンから伝えられ、そのなかに『エディンバラ・レヴュー』誌の五月号に掲載されたばかりのオーエンの「悪意にみちた」書評のこともふれられていた。

(2)　サミュエル・ウィルバーフォース司教のこと。進化論史では、一八六〇年六月三〇日にオックスフォードで開催された大英学術振興協会の年次総会で、ダーウィン進化論に反対してハクスリーと論争したことで有名。人間の祖先はサルなのかと問われたハクスリーが、おろかな司教よりもサルのほうがましといった返答をし、進化論の勝利を決定的にしたとされる（ただし、後代になってからの創作ないし脚色だとされる）。ウィルバーフォースが書いた『起原』書評が掲載された『クォータリー・レヴュー』誌（108：225-64）の発行は、一八六〇年七月一八日水曜（『D新書簡集』第八巻、二九三頁の注1）。ダーウィンがこの手紙で書いているのは、この書評のことである（以上、松永俊男『ダーウィンをめぐる人々』による。また『ダーウィン』七〇八―一七頁も参照）。この書評掲載誌の発行日は、右の注1で述べたダーウィンが『起原』への賛否の嵐をウォーレスに伝えた手紙の日付の二ヵ月後ではある。しかし、ダーウィンおよび「ダーウィン陣できもので苦しんでいらっしゃるとのこと、たいへんだろうと察します。[11] 私も、たちの悪い吹き出ものがよくできました。医者というものが、本当に信頼できるとよいのですが。

なにからはじめようかと、どんなにか迷っていらっしゃることでしょう。[12] あなたはきっと大きな仕事をなされるものと、私は確信しています。

私の健康は、いつものことですが、かなりよくありません。私は持病に苦しむ哀れな動物であります。——敬具

チャールズ・ダーウィン

営」にとってウィルバーフォースの書評は、オーエンの書評と並んで重大なものだったことは、ダーウィンがフッカーやライエル、エーサ・グレイ、ハクスリーとやりとりした手紙からあきらかであり、その書評について二年後になってはじめてウォーレスに伝えているという事実は、ウォーレスがダーウィンにとって「陣営」の一員とはみなされていなかったのではという憶測をさそう。

(3) ダーウィンはウィルバーフォースがオーエンに直接助力をえて書いたと、当初から信じていたらしいことは、たとえばフッカーあて一八六〇年七月二〇日付け書簡からあきらかである（『D新書簡集』第八巻、二九三頁）。しかしその証拠はなく、ただオーエンからの引き写しが多いだけというのが事実のようだ。

(4) 謝礼六〇ポンドの根拠は不明。『D新書簡集』第八巻（一八六〇年）—第一〇巻（一八六二年）の関連する書簡のどこにも謝礼のことは触れられていない。ウォーレスへのこの手紙にだけ、この数字があげられている（ダーウィンらしくない下品な話題だと思う）。

(5) オーエンが書いた『起原』書評のこと（3-3の注7参照）。オーエンの自画自賛というのは、ウォーレスが前日付けの手紙で、「ほとんど信じがたいことですが、あちこちでオーエンが話題となり、偉大な権威でもあるかのように引用され、また造詣の深い哲学者とかなんとかとさえ呼ばれているようです。オーエン自身がそのようにいっているのでしょうか？」と書いていたことへの同意であろう。

(6) マオが書いた『起原』書評は一八六一年に『ズオロジスト』誌に掲載された (19: 7577-611)。マオについては、巻末の人名解説を参照。

(7) ホプキンズの『起原』書評は、一八六〇年に『フレイザーズ・マガジン』誌に掲載された (Hopkins, 1860)。『W書簡集』では「フランスのホプキンズ」となっているが、『D新書簡集』（第一〇巻、二一九頁）では「フレイザー〔誌〕のホプキンズ」であり、『W書簡集』の誤記ないし誤植とみなした。ホプキンズについても、巻末の人名解説を参照。

(8) ピクテと彼の『起原』書評については、3-3の注4を参照。

(9) 『英国産および外国産ラン類の昆虫による受粉』は「一八六二年五月一五日、一〇ヵ月を費や」して出版された（『D自伝』ちくま学

2

ダーウィンからウォーレスへ

1862. 8. 20

カールトン・テラス　1、サウサンプトン

一八六二年八月二〇日

親愛なるウォーレス殿——返事[1]がとても遅れてしまいましたが、不審に思わないでください。じつは、あなたがダウンにいらした[2]あと、私のやせっぽち〔の息子〕の容体が恐ろしいほど悪化してしまったのです[3]。さらにボーンマス

芸文庫、一五八頁)。ダーウィンの日誌(『D新書簡集』第九巻と第一〇巻の巻末付録)によれば、書きはじめたのは一八六一年七月、書き終えたのは一八六二年四月二八日。ただし、一冊の本にまとめようと考えたのは、出版者マレーに打診の手紙を書いた一八六一年九月二一日の直前だろうと推測される。

(10) ダーウィンのランなどの植物研究は、かりにウォーレスが額面どおりに受け取ったとしても、けっして「趣味」ではなかったと考えられることについては、本書第13章冒頭の解説で論じた。

(11) ウォーレスは前便(同年五月二三日付け)で、「この一〇日ほど、別に危険ではないのですが不快なもののため、部屋に閉じ込められています——できもの、です」と、体調不良を訴えていた。

(12) ウォーレスの帰国後の研究の進展状況については、本章冒頭の解説に書いたとおり。

(1) この手紙は、ウォーレスからの同年八月八日付けの手紙(本章冒頭の解説で紹介した動物園のダチョウなどについての問題提起)への返信。

(2) 本章冒頭の解説でふれたように、右の八月八日付けの手紙の末尾の言葉から、直前にダウン・ハウスのダーウィンを訪ねたと考えられる。ただし『D新書簡集』第一〇巻の巻末付録のダーウィンの日誌には記録されていない(訪問客の名前が列挙され、ベイツの名前もそのなかにあるにもかかわらずである)。

への旅行(4)の途中でこの病気が少しぶり返し、また妻がわりと重い猩紅熱で寝込んでしまいました。妻は危機を脱しています。もう最悪の事態で、全員が無事に家にそろうのはいつになるのか、神のみぞ知るでしょう――家族の半分はまだボーンマスにいます。

　チモールのミツバチの巣の一部をウッドバリー氏(5)にあげたところ（彼はこの問題を研究しています）、きわめて興味をもち（この標本が役に立つことを私は確信していました）、このミツバチ（*A. testacea*）が巣を作ったときに飼われていたのかどうか確認できないかといってきました。情報をいただけるとたすかります。

　あなたのダチョウについての意見は興味深く、この例に第三版で言及しました(6)。私はあなたがいうほどむずかしいとは思いません。ノガンのことを考えてみてください。広く開けた平原に生息し、めったに飛びません。ほんの少し身体が大きくなっただけで、飛ぶことができなくなるのです(7)。飛翔の獲得というのは、ウェストウッドらしい考えです。この砂漠に住む鳥にとって、胸筋を働かせるのに必要な食物を考えてみてください！　レアでは、走りはじめるときと方向転換のときに翼がかなり役立っているようです。／(8)しかしながら、これらの鳥類の分布も、またこれらの問題全体も非常に興味深く、たとえばこれらの鳥が表面的に

（3）　ウォーレスからの八月八日付けの手紙に「小さな御子息はそろそろ回復しているものと、切に信じております」とある。『D新書簡集』巻末付録の日誌には、四男レオナード（一八五〇年生まれ）が六月から七月、八月まで猩紅熱にかかっていたこと、また八月一二日にサウサンプトンに行ったことと、妻エマが同じ猩紅熱で寝込んだことが記録されている。したがってウォーレスがダウンを訪れたのは、六月か七月の可能性が高い。

（4）　ダーウィンの家族はボーンマスの海岸で休暇を過ごす計画だった。ダーウィンはなにかの用事で途中にあるサウサンプトンにいて、家族がサウサンプトン経由でボーンマスに向かったが、妻エマと四男レオナードが病気のためサウサンプトンに足止めとなった。他の子どもたちはダウンに帰されたが、この手紙にあるように、その後に子どもたちはボーンマスに向かったらしい（『D新書簡集』第一〇巻、三七二頁の注3）。

（5）　ウッドバリーはアマチュアのミツバチ学者（巻末の人名解説も参照）。「チモールのミツバチの巣」は、冒頭の解説で紹介した一八六二年四月七日付けのウォーレスの手紙にあるように、ダーウィンの依頼を受けてマレー諸島で採集したもの（2-1の注12も参照）。ウッドバリーが飼われていたミツバチなのかどうかを知りたがっているのは、彼のダーウィンあて礼状（『D新書簡集』第一〇巻、三六四頁）によれば、巣箱で飼われていたものなら英国に導入できるかもしれないと考えていたからである。

（6）　ウォーレスのダチョウについての意見は、本章の冒頭解説で紹介した同年八月八日付けの書簡を参照（六八頁）。『起原』第三版での言及は、第五章「変異の法則」のうち「用不用の作用」についての部分。ただし第三版の刊行は前年三月であり、すぐ後に出てくるウェストウッドの意見を受けてのものである。ノガンを例にしての説明は、この第三版での言及と同じ。なお、「起原」第三版をダーウィンはウォーレスに贈呈すべくシンガポールに発送したが、おそらくウォーレスが英国への帰国便に乗船してから届き、そのまま行方不明になったらしいことが、近年になって発見されたウォーレスの書簡の断片（注8参照）からうかがえる。

は哺乳類にじつによく似ているのに、……が漠然とでも見えていないのかどうか、ときどき思いをめぐらせてきました……

3

ダーウィンからウォーレスへ

1864. 1. 1

ダウン、ブロムリー、ケント州、S・E
一八六四年一月一日

親愛なるウォーレス

私はまだ、手紙を口述筆記でしか書けないでいます。[1] 二週間か三週間前にエーサ・グレイから受け取った手紙[2]に、次のようにありました――「最近、ダブリン男のミツバチ

(7) ウェストウッドの意見については、本章の冒頭解説中のウォーレスの八月八日付けの書簡も参照（六八頁）。ウェストウッドの論文「ダーウィン氏の発達の学説」は、『ガーデナーズ・クロニクル』紙の一八六〇年二月一一日号に発表され、『AMNH』誌の同年四月号に再掲載された（『D新書簡集』第一〇巻、三六二頁の注4）。ウェストウッドは昆虫学者だが古文書学の権威でもあり、今日のダチョウはエジプトの古代記録と比較してなんの変化も見せていず、「三〇〇〇年」という歴史時代のあいだ翼の退化も、反対に飛翔力の増大と翼の獲得もなかったと論じた。巻末の人名解説も参照。

(8) 「／」以下は、『D新書簡集』による。『W書簡集』では「紛失」と注記されていた。この部分への返答と思われるものが、近年になって発見されたウォーレスの書簡の切れ切れの断片（『D新書簡集』第一〇巻、三七二頁）に見える――「ダチョウが哺乳類となんらかの現実の関係があるとは、一度も考えたことがなく、また……」。

(1) 妻エマの筆跡だという（『D新書簡集』第一二巻、二頁の注1）。

(2) エーサ・グレイについては巻末人名解説。一八五八年七月一日のリンネ協会での自然選択説連名発表のさい、ダーウィンがエーサ・グレイに自然選択説を説明した手紙が発表された。ここで言及されている手紙は、一八六三年一一月二三日付け（『D新書簡集』第一一巻、六七七頁）。

(3) ウォーレスのこの論文（Wallace, 1863a）は、『W書簡集』の脚注によれば、ホートン師（the Rev. S. Haughton）が一八六二年一一月

の巣室 etc. についてに対するウォーレスの暴露を、楽しく読みました(3)」。いますぐ読むことはできませんが、どこに発表されたのか、一部手に入れたいので、ぜひ教えてください。

エーサ・グレイはさらに（『アトランティック・マガジン〔正しくはマンスリー〕』誌に載ったアガシの氷河に関する論文と彼の『研究の方法』という近著(4)についてひとくさり述べた後で）、「ウォーレスがこれらの論説を攻撃してくれたら」とさえ書いています。つまりエーサ・グレイはあなたの書評の能力を高く評価しているようですし、私がこのことにふれたのは、これがまちがいなく称賛に値する人による称賛だからです。

研究に熱心にはげんでいることと思います。教えていただけるなら、いまなにをなさっているか知らせていただけると嬉しいのですが。私のほうは、なにもできないまま何カ月も過ぎてしまいそうです。敬具

チャールズ・ダーウィン

一日にダブリン博物学協会で発表した「ミツバチの巣室と種の起原について」についての論評である。ホートンの論文もウォーレスの論評も、『AMNH』誌に掲載された。ダーウィンは『種の起原』の第七章「本能」で、ミツバチの巣に典型的に見られる六角柱の巣房が整然と配置された巣について、他種のやや粗雑な巣と比較したり自らの実験結果をふまえたりして詳細に検討し、自然選択説で説明していた（岩波文庫、上巻の二九一―三〇五頁）。ホートン師の論文はこのダーウィンの進化論にもとづく説明に対する批判だが、ウォーレスによればかなりばかげた誤解にもとづくものだった。彼は「自然選択あるいはダーウィンによるその説明を攻撃するものならだれとでも論戦したいと願っていた」ので、ただちに反論を投稿した（『W自伝』下巻、八七―九頁）。

(4) 反進化論者ルイス・アガシについては巻末の人名解説参照。『〔博物学の〕研究の方法』は『アトランティック・マンスリー』誌に掲載した一般向けの講演集で、その序言でアガシはその間接的な意図を「転成説に対する真剣な抗議」にあるとしていた（『D新書簡集』第一巻、六八〇頁の注18および19）。「転成（transmutation）」は当時の用語で、今日の「進化」と同義である。

4

ウォーレスからダーウィンへ

1864. 1. 2

ウェストボーン・グローブ・テラス　5、W

一八六四年一月二日

親愛なるダーウィンへ

丁重なお手紙をありがとうございます。健康状態が悪いと聞いていたので、手紙を出そうかどうか迷ったのですが、あなたが代理のかたに書いてもらえ、またたぶん読んでももらえるらしいとわかり、とても嬉しく思っています。ホートン氏の論文についての私の小論は『アナルズ・オブ・ナチュラル・ヒストリー』誌の、去年の八月か九月ごろの号に掲載されたと思うのですが、該当号が手元にないのではっきりしません。[1] 私としては、エーサ・グレイの称賛に値するとはとても思えません。題材は申し分ないのですが、書きかたがとても下手だとわかっているからです。あわてて書いたものですから、『アナルズ』誌に出たのを読んだときにも、もっと上手に書ける人がたくさんいるのにと思って、おもわず赤面しそうでした。

アガシの論文と本は、探して読んでみます。彼の書いた

（1）前便（4－3）の注3を参照。

（2）アガシの氷河の記事は、エーサ・グレイのダーウィンあての手紙（4－3の注2）によれば『アトランティック・マンスリー』誌の一八六三年一一月号に掲載されたものだが、あるいは翌一二月号の氷河についての記事かもしれない。いずれにせよ、グレイは「軽い読み物」としてダーウィンにこれを勧め、「脳に負担はかけないが、横隔膜には負担かもしれない」と書いている。つまり笑い転げるだろうということであり、その内容の荒唐無稽さを揶揄している。

（3）アゲハチョウ科の変異と地理分布の論文（Wallace, 1865a）。リンネ協会の一八六四年三月一七日の例会で読み上げられた。

（4）ウォーレスの主著『マレー諸島』（刊行は一八六九年三月）。この手紙がこの旅行記の執筆計画への最初の言及であり、この時点から刊行までの五年間もの遅延については、拙訳の解題（下巻の五六四—七一頁）で少しくわしく検討した。

（5）ベイツ『アマゾン河の博物学者』の刊行は、この手紙の一年前の一八六三年一月。ダーウィンとウォーレスとベイツのあいだの三角関係については、本書第6章冒頭の解説を参照されたい。また4－2の注2も参照。

（6）巻末の人名解説も参照のこと。スプルースは植物学者で、ウォーレスはアマゾン探検中に出会い、生涯にわたって親しくつきあった。一八四九年から南米を探検し、一八五九年からはペルーやエクアドルなど南米太平洋岸に住んでいたが、一八六一年にエクアドル統治体制が破産状態となり、資金を一気に失う。一八六四年五月二七日に帰国(Seaward and FitzGerald eds., 1996)。

もので、私がこれまでに読んだことがあったのは氷河問題についてのもので[2]、とてもおもしろいと思ったのですが、博物学の理論についてはどれもまったくまちがえているし、事実からの平易な推論ということにもまったく盲目ではないかと思いました。また言葉づかいも漠然としてしかも晦渋なので、彼に答えるのはかなり時間がとられ疲れる仕事になるでしょう。

研究については、ほんの少ししかできていません――自分には体系的に仕事をするという習慣がないのかもしれません。収集品の一部の整理を少しずつすすめていますが、同種異名や記載の煩雑さのため、また標本を調べるのにも手間がかかり、図書もとても限られているものですから、疲れるばかりです。

最近、チョウ類の最初の部分を整理しました[3]が、分布と変異についてかなり興味深い事実がいくつか出てきました――変異の一部にはかなり頭を悩ませています。標本はかなりよくそろっているのですが、もっとあればと思う種類も多くあることがわかりました。じっさい、もし帰国するまでにすべての採集品を手元に置いておくことができたとしたら、きっといまの二倍はあったのではと思います。

ようやく私の東洋旅行についての小さな本[4]に着手し、しっかり頑張ることができれば、次のクリスマスには準備で

(7)　ダーウィンはノボタン科の植物の昆虫による受粉の仕組みに興味をもち、多数の人に情報提供を依頼する手紙を出し、一八六一年から自宅で実験も開始した。しかし彼の植物学関係の著作、たとえば『植物の他家受粉と自家受粉』（一八七六年）でもノボタン類の例は述べられていない（『D新書簡集』第二巻、七頁の注13）。

(8)　スペンサーについては、巻末の人名解説参照。彼の『社会静学』（一八五〇年）については、本章冒頭の解説の後段（七二頁下段以下）を参照されたい。

(9)　ジョン・スチュアート・ミルについては、巻末の人名解説を参照。ウォーレスの『マレー諸島』（一八六九年）、とりわけ巻末の「追記」を読んで、一八七〇年五月一九日付けの手紙で「彼が提案していた土地所有制度改革協会」にウォーレスを誘った。ただし、まもなく意見の食い違いがあきらかとなり、やがて一八八〇年には「土地国有化協会」が設立されウォーレスが会長に就任することになる（『W自伝』下巻、二三五頁）。

(10)　スペンサーの『総合哲学体系（*A System of Synthetic Philosophy*）』全一〇巻（一八六二—九六年）のうち、ここで最新刊といわれているのは第一巻『第一原理』（一八六二年）のこと。また「次に出る生物の巻」というのは、第二—三巻『生物学原理』（一八六四—七年）であり、以下、第四—五巻『心理学原理』（一八七〇—二年）、第六—八巻『社会学原理』（一八七六—九六年）、第九—一〇巻『倫理学原理』（一八七九—九三年）とつづく。

(11)　スペンサーの「星雲仮説」については、清水幾太郎編『世界の名著36　コントとスペンサー』（中央公論社、一九七〇年）に収録されている「進歩について」の冒頭部分が参考になる。「地球、地球上の生命、社会、政治、製造、貿易、言語、文学、科学、芸術」のいずれをも説明する進化論の構築がスペンサーの目的であり、そのひとつの地球とそれを含む太陽系の進化を説明するのが「星雲仮説」だという。

(12)　この言葉はウォルター・スコットの詩 *"The Lady of the Lake"* からの借用だという（『D新書簡集』第二巻、七頁の注22）。

きているのではなどと考えています。私は旅行記のようなものを書くのが、かなり苦手です。なにか論証することがあればよいのですが。もしそれが見つかれば、ずっと楽に書き進められるでしょう。そんなわけで、ベイツの本[5]ほどよいものが書けるかどうか、題材はいけると思っているのですが、絶望しかけています。おそらくどの旅行者もそうなのでしょうが、ありふれた日常的なものや光景や物音や出来事について、もっとメモしておけばと、心底から後悔しています。忘れることなどできないと思っていたことを、どうしても正確に思い出せないことが、いまになってわかりました。

つい先日、かつての仲間のスプルース[6]から興味深い長文の手紙を受け取ったところです。それによると彼はあなたからのノボタン（*Melastoma*）についての手紙[7]を受け取っているそうですが、ところが彼はノボタン科の植物をこの三年間にひとつとして見ていないそうです！　この植物は、熱帯アメリカの東部の平原にはたくさん生えているのですが、太平洋岸の平原ではまったく見られません。かわいそうな彼は、健康状態があなたよりすぐれないようです。アンデスの高く、暑く、冷たく、湿気の多い峡谷にいたため、ここ三年というもの肺と心臓の疾患、それにリューマチで、生きていることさえ辛かったそうです。太平洋岸の乾燥した気候のところに降りてきたのも、死ぬならもっと楽にということだったといっていますが、転地で健康が回復し、帰国しようと考えています。ただ、イングランドでの最初の冬も越せないのでは、と彼は思い込んでいます。彼以上にあなたのご本を喜びまた評価できる人はいないと私は確信しているのですが、彼はあなたのご本を入手することができていません。

もしあなたが読書に耐えられる状態にあるならば、お勧めしたい本があります。じつはスペンサーの著作を通読して驚くとともに嬉しくなってしまい、彼の著作を理解できると思う友人たちの全員に勧めることは、私の社会への義務ではないかと考えています。いまとくに勧めたいのは『社会静学』[8]です。けっして読みやすい本ではありませんが、とにかくおもしろいし、文章が驚くほど明晰なのでだれにでも読めるし理解できるでしょう。そこで私としては、あなたがいまなされている研究とはまったく関係のないものなので、「軽い文学」と思って読んでいただけたなら、いま重要と思われていることの多くよりあなたの興味を引くだろうと確信しています。

私はスペンサーを読んでいる人があまりに少ないらしいこと、また彼の著作の壮大な見解や論理の安定性が政治家や政治経済学者のあいだでまったく無視されているらしいことに、本当に驚いています。ジョン・スチュアート・ミル[9]は世間によく知られていますが、そのJ・S・Mより彼のほうがずっと先に行っているように私には思われます――いわせてもらえば、アガシとダーウィンの関係のようなものです。彼の知識の幅広さは、その正確さにまさるとも劣りません。彼の評論の最新刊[10]の「星雲仮説[11]」は私がこれまでに読んだ天文学の論文のなかでもっとも巧みなものであり、彼の次に出る生物の巻では、私の考えでは、自然界で働いている自然選択以外のなにかをしめそうとするのではと思っています。そう、あなたは「相手に不足のない敵兵[12]」を警戒しなければならないのです！

　けれど、おそらくいつものように、あなたは彼の本をすでに読まれているのでしょうか。その場合はご容赦ねがうとともに、彼についての意見を是非にも聞かせてください。私はまだ、彼を読み評価している人に一人（ハクスリー）しか出会っていないのです。

　末尾ながら、諸般の事情のため帰国してからあまりお目にかかれていないこと、本当に残念に思っています。またあなたの健康がすぐにでも回復されることを、心からお祈りしています。敬具

アルフレッド・R・ウォーレス

5 ウォーレスからダーウィンへ

1864. 5.10

ウェストボーン・グローヴ・テラス　五番地、W

一八六四年五月一〇日

親愛なるダーウィンへ

一ヵ月ほど前のお手紙で健康が少しよくなっていることを知り、とても喜んでいました。その後も、ハクスリーやラボックから折りにふれて、あなたの健康状態が悪くないことを聞いています[1]。夏の気候と休息があなたの健康を回復させるものと、心から願っています。

いまボルネオの洞窟探検[2]が、寄付なしでおこなわれようとしています。今月中にサラワクに向かう新しい英国領事が、街に近いいくつかの洞窟の探検に着手するそうですが、なにか興味深いものが見つかれば、全域の徹底的な探検のための相当な額を、まちがいなく集められるでしょう。J・ブルック卿[3]はあらゆる援助をおしまないだろうし、予備的な仕事のための男たちを提供してくれるものと思います。

さて、同封したのは人類の起原の理論についての小論で

（1）　ウォーレスは帰国後、各学会の例会に定期的に出席していたので、おそらくリンネ協会やロンドン動物学協会の例会で彼らと会う機会がしばしばあったのだろう。ハクスリーは「ダーウィンの番犬」を自認して、進化論擁護の論陣を張っていた。ラボックはダーウィンと同じダウン村の隣人である。

（2）　ウォーレスはこの問題について、『リーダー』誌（一八六四年三月一九日号）に書簡を投稿し寄付を呼びかけたばかりだった（Wallace, 1864a）。この書簡はまだ調査していないが、おそらくオランウータンの化石の発見をウォーレスは期待していたと推測される。なぜなら人類論文の主題にとって、人類と類人猿との共通祖先の化石の発見はもっとも必要なことだからである。彼はボルネオ探検の直後に書いた「ボルネオのオランウータンの習性について」の末尾で、過去の地質時代にオランウータンに先行する「代置種」がいたはずだと示唆していた（Wallace, 1856c）。また、『マレー諸島』（一八六九年）のボルネオのオランウータンの章でも、類人猿化石の発見への期待を述べている（上巻、一一七頁）。さらに一八七三年にも、ボルネオの有名なニア洞窟でおこなわれていた発掘について論評している（Wallace, 1873b）。なおサラワク博物館の元館長トム・ハリソンは、ニア洞窟で発見されたオランウータンの下顎骨の化石が、歴史上もっとも有名な科学上のペテン「ピルトダウン原人」の贋作化石に使われた可能性を指摘し、ウォーレスがなんらかのかたちで関与した可能性さえ示唆している（Harrison, 1959）。4-7の注12も参照。

（3）　ボルネオのサラワク地方を統治していた英国人領主で、ウォーレスはサラワク探検のとき世話になった（巻末の人名解説および1-1

す④。あなたが賛同してくだされば、と思っています。よろしければ、批評をおねがいします⑤。

私がこの問題にとりかかったのは、人類と類人猿のあいだの精神および頭蓋の甚大な相違を、身体の他の部分では構造的にさほど差がないこととあわせて説明する必要があったからで、また人種の多様性を、人類が全歴史時代をつうじて姿形がほぼ完全に安定していたこととあわせて説明しなければと思ったからです⑥。

これらの問題について、ひとつの確固たる意見をもてたと思っています。ただし私の議論にだれかが虚偽を見つけたりしないかぎりですが。

人類学会の会員たちはあまりよく理解できなかったようですが、長い質疑応答がおこなわれ、それが『人類学レヴュー』誌⑦にほとんどそのまま収録されています。

リンネ学会の紀要は今年の末まで出ないので、私のアゲハチョウ科の論文⑧の興味深い部分のわりと長めの要約を、『リーダー』誌に送りました⑨。あなたがよい論文だといってくださった⑩、あの論文です。

奥様とご家族の健康と、あなたの回復をお祈りしております。敬具

アルフレッド・R・ウォーレス

の注14も参照されたい）。ウォーレスが帰国して一年か二年後にブルックも帰国していて、ロンドンで一度か二度会ったほか、「一八六三年か六四年の夏に、デヴォンシャーに一週間ほど滞在し、彼のかつての私設秘書でサラワクでの私の友人だったセント・ジョン氏（いまはスペンサー・セント・ジョン卿）に会うよう、私を招待してくれた」（『W自伝』下巻、五一頁）というので、このときにボルネオの洞窟調査についても相談したと推測できる。

（4） Wallace (1864b)。本章冒頭の解説も参照されたい。

（5） ウォーレスがこの論文の別刷りをスペンサーとライエルに送ったことが、彼らからの礼状からわかる（『W書簡集』二七七―八頁。スペンサーからの礼状は一八六四年五月一九日付け、ライエルからの礼状は五月二二日付け）。解説で述べたように、この論文の全般的なアイデアはスペンサーの著書から示唆をえたと、ウォーレスは脚注に明記していた。またこの論文における「人類の古さ」の議論は、この言葉づかいから考えて、前年に出版されていたライエルの『人類の古さ』(Lyell, 1863) に呼応していると推測できる。このなかでライエルは、類人猿と人間の中間型の化石が発見されるとしたら、現生類人猿が生息する熱帯アフリカ、スマトラとボルネオの可能性が高いと述べ、右の注2のボルネオでの洞窟調査に高い関心をしめしていたとされる（『D新書簡集』第一二巻、一一九頁の注6）。

（6） ハクスリーが前年に出版した『自然界における人間の位置』(Huxley, 1863) の第三章で、ベルギーのムーズ峡谷のエンギス洞窟と、ドイツのデュッセルドルフ近郊のネアンデルタール洞窟で発見された化石人類の頭骨を現生人類のそれと比較検討していた。ウォーレスの人類論文にハクスリーのこの本がどう影響していたか興味深いが、論文自体にはハクスリーへの言及はない。なおネアンデルタール人の位置づけについて、当時はまだ決着はみていなかった。

（7） 右の注4を参照。『人類学レヴュー』誌となっているが、参考文献リストでは『ロンドン人類学協会誌』としてある。この学会誌の正式のタイトルは、*Anthropological Review and Journal of the Anthropological Society of London* らしい。ウォーレスの論文の本文が一二頁なのに対して、例会会場での議論が一八頁もある。賛成意見は二人

だけで、他の会員たちは会長のジェームズ・ハントをはじめ、ウォーレスの発表に徹底的に反論した。この学会の会員のほとんどは人種の単元説に反対して多元説を主張し、会長のハントは黒人を別種と位置づけ奴隷制を支持していた。またダーウィンたちの進化論にも反対していた。この論文の意味については、拙論「第二ウォーレス線」（二〇〇一年）でくわしく論じた。

（8）Wallace（1865a）。例会での発表は一八六四年三月一七日だが、紀要の発行は翌年までずれこんだ。

（9）右の注8の論文のウォーレス自身による要約（"Mr. Wallace on the Phenomena of Variation and Geographical Distribution as Illustrated by the Malayan Papilionidae," *Reader* 3: 491b-493b）の発行は一八六四年四月一六日。同じ主題についてロンドン昆虫学協会の例会（四月四日と五月二日）では、標本も提示しながら発表し、その内容は『リーダー』誌の五月二一日号に掲載された（Smith ed. 1991:『D新書簡集』第一二巻、一七四頁の注8）。長めの要約を『リーダー』誌に送ったというのは、この後者の原稿のことだろう。

（10）ダーウィンはウォーレスへの同年三月（火曜）付けの手紙で、「リーダー誌であなたが地理的分布に関する大きな論文を発表したことを知り……」と知らせていた。右の注9のように、要約が最初に発表されたのは『リーダー』誌の四月一六日号なので、それ以前の号にもなにかが掲載されていたことになる。ダーウィンは「議論の特徴から［ウォーレスの論文だと］推測」したというので、例会そのものについてのニュース記事だったのではと考えられる。

6

ダーウィンからウォーレスへ

1864. 5. 28

ダウン、ブロムリー、ケント州
一八六四年五月二八日

親愛なるウォーレスへ

体調はかなりよくなり、リンネ学会用の論文[1]を仕上げたところです。しかし体力がまだ完全ではないようで、手紙を書く気力もありませんでした。そんなわけで、一一日に受け取ったあなたの人類論文[2]のお礼が遅れたこと、どうぞお許しください。

ですが、最初に申し上げたいのは、『リーダー』誌の変異そのほかに関する〔アゲハチョウ科の〕論文[3]以上に感銘を受けた論文は、私の生涯においてほかにはまずないということです。このような論文は、個別の問題を論じたどんな大論文よりも、種の変化に関する私たちの見解の普及におおいに貢献すると確信します。じつに見事です。

しかし、人類論文で学説を私のものといっているのはいただけません。この学説は私のものであると同時に、あなたのものでもあるのです。すでに一人の文通相手から、こ

(1) 時期から考えて、リンネ協会の六月一六日の例会で発表されたエゾミソハギ（*Lithrum salicaria*）の異型花の論文だろう（Darwin, 1864）。同論文は『ダーウィン論文集』に収録され（Barrett, 1977. pp. 106–128）、またダーウィン『同種の植物上の花の異型』にも同じ内容が編集されて組み込まれている（Darwin, 1877. pp. 137–167）。

(2) 前便（4‐5）とその注4参照。

(3) 前便の注9を参照。

(4) ライエルはウォーレスへの同年五月二二日付けの手紙で、人類論文の礼につづけて次のように書いている。「あなたが自然選択の名誉《クレジット》のすべてをダーウィンにあたえた態度はとても立派ですが、もし他のだれかがあなたの論文への言及なしに同じことをしたらまずいことになったでしょう……」（『W書簡集』二七八頁）。ダーウィンのいう「文通相手」とは、このライエルのことかもしれない。また『D新書簡集』第一二巻に収録されているフッカーとダーウィンとのあいだでの手紙にも、同じことが書かれている。フッカーは人類論文の読後感に、次のように書いている——「その見事さに驚きました——非常に大きな前進だと私は思います……また彼が自然選択説への功績ないし役割をすべて否認していることに衝撃を受けました——これをみて私は、彼を非常に高潔な男だと思わされました」（フッカーからダーウィンへ、一八六四年五月一四日付け）。これに対するダーウィンの返信（同年五月二二日付け）は以下のとおり。「ウォーレスの人類についての論文を読んだところですが、きわめて際立っているし、独創的で、しかも説得力があると思います。ライエルの人類に関する章を彼が書いたならよかったのにと思います。彼の高潔さにはまったく

の件に関するあなたの「高潔な」振る舞いを指摘されています。[4]

さて、あなたの人類論文についてですが、書きたいことが書ききれないほどあります。大きな中心的アイデアは、すなわち最近の時代には身体よりも精神が変化しただろうということは、[5]私にとってまったく新しいものです。ただし、人種間の闘争が知的および道徳的な質に完全に依存していることについては、私も以前からそう考えていました。論文の後半部については、きわめて雄弁になされているというのみです。[6]私を訪ねてきた二、三の人にあなたの論文を見せましたが、どの人も同様に衝撃を受けていました。

こまかな点については、すべてに同意というわけにはいかないでしょう。オーストラリアの未開人の恒常的な戦闘についてのG・グレイ卿の説明[7]を読んだとき、私は自然選択が働いているだろうと考えましたし、また魚釣りやカヌー操作の技能は遺伝的だといわれているエスキモーについても同様でしょう。あなたが人類にあたえている階級[8]については、私は分類学的な見地から意見を異にします。どんな形質も、ただ過度に見られるというだけでは、高次の区分には使うべきでないと考えます。アリと他の膜翅目とをくらべて、一方の本能が高く他方の本能が低いからといって、アリを他の膜翅目から分けることはしないでしょう。

同感で、私はずっとそう考えてきました。しかしこの場合には行き過ぎであり、私は彼にそういうでしょう。彼の人間に関する見解に完全に同意するとは思いませんが、しかし私の意見では、この論文によって注目すべき才能がしめされたことは疑問の余地がありません。ただし、新しい主要な考えには同意します」。

(5) ウォーレスはこの人類論文で、他の哺乳類が大きな進化的な変化をとげている一方で、人類がほとんど身体的に変化していないことから、また人間は社会性が強く協調性が高いことから、自然選択は身体的な形質ではなく精神的・知的な形質に作用しただろうと主張した。本章冒頭の解説も参照されたい。ダーウィンは『人間の由来と性選択』(一八七一年)の第一部第五章「原始時代および文明時代における知的・道徳的性質の発達について」の冒頭で、ウォーレスのこの論文での主張を要約紹介している(邦訳、第I巻、一三九―一四〇頁)。

(6) 人類論文の末尾では、人類の今後の進化が予想されている。将来に到達するだろうとされている社会の理想状態の描写には、本章冒頭の解説で指摘したように、言葉づかいや発想から考えてH・スペンサーの『社会静学』の直接の影響があったと推測される。この部分は例会の質疑応答で「ユートピア」思想と揶揄された。

(7) ダーウィンが言及しているのは、英国陸軍将校グレイのオーストラリア旅行記だろう(Grey, G., 1841. *Journals of Two Expeditions of Discovery in North-west and Western Australia, during the years 1837, 38, and 39.* 2vols. London)。

(8) ウォーレスは人類を、分類階級(種・属・科・目・綱・門・界)のうち、少なくとも科、おそらくは目に位置づけるのが妥当ではないかと示唆した。次の手紙(4-7)の注6および9を参照。

(9) 「相関の法則」あるいは「成長の相関」を、ダーウィンは次のように説明している。すなわち「全体制が成長および発生の期間をつうじて緊密に結合されており、どこかの部分に軽微な変異がおこって、それが自然選択により集積されると、他の部分も変化するようになる……」(『起原』上巻、一八九頁)。『起原』の第五版からは「相関変異」と修正された。『人間の由来と性選択』(一八七一年)では、第一部第七章で肌の色とマラリアや黄熱病など感染症へのかかりやすさの人種の相違という点については、多くは肌の色（およびその結果として頭髪）と体質との相関[9]によるものではと私は推測していました。肌の色の黒っぽい個体ほどマラリアから逃れられるという仮説を考えてもらえば、私のいいたいことがわかるでしょう。私は陸軍医療局の長官を説得して、この問題を確認するための印刷した書式を熱帯の国々の全連隊の外科医に送ってもらいましたが、どうも一通の返答ももらえそうにありません。[10]もうひとつ、私はある種の性選択が人種を変化させるもっとも強力な方途だったのではと考えています。[11]人種が異なれば美しさの基準も大幅に異なるからです。[12]未開人のあいだでは、もっとも力の強い男が女に選ばれるだろうし、そのような男が一般にもっともたくさんの子孫を残すでしょう。

私は人類について少しばかりメモをためていますが、たぶん使うことはありそうもありません。あなたはご自分の見解を再検討するつもりですか。もしそうであれば、この少しばかりの資料やメモをいつでもご利用ください。

このメモ類が価値あるものかどうかほとんどわからないし、いまのところは混沌状態だと思っています。

もっと書くべきことがあるのですが、そろそろ体力切れです。親愛なるウォーレスへ　敬具

チャールズ・ダーウィン

相関が議論されているが、結論はきわめてあいまいであり、むしろ否定的といっていい（邦訳、第I巻、二〇六―九頁）。その理由のひとつは、次の注10の質問状に回答がえられなかったからだろう。

(10)　回答は一通もえられなかったが、質問状の全文は『由来』の第一部第七章に脚注として付されている（同右、二〇八頁）。

(11)　ダーウィンは『由来』で、人種の進化を性選択とくに雌の選り好みによる性選択で説明することになる。ウォーレスは性選択という概念そのものを、生涯にわたり徹底して否定しつづけた。拙論「性選択・ウォーレスとダーウィン」も参照されたい。

(12)　どういう意味かは、この手紙の追伸を見ればおのずとあきらかだろう。ダーウィンは英国の貴族階級のジレンマや長子相続の問題を『由来』第一部第五章で論じているが、この手紙の文面よりはあいまいな表現となっている（邦訳、第I巻、一四八―九頁）。

われわれ貴族は、女性から見て〔女性の配偶者選択という観点から見て〕、中流階級よりハンサムだろうか？（中国人や黒人にいわせるとずっと胸くそわるい）。ですが、なんといえばいいのか、長子相続が自然選択を破壊してしまっています。この手紙の趣旨が理解してもらえるかどうか、不安です。

7

ウォーレスからダーウィンへ

1864. 5. 29

ウェストボーン・グローヴ・テラス　五番地、W
〔一八六四年〕五月二九日

親愛なるダーウィンへ

あなたはいつでもそうですが、他の人のすることを即座に理解し、そしてとくに私の散漫な努力を過大評価されるので、私の論文に対するとても懇切で人を喜ばせる言葉に驚く必要はないのでしょう。ですが、あなたがいくつか批判的な批評をしてくれたことが嬉しく、残念といえばもっ

（1）この自己評価は晩年にいたるまで変わることがなかった。一九〇八年七月一日にリンネ協会で開催された自然選択説発表五〇周年記念式典で、主賓のウォーレスは挨拶のなかで次のように述べている。「このアイデア〔自然選択説〕が私にやってきたのは、ダーウィンにとってもそうだったように、一瞬のひらめきによってでした。それについて一時間か二時間ほど考えぬき、そしてそれをその時点で私に考えることのできたさまざまな適用や展開とともにスケッチとして書きつけました――それから薄い便箋に書き写し、そしてダーウィンに送りました――すべて一週間以内の出来事です。そのときの私は（それ以降もしばしばそうなのですが）〝性急な若者〟でありました……」(Linnean Society, 1908. pp. 6-7)。補足しておけば、ダーウィンも自然

と批判してもらいたかったということだけですので、ここで少しばかり弁明させてもらおうと思います。

私の大きな欠点は、あわてるということです[1]。あるアイデアがひらめくと、二、三日だけ考えて、そのときに思いついた例証だけで書きあげてしまうのです。そのためその問題を、ほとんどひとつの視点からしか見ていません。そんなわけで私の人類論文では、獣は自然選択によってじつにさまざまなやりかたで変化させられているのに対して、そういった個々のやりかたのどれにおいても人間は、知性がすぐれているがゆえに、変化させられることがないということをあきらかにすることだけに的をしぼってしまいました。したがって私が、自然選択がいまだ人間にも獣にも同様に作用しているだろう、二、三の小さな点を見過ごしているだろうことは疑いようもありません。体色もそのひとつで、スレイター[2]のもとめで書いた『博物学レヴュー』誌用の要約[3]では、そのことを体質と相関させて言及しました。また、人種の移動と置換の証拠が多数あり、身体的形質が異なる人々が同じ地域、あるいはよく似た地域に居住していたり、また身体的形質が均一な人々が大幅に異なる地域に住んでいたりする例が多いので、私の考えでは、主要な人種の外的特徴は現在の地理的分布より古いにちがいなく、好ましい体質の変異との相関によって生じた変化は

選択に思いいたったのは、一八三八年にマルサスの『人口論』を読んだことによる瞬間的なひらめきだったが（『D自伝』、一四九頁）、その後、じつに「二〇年」ものあいだ事実を収集し考察を深める努力をつづけてきた。ウォーレスの五〇周年記念祝典での主賓挨拶の趣旨も、ダーウィンの継続性を高く評価することにあった。

(2) スレイターについては、巻末の人名解説を参照。スレイターは『博物学レヴュー』誌の編集人の一人。3-1とその注5も参照されたい。

(3) Wallace (1864d)。基本的に人類論文と同内容だが、前便（4-6）でのダーウィンの意見を受けて、とくに肌の色と病気への抵抗性との相関についての示唆などが付け加えられた。

(4) これら未開部族についての事実は、アマゾンとマレー諸島での彼自身の観察にもとづくものであろう。

(5) ウォーレスは人類論文の結語のなかで、人類は身体的には不変なままだったのに対して頭と脳はきわめて大きく変化したことの補足として、当時の比較解剖学の権威であるオーエンの次の意見を引用した。すなわち「頭と脳から判断すると人類は哺乳類のなかの別個の亜綱と位置づけることができるが、身体の他の部分を見ると解剖学的に類人猿にきわめてよく似ている」。

(6) ハクスリー『自然界における人間の位置』（4-5の注6参照）の第二章で、人類は霊長目の独立した科と位置づけられている。

(7) ベイツ『アマゾン河の博物学者』（一八六三年）。4-4およびその注5も参照。

(8) ウォーレス『マレー諸島』（一八六九年）。「地理的な分布やそれに関連したトピックスの章」をいれ、時系列を無視して、動物地理学を解説する章立てにしたことが、この旅行記の特筆すべき特徴となった（拙訳の解題参照）。

(9) 鮮新世（Pliocene）は第三紀の最後の時代で、それにつづいて第四紀の更新世、そして完新世すなわち現在となる。中新世（Miocene）は鮮新世のひとつ前の時代である。鮮新世はライエル自身が『地質学の原理』（一八三三年）で提唱した地質時代区分だが、彼は今日にいう鮮新世を古鮮新世とし、いまでは更新世と呼ばれる時代を新

外的な変化の二次的な原因にしかならないでしょう。

陸軍からの返答は届いたでしょうか。とても興味深いことがえられるでしょうが、私の予想では、あなたの見解にとって好ましい結果ではないだろうと思っています。

未開人のあいだでの恒常的な戦闘が身体的な優勢をまねくという点については、私の考えでは、それは非常に不完全なものだろうし、例外や不規則性が多々あって明確な結果はなにひとつ生み出しえないと思います。たとえば、力がもっとも強く、もっとも勇敢な男は、先頭を切って前面に身をさらすので、したがって怪我や死にもっとも直面しやすいでしょう。またある好戦的な部族に身体的なエネルギーがもたらされても、そのような部族は周囲の部族との軋轢を誘発し、周囲の部族をその部族に対して結束させることによって、消滅してしまうことでしょう。さらに、たんなる身体的な力強さだけでなく、狡猾さや隠密さ、また足の速さ、さらには武器がすぐれていることによってさえ、勝利はもたらされます。それだけでなく、この種の多かれ少なかれ絶えることのない戦争は、あらゆる未開人たちのあいだでおこなわれています。したがって、そのような戦争は区別させるような形質をもたらすことはなく、身体的および精神的な健康と生命力の一定の平均的な基準を維持するだけでしょう。それぞれの人種において魚釣りやカヌ

鮮新世としていた。この手紙に見える「後期鮮新世」は、したがっていまの更新世とみなすことができる。

ウォーレスは人類論文では、人類はさらに古い始新世（Eocene）までさかのぼるかもしれないとし、絶対年代としては一〇万年前から一〇〇〇万年前を考えている。地質時代区分もその絶対年代についても、当時は現在ほどくわしくは理解されていず、現在の見解とは大幅にずれている。いずれにせよウォーレスは、現生のタイプの哺乳類が出現する以前の時代にすでに人類が出現していたと考えている。その根拠は、化石人類（ネアンデルタール人およびデニス人とエンギス人）の頭骨が、絶滅した哺乳類の化石と同時代の地層から発見されていたからである。ただし、これらの化石人類の出土状況は不確かであり、また現在ではどう位置づけられているのかも不明なので、ウォーレスの主張がどの程度まで妥当だったのか、さらに詳細な検討が必要だろう。

ライエルがウォーレスの見解の難点を指摘したのは、一八六四年五月二二日付けの手紙（4－5の注5参照）だが、『W書簡集』では該当部分は省略されている。しかし、この手紙に対する同年五月二四日付けのウォーレスの返答の主要部分が『W自伝』に収録されている（上巻、四一九―二〇頁）。少し長くなるが、全文を以下に引用しておく。

「人類の論証しうる古さについて、少しだけ申しあげさせてもらいます。第一点は、あなたもおわかりでしょうが、私が主張しているのは中新世に人類がすでに存在していた必然性ではなくその可能性であり、私はいまでもその可能性を捨てていないし、以下のいくつかの理由からそれが論証されるだろうとさえ考えています。時代の問題は積極的に判定しうるものではなく、ただ比較から考えることができるだけです。人類におけるある変化に一〇〇〇万年とか一億年とかが必要だろうと、ア・プリオリにいうことはできません。アナロジーによってのみ、また他の高度に組織化された動物の変化速度との比較によってのみ、判定されるべきです。さて、いくつもの現生の属が中新世に生息していたし、またテナガザル類（*Hylobates*）に類縁のある類人猿もいました。しかし人類は、ハクスリーによってさえ、別個の科に分類

ー漕ぎ、乗馬、木登りなどなどの特別な生活の場に適応した変異は、そのようにして選択されてきたのです。その作用はかなりの程度のものにちがいないことは疑いありませんが、明確な身体的な変化を誘導するほど厳格なものではないし、またいま存在する個々に異なる人種が生じるときに、なんらかの役割を果たしたとは想像できません。

　あなたが言及されている性選択についても、それがもたらす結果は同じように不確かだと私は考えます。もっとも下等な部族でもはなはだしい一夫多妻はまれですし、女は多かれ少なかれ売買の対象です。また社会的な条件のちがいもごく小さく、私の考えでは、健康で不具でない男に妻や子どもがいないことはめったにありません[4]。わが国の貴族が中流階級よりハンサムだとするしばしばくり返される主張を、私はおおいに疑っています。私は貴族が最高の部類の美しさの見本を見せてくれていることは認めますが、平均してそうかどうかは疑問です。私は田舎とされる場所で、中流階級のほうが見目のよい人が平均して多いことに気づいたことがありますし、それをさておいても、私たちは美しさという考えのなかに、知的な表現や洗練されたマナーを知らずしらずのうちに組み込んでいますし、それらが見目のとくによいとはいえない人を美しくみせるということがしばしばあります。たんなる身体的な美しさ――そ

されています。その科の起原――つまり、霊長類の他のいくつもの科との共通の起原ですが――は、したがって中新世より前の時代にさかのぼるはずです。ところで、科のちがいの多くの部分は頭部と頭蓋骨にあらわれています。骨格の他の部分では人類にほとんど正確に似ているが、頭蓋骨はチンパンジーのそれよりほとんど発達していない動物は、まちがいなく霊長類の別の科ではなく、ただ別の属をなすにすぎません。私の主張は、したがって、骨格の他の部分がほとんど一定不変のままであったあいだに、頭蓋骨におけるこの大きな相違が緩慢に発達したということです。また中新世のドリオピテクス（*Dryopithecus*）が現生のゴリラに変化してきたあいだに、言葉をしゃべらないサルの脳をもつ人類（それでもやはり人類）が脳の大きな、言葉をしゃべる人類に発達したのです。

　一方、中新世の哺乳類の大多数は、私の考えでは、現生の属ですから、また私の全議論は人間の身体の他の部分がせいぜい種の変化しかしていないあいだに、いかにして脳と頭蓋骨が属の変化以上の変化をとげたのかをあきらかにすることなのですから、私としてはこれらの変化のすべてが、他のほとんどの哺乳類が属の変化をとげるのに十分な期間より短い期間に起こったとは、どうしても認めることができないわけです。ただし、この場合には変化がより急激に起こったと仮定すれば別ですし、じっさいそうだったのかもしれませんが、それを証明する証拠はいまのところありません。そこで私は、年数にしてみたときの時間の膨大さは、この議論にはなんの関係もないと確信しています。私の論文はあわてて書いたものですし、また短すぎてこの問題を十分かつ明解に説明できていませんでしたが、以上の説明であなたがとくに指摘された点についての私の考えかたがわかっていただけたなら幸いです」。

(10)　マーチソンについては、巻末の人名解説を参照。講演とは、一週間前の同年五月二三日におこなわれた地質学協会の会長講演のこと。

(11)　ウォーレスのボルネオへのこだわりについては、4-5の注2を参照。

(12)　「ネアンデルタール人」の化石がドイツで発見されたのは一八五六年である。ロンドン人類学協会でウォーレスが論文を発表する二週

れはすなわち、ヨーロッパ人男性の平均ないし典型に近い身体と容貌の健康的で整合的な発育にほかなりません——は、たしかに社会のなかのある階級に他の階級よりも頻出し、都市よりも郊外地域でずっと頻繁に見受けられます。

人類の動物学的な分類における階級については、私のいいたいことをうまくいえなかったようです。私はけっしてオーエンあるいは他のだれかの見解を採用しているわけではなく、ひとつの視点から見たとき彼の見解は正しいと指摘しただけです。[5] 私は動物学的にみて人類にあたえることのできる〔分類〕階級は、ハクスリーも認めているように、[6] おそらく別個の科しかないと考えています。しかし同時に、もし私の学説が真実ならば——すなわち、人類を取り囲んでいる動物が身体のすべての部分に属あるいは科ほどの相違となる変化をこうむっているあいだに、人類の変化がほとんど脳と頭の変化だけだったとするならば——そのときには、地質学的な古さにおいて、人類という種は多くの哺乳類の諸科ほどに古いかもしれず、人類という科の起原は一部の目が最初に起原した時代にまでさかのぼるのかもしれません。

自然選択そのものについては、私はそれが本当にあなたのもの、あなただけのものと主張しつづけるでしょう。あなたは私がこの問題に一条の光も見いだせていないうちに、

間前の二月一六日の例会（ウォーレスも出席していた）で石膏模型が、同協会副事務局長ブレイク（Charles Carter Blake: 1840-1897）によって紹介され議論がおこなわれていた。ネアンデルタール人は、すくなくともウォーレスの見解では現在の人類と形態的にあまり差がなく（ただし同時代の他の化石人類に比較して原始的だという）、彼がもとめている初期人類というのは類人猿と人類をつなぐ化石人類のことである。なおウォーレスの死の直前の一九一一年に、贋作として有名な「ピルトダウン原人」の化石が英国サセックス州で「発見」された（4-5の注2を参照）。

私には考えもおよばないほど詳細に研究されていたし、また私の論文はけっしてだれも納得させなかったか、あるいはせいぜいよくできたスペキュレーションと思われただけでしょうが、あなたのご本〔『種の起原』〕は博物学の研究に革命をひきおこし、いまの時代のもっともすぐれた人々をとりこにしています。私が主張できる功績といえば、あなたがただちに執筆して出版するきっかけになったことだけです。

　私はたぶんいずれ、この問題（「人類」の問題）をもう少し先に進めることになると思いますが、そのときには、ありがたくあなたのノートを使わせてもらいます。ただし、いまは「私の旅行記」を書きはじめたところですし、かなり長くかかると思います。どうも私は旅行記を書くのがだめらしく、ベイツの輝かしい成功[7]のあとでは、たぶん失敗するのではと恐れています。地理的な分布やそれに関連したトピックスの章を、いくつか入れるつもりです[8]。

　C・ライエル卿は、人類についての私の主要な主張に同意する一方で、人類を中新世までさかのぼらせたいとしている点では私がまちがえていると考えていますし、また後期鮮新世まででさえ膨大な時間間隔があることを私が理解していない、と彼は考えています[9]。しかし私は自分の見解を変えていませんし、私の見解は、じっさい、私の理論の論理的な結果です。もし人類が後期鮮新世に起原したならば、その時代にはほとんどすべての哺乳類が現生の哺乳類に近縁だったし、同種のものさえ多かったのですから、動物が変異している一方で人類は身体構造が一定不変ではなかったことになり、私の理論はすべて誤りと証明されてしまいます。

最近おこなわれたマーチソン[10]の地質学協会での講演で、彼はアフリカが現存する最古の陸地だと指摘しています。彼によれば、アフリカが第三紀に水没したというい かなる証拠もありません。ですから、このアフリカこそ、初期人類が見つかるべき場所であることがあきらかです。私はボルネオ[11]でなにか好材料が見つかるのではと思っていますし、そうなれば熱帯アフリカというさらに確実性の高い約束の地をどのように探索すべきかがわかるのではないかと思います。なぜならヨーロッパで非常に初期の人類が見つかるとは期待できないからです[12]。

あなたの健康に回復のきざしが見られることを知って、とても喜んでいます。あまり早く無理をなさったりせずに、健康に見あうだけ書くようにしてください。あなたのお手紙の一言一句にお答えしたと思いますが、どれもが容易だったわけではありませんでした。こころから、親愛なるダーウィンへ　敬具　アルフレッド・R・ウォーレス

8

ダーウィンからウォーレスへ

1864. 6. 15

ダウン、ブロムリー、ケント州
一八六四年六月一五日

親愛なるウォーレスへ

　返事が遅れてしまいましたが、あなたの長いお手紙にあまり興味がわかなかったなどとは考えないでください。この手紙はただの礼状ですので、あなたがふれられていたすべての点について、たぶんあなたは正しいとだけ申しあげておきます。ただし、私の考えでは性選択だけは別で、これだけは放棄することはありません。

　しかしながら、私がこの考えを捨てないでいられるかどうかは、私が性選択を全般的に信じられるかどうかにかかっています。クジャクの尾羽がそのようにして形成されたと考えることは、とてつもなくおおげさな話です。しかし、そうだと考えられれば、同じ原理を多少変形して人類に適用できる[1]と私は考えているのです。

　私のノート類があなたのお役に立つかどうか疑問です。私が記憶しているかぎり、このノート類はおもに性選択に

(1)　ダーウィンの『人間の由来と性選択』(一八七一年)は特異な構成となっていて、第一部で人間の動物由来を比較解剖学の成果などから論じ、第二部で性選択を検討している。第一部の最終章で人種間の相違が取り上げられ、自然選択などでは説明できないことがあきらかにされた上で、残された可能性として性選択が指摘される。そして性選択を人種の進化に適用する前に、まずは動物界全般で性選択がどう適用されるかを検討せねばならないとして、第二部が展開されているのである。いうまでもなく第二部の最終章で、あらためて人種進化の問題に戻っている。

(2)　「小さな退屈な本」というのは、フランス科学アカデミー事務局長フルーランスが書いた『起原』批判の本のこと(Flourens, P., 1864. *Examen du livre de M. Darwin sur l'origine des espèces*. Garnier, Paris)。フルーランスについては、巻末の人名解説を参照。

関するものです。

　あなたが旅行記にとりかかっていると聞いて、とても喜んでいます。旅行記はきっと、さまざまな議論をするのにとても便利な場所となると思います。あなたの敬服すべき文章の能力をもってすれば、すばらしい本になることは疑いようもありません。――こころから、親愛なるウォーレスへ　敬具

Ch・ダーウィン

　P・S――大砲、フルーランスが、私に敵対する小さな退屈な本[2]を出しました。そのことを私はとても喜んでいます。なぜなら、私たちの正当な研究がフランスで広まりつつあることをあきらかにしめしているからです。彼はあの本〔『種の起原』〕への熱狂について、次のようにいっています。「空虚な推測の議論ばかりだ」。

第5章 「自然選択」か「最適者生存」か

ダーウィンとウォーレスのあいだでかわされた往復書簡は、二人が同時に到達した自然選択による進化の理論をより切磋琢磨するためのものであり、それ以上に、進化論を完成させることによって敵対者たちから二人の理論を防衛するためであった。それほどに当時はまだ、進化論に反対する意見が根強かったということである。

ウォーレスが「自然選択」という用語の欠点を指摘し、それに代えて「最適者生存」を使用するよう提案したのも、彼らの進化論を誤解やそれにもとづく攻撃から防衛するためである（5－8および9参照）。

ダーウィンはウォーレスの提案を、全面的にではないが受け入れ、『種の起原』の第五版（一八六九年）から「最適者生存」という用語を採用しはじめた（なお原語はsurvival of the fittestであり、一般には「適者生存」と訳されることも多いが、本稿では原語を尊重して「最適者生存」と訳すことにする）。

『種の起原』（八杉龍一訳、岩波文庫）は初版を底本としているが、訳者注として各版での異同が列挙されている。それによれば、第四章「自然選択」の章題は、第五版で「自然選択すなわち最適者生存」と変更された。この章の本文中の数個所でも、また以下のいくつかの章でも、「すなわち最適者生存」という同様の挿入がなされている。また「自然選択」という用語がはじめて使われる第三章「生存闘争」のはじめの部分（上巻、八七頁の訳者注3）では、「しかしハーバート・スペンサー氏がしばしば用いている〝最適者生存〟の語はもっと正確であり、ときには同様に便利でもある」という文章が第五版で挿入された。

「最適者生存」という用語は、ウォーレスの手紙（5－8）に明記されているように、ハーバート・スペンサーの造語である（初出は一八六四年の『生物学原理』第一巻）。そのため現代進化論の長老であるマイアでさえ、「自然選択」の代わりに「最適者生存」を使うよう示唆したのはスペンサーだと誤解している（Mayr. 1982. p. 386）。マイアのこの誤解は、スペンサーがその後に進化論におよぼした悪しき影響、すなわち生存闘争を民族間や国家間などの「弱肉強食」の論理として正当化する「社会ダーウィニズム」への嫌悪から生じたものであろう。

いずれにせよ、今日では「最適者生存」という用語は実質的に死語となっている。「生存闘争」において「最適者」が「生存」する（生き残る）のか、「生存」した（生き残った）ものが「最適者」なのか、循環論的なあいまいさがあるからである。さらには、「最適者」と「最上級を用いたため、意図する以上のことを意味している」（ド・ビア『ダーウィンの生涯』一五七頁）という批判もある。各個体が自然選択によって生き残るか淘汰されるかは確率の問題であり、適応は程度の問題である。ところが「最上級を用い」ると、特別に選ばれた、特別に適応した「最適者」が生き残るように誤解されてしまうということであろう。このような誤解は、「自然選択」が擬人化され、なんらかの上位の選択者（神など万能の創造主）の存在が想定されてしまうという、ウォーレスが指摘した「自然選択」の誤解釈と同じ種類の誤解と考えていいだろう（ただし一八六九年以降にはウォーレス自身が、人間の精神的な進化の導き手として「なんらかの上位の知性」を想定することになる）。

また進化論へのスペンサーの影響も、今日ではほとんど無視されている。しかし、ダーウィンはスペンサーを哲学者として高く評価していたし、ウォーレスもこのころにはきわめて高く評価していた。とくに本章で紹介する書簡の時期には、ウォーレスはスペンサーと比較的親密につきあっていた（『W自伝』下巻、二四―五頁）。ウォーレスがスペンサーからはじめて手紙をもらったのは、第4章で検討した一八六四年の「人類論文」を彼に送ったときの礼状であり（4-5の注5）、それがきっかけでスペンサー宅に夕食に招待された。ウォーレスはその後もスペンサーの自宅を何度か訪れ、一八六五年にはスペンサーに依頼されて、オーストラリアにおける入植者による先住民への残忍な行為など未開人との関係のありかたについて『リーダー』誌に書くことになった（Wallace, 1865b）。

ウォーレスはこの一ヵ月前にも、ジョン・スチュアート・ミルによる論評に対して「一般人の責任と投票権」というレターを同誌に投稿している（Wallace, 1865c）。晩年のウォーレスの社会思想家としての活動の片鱗が、このころすでに芽生えつつあったといっていいだろう。

しかしウォーレスはそれ以上には社会問題に深入りしなかった。その理由はおそらく、マレー諸島探検の成果を出し切るという当面の大目標だろう。自分が採集したオウムやハト、あるいは陸貝類の採集品について、理論的（動物地理学的）な考察を加えた研究を着実に発表していたし、また旅行記

『マレー諸島』にも一八六四年のはじめには着手していた（4-4、ウォーレスからダーウィンへ、一八六四年一月二日付け）。ただし思うようにははかどらず、刊行は五年後の一八六九年春となる。

　ダーウィンもこの時期は仕事がはかどっていなかった。大著『家畜と栽培植物の変異』に一八六〇年三月二四日に着手していたが（3-1の注7参照）、完成したのは一八六七年の暮れであった。体調の不良もあるが、植物の研究テーマが次々に増えたためだった（ダーウィンの植物研究については、ミア・アレン『ダーウィンの花園』がくわしく検討している）。それは『変異』のためにおこなった自宅の庭での交配実験などであり（エピローグの章を参照）、また晩年に矢継ぎばやに出版する植物学関係の著作に結実する観察や実験もすでに開始していた（第13章の冒頭解説を参照）。

　またウォーレスの側にはもうひとつ、彼の人生において重大なことが起こりつつあった。それは以下で紹介する最初の手紙にほのめかされている婚約破棄であり、その一年後の結婚である（5-1の注6を参照）。

1

ダーウィンからウォーレスへ

1865. 1. 29

ダウン、ブロムリー、ケント州、S・E
一八六五年一月二九日

親愛なるウォーレスへ

とりいそぎ、あなたがお送りくださった二編の論文に、私がどれほど感服しているか、一筆さしあげます。

オウム類の論文[1]は私にとってとても新しい問題を含んでいて、きわめて興味深いものでした。また地理雑誌に掲載されていた論文[2]にも感激しました。地理的分布の理論のあますところのない摘要となっています。とくにボルネオとニューギニアの比較[3]、火山の噴火と要求される沈降との関係[4]、それに大西洋の大きな群島への仮想の転換の比較[5]、この三点がもっとも重要だと思います。どちらの論文も、本当にとてもよく書けています。草々

チャールズ・ダーウィン

一生懸命に仕事をすれば、いやな思いも消えるでしょう。[6]

(1) Wallace (1864e)。

(2) 『W書簡集』の原注に「一八六四年六月八日(?)」とあり、ウォーレスの署名(A・R・W)が付されている。しかし、王立地理協会での「マレー諸島の自然地理学について」(Wallace, 1863b)の発表は「一八六三年六月八日」の例会であり、ウォーレスの思い違いだろう。この論文の別刷りをダーウィンに送るのが一年も遅れた理由は不明。

(3) ボルネオとニューギニアという大きさや植生など条件のよく似た島の動物相の比較は、ウォーレスがまだマレー諸島探検中に発表し、彼の動物地理学の理論の完成となった「アルー諸島の博物学について」(一八五七年)ですでに議論のかなめとなっていた(拙著『種の起原をもとめて』の一九四頁を参照されたい)。彼は「マレー諸島の自然地理学について」(一八六三年)でも同じ議論をくり返しており、そのことはこの両島の比較が彼の「進化論にもとづく動物地理学」の理論形成に重要な役割を果たしたことを強く示唆している。

(4) ウォーレスは「マレー諸島の自然地理学について」(一八六三年)で、火山が爆発して地下の溶岩が噴出すると、その火山に隣接する地域では土地の沈降が起こると考え、スマトラからジャワを経由して東に連なる火山帯とその北側の海底の沈降とを関連づけ、この沈降によってこれらの島々が東南アジア大陸部から切り離されたと推測した。彼の『マレー諸島』の第1章「自然地理」はこの論文が下敷きになっており、同じ考えが主張されている。ダーウィンは本書の読後感をつづった手紙(10-7、一八六九年三月二二日付け)ではこの点を、一般性をもつ唯一の批判点としている。

(5) 「マレー諸島の自然地理学について」(一八六三年)では、マレー諸島をなかほどで分断するウォーレス線の東西の動物相の顕著なちが

P・S——最近のフランスの航海で、アルー諸島の野生のブタが一頭捕獲されて、パリに持ち帰られました。このブタは移入され野生化したものと私は考えますが、あなたはどう思われますか？　この件について明確な意見をおもちでしたら、それを引用させてもらいたいのですが[7]？

いを説明するため、大西洋の東西のアフリカと南アメリカ大陸の動物相の相違を例にあげ、次のような「大胆な想像」をしてみよといっている。すなわち、大西洋の海底が徐々に隆起するとともに、大陸での火山活動によって土砂が流れ込んでいけば、いずれ大西洋に群島が生まれて、現在のアジア東南部とオーストラリアをつなぐマレー諸島と、自然地理学的にも動物地理学的にも同じ状態が見られるだろうというのである。

(6)　『W書簡集』に付されたウォーレス自身の原注によれば、「私の破談になった婚約についてのこと」。『W自伝』（上巻、四〇九―一一頁）によれば、彼はマレー諸島から帰国してまもなく、L嬢（Miss L.）に恋をしてしまった。年のころは二七、八歳。ウォーレスの幼友だちジョージ・シルクを取り巻くチェス仲間の一人、L氏という男やもめの一男二女のうちの長女である。ウォーレスは口下手だったので恋文を書いたが交際を断られ、さらに一年をかけてようやく婚約にこぎつけた。そして結婚式の日取りも決まってまもなく、彼女は姿を消して婚約の破棄が申し入れられた。理由は、彼が無口なため、あらぬ疑いがかけられてしまったということらしい。ウォーレスは「生涯でこれほどつらい思いをしたことはない」といいながら、自伝では彼女とのいきさつに二頁も割き、しかも索引にまで収録している。なお、この婚約破棄から翌々年春の結婚にいたる経過と旅行記『マレー諸島』の進行状況については、拙訳『マレー諸島』の解題（下巻の巻末、とくに五六七―九頁）を参照されたい（ただし、L嬢については誤解を書いてしまい、彼女の名誉を深く傷つけてしまった。右に書いたことが事実であり、この場を借りて訂正するとともに、L嬢には平身低頭してお詫びしたい）。なお『D新書簡集』には、ウォーレスが事の顛末をダーウィンに告白した手紙（一八六五年一月二〇日付け）が収録されている。結婚式の日取りは前年末のクリスマスで、招待状もすでに（花嫁の父親によって）発送されていた。ダーウィンとは何度も会っているわけではないが、友人として尊敬しているので私事をながながと書き連ねましたと詫び、そしてこの手紙でダーウィンが言及している二編の論文を同封したと末尾を結んでいる。

(7)　ダーウィンはおそらく『家畜と栽培植物の変異』の準備のため、

2

ウォーレスからダーウィンへ

1865. 9. 18

セント・マークス・クレセント　九番地、
リージェント・パーク、N・W
一八六五年九月一八日

親愛なるダーウィンへ

　お礼が遅れてしまいました。よじのぼり植物についての論文(1)をありがとうございます。とても興味深く読みました。この研究があなたにどれほどの喜びをもたらしたか、私にも想像がつきます。私はあなたのお加減がすぐれず、手紙などもらっても疲れるだけではと心配していました。

　この手紙は、もうよくなられていると期待して、あるこ

この質問をしたのだろう。ウォーレスは一月三一日付けの返信で、野生化したブタではなく、ニューギニアの特産種（*Sus papuensis*）だろうという考えを伝え、また『マレー諸島』でも同じ見解をとっている（拙訳、下巻の四〇九頁）。ダーウィンは『変異』の第一巻の家畜ブタの章で、アルー島産の野生ブタについてわずか数行だけ触れ、中国のブタ（イノシシ、*Sus indicus*）と同種だが、アルー諸島の土着かどうか不明、すなわち持ち込まれた移入種かもしれないとしている（Darwin, 1868. p. 67）。

（1）『D自伝』（一六〇—一頁）によれば、ダーウィンは「一八六四年の秋、『攀援《よじのぼり》植物』についての長文の論文を書き終え、リンネ協会へ送った」。また「校正刷りを受け取ったとき、たいへん加減が悪かった……」とも書かれている。この研究は、エーサ・グレイのウリ科の巻きひげの運動についての論文を読んで触発されたもので、彼から数種の種子を送ってもらって研究をはじめた。また学生時代に植物学の教授ヘンズローが講義で、つる植物はらせん状に生長する生まれつきの傾向があると説明していたことに、ダーウィンが疑問をもったこともこの研究の動機になったという。この論文（Darwin, 1867）は後に改訂されて『よじのぼり植物』（一八七五年）として出版され、また息子フランシス・ダーウィンと共同して問題を拡大発展させ『植物の運動力』（一八八〇年）が書かれることになる。ウォーレスが読んだのはリンネ協会に提出された論文と考えられるが、しかし掲載誌が印刷刊行されたのは二年後の一八六七年である。彼が読んだのは別のか

とをお伝えするために書いています。それは変異が即座に遺伝的になったという奇妙な一例で[2]、大英学術〔振興〕協会で報告されました。そのメモを裏面に記しておきましたが、さらに正確な詳細、名前や年月やこの鳥の絵をお知りになりたいときには、オ・キャラガン氏[3]に頼めば送ってもらえるものと思います。

健康の回復の知らせをお待ちしています。またあなたの新しい本[4]がこの冬には出ることを期待しています。——

敬具　　アルフレッド・R・ウォーレス

〔裏面〕

メモ——この春、オ・キャラガン氏はその地方の一人の少年から、頭にまげのあるクロウタドリを見たという話を聞いた。そのときO'C氏は非常に賢明にも、その鳥を見張ってその後の情報を知らせてくれるよういっておいた。しばらくしてその少年がクロウタドリの巣を見つけ、その巣のそばに例のトサカのある鳥がいたので、その巣はこの鳥のものだと思うと報告してきた。少年はその巣を、ヒナが孵るまで見張りつづけた。またしばらくして少年はO'C氏に、ヒナのうち二羽は頭にまげがあるようだと報告してきた。少年は、ヒナが巣立ちしたらすぐに、二羽のうち一羽を捕まえるよう指示された。しかしながら時期を逸してし

たちで印刷されたもの、あるいは原稿の写しではないかと思われる。

(2)　ウォーレスはこの情報を、ダーウィンが準備中の『家畜と栽培植物の変異』(一八六八年)に役立つと考えたのかもしれないが、刊行された同書にこの情報は利用されていない。

(3)　オ・キャラガン氏(Mr. O'Callaghan)の経歴などは不明。

(4)　ダーウィンの近刊すなわち『家畜と栽培植物の変異』は、ウォーレスの期待より二年遅れて一八六八年一月にようやく出版された。

まい、ヒナは巣立ちしてしまっていた。しかし幸運なことに少年は近くにいる二羽を見つけ、石をぶつけて一羽をつかまえた。その一羽をO'C氏は剝製に作り、披露した。その冠羽は見事なもので、ポーリッシュ種のニワトリのそれにちょっと似ているが、鳥の大きさのわりにずっと大きく、乱れたところがなくかたちが整っている。雄はカサドリを小型にしたようだったにちがいなく、とさかはとても大きく、また広がっている。——A・R・W

3

ダーウィンからウォーレスへ

1865. 9. 22

ダウン、ブロムリー、ケント州、S・E
一八六五年九月二二日

親愛なるウォーレスへ

抜き書き、たいへん助かります。このような例はこれまで一度も聞いたことがありませんでした。とはいえ、家畜化された鳥類で頭部に房や裏返しになった羽毛をもつ品種のないものはないのですから、そのような変異が自然状態

(1)「オウラン・オウタン(Ourang-Outan)」はダーウィンの単純なまちがいだろう。ウォーレスは該当する論文でも「オラン・ウータン(Orang-Utan or Orang-utan)」と記している。もともとはマレー語で「森の人」を意味する「Orang Hutan」である。ダーウィンが読んだのは『アナルズ〔AMNH〕』誌のオランウータン論文など、ウォーレスがマレー諸島滞在中に書いた論文や報告のことだろう。このころ体調がすぐれなかったダーウィンは、「読書を一日に一五分から三〇分に限定し、AMNH誌のバックナンバーにざっと目を通し」ていた(同年九月二七日付け、フッカーへ。『D旧書簡集』第三巻、四〇頁)。

(2) ダーウィンはフンボルト『南米旅行記』全七巻を、ケンブリッジ

でも出現し遺伝するということも、おそらくきわめてありうることなのでしょう。この綱〔鳥類〕全体の祖先にはとさかがあったにちがいないと、私はときおり考えたりしていました。

あなたの旅行記は、少しは進展していますか？　そのことが最近また気になったのは、『アナルズ』誌の近年の巻を読んでいて、あなたのオウラン・オウタンの論文[1]などいくつかをとても興味深く読んだからです。私はつねづね、この種の旅行記は博物学の趣味を広げるという点でとてもよいと考えています。私自身の場合を考えても、フンボルトの旅行記[2]を読んだこと以上に、私の熱中をかきたてたことはありませんでした。

リンネ協会紀要の最新のものはまだ届いていませんが、いまはあなたの論文[3]を読むだけの体力はなさそうです。いますこし体調がよかったとしても、ソファーに横になって大きな声で読んでもらうのがせいぜいでしょう。それはともかく、タイラー[4]とレッキー[5]を読みましたか？　どちらの本も、とても興味深く読みました。ラボック[6]は、きっともう読んだでしょうね？　最終章にあなたのことが書かれていますが、私は心底から同意見です[7]。

大英学術〔振興〕協会に出席したそうですが、どんなことがあったのか、『リーダー』誌に出ていたこと以外を知

の学生時代に読破し博物学探検を夢想していた（『ダーウィン』一三〇頁）。またウォーレスも二一歳のときにフンボルトの旅行記を読み、熱帯探検の夢がはぐくまれた（『W自伝』上巻、二三二頁）。またダーウィンの『航海記』もその前に読んでいた（同、二五六頁）。ダーウィンは『航海記』のなかでフンボルトに影響されたことを告白しているので、ウォーレスは二重にフンボルトの影響を受けたことになる。

(3)　前年三月一七日の例会で読み上げたマレー諸島のアゲハチョウ科を例にして変異と地理的分布を論じた論文のことだろう（Wallace, 1865a）。ダーウィンはその要約を『リーダー』誌で読み、絶賛していた（4-6とその注3参照）。

(4)　『W書簡集』の編者注および『D旧書簡集』の編者注（第三巻、四〇頁）によれば、エドワード・B・タイラー『人類の原初史の研究』（一八六五年）。タイラーは進化論を人類学に導入し、近代人類学の開祖とされる（巻末の人名解説も参照）。ウォーレスは翌年に冊子『超自然の科学的側面』を出すが、ほとんどの友人・知人が無視ないし拒否の姿勢を見せたなかで研究の続行を勧めてくれた数少ない研究者として、タイラーの名前をベイツとともにあげている（『W自伝』下巻、二八二頁）。

(5)　同右によれば、歴史家W・E・H・レッキーの『ヨーロッパにおける合理主義の興隆』（一八六五年）。レッキーについては、巻末の人名解説参照。『ダーウィン』によれば（七六五頁）、ダーウィンはこのころ医者の指示による急激なダイエットのため体力が弱り、妻のエマがタイラーやレッキーなど「進歩的」な本を朗読して聞かせていたという。同年同月二七日のフッカーへの手紙（右の注1参照）にも、タイラーとレッキーを「私の最愛の女性たち（womenkind）」に読んでもらっていると書いている。当時フッカーは父親を亡くしたばかりであり、またダーウィンと同じように病気で伏せっていた。なおウォーレスがこの前後の時期にライエル宅で会った著名人のなかに「レッキー氏」という名前がある（『W自伝』上巻、四三五頁）が、同じ人物かどうかは不明。

(6)　同右によれば、ラボック『有史時代』（一八六五年）。新石器時代と旧石器時代の区分と名称は、この本ではじめて提唱された。直後の

りません。『リーダー』誌が人類学協会に売却されるといううわさを聞きました(8)。もしよければ、『リーダー』誌が本当に売られてしまうのかどうか、ぜひ教えてください（私の唯一のニュース回路であるフッカーが病気なものですから）。もし本当なら、雑誌の傾向が限られてしまうので、とても残念に思います。お手紙をいただけるなら、あなた自身はどうされているのかを教えてください。

『起原』についての唯一のニュースは、フリッツ・ミュラーが数ヵ月前に『起原』に賛同する素晴らしい本(9)を出したこと、それとフランス語版の第二版がそろそろ出ることぐらいです。敬具　親愛なるウォーレスへ

Ch・ダーウィン

フッカーあての手紙（注1）でも、ラボックの最新刊の「最終章の脚注とウォーレスについてのことがとても気に入った」と書いている。ラボックは同じダウンの村に住む銀行家だが、このころ国会議員選挙に出ていたので、政治嫌いのダーウィンはラボックが科学的な本を書いたことを喜びつつ、科学と政治のどちらが魅力的なのかについての当時の議論をなげいている。

（7）『W書簡集』の編者注によれば、「これはウォーレスが自然選択説をダーウィンのものとした〝格別な非利己主義〟についてのことである」。

（8）『リーダー（*Reader*）』誌は、ハクスリーらXクラブが一八六四年に創刊した週刊評論誌（『ダーウィン』七五五頁）。ただし、次のウォーレスの手紙5-4の注1のように、前年の一八六三年にはすでに刊行されていた。Xクラブは当時の国教会派の科学者たちの動きに対抗して、九人の若手研究者たちで結成された非公式クラブであり、一八六三年一一月三日にハクスリー、フッカー、ラボック、スペンサーのほか、物理学者のティンダル、医学者のG・バスク、化学者のE・フランクランド、数学者のT・A・ハーストが集まって発足し、まもなく物理学者のW・スポッティスウッドが参加し、総勢九人となった。王立協会のコプリー・メダルをダーウィンに授与させたのを皮切りに、王立協会や大英学術振興協会など英国の学界を次第に陰で操るようになっていく。『リーダー』誌の人類学協会への身売りについては、次便5-4を参照。

（9）フリッツ・ミュラー『ダーウィンのために（*Für Darwin*）』（一八六四年）。英訳は一八六九年に『ダーウィンのための事実と議論（*Facts and Arguments for Darwin*）』と題されて出た。英語版の訳者はダーウィンが推薦したダラス氏（Mr. Dallas）、題名はライエルの発案による（『D旧書簡集』第三巻、八六頁）。

4

ウォーレスからダーウィンへ

1865. 10. 2

セント・マークス・クレセント　九番地、
リージェント・パーク
一八六五年一〇月二日

親愛なるダーウィンへ

　二、三日前にお手紙を受け取ったのですが、ちょうど町から出かけるところでした。そのためすぐにご返事を書くことができませんでした。

『リーダー』誌[1]の版元が変わったことは、まちがいありません。よいことでは、と私は考えています。買い取ったのは、人類学協会[2]の会員のある紳士だと思います。協会のなんらかの機関が買い取ったという形跡は、まったくありません。編集長（おそらく所有者でもあると思います）はベンディーシェ氏[3]とかいう、協会ではもっとも才能のある男で、私が何度か聞いたことのある彼の講演から判断すれば、「シメオン族とサイメオニー〔聖物売買罪〕」「大都会の下水」「フランスとメキシコ」についての論文は彼が書いたもののはずですが、『リーダー』誌にこれら以上にすぐれ

（1）『リーダー』誌については、前便（5-3）の注8参照。スミス（Smith, 1991）の著作リストによれば、ウォーレスの論文の抜粋が最初に掲載されたのは一八六三年九月二六日発行の第三九号（第二巻、三五二―三頁）であり、最初の投稿はボルネオの洞窟探検についてで、一八六四年三月一九日発行の第六四号（4-5の注2参照）。その後もしばしば寄稿したり、要約が再掲載されたりしている。

（2）ロンドン人類学協会は民族学協会から一八六三年に分派して設立された。分裂の原因は人種を別種とみなすかどうか、奴隷制を支持するかどうかであった。ウォーレスが人類学協会に、いわば殴りこみをかけた「人類論文」は本書前章の中心テーマであった。ダーウィンは民族学協会の名誉会員であり、ハクスリー、ラボック、ゴールトン、ウォーレスらは民族学協会の中心的な会員であった（『ダーウィン』七四八頁）。当時はアメリカの南北戦争（一八六一―五年）のさなかであり、ダーウィンは奴隷制と人類学協会への嫌悪感をつのらせていた（同前）。

（3）ベンディーシェについては、巻末の人名解説を参照。

（4）ウォーレスがミルの評論への意見を『リーダー』誌に投稿したことについては、本章冒頭の解説を参照。またその後のウォーレスとミルの関係については、前章の4-4の注9を参照されたい。巻末の人名解説も参照。

（5）マッツィーニ（Giuseppe Mazzini: 1805–1872）はイタリアの革命思想家で、イタリア統一戦争で活躍した。

（6）原文は「Masson（? Musson）」。おそらく、David Masson（1822–1907）のことだろう。英文学者、伝記作家。*Macmillan's Magazine* や

た論文はずっとなかったというのが私の意見です。これらの論文には、論説を読みやすく評判のよいものにするために欠かせない、要点のたしかさと才気のかがやきがそなわっています。ミル[4]の政治経済学についての論考と、マッツィーニ[5]についての論考も一級品です。彼はまた、各号に二編の重要な論説を掲載する予定で、いまでは三編といっています——政治学あるいは社会学の論説と、文学に関するものと科学的なものです。旧体制下では、マッソン(Masson あるいは Musson)[6] をのぞいて、このような凡庸さをそなえた編集長は一人もいませんでした。所有者たちに、雑誌の目的やこころざしとなるような統一性が欠けていました。またすぐれた筆者たちの仕事を保証する資本も不足していました。それがいまではすべてよい方向に変化しているように私には見えるし、私がのぞむことはただ、あの嫌悪すべき人類学協会[7]がなにかするらしいという風説が、最良の科学者たちに支持と寄稿を躊躇させたりしないことだけです。

私はいまタイラーを読み終わったところで、レッキーを読みはじめています[8]。前者は支離滅裂なところがあって、不満がのこりました。あつかわれている問題の大部分について、明確な結論もはっきりした意見もないからです。

レッキーのほうを、私は好意的に受け取っています。た

Reader の編集者でもあった。

(7) ウォーレスと人類学協会との対立関係については、第4章の「人類論文」をめぐるいきさつから想像できるだろう。

(8) タイラーとレッキーについては、前便(5-4)とその注4と5を参照。

(9) ヘンリー・T・バックル『イングランド文明史』(一八五七―六一年)。『ダーウィン』(六七一頁)によれば、ダーウィンもこの本を一八五八年初頭(つまり自然選択説についての未完の大作『ビッグ・スピーシス・ブック』の準備中)に二度読み通し、宗教を排除した記述に感心した。また伯父の家でバックルに一度だけ会っている。バックルはハクスリーやスペンサーと親交があった。

(10) 「マレー諸島のハト類について」は『アイビス』誌の同年一〇月号に掲載された(Wallace, 1865d)。

(11) ウォーレスの著作リスト(Smith, 1991)を見るかぎり、該当するような鳥類の目録は発表されていない。可能性としては、二年後に『アイビス』誌に発表された「マレー諸島の猛禽類について」(Wallace, 1868a)のことかもしれない。

(12) ウォーレスは翌春にアニー・ミッテンと結婚した。この言葉はそれを予感していたことを想像させる。あるいは、ミッテン氏一家と親しくなったのは「この年〔一八六五年〕の夏から秋」(『W自伝』上巻、四一二頁)なので、この手紙を書いた一〇月二日にはすでに結婚の意志をかためつつあったのかもしれない。拙訳『マレー諸島』下巻の巻末解題(とくに五六四―七一頁)を参照されたい。

(13) ブラジルにいたダーウィンの文通相手のミュラーが書いた『ダーウィンのために』のこと。ダーウィンの発案と出資で一八六八年に英訳が出た。前便の注9も参照。ミュラーについては、巻末の人名解説を参照。

(14) スプルースについては、4-4の注6および巻末人名解説を参照。

だし、ところどころ退屈であいまいなところもあります。彼がいっていることの大部分は、すでにバックル[9]が非常に力強く論じたことです。バックルの著作を私はあらためて賞賛の気持ちをもって読み返しましたが、彼が誤解しているいくつかの点がかえってはっきり見えるようになりました。それでも彼の著作は他の追随をゆるさない今世紀最高の本だと思うし、自由主義をおおいに喚起する本ではないかと思います。ラボックの本はとてもよく書けていますが、ただし結論の章はまだまだ物足りません。科学にたずさわる男たちは、どうして自分が考えたり信じたりしていることを書くのをこうも恐れるのでしょうか？

　私自身のことについての親切なおたずねについては、ただただ私の怠惰を恥じるのみです[10]。このところやったことといえば、ハト類についての論文を『アイビス』[11]誌用に書いただけで、いまは鳥類の収集品の目録をひとつ作成しているところです。

　私の『旅行記』については、まだ着手できていませんし、おそらくこれから先もだめだと思います。妻を獲得できるという幸運でもあれば、私を鼓舞し手伝ってくれるという内助の功をえられるのかもしれませんが、そんなことが起こるとは思えません[12]。

『起原』が大陸で革命的な影響をいまも引き起こしている

と聞いて、嬉しくなっています。『起原』についてミュラーが書いた本は翻訳[13]されるでしょうか？

　あなたの健康が小康状態とのこと、よかったなと思います。私のかわいそうな友人スプルース[14]はいまもあなたより健康がおもわしくなく、もう治らないのではと心配しています。彼は健康が回復したら本を書きたいといっています。

お元気で　敬具

アルフレッド・R・ウォーレス

5

ダーウィンからウォーレスへ

1866. 1. 22

ダウン、ブロムリー、ケント州、S・E
一八六六年一月二二日

親愛なるウォーレスへ
　ハト類の論文をありがとう。あなたがこれまでに書かれたどれもそうでしたが、とても興味深く読みました。サル類がハト類やオウム類の分布に影響をおよぼしている[1]など、だれが夢想したでしょう！
　しかし、もっと満足したことがあります――昨日、あな

（1）『W書簡集』の編者注によれば、「オウム類とともにハト類がきわめて顕著に豊富なことは、オーストラロ・マレー亜区にかぎられたことであり、この亜区には……サル類やリス類といった森林性で果実食の哺乳類がまったく生息しない」こと、またサル類がオウムやハトの「卵や雛にとって非常に破壊的」なこと、つまり捕食することを指摘しているという。したがってウォーレス線の西側のインド・マレー亜区にはサル類やリス類が多く、オウム類やハト類は少ないことになる。食べものが同じため競合し、また卵や雛がサル類に捕食されるからである。近年の極楽鳥類の研究も、ウォーレス線以東にサル類など果実食の哺乳類が分布しないことを指摘しており、ウォーレスの意見はダーウィンが驚いたように時代を超えた卓見だったといっていい。この

たのリンネ協会議事録の論文[2]を読みおえたところです。見事な書きっぷりです。種〔の不変性〕をどんなにかたく信じている人でも、これを読んで動揺しない人がいるとは思えません。このような論文は、私が元気になったら書こうとしている長く曲がりくねった本[3]より、ずっと数多くの博物学者たちを改宗させるでしょう。

私がとくに衝撃をうけたのは、二型についてのあなたの指摘です。ただし、一点だけよく理解できないでいます（二二頁）。あなたの説を完全に理解したいと思っているので、説明してもらえると幸いです[4]。雌の一方の種類が選択されて、中間の種類が死に絶えているとき、雌の他方の極端な種類が、第一の選択されている種類の利点をもっていないのに死に絶えないのは、どうしてなのでしょうか？ 私の理解したところでは、どちらの種類の雌も同じ島に生息しているのでしょう。二型的な種類と変種とについてのあなたの区別に、私はまったく同意します。しかし、二型的な種類は中間的な子どもを生まないというあなたの基準が満足されるものなのかどうか、私は疑問をもっています。かなりたくさんの変種と呼ばれるべき例で、混合したり配合されたりせずに、両親のいずれにも似た子どもが生まれることを、私は知っています[5]。

セレベスにおける地質学的な分布についてのあなたの指

ハト類の論文そのものについては、前便（5‐4）の注10参照。

（2）ウォーレスが一八六四年三月一七日にリンネ協会で発表した「マレー地域のアゲハチョウ科の地理的分布と変異」のこと（第四章冒頭の解説および4‐5の注8参照）。この論文が掲載された紀要は一八六五年になってから刊行された（Wallace. 1865a）。

（3）『家畜と栽培植物の変異』（一八六八年）のこと。

（4）『W書簡集』の編者注によれば、この手紙で説明のないままに言及されているのは次の一節である。「最後の六例の擬態の例は、二型的な種類が生じてきたプロセスのひとつをしめしていると思われるので、とくに有益である。これらの例のように、一方の性が他方の性と大きく異なり、またその性のなかでも大きな変異が見られるとき、擬態の対象となり、それに似ることが有利になるような分類群に遠いがよく似た個体変異が、たまに生じることがあるかもしれない。そのような変種は保存される可能性が高く、そのような特徴をもつ個体は数を増やすだろう。有利な分類群にたまたま似ていることが遺伝的な伝達によって永続化され、また有利なタイプから遠い変異はどれも保存されず、時間が経過するうちに、単一の種の複数の性を構成する緊密な関係で結びつけられた二種類以上の隔絶され固定された種類という、これらの特異な例が生じることになるだろう。雌が雄よりもこの種の変形の対象となりやすい理由はおそらく、卵という重荷をもっているときに飛翔が緩慢であること、また葉に卵を生んでいるときに襲撃にさらされやすいことが、さらなる保護を獲得することをとくに有利にしているのであろう。このような保護は、迫害からの相対的な免疫を、どのようにしてであれ獲得している種に似ることによって、ただちに獲得することができるだろう」。

（5）次の次の手紙（5‐7）のスイートピーの交配実験を見よ。

（6）ウォーレスは「マレー地域のアゲハチョウ科」の論文（右の注2参照）で、セレベス（スラウェシ）島に特異な種が多いことをこの島の地質学的な古さで説明した。この考えは、一八五九年に「マレー諸島の動物地理学について」（2‐3の注1および8参照）でクロザルなどセレベス島の特異な哺乳類などを説明した議論を、アゲハチョウ

摘は、私にはとくに驚きでした[6]。あれ以上にうまく書くことは不可能でしょうし、変身できない博物学者たちに冷水を浴びせかけることでしょう。

　さて、あなたがいやがるだろう質問です。旅行日誌[7]はどうなっていますか？　調査してきたことを一般に知らせなかったなら、あなたは恥をかくことになるでしょう。

　私の健康はかなり回復して、一日に一時間か二時間ほど仕事ができるようになりました。それではまた　敬具

Ch・ダーウィン

6

ウォーレスからダーウィンへ

1866. 2. 4

セント・マークス・クレセント　九番地、
リージェント・パーク、N・W
一八六六年二月四日

親愛なるダーウィンへ

　健康がすこし回復されたようで、よかったですね。あなたの『家畜の変異』の本を拝見できるのも、そう遠い日で

科にも適用したものである。ウォーレスによるセレベス島の動物地理学的および地質学的な位置づけの問題については、拙訳『マレー諸島』の第18章「セレベスの博物学」および、拙著『種の起原をもとめて』の第11章を参照されたい。

(7)　いうまでもなく『マレー諸島』（一八六九年）のこと。「恥をかくことになるでしょう」という言葉から、ダーウィンがウォーレスに対して、後輩研究者を叱咤激励する指導者のような気持ちを抱いていたことがうかがえる。

(1)　モルッカ諸島、ニューギニア、オーストラリア北部などに分布するオナシベニモンアゲハ（*Pachliopta polydorus*）およびその近縁種を含む種群と考えられる。日本でふつうに見られるジャコウアゲハに近い。これらジャコウアゲハ類の幼虫の食草は有毒なウマノスズクサ類であり、その毒成分が体内に蓄積されているので成虫が鳥に食べられることはない。そのため他のチョウやガの擬態のモデル種となることが多い。毒のある種に擬態すれば、鳥がそれと見誤って食べようとしないからである。

はないでしょう。

あなたは同じ種に二種類以上の雌がいることに困難を見ているようですが、私はそれほど難しいとは考えていません。もっともふつうの、つまり典型的な種類の雌がもつ特定の形質や特質は、その生存を維持させるのに十分な程度に有利なものにちがいありません。一般的にいえば、それからあまり遠いと死んでしまうような形質や特質です。しかし、たまには特別に有利な形質（保護された種への擬態のような）をもつ変異が生じるかもしれず、そのような変異は選択によって維持されるでしょう。私が指摘したアゲハ類の多型的な種のすくなくとも三種類の雌のうち、一種類の雌は *Polydorous* 種群[1]に擬態しているのですが、アメリカの *Aeneas* 種群[2]の場合のように、なんらかの特別な保護を獲得しているようです。二ないし三種類のほかの雌のうち、一種類は限定された地域に、おそらくその種類が特別に適応していると思われる条件に限定されています。そのほかの雌のうち一種類の雌は雄に似ていて、おそらく雄がたくさんいることで保護されています。多数の雄にまぎれると、見逃されるということです。以上のことを考えれば、二種類以上の雌が生じることはそう考えづらいことではないと私は思います。生理学的な困難のほうが、私には大きな問題です。二種類の雌が自分に似ている子どもとと

（2）　南アメリカに分布するジャコウアゲハ類の一種 *Parides aeneas* およびその近縁種を含む種群と考えられる。有毒で擬態のモデル種となる。

（3）　ウォーレスは『マレー諸島』の第8章「スマトラ」で、日本の関東以南にも分布するナガサキアゲハ（*Papilio memnon*）のホソバベニモンアゲハ（*Pachliopta coon*）への擬態などを紹介し、次のような冗談めかしたたとえ話で説明している（拙訳、上巻の二一一―六頁）。「……あるイギリス人の男がどこか遠方の島を放浪して、二人の妻をめとったと考えてみよう――一人の妻は黒髪で肌の赤いインディアンであり、もう一人は縮れ髪で肌の黒ずんだ黒人である。ところが彼女たちの子どもは、両親の特徴がいろんな程度に混じった褐色や浅黒い肌の混血児ではなく、息子たちはみな父親のように肌は白くて眼は青く、それに対して娘たちはみな母親たちにそっくりなのである。そんな奇妙なことと思われるだろうが、このチョウの場合はもっと奇妙だ。なぜなら、それぞれの母親は父親に似た息子と自分に似た娘を生むだけでなく、もう一人の母親似で自分とはまったく似ていない娘も生むことができるのである！」

（4）　次便（5-7）の注3を参照されたい。

（5）　残念ながら、『マレー諸島』の執筆に本格的に着手したのは、翌年の夏になってからであった（次の次の手紙5-8の注1参照）。

もに他の雌に似た子どもを生み、しかも中間的な子どもを生まないのはどうしてなのでしょう[3]？

あなたが「混合したり配合されたりしないが、両親のどちらにもよく似た子どもを生む変種を知っている」とおっしゃるなら、それは種の起原の完璧な証明に欠けている、種の生理学的な検証になるのではないのですか[4]？

私は自分の旅行について書くという考えを、けっしてあきらめてはいませんが、少し遅らせたほうが、私がいろんな論文であつかってきた主題について、一般向けに素描する章を入れることができるので、よりよいものが書けるのではと考えています。

この夏のあいだにものごとが思っているとおりに進めば、次の冬には仕事にかかれるかと期待しています[5]。しかし、私はどうしようもない怠け者らしく、またあなたをはじめ数多くの仕事熱心な博物学者たちが完璧に身につけているような事実を収集して配列したり、材料を十分に生かしたりする能力が私にはないようです。――今後ともよろしく、

親愛なるダーウィンへ　敬具

アルフレッド・R・ウォーレス

7

ダーウィンからウォーレスへ

1866. 2. 6

ダウン、ブロムリー、S・E
一八六六年二月〔六日〕火曜

親愛なるウォーレスへ

このあいだの手紙①を発送した直後に、あなたが答えてくれたと同じ単純な説明に私も思いいたり、なんとか納得していました。あなたは私がある種の変種は混じりあわないといったことの意味を、理解できていないようです。私がいっているのは、稔性②のことではありません。一例をあげれば、わかってもらえると思います。私はペインテッド・レディーとパープルという二種類の色彩の非常に異なる変種のスイートピーを交配して、両方の完全な変種を同じ鉢からさえ得ることができましたが、しかし中間型はひとつもありませんでした。③この種のことがあなたのチョウや、三種類のエゾミソハギ（*Lythrum*）④にも最初におこったにちがいない、と私は考えているわけです。ただし、これらの例はあまりにもできすぎですし、それが世界中のどの雌も、雄と雌という異なる子どもを生むということ以上のこ

(1) 一月二二日付けの手紙（5-5）のこと。その手紙で「一点だけよく理解できない」といっていた問題に対して、ウォーレスは前便（5-6）で「答えてくれ」ていた。

(2) 二人は変種や品種のあいだの雑種の稔性と不稔性が種分化にどう関係するかについて、一八六八年に『家畜と栽培植物の変異』が刊行されてから、今日から見ればほとんど不毛な議論を手紙でやりとりし、しかもいずれも正解に到達しないという結果となった（本書第8章の主要なテーマとなる）。あらかじめ注釈しておけば、ダーウィンが稔性と不稔性の問題を、たんなる自家受粉・他家受粉の問題ではなく、地理的な隔離の必要のない同所的な種分化につなげようとしていたことは、以下であげられているスイートピーの二品種を変種と呼んでいることからも示唆されるといっていいだろう。つまりこのような二型や二変種を進化しつつある実体、すなわち彼のいう「発端の種」（『種の起原』上巻、七五頁）に近いものと見なしているのである。

(3) ダーウィンはこのころ、『家畜と栽培植物の変異』（一八六八年）のために変異と遺伝を研究し、いろいろな掛け合わせ実験を自宅の庭でくり返していた。このスイートピーの実験もそのひとつ。二種類の変種（いまなら品種というべき）を交配したところ、雑種第一代ではもとの二変種がそのまま見られ、中間型は見られなかったという結果は、どちらかといえばメンデル遺伝の範疇に含まれるだろう。ダーウィンが『変異』で提出した遺伝の理論（パンゲネシス説）はいわば混合遺伝であり、彼の理論からすれば両方の特徴が混合して中間型になるはずである。彼は同じころにエンドウマメの交配実験を行っていたし、キャベツやキンギョソウの交配実験ではメンデル遺伝学で説明できるような結果を得ていた（アレン『ダーウィンの花園』）。とくにキ

となのかどうか、私にはわかりません。

あなたが旅行日誌の準備をはじめようとしているとのこと、心から嬉しく思っています。敬具　Ch・ダーウィン

8

ウォーレスからダーウィンへ

1866. 7. 2

ハーストパイアーポイント、サセックス州(1)
一八六六年七月二日

親愛なるダーウィンへ
何人もの知性的な人が自然選択の自動的かつ必然的な効

ンギョソウでは、雑種第一代を掛け合わせた第二代で、「八八：三七」というメンデルの優性の法則の「三：一」に近い値を得ていた。しかし、ダーウィンはそのことのもつ意味に気づかず、パンゲネシス説という誤った遺伝理論に到達してしまった（この問題については、「エピローグ」の章で少しくわしく扱うことになる）。なおメンデルがエンドウマメの遺伝についての論文を発表したのは、この手紙の前年の一八六五年であり、その論文が印刷された議事録が刊行されたのは翌一八六六年である。

（4）　エゾミソハギ（*Lythrum salicaria*）は、それぞれの株が両性花（雄しべと雌しべの両方がある花）を咲かせるが、その花には雄しべと雌しべの長さが異なる三型がある。ダーウィンは異なる花のあいだで受粉実験をおこなって、組み合わせによる稔性・不稔性の程度を調べるというかなり詳細な研究をまとめていた（Darwin, 1865）。この論文をウォーレスは一年前に感激して読んでいた（一八六五年一月三一日付け、ウォーレスからダーウィンへ）。またダーウィンは『変異』の「パンゲネシス」説の説明のなかで、エゾミソハギの例とともにウォーレスのアゲハ類の雌の三型の例をあげている（Darwin, 1868. vol. 2. p. 399–400）。

（1）　この住所は結婚したばかりのアニー・ミッテンの実家（5‐4の注12を参照）。彼女の父親は庭師であり、またコケ類の分類を専門とする植物学者でもあった。この前後のウォーレスの手紙の住所はロンドン市内のリージェント・パークに近い「セント・マークス・クレセント九番地」のままであり、この住所で二人は暮らしていたと考えられる。この手紙が書かれたときには、たぶん新妻アニーの一時的な里

果を明確には、あるいはまったく理解できていないことに何度も衝撃をうけてきたものですから、私は自然選択という用語そのものが、あるいはあなたの例証のしかたが、私たちの多くにとっては明確で見事なのですが、それでもなお博物学者たち一般に内容を理解してもらうには最適ではないという結論に到達してしまいました。[2]

この種の誤解のごく最近の例をふたつあげてみます。『クォータリー・ジャーナル・オブ・サイエンス』誌の最新号に掲載されていた「ダーウィンとその教え」[3]という論説は、とてもよく書けていて全体としては評価できるのですが、あなたは物事をわかっていないというような非難でしめくくられています。自然選択というものが、あなたがしばしば比較している人間による選択のような、なんらかの知的な「選別者」の不断の監視を必要としていることが、あなたはわかっていないというのです。またこのあいだの土曜日の『リーダー』誌に書評が掲載されていたジャネの「今日の唯物論」[4]という新刊では、私はそれからの抜粋を見たのですが、あなたの弱点は「自然選択の作用には思考と指揮が不可欠」なことを理解していないことだというのです。同種の反論をあなたの主要な敵対者たちが何度もしてきていますし、私自身も会話のなかで同じことをいわれてきました。

帰りにウォーレスがつきあっていたのだろう。なお、ウォーレスは翌年一八六七年盛夏から一八六八年いっぱいにかけて、ロンドンの自宅を人に貸して彼女の実家にこもり、『マレー諸島』の執筆に専念した（『W自伝』上巻、四〇五頁）。

（2） ダーウィン自身も、このことを考えつづけていた。すでに『起原』第三版（一八六一年）で、第四章「自然選択」の冒頭からすぐの用語の説明に、新たな一節を加筆して説明を重ねている（岩波文庫版、上巻の一一二頁、および三八八頁の訳者注の9）。

（3） 「Darwin and his teachings」は、この雑誌の一八六六年四月号に掲載された匿名記事。『種の起原』第三版の書評で、『ビーグル号航海記』や『ラン類の昆虫による受粉』などにも言及されている。

（4） フランスの哲学者ジャネが一八六四年に出した、ダーウィンの自然選択説を批判する本の紹介記事だろう。ジャネと彼の著書については、巻末の人名解説を参照。

（5） 『家畜栽培植物の変異』のこと。出版は一年半後の一八六八年一月三〇日。

（6） 本章冒頭の解説を参照されたい。

（7） 『種の起原』の第四章「自然選択」の一節（上巻、一一五頁）。

（8） ウォーレスがここで指摘するように、自然選択が二重の意味で使われることが、今日でもときどきある。現在の自然選択説では、選択される対象はあくまで個体であり、より適応した個体が生き残り、より適応の劣る個体は淘汰される可能性が高く、その結果として、種はより適応する方向に進化していく。「種が自然選択によって適応的に進化する」といういいかたは、生残と淘汰のメカニズムの説明を省略した便宜的な表現として認めることはできるが、厳密に言えば正しくない。とくに、ある形質がその「種にとって有利なので自然選択された」という考えは、「集団選択」として否定されている。選択の対象はあくまで個体であり（「個体選択」説）、その形質はその「個体にとって有利なので」選択され、そのような形質をもつ個体が増加することの結果として、ひとつのまとまりをもつ全体としての種が進化していくのである。

（9） 『起原』上巻の一一二頁。

そのようなわけで私は、その原因のほとんどはあなたが自然選択という用語を選んだことに、その効果を人間による選択とつねに比較してきたことにあると考えるし、また「選択する」とか「好む」とか、あるいは「種にとってよいことのみを探しもとめる」などなどといったように、あなたがあまりにしばしば自然を擬人化してきたことも関係あると考えています。これらのことが真昼の太陽のように明白で見事に示唆的なことだと受け取る人はほとんどなく、多くの人にとってあきらかに躓きの石となっています。

そこで私としては、(まだ遅すぎないのならば)あなたが大きな著作[5]では、また『起原』の将来の版でも、この誤解のもとを完全に回避することができるのではと申しあげたいし、また私の考えでは、スペンサーの用語すなわち「最適者の生存」[6](彼は自然選択よりもこちらを好んで使っています)を採用すれば困難なく、またきわめて効果的にそれができるのではないかと思います。この用語は事実をただ平明に表現しただけのものです。それに対して自然選択は事実を隠喩的に表現した言葉ですし、間接的で不正確だとさえいえます。自然を擬人化してしまい、もっとも好ましくない変異も根絶やしにしたりしないし、特別な変異をさほど選択しないということになってしまうからです。

あらゆる生物の莫大な増殖力と、「生存闘争」がかなら

(10) 同前の一一四頁。
(11) 右の注5を参照。

ず大部分を破壊するということ――これらの事実を否定したり誤解したりする人は、私が知っているかぎり、あなたの敵対者のなかにも一人もいません――を考えあわせれば、あまり適していないものの生存ではなく「最適者の生存」ならば、否定されたり誤解されたりすることは、おそらくありえないでしょう。また「最適者生存」が確実になるためには、なんらかの知的な選別者が必要だろうなどといわれる可能性もないでしょう。しかるにあなたが自然選択はもっとも適したものを選別するように作用するというと、それが誤解されているし、あきらかにかならず誤解されるのです。

　あなたの著書〔『起原』〕についていえば、「人間は自分の利益のためにのみ選択するが、自然は彼女が世話する生物の利益のためのみに選択する」といった表現が見つかります[7]。この書きかたではかならず誤解されてしまうと思うのですが、しかし「人間は自分にとってよいようにしか選択しないが、自然は、避けがたい最適者生存によって、彼女が世話している存在のためにのみ選択する」と書いていたなら、それほど誤解されやすいことはなかったでしょう。

　私はあなたが自然選択という用語をふたつの意味[8]で使っていることがわかりました――(1)好ましい変異がたんに保存され、好ましくない変異が拒絶されるという意味で、この場合は「最適者生存」と同義です。それに対して、(2)あなたが「自然選択にとって好ましい、あるいは好ましくない状況を合計すること」あるいは「隔離もまた、自然選択のプロセスにおいて重要な要素であり」というときには、この保存によって作り出される効果ないし変化が意味されています。すなわち、たんなる「最適者生存」ではなく、最適者生存によって作り出される変化、が意味されているわけです。

あなたの第四章〔「自然選択」〕にざっと目を通してみたところ、大部分の個所についてはこの用語の変更がかんたんにできるし、一部の個所は「自然選択」のあとに「すなわち最適者生存」と付け加えればいいでしょう。ほかのあまり誤解されることのなさそうな個所は、もともとの用語のままでいいと思います。

ほかのどんな人に対しても、こんな大きな用語の変更を提案するなどという大胆なことはできなかったでしょうが、あなたならこの提案を公平に勘案してくださるでしょうし、この変更があなたの著作の理解をひろめると本当に考えられたときには、その採用に躊躇などしないだろうと私は確信しています。また「自然」をあまり擬人化しすぎることは、そういう言葉づかいがすべて隠喩だと人々は理解しないでしょうから、必要などないことは明白でしょう——ただし私自身は、それをかなりしがちです。

自然選択は、きちんと理解されたなら必然かつ自明な原理なのですから、それがどんなかたちであれ不明瞭になるのは悲しいことです。そのようなわけで、自然選択の簡潔かつ的確な定義である「最適者生存」が自由に使えたなら、この原理がより広く受け入れられ、かくも誤って伝えられたり誤解されたりするのを防止するのにおおいに役立つのでは、と私は考えたしだいです。

ジャネが主張しているもうひとつの反論も、非常によく見られるたぐいのものです。ある動物が変化した条件に調和するように自然選択によって変化するためには、特定の種類の変異が外的な変化のそれぞれに一致して起こることが必要だが、そのような偶然の可能性はほとんど無限に小さいという反論です。生物のほとんど無限の変化が作り出されるためには、このような一致がほとんど無限な回数起こっていなければならないということを考えてみれば、この可能性がどれほど小さいかわかるというのです。

この反論についても私には、あなた自身の考えにあまりに強く対立する例をあまりにしばしば述べたため、あなた自身がまねいてしまったように思われます。たとえば第四章のはじめのところであなたは、「数千もの世代が経過するうちに、有用な変異がときどきは生じるはずだということは考えられないだろうか」[9]と問いかけています。またもう少しあとのところでは、「役に立つ変異が生じなければ、自然選択はなにもなしえない」[10]と書いています。このような表現があなたの敵対者たちを利して、好ましい変異は稀な偶然事であり、どんなに長い期間を考えても一度も起こらないだろうといわせているので、そのためジャネの主張に大きな力があると多くの人々に思わせているのではないでしょうか。私の考えでは、このような限定的な表現はすべてやめにして、あらゆる種類の変異があらゆる種のあらゆる部分でつねに生じているので、したがって好ましい変異は必要なときにはつねに準備されている（それが事実だと私は考えています）と、つねに主張したほうがよいのでは思います。あなたはこれを証明する豊富な材料をお持ちだと私は確信していますし、このことが変化と条件への適応をほとんどつねに可能にしているというのは重大な事実だと私は考えます。

　私は敵対者たちに、どの器官や構造あるいは能力でもよいから、その種の全個体のあいだで、たった一世代のあいだであれ、変異が生じないというなら、それを証明する責任があるといいたい。また、どんなふうにして、それらの器官などが変異しないのかも証明してもらいたいものです。私は彼らに、どの器官などであれその種の全個体において、どの時点をとっても絶対的に同一だと推測する理由を問うてみたいし、もしその理由がないのであればそれらの器官などはつねに変異しているわけで、「最適者が生存する」という単純な事実によって品種が変化した条件に調和するよう変化するのに役立つ材料が、つねにあるということになります。

以上に書きつらねた意見をあなたに理解していただけ、それについてあなたがどう考えられるか、教えていただけたなら嬉しいのですが。

ここしばらく、あなたがどうされているのかうかがっていません。健康がさらに回復され、あなたの大きな著作[11]に着手できるようになることを願っています。大きな著作のこと、何千もの人たちが興味をもって見つめています。

――それではまた、敬愛するダーウィンへ　敬具

アルフレッド・R・ウォーレス

9 ダーウィンからウォーレスへ

1866. 7. 5

ダウン、ブロムリー、ケント州、S・E
一八六六年七月五日

親愛なるウォーレスへ

真昼の光のように明晰なお手紙に、おおいに興味をひかれました。H・スペンサーの「最適者生存」という卓越した表現について、あなたのおっしゃることすべてに完全に同意します。あなたのお手紙を拝見するまで、私はこのことに気づきませんでした。ただし、動詞を支配する実名詞として使えないこと[1]は、この用語に反対する大きな理由になります。じっさいにそうであることは、H・スペンサーが「自然選択」という単語を使いつづけていることから推測できるでしょう。

私は以前には、自然選択と人為選択とを結びつけることはおおいに有意義だと、おそらくかなりおおげさに考えていました。だからこの用語をふつうに使っていましたし、いまでもある程度は有意義だと考えています。あなたのお手紙を、二ヵ月前に受け取っていたらと思います。そうで

(1) ダーウィンがなにをいおうとしているか、筆者はよく理解できていない。おそらくは、たとえば「有害な変異を自然選択が淘汰し……」とはいえるが、「最適者生存が淘汰し……」とはいえないことを指しているのであろう。

(2) 『起原』第四版が発売されたのは同年一二月一五日であり、この手紙が書かれたときダーウィンはその準備中だった。本章冒頭の解説で述べたように、「最適者生存」という用語は、『起原』の第五版（一八六九年八月七日刊行）から採用された。しかし、第四版から採用されたという説もあり（『岩波生物学辞典』第四版）、もしそれが正しいならば、この手紙から考えるかぎり、ダーウィンは手元にあった校正刷りに何個所か「生存闘争」という言葉を書き足したことになる。

(3) 『家畜と栽培植物の変異』（一八六八年）のこと。その「序言」での『種の起原』の内容の要約のなかで、「最適者生存」という用語が「自然選択」の同義語としてはじめて使われた。『種の起原』では、右の注2のように、第五版（一八六九年）で採用された（本章冒頭の解説も参照）。

(4) マルサスの『人口論』のこと。ダーウィンもウォーレスも、自然選択説の着想を『人口論』からえた。二人はそのことを、ごく初期の段階からたがいに確認しあっていた（2-2とくに注7を参照）。ダーウィンがここでいっている、マルサスを誤解した例がどのようなものであったのかは不明。一般的には、マルクスによるマルサス批判や、マルサスが認めなかった産児制限を導入した新マルサス主義が有名なようだが、ダーウィンは政治へのかかわりを嫌っていたので、そのような問題に言及したとは考えづらい。

(5) 『W書簡集』の編者注によれば、「これはまちがいなく、ジャネの

あれば「〔最適者〕生存」[2]などを、ほとんど印刷が終わってしまった『起原』の新版のあちこちに取り入れることになったでしょう。もちろん、できあがったら一冊お送りします。この用語を家畜などについての私の次の本[3]で使うことになるでしょう。ついでに申しあげれば、この本にあなたは期待しすぎているようですね。

自然選択という用語は外国でも国内でもすでに広く使われているので、これを放棄できるかどうか私は疑問ですし、残念ながら、欠陥のあるこの用語がどうなっていくかを見届けるほかないのでしょう。自然選択という用語が否定されるかどうかは、いまや「最適者生存によって」決まるにちがいありません。

用語の理解は時間とともに進むものにちがいないので、その使用への異論もしだいに弱まっていくものなのでしょう。他の人にはあきらかな主題でも、一部の人に対しては どんな用語を使用しても理解しやすくなるのかどうか、私は疑問に思っています。考えてもみてください、今日になってさえマルサスの人口論[4]がとんでもなく誤解されているのですよ？　私の見解がまちがえて述べられているのを見ていらいらしたとき、このマルサスのことを思い返して慰められることがしばしばあります。

M・ジャネ[5]についていえば、彼は形而上学者であり、こ

『現代の唯物論』を指している」という（前便の注4参照）。ただし「M・ジャネ」ではなく「P・ジャネ」である。

(6) 前便（5-9）の注8で述べたように、ウォーレスの指摘は「個体選択」か「集団選択」かという今日的な課題をはらんでいると筆者は考えている。今日の議論では、ウォーレスは「集団選択」だがダーウィンは「個体選択」的だというのがほぼ定説になっている（たとえばボウラー『チャールズ・ダーウィン』一四五頁）。しかしこの手紙の文面から考えるかぎり、ダーウィン自身が「個体選択」か「集団選択」かという問題を意識していたとは考えられない。この問題については本書第8章、とくに冒頭の解説を参照されたい。

(7) 郊外とは、ウォーレスの手紙の住所、サセックス州のハーストパイアーポイントのこと。この住所は結婚したばかりの妻の実家である（5-9の注1参照）。

(8) スペンサー『生物学原理』の第二巻のことだと考えられるが、出版されたのは翌一八六七年なので、ここで言及されているのは他の本のことかもしれない。4-4の注10も参照。なお、本章冒頭の解説で述べたように、第一巻（一八六四年）で「最適者生存」という用語がはじめて提唱された。

(9) 獲得形質の遺伝を含むラマルク主義的な見解のことと推測されるが、ここでダーウィンがいっているのはもっと幅広く漠然とした問題なのかもしれない。

の種の紳士たちはあまりに賢すぎるため、しばしばふつうの人々を誤解していると私は思います。私が自然選択を二重の意味で使っているというあなたの批評は、私には初耳で答えることができません。[6] しかし、あなた以外のだれもそのようなことをいっていないと思うので、私のうっかりにとくに害はないと考えてよいでしょう。また、私が「好ましい変異」のことをいい過ぎているという点にも同意しますが、あなたは反対側に立ち過ぎているように私は思います。たとえ、あらゆる生物のあらゆる部分が変異するにしても、そんな驚くほどさまざまなことで同じ結果や目的がもたらされるとは私は考えません。

郊外での暮らし[7]を楽しまれ、健康も上々かと思います。そしてあなたのマレー諸島の本を懸命に書かれていることと思います。私はこれからも、あなたにさしあげる手紙のすべてで同じ希望を申し添えることになるでしょう。妖精が耳元でささやきかけるようなものです。私の体調は相変わらずですが、やや快方に向かっているようで、一日に数時間は仕事ができるようになりました――興味深いお手紙をありがとうございます。敬愛するウォーレスへ　敬具

Ch・ダーウィン

追伸――H・スペンサーの最新作[8]を、もう読まれました

か？　独創的な考えがいくつも書かれていることに、驚きかつ衝撃を受けました。しかし、とても残念なことに、外部からの影響の直接的な効果[9]と「最適者生存」との区別が、あまりできていないように思います。

第6章　擬態から色彩論へ

『種の起原』（一八五九年一一月二四日）から七年、ダーウィンは一八六〇年春以来の「退屈で疲れる仕事」（『家畜と栽培植物の変異』）の準備が最終段階に入り（刊行は一八六八年一月）、「気晴らし」のため、次作となる人間に関する著書の構想を練っていた（6-5、ダーウィンからウォーレスへ、一八六七年三月付け）。まだ新婚のウォーレスは気分がのっていたらしく、前章で紹介した「自然選択」の代替用語としての「最適者生存」など、新しいアイデアがつぎつぎにわいてきた。

ウォーレスは新しい分野にも手を出しはじめていた。たとえば社会問題について、H・スペンサーやJ・S・ミルの依頼で評論を発表したことは前章で紹介した。また心霊現象の調査を開始したのは一八六五年夏である（ウォーレス『心霊と進化と』一四〇頁）。この分野についての最初の発表は「超自然の科学的側面」と題された連載で、『イングリッシュ・リーダー（*The English Leader*）』誌に一八六六年八月から九月にかけて八回にわたって発表され、同年のうちに冊子にまとめられて刊行された（Wallace, 1866a）。しかし、この問題が二人のあいだで議論されるのは、ウォーレスが心霊現象の研究にもとづいて自然選択説の人間への適用を否定した数年後からである。

本章で検討するのは、ウォーレスが提起した動物の色彩論をめぐる二人のやりとりである。色彩論はダーウィンの「人間に関する試論」の主要部分をなす「性選択」にとっても、きわめて重要な問題となる。二人がこの議論をはじめたきっかけは擬態であった。擬態とは、他に防衛手段をもたない種（擬態種）が、まずい味や嫌なにおい、あるいは毒針といった防衛手段をもつ種（モデル種）に外見的な姿だけを似せて身をまもるという現象である（たとえば、ヴィックラー『擬態——自然も嘘をつく』を参照されたい）。発見者は一八四八年にウォーレスとともにアマゾン探検に旅立ったヘンリー・W・ベイツ。彼はこの発見を、帰国後の一八六一年一一月にリンネ協会の例会で読み上げた「アマゾン流域の昆虫相への寄与」という地味な題名の論文（Bates, 1862）のなかで記載した。

ダーウィンはベイツの論文を「何度も読み返し……私が生涯においてこれまでに読んだなかでもっとも注目すべき、そして賞賛されるべき論文です」と絶賛した（ダーウィンからベイツへ、〔一八六二年〕一一月二〇日付け。『D旧書簡集』第二巻、三九一―二頁）。

ベイツはこの一年ほど前からアマゾン旅行記のことをダーウィンに相談し、原稿に目を通してもらっていた。翌一八六三年一月に『アマゾン河の博物学者』が刊行される前後には、ダーウィンはベイツのリンネ協会論文についてのきわめて好意的な論評を『ナチュラル・ヒストリー・レヴュー』誌に寄せ、刊行が予告されていた旅行記への期待を高めた（Darwin, 1863: この論評は邦訳版『アマゾン河の博物学者』の巻頭に収録されている）。そこにドクチョウ類の種分化についてのベイツの説明が大幅に引用されているのを見れば、ダーウィンが擬態を自然選択説の好例とみなしていたことは一目瞭然だろう。

ウォーレスがマレー諸島から帰国したのは一八六二年四月。ベイツとともにダウンのダーウィン邸をはじめて訪ねたのは一八六三年か一八六四年（『W自伝』下巻、一頁）。スペンサーの『第一原理』を読んで感激し、スペンサーの自宅を二人で訪問したのもその一年ほど前である（同、二三頁）。アマゾンに二人で旅立ってからすでに一五年。それぞれに業績をあげ、ダーウィンをそびえたつ頂点とする二等辺三角形の底辺として科学界への出入りを許されていた。出身階級が低く、しかるべき地位についているわけではなかったが、ベイツは擬態の発見者かつ『アマゾン河の博物学者』の著者として、ウォーレスは自然選択説の連名発表者として、その世界では広く認知されていた。

しかし、このころからベイツとウォーレスの境遇は対照的な方向に向かい、二等辺三角形の一角の影がうすらいでいく。一八六四年のはじめ、王立地理協会の事務局長補佐が空席となった。候補者はそれぞれ地理探検家としての業績を認められていたベイツとウォーレスの二人だった。最終的には、探検前から家業を手伝っていたベイツが事務能力の高さを買われ、また協会内の実力者たちや有能な出版人ジョン・マレーの後押しもあって選任され（Woodcock, 1969, pp. 256-257）、一八九二年に他界するまでこの職にあった。

ウォーレスはこの件について晩年に、ベイツのほうが適任であり、また自分はロンドンの都会生活に疲れてきていたのでそれでよかったのだと述懐している（『W自伝』上巻、四一五頁）。彼は結局、生涯を終えるまで定職につくことはなかった。ウォーレスがさまざまな研究や論考を新聞や雑誌に発表し、著書をつぎつぎに書いていったのは、学者として当然かつ自然ともいえるが、生活のために書かねばならないという側面もあった。

一方、ベイツは王立地理協会に職をえて以降、昆虫の記載論文は多数あるが、研究らしい研究を発表していない。協会の定期刊行物の編集、さまざまな探検隊への援助（たとえば一八七二年のリビングストン捜索隊）という、新たな仕事に熱中していたのだから当然と考えることもできないわけではない。しかし、前掲のウッドコックの伝記を読んでいると、裏方に徹しようとするベイツのひそやかな努力を感じないではいられない（Woodcock, 1969, pp. 257-259）。ロシアの地理学者にして革命家のクロポトキンに『相互扶助論』（一九〇二年）の執筆を勧めたのは、この本の意義を知るだれもがうなずけるだろう（邦訳は現代思潮社刊の大杉栄訳、三一書房刊の大沢正道訳など）。しかし、ジョン・マレー社の出版物の編集を手伝い、一部の本のゴースト・ライターまでしていたらしいのはどうしてなのか？ そのなかにはトマス・ベルト『ニカラグアの博物学者』（邦訳は長沢純夫・大曾根静香訳、平凡社）も含まれている。

ベイツの死の直後にジョン・マレー社から復刻された初版『アマゾン河の博物学者』（一八九二年）には、親友E・クロッド（Edward Clodd）による七三頁におよぶ長文の「覚書」が付されている。それによると「一八六一年一月、ベイツはある若いご婦人と結婚した。長い留守中も彼は胸のなかに、彼女のための暖かな居場所をもちつづけていた。レスターのミス・サラ・アン・メイソンであり、彼女とのあいだに三人の息子と二人の娘をもうけた」（p. xxxvii）。『英国人名辞典（DNB）』にも同じような記述が見られる。レスターはベイツの生まれ故郷であり、一八五九年に帰国したベイツは熱帯疲れの心身を実家で休めていた。

しかし、とウッドコックはいう（Woodcock, 1969, pp. 253-255）。二人の挙式はロンドンのパンクラス登記所で一八六三年一月一九日におこなわれ、その記録によればベイツは三七歳、新妻サラは同郷の肉屋の娘で、年齢は二二歳であった。つまりベイツがアマゾンへ旅立ったとき、彼女は七歳ということになる。ベイツはアマゾン探検中、そんな幼い少女のことを胸にあたためていたのか？ また教会でなく登記所で結婚式をあげたということは、家族や友人の臨席はなかったと考えられる。

前年の一八六二年二月二日、二一歳のサラは女の子を出産していた。出生証明書の父親の署名欄は空白であり、また彼女の署名は文字ではなく記号である。他の手紙も代筆であることから、たぶん字が書けなかったのだろうとウッドコックはいう。そして一年後、彼女と結婚したベイツは一歳になるその子を認知した……彼の私生活をこれ以上に詮索する必要はないだろう。

前後の状況から考えて、ベイツとサラはなんらかの事情で生まれ故郷のレスターにいられなくなり、駆け落ち同然にロンドンに上京して登記所で結婚式をあげた。ちょうど探検記『アマゾン河の博物学者』の刊行と同時であり、翌年には王立地理学会の事務局に職をえた。協会や出版社の裏方仕事もきらいではなかったらしいし、好きな昆虫の分類学に研究テーマはやりきれないほどあった。最終的には五人の子どもにも恵まれた。それだけで十分に充実した人生だったことだろう。

ウォーレスが擬態について最初に本格的に考察したのは、一八六四年三月にリンネ協会の例会で読み上げた「マレー地域のアゲハチョウ科」の論文においてであった（第4章冒頭の解説と4－4の注3、および5－5のとくに注4を参照）。ちょうど王立地理協会の事務局長補佐の職をベイツと争うかたちになっていたころである。

その後、ウォーレスはとくに擬態を研究しようとは考えていなかったようで、一八六六年に雌が派手なチョウの例について大英学術振興協会とロンドン昆虫学協会で発表しただけだった（6－1参照）。ところが翌一八六七年になって、ウォーレスは擬態をふくむ動物の色彩論についての論考を矢継ぎばやに発表することになる。そのきっかけはダーウィンからの質問であり、ダーウィンはまずベイツに相談し、彼から「ウォーレスに聞いたほうがよいのでは」といわれたのであった（6－2参照）。

この年、ウォーレスは動物の色彩論を五編発表した。はじめはダーウィンから質問されたイモムシ（チョウやガの幼虫）の派手な色彩の意味を考えていただけだったが、ウォーレスは色彩論に強い興味をおぼえたらしく議論は動物界全体に広がり、とくに鳥類の営巣習性と色彩の関係について独自の学説を確立していった。ウォーレス自身、この年の成果を重要視していて、晩年に書いた『W自伝』（下巻、三八四―五頁）では、自分がなした科学的な業績の三番目にイモムシの派手な色彩を、四番目に鳥類の営巣習性と色彩の問題をあげている（ちなみに一番目は自然選択説、二番目は第4章で検討した「人類論文」である）。

五番目の業績は彼の色彩論の完成と見るべき「動植物の色彩」で、『マクミランズ・マガジン』誌の一八七七年九月号と一〇月号に発表され、それを再構成したものが『熱帯の自然』（一八七八年）の第5章「動物の色彩と性選択」と第6章「植物の色と色彩感覚の起原」となった。

ウォーレスの色彩論は保護に基礎がおかれている。姿を周囲の背景にまぎれこます地味な隠蔽色だけでなく、反対に派手な色や模様で目立つことによって保護されることもあるという主張である。彼はリンネ協会で発表したアゲハ科の論文で、擬態しているのは雌であることが多いことを指摘し、雌は卵をもっているので保護される必要性が高いのだと説明してベイツの擬態説を補強した。そして、イモムシの派手な色彩は嫌な味やにおいを目立つ色や模様で宣伝していると説明して、警告色という概念を確立した。擬態のモデル種も嫌な味やにおいを警告色で宣伝しているが、同じ原理を擬態に関係していないイモムシにまで拡張した概念が警告色だということができる。

　鳥類の営巣習性と色彩についても、次のように説明して、やはり保護を重視した。「鳥類の両性がともに目立つ色彩をしているときには、巣に座っている鳥は隠れて見えない。しかし、雄が目立つ色をしていて巣が開放的で外から見えるときには、雌は地味な色彩で目立たない」（『W自伝』下巻、三八四―五頁）。たとえばシジュウカラやカワセミのように両性が目立つ色彩をしている鳥は、樹洞や崖の中腹の横穴のように外から見えないところに営巣し、極楽鳥やクジャクのように雄が派手に飾られた鳥は、地味な隠蔽色をした雌だけが皿状の巣で抱卵し、色彩が派手で捕食者に見つかりやすい雄が巣に近づくことはないということである。

　これに対してダーウィンは、本章で紹介する書簡からもあきらかなように、派手で目立つ色彩や装飾の起原を性選択にもとめていた。雄の派手な色彩や装飾が進化したのは、雌がそのような雄を「美しい」という理由から好んで配偶者に選ぶためだというのである。ダーウィンのこの考えは、『種の起原』（一八五九年）では簡単に述べられただけだったが（岩波文庫版の上巻、一二一―四頁と二〇六―八頁）、『人間の由来と性選択』（一八七一年）で全面的に展開され、そしてダーウィンとウォーレスとの主要な意見の相違のひとつ（『W自伝』下巻、一二頁）が明確となった（この問題をめぐるダーウィン・ウォーレスの論争の詳細については、拙論「ダーウィン・ウォーレス・性選択」も参照されたい）。二人のあいだの色彩論に関する意見の相違は、じつはウォーレスがまだマレー諸島を探検していた一八六一年にさかのぼることができる（3－2の注5と6を参照）。

　ダーウィンはウォーレスと意見を異にしていたが、それでもウォーレスの主張を無視できなかった。それは、上述のウォーレスの色彩論の紹介から理解してもらえるだろうが、ウォーレスの論証の確かさと美しさゆえのことだろう。ベイツの助言でウォーレスに問い合わせたダーウィンは、ウォーレスからの返信（6－2の注4）を読んで感動してしまったらしい――「ベイツはまったく正しかった。こまったときには、あなたにたずねるにかぎります。あなたの説明以上によくできた説明を私は一度も聞いたことがありません」（6－3）。

　しかし、この引用につづく言葉は、もっと大切な意味をもつだろう――「この説明の正しさを証明することも、あなたにはできるものと期待しています」(同)。ウォーレスはダーウィンの期待を裏切ることなく、即座に行動をおこし、翌週の三月四日にはロンドン昆虫学協会の例会でこの問題を会員たちに提起し、この夏のあいだに機会があれば、ダーウィン氏の示唆にあわせて観察や実験をおこなうよう依頼した(『W自伝』下巻、四頁)。また「イモムシと鳥」と題した同趣旨の公開書簡を『ザ・フィールド』紙に投稿し、三月二三日号に掲載された(Wallace, 1867d)。この書簡は、彼の仮説が平易かつ簡潔に書かれているということで、『W自伝』に全文が収録されている(下巻、四―六頁)。

> 貴紙の読者諸兄に対し、この春から夏にかけて、ダーウィン氏および小生が多大な興味をおぼえている観察への協力を依頼することを、お許しいただけるだろうか? まずはどのような観察を希望しているかについて述べ、そのあとなぜそうしてほしいかを手短に説明させていただきます。わが国の多数の小鳥が大量のイモムシを貪り食っていますが、小鳥たちがどれも同じように食べているわけではないと考えさせる理由があります。そこで、どの種は食べ、どの種は拒絶するかについての直接的な証拠がもとめられるわけです。この証拠はふたつの方法でえられるでしょう。ツグミやコマドリ、あるいはムシクイの仲間(あるいはイモムシを食べるならどの小鳥でもよい)を飼育している人は、手に入るあらゆる種類のイモムシをあたえ、(1)どれを食べ、(2)どれは触れることを拒絶し、(3)どれは捕まえたが拒絶したかを、注意深く記録してもらいたい。イモムシの名前が確認できないときには、その特徴を簡単に記録してもらえばけっこうです。たとえば、毛が生えているか生えていないか、色はおもに何色かということですが、とくに区別してほしいのは、緑色や褐色なのか、それとも黄色や赤や黒のようなあざやかで目立つ色なのかということです。小鳥を飼っていないが、小鳥がよく来る庭のある人は、見つけることのできたイモムシをすべて石鹸皿のような器にいれ、それをかならず水をはった大きな容器のなかに置いてください。そうすれば虫は逃げることができません。そして数時間後に、どのイモムシが持っていかれ、どのイモムシが残っているかを記録します。もし容器を窓から見える場所に置けるようでしたら、どんな種類の小鳥がイモムシを持っていくかも記録でき、実験はさらに完璧なものになります。第三の観察のしかたとして、若いニワトリ、シチメンチョウ、ホロホロチョウ、キジなどで、以上とまったく同じやりかたですることもできます。
>
> さて、これらの観察の目的は、イモムシの色彩を決定し

た法則を確かめることにあります。他の多数の昆虫の類似例から、緑色や褐色のイモムシ、あるいは食べている植物の葉や樹皮、あるいはよくとまっている物体によく似た斑点やまだらのある色合いのイモムシは、そのような色彩をしていることによって、小鳥などの敵の襲撃からある程度は保護されていると考えることができます。したがって、このようにして保護されているイモムシは、小鳥が見つけることができたときには、むしゃむしゃと食べられてしまうと予想せねばなりません。しかし、目立つことを目的として彩色されているように見えるイモムシもいて、変装とは無関係なのにもかかわらず、嫌なにおいや味といった他の種類の保護があるのかどうか、それを知ることが非常に重要になります。それらのイモムシがそのようにして保護され、大多数の小鳥がそれらをけっして食べようとしないのであれば、この保護の利益を十分に獲得するためには、これらのイモムシは容易に認知されねばならないし、小鳥たちがすぐに学習して手を出さなくなるような、なんらかの外的な特徴をもっていなければならないのだということを理解することができます。なぜなら、小鳥がそれを捕まえて味わってみなければ食べられるか食べられないかがわからないのであれば、成長中のイモムシは傷つきやすくちょっとした怪我でまちがいなく死んでしまうのですから、その保護は役立たないだろうからです。したがって、食べられるイモムシが目立たない模倣的な色彩から部分的な保護を引き出しているのであれば、食べられないようなイモムシにとっては、あざやかで目立つ色彩によって食べられるイモムシとははっきり区別されることが利点となるでしょう。

最後に付け加えさせてもらえば、この問題は動物とくに昆虫の色彩の起原の理論全体にとって、重要な意味をもっています。貴紙の数多くの読者諸兄が以上のような観察をしてみようという気になってくれることを希望し、この夏の終わりに、あるいはもっと早くてもかまいませんが、その記録を送っていただけたときには、そのすべてを比較し表に作成して、以上で述べたような理論が確認されるか論破されるか、その結果をお知らせすることにいたします。

アルフレッド・R・ウォーレス

セント・マークス・クレセント　九番地、

リージェント・パーク、N・W

一八六七年三月

この公開書簡での呼びかけに対しての反応は一通にとどまったが、二年後の一八六九年になって二人の昆虫学者から詳細な実験と観察の結果が届き、ウォーレスの「警告色」説の完成につながったという（『W自伝』下巻、六—七頁）。一人はアマチュアの昆虫学者ウェア（巻末の人名解説参照）、もう一人は大英博物館の分類学者バトラー（Arthur Gardiner Butler：1844-1925）である。

　ウォーレスの議論は論証が見事なだけでなく、証拠にもとづく科学的なものだった。ダーウィンとウォーレスは意見を異にしていたが、いずれも科学的であることに厳格であろうとしていた。証拠にもとづく科学的な議論は、反証と反論に対して開かれている。だからこそ二人は意見を闘わせなければならなかった。二人の進化理論である自然選択説をさらに完成させるために。

1

ウォーレスからダーウィンへ

1866. 11. 19

セント・マークス・クレセント　九番地、
リージェント・パーク、N・W
一八六六年一一月一九日

親愛なるダーウィンへ

『起原』の第四版[1]、たいへん感謝しています。脱皮のたびに頑健な本に生長していくのを見るのは、本当に嬉しいものです。こんなに生長しながら、しかし変態はしていません。ウェルズ博士[2]が五〇年も前に自然選択の原理をこれほどはっきりと理解していながら、それが自然界に普遍的に適用される偉大な原理であることにだれ一人として気づかなかったというのは、なんと奇妙なことなのでしょう！

今夜の昆虫学協会〔の例会〕では、「異常な性的な形質を生じさせる擬態」について、ちょっと議論がおこなわれることになっています[3]。私のもっているチョウ（*Diadema*）[4]は、雌が金属光沢のある青色をしているのですが、雄はすすけた褐色です。これはこの属の他のすべての種、およびほとんど全昆虫に見られる通例と反対です。しかし説明は

（1）『種の起原』第四版の刊行は一二月一五日（ド・ビア『ダーウィンの生涯』巻末年表）であり、ウォーレスは発売前に寄贈されていることになる。『D旧書簡集』第三巻の付録Ⅱの著作リストによれば、第四版の「日付は一八六六年六月」である。この日付の意味は不明だが、原稿の完成ないし入稿の日付だとしても、発売までになぜこれほど日数がかかったのか疑問は残る。ちなみに初版だけは「日付」と「刊行日」の両方が記録されていて、「日付は一八五九年一〇月一日、刊行は一八五九年一一月二四日」である。

（2）ウェルズ博士が一八一三年に自然選択説によく似た説を発表していたことについては、『種の起原』の「種の起原にかんする意見の進歩の歴史的概要——本書の初版刊行にいたるまで」に書かれている（岩波文庫版の上巻の付録）。岩波文庫版の解説では、この「歴史的概要」は第三版（一八六一年）で付されたとしか説明されていないが、このウェルズに関する部分は、一八六六年の第四版で加筆された。ウェルズについては、巻末の人名解説を参照。

（3）ロンドン昆虫学協会の一八六六年一一月一九日の例会で発表した論文は、同協会の雑誌に印刷されている（Wallace, 1866c）。この手紙にあるように、内容は大英学術振興協会での発表と同じ（注5参照）。

（4）メスアカムラサキ属の一種（*Hypolimnas anomala*）のことと思われる。この属は雌が他の有毒種に擬態している種が多い。

（5）一八六六年八月二七日にノッティンガムで開催された大英学術振興協会の年次大会のD部門での発表のことで、要約だけが印刷された（*Rept. BAAS* 36(1866): 79. John Murray, London）。なおウォーレスはD部門の人類学部会の議長をつとめていた。

（6）ロバートソン博士（William Tindal Robertson: 1825–89）は、ノ

かんたんです――このチョウは金属光沢のある *Euploea*〔ルリマダラ属〕に擬態することによって、地味な色で保護されている近縁種よりずっと効果的な保護を獲得しているのであり、雌は雄よりもずっと保護を必要とするからです。私はこれについての論文を、大英学術振興協会で読み上げました。[5] その報告をロバートソン博士[6]が一巻にまとめてノッティンガムで出版しましたが、それをお持ちでしょうか？　もし持っていたら、私の論文が全文印刷されているかどうか教えてください。

アガシの驚くべき大アマゾン氷河説[7]を、すでに読まれていることと思います。なんと、長さ二〇〇〇マイル〔約三二〇〇キロ〕！　あなたにとってさえ、ちょっと長すぎるでしょうね。[8]「氷河説」について一般向けの小論[9]を、来年一月の『クォータリー・ジャーナル・オブ・サイエンス』誌用に書いたところですが、私はそのなかで北アメリカの氷河とアマゾンの氷山を支持しています！

ラボックからあなたの健康はもう大丈夫だと聞き、とてもうれしく思っています。これで、あなたがいま持っていらっしゃる事実を、新しい版[10]に追加する分をのぞいて、すべて書き込んだ大著作[11]を、年内に私たちに読ませていただけるのではと期待しています。

私はいま、また別の科の手持ちのチョウ類を研究しはじ

ッティンガム総合病院の内科医。ノッティンガムで開催された大英学術振興協会年次大会の事務局長を務め、この大会の報告書を一巻にまとめた。ウォーレスの大英学術振興協会での発表の要旨は、『アシーニアム』誌の同年九月八日号および『リーダー』誌の一〇月六日号にも掲載されている。

（7）　ここで言及されているのは、アガシの *Geology of the Amazons* と題された冊子のことと考えられる。ダーウィンのライエルあての手紙（一八六六年九月八日付け）に、この冊子のことがふれられている（『D旧書簡集・補』第二巻、一五九頁）。それに付された注によれば、ライエルからバンバリー（Bunbury）あての同年九月付けの手紙に、次のように書かれている。「アガシが〝アマゾンの地質学〟について興味深い論文を書きましたが、いうのも残念なことですが、彼は氷河について狂ってしまい、この巨大な流域の全体が、緯度ゼロ度の河口まで、氷で埋め尽くされたという自説を、ほんとうに発表し……」。

（8）　ダーウィンがウォーレスにくらべ、氷河期の気候がずっと寒冷で厳しかったと考えていたことは、たとえば一八六九年二月二日付けのライエルからウォーレスへの手紙からもうかがえる（『W自伝』下巻、四二四―五頁）。ダーウィンの基本的な考えは『起原』の第一一章「地理的分布」、とくに下巻の一二一―三二頁に述べられている。氷河期の寒冷な気候の動植物の分布への影響について、ダーウィンの死の一年半前に出版されたウォーレスの『島の生物』（Wallace, 1880）をめぐって、二人のあいだで激しい論争がおこなわれることになる（本書第14章参照）。

（9）　Wallace (1867a)。この論文は結婚した直後の一八六六年の初秋に新妻アニーとともに北ウェールズを訪れ、スノードン山で氷河地形を観察した結果にもとづいている（『W自伝』上巻、四一二頁）。

（10）　『家畜と栽培植物の変異』（一八六八年）の序論によれば、同書は三部作の第一部であり、つづいて第二部「自然状態での変異」、第三部「自然選択の原理」と書き進める予定だった。

（11）　『家畜と栽培植物の変異』（一八六八年）のことだが、ウォーレスが「大著作（op. mag.）」と呼んでいるのは、右の注10のように三巻本が予定されていたからだろう。

めていて[12]、それなりに興味深く説明にこまるような変異の例が出てきていますが、アゲハチョウ科のときほどの現象はありません。ご健康を、心から祈念しております。敬愛するダーウィンへ　敬具

アルフレッド・R・ウォーレス

2

ダーウィンからウォーレスへ

1867. 2. 23

ダウン、ブロムリー、ケント州、S・E

一八六七年二月二三日

親愛なるウォーレスへ

あなたを訪ねることができなかったこと[1]、とても残念でしたが、月曜日以降、家をはなれることさえできなかったのです。

月曜日の夕方にベイツ[2]を訪ね、うまく説明できないでいた問題をひとつ質問してみました。彼はそれに答えられず、以前にも同じようなことがあったのですが、すぐに「ウォーレスに聞いたほうがよいのでは」といっていました。私

(12) ロンドン昆虫学協会の一八六七年二月一八日の例会で読み上げられたシロチョウ科の研究のこと。これをまとめた論文は、同年一一月刊行の同協会の紀要に印刷された（Wallace, 1867b）。「別の科」といっているのは、一八六四年三月にリンネ協会の例会で発表し、ダーウィンに高く評価された「アゲハチョウ科」の論文と比較してのいいかただろう（4-5や5-5を見よ）。アゲハチョウ科の次はシロチョウ科というわけである。

(1) この手紙の前便と考えられるダーウィンの手紙（一八六七年一月月曜日付け）に、「あなたと長時間の会話をすることができ、とても楽しく過ごすことができました。今日、帰宅したところです……」とあり、さらに追伸で「土曜日の晩におじゃまして標本を見せてもらうつもりだったのですが、昼食後に突然、頭がもうろうとしてきて、あの日はそのままベッドに横になっていなければならなくなってしまいました」と書かれている。四月二九日付けのダーウィンの手紙（6-6）から考えて、二人は動物学協会の例会で会い、カワセミ類の雌雄のちがいについて議論し、そしてウォーレスが所有するカワセミ類の採集品を見せてもらう約束をしたらしい（なぜカワセミ類が二人のあいだで問題になったかは、本章冒頭の解説で述べた鳥類の営巣習性と色彩の関係についてのウォーレスの説から推測できるだろう）。しかし土曜日にダーウィンの体調がくずれて約束は反故となり、月曜日になんとか回復したダーウィンはベイツに会って、そのまま帰宅したと

の質問はこうです――イモムシがときどき美麗で芸術的な色彩をしているのはなぜなのか？　色彩の多くは危険を回避するためのものなのであれば、あざやかな色彩の例があったとき、それをたんに物理条件のためとすることはまずできないでしょう。ベイツがいうには、彼がアマゾンで見たことのあるなかでいちばん派手だったイモムシ（スズメガの一種の幼虫）は、黒と赤のもようがあって、大きな緑色の葉のうえで食事をしているのが数メートル以上も離れたところからでも目立ったそうです。

雄のチョウが性選択[3]によって美しくなったことにだれかが反論して、イモムシが美しいのにチョウが美しくなっていないことがあるのはなぜなのかと問われたら、あなたはどう答えるだろうか？　私には答えることができませんが、それでも主張を変えるつもりはありません。この問題を考えておいてください。そしていつか、手紙であれお会いしたときであれ、あなたの考えを聞かせてもらえるだろうか[4]？　また、あなたがいっていた擬態している雌のチョウ[5]は、雄よりも美しくあざやかなのだろうか？

こんどロンドンに出たときにはぜひお会いして、あなたのもっているカワセミ類を見せていただこうと思っています[6]。

私の体調は最悪です。このあいだロンドンに行ったとき

いうことだろう。なお、この一月月曜日付けの手紙はロンドンの兄エラズマス・ダーウィンの自宅（クイーン・アン・ストリート六番地）から発送されているが、ダーウィンはロンドンで人に会ったり、資料や情報を集めたりするときには、いつもこの兄の家に滞在していた（『W自伝』下巻、一頁）。

（2）ベイツについては本章冒頭の解説の前半を参照。ダーウィンがこの問題をなぜベイツに質問したかは、本章冒頭の解説を見れば理解してもらえるだろう。なおベイツがアマゾンで見た「派手なイモムシ」の例は、『人間の由来』第一一章中の「幼虫のあざやかな色彩」の議論のなかで、この手紙の文面とほぼ同じに紹介されている（邦訳、第Ⅱ巻の一四一頁）。

（3）ダーウィンの性選択説と、それにウォーレスが反対したことについて本章冒頭の解説ですこしだけ説明したが、この対立は今後の二人の手紙のやりとりのなかでしだいに鮮明になっていく。この手紙の時点でダーウィンがもっとも頭を悩ましていたのは、派手な色彩のほとんどを性選択で説明しようとするとき、イモムシ（チョウやガの幼虫であり、求愛など配偶行動をするはずがない）がなぜ派手な色彩を獲得するのかということであった。

（4）この手紙に対するウォーレスの返信は残っていないが、『W自伝』で次のように回想している（下巻、三―四頁）。「この手紙を読んでほとんど即座に、この事実をじつに簡単に説明できそうなことに気づいた。ちょうどそのころ、〝擬態と保護色〟についてのわりと緻密な論文を（『ウェストミンスター・レヴュー』誌に）発表しようと準備していて、とくに目立つ色でゆっくり飛ぶチョウ類が特別なにおいや味をもっていて、昆虫食の鳥類やほかの動物の攻撃から保護されているという多数の例を集めていたので、派手な色彩のイモムシも同じようにして保護されているにちがいないと、すぐに推測することができたのである。ちょうどジェンナー・ウェアから、わが国でふつうに見られる白いガ（*Spilosoma menthrastri*：ヒトリガの一種）を、彼が鳥小屋で飼育しているほとんどの小鳥も、また若いシチメンチョウも食べないことを確認したところであった。暗がりのなかの白いガは、日中の光のなかの色のついたイモムシと同じように目立つのだから、この

には、約束の半分も果たせませんでした。それではまた
敬具　　C・ダーウィン

3

ダーウィンからウォーレスへ

1867. 2. 26

ダウン、ブロムリー、ケント州、S・E
一八六七年二月二六日

親愛なるウォーレスへ

ベイツはまったく正しかった。こまったときには、あなたにたずねるにかぎります。あなたの説明以上によくできた説明を私は一度も聞いたことがありません。この説明の正しさを証明することも、あなたにはできるものと期待し

例もほかの例とまったく同等だと考えられ、私の説明の正しさが立証されたとほぼ確信した。私はただちに筆をとり、ダーウィン氏にこの結果を知らせた」。ウォーレスの述懐によれば、この説明はベイツの擬態説をより広く適用したものにほかならず、「ベイツ自身もダーウィンも、成虫だけでなく幼虫も食べられないようになっていることがありうることに気づいていなかった」ことに驚いたという（同、七頁）。なお『ウェストミンスター・レヴュー』誌用に準備していた論文とは、一八六五年から一八六六年にかけて書かれ（『W自伝』上巻、四〇七頁）、一八六七年になってから匿名で発表された論文のこと（Wallace, 1867c）。

（5）　6-1でウォーレスが述べていた昆虫学協会の例会で発表した例のこと。6-1の注3および4も参照されたい。

（6）　右の注1および同年四月二九日付けのダーウィンからウォーレスへの手紙（6-6）を参照。

（1）　ダーウィンの返事に気をよくしたウォーレスが、昆虫学協会の例会と『ザ・フィールド』紙でおこなった提案とその成果については、本章冒頭の解説の末尾で紹介した。ダーウィンは『由来』第一一章中の「幼虫のあざやかな色彩」のなかで、「難問を解く天性の才能をもつウォーレス」に質問して答えをえたことにふれている（邦訳、第Ⅱ巻の一四一頁）。その内容は、ウォーレスからの一八六七年二月二四日付けの手紙からの引用である。この書簡は『W書簡集』にはないが、『D新書簡集』に収録されている（第一五巻、一〇五頁）。

（2）　今日の知見からいえば、トンボが特定の色にひきつけられるのは、求愛ではなく、むしろ雄同士のなわばり争いだろう。

ています[1]。白いガのことは、とてもすばらしい事実です。ひとつの説がこのようにしてほぼ真実だと証明されるのを見ていると、体中の血が熱くなります。雄のチョウの美しさについては、私としては、いまも性選択のためだと考えざるをえません。トンボがあざやかな色に引きつけられるという証拠はいくつかあります[2]。しかし、右のような信念に私をみちびいたのは、直翅類〔キリギリスやコオロギなど〕やセミ類の多くの雄が楽器をそなえていることです[3]。これが事実であれば、鳥類とのアナロジーから考えて、昆虫類の色彩についても性選択を信じたいと思うのです。あなたの示唆している実験[4]をするだけの体力と時間があればと願っています。ただし、チョウは閉じ込められているとつがいにならないでしょうね。たしか、そういうことはとても難しいと聞いたことがあります。何年もまえに、一匹のトンボを華美な色に塗ってみたことがありますが、そのようなことをきちんとやる機会はまだ一度ももてていません。

　私がいま性選択にこれほど強い関心をもっている理由は、人類の起原に関する小論[5]の出版をほぼ決心し、また性選択が人種を形成した主要な作用因だった[6]と、いまも強く考えているからです（もっともあなたを説得することに失敗したし、そのことは私にとってなによりも最大の打撃なのですが）。

(3)　鳥類の色彩だけでなく、さえずりについても、雌が配偶者を選り好みすることによる性選択が関与していることが、現在では数多くの種で実証されつつある。ダーウィンは鳥類のアナロジーから、昆虫類でも色彩や鳴き声が性選択で進化したと考えているが、現在のところ鳥類の場合ほど証明は進んでいない。

(4)　ウォーレスの二月二四日付けの手紙（右の注1参照）を見ると、ケージでチョウの雌雄を複数頭ずつ飼育し、一部の雄の「翅を慎重にこすって」鱗粉をはがして汚損しておくという実験を提案している。ダーウィンもいうように、よほど大きなケージでなければチョウを飼育するのは簡単ではなく、またケージのなかでは自然な行動を見せない種類が多い。

(5)　ダーウィン『人間の由来と性選択』（一八七一年）のこと。ダーウィンは「一八三七年か一八三八年に種は変わりうることを確信してすぐ、人間も同じ法則に服するはずだという信念を避けることができず……その問題についてのおぼえを書きためた」（『D自伝』一六二頁）。しかし『起原』（一八五九年）では「人間の起原と歴史にたいして、光明が投じられるであろう」（岩波文庫版の下巻、二六〇頁）という言葉を書き添えるにとどまっていた。

(6)　ダーウィンが『由来』の半分を費やして性選択を論じている目的が人種進化の説明にあることは、その目次を見ただけで一目瞭然なのだが、これまでこの問題が明確に指摘されたことはなかった。たとえば『由来』の刊行一〇〇周年記念論文集（Campbell ed. 1972）においてさえ、この問題が議論された形跡はない。おそらく過去の悲惨で不幸な歴史から、人種論と進化論をむすびつけることがタブー視されていたためと考えられる。この問題は拙論「性選択・ダーウィンとウォーレス」ですこしくわしく検討したので参照されたい。

(7)　ダーウィンは『由来』のなかで「この主題にかんしてただ一章だけ書くつもりでいた」が、「覚え書きをまとめはじめるとすぐ、それを別個の著述にする必要があることがわかった」（『D自伝』一六三頁）。その結果が一年後に刊行された『人間と動物の感情の表出』（Darwin, 1872）である。

(8)　この依頼に対して、ウォーレスが少なくとも「ギーチ氏（Mr.

それはともかく、私の小論に入れるだろうもうひとつの主題があります。それは表情の表出[7]です。そこでおたずねしたいのですが、マレー諸島に人柄がたしかで観察眼のしっかりした人がいるかどうか、あなたはご存じないだろうか[8]？　マレー人がいろいろな感情で興奮したときの表現について、二、三のかんたんな観察をしてもらいたいのです。もしご存じなら、質問状を一式、その人に送るつもりです。あなたのとても興味深いお手紙に、感謝の気持ちを申しあげます。それではまた　敬具

Ch・ダーウィン

4

ウォーレスからダーウィンへ

1867. 3. 11

セント・マークス・クレセント、N・W
一八六七年三月一一日

親愛なるダーウィンへ

質問状[1]を返送しますが、質問事項にあまり確かな答えはできませんでした。マレー人について、質問の1、3、8、9、10、それと17にはイエス、12、13、16にはノーと答える

Frederick Geach)」を紹介したことが、一八六七年一〇月一二日付けのダーウィンの手紙（7-3）からわかる。マレー諸島のポルトガル領チモールで会った鉱山技師で、帰国後も家を建てるのを手伝ってもらったり、いっしょに旅行したりと親交があったが、いわゆる「山師」だったようで、鉛鉱山への投資を勧められて大損をさせられた（『W自伝』下巻、三六二頁）。『動物と人間の感情の表出』ではギーチ氏からの回答が五個所で引用され、序論のなかの謝辞にも名前があげられている（Darwin, 1872）。

（1）　この質問状は前便（6-3）の末尾でふれられているもので、ダーウィン『人間と動物の感情の表出』（一八七二年）の序論に収録されている「一八六七年のはじめに配布」された一六項目の質問表（一五―一六頁）と同じものと考えてよいだろう（前便の注7と8も参照）。海外の宣教師などから三六通の回答があったという。なお、ウォーレスのこの否定的な回答は、『感情の表出』の索引を見るかぎり、引用されていない。

（2）　次のダーウィンの返信を見よ。

べきでしょう。しかし、どれについても確信はありません。

ところで、これらのことをどれほど重要と考えているのでしょうか[2]? もしあなたが直接に観察することができたなら、これらのことの一部が部族ごと、島ごとに、しばしば異なっているし、ときには村によってちがっていることがあるだろう、そう考えたほうがいいような気が私はしています。一部のことは疑いなく深く根をおろしていることかもしれず、生物的な相違を暗に意味しているのかもしれません。しかしどれがそうか、あらかじめ判断できるでしょうか? 私の推測では、フランス人はノルマン系であれ、ブルトン系であれ、あるいはゴール系であっても、肩をすくめると思います。

質問表をボンベイやカルカッタのいくつかの新聞に送ってみるというのはどうでしょう[3]? インド人の判事や将校のなかに、質問表に興味をもちたくさんの回答を送ってくれる人が大勢いるにちがいないと思います。オーストラリアやニュージーランドの新聞も掲載してくれたら、あなたの研究の進展に好都合な基礎資料があつまるでしょうね。

この人間の変異についての試論[4]というのは、家畜と栽培植物についての本の付録にするのでしょうか? 私としてはむしろ、「生存闘争など」についてのあなたの第二作を読みたいと思っています。なぜなら、人間についてなにか

(3) この助言に対して、ダーウィンは個人の申し込みはたいていうまくいかないといいつつ、インドのどこかの新聞が質問表を挟み込んでくれるかどうか調べてみると答えている（6-5、一八六七年三月付け）。しかし、『感情の表出』（前掲）の序論を見るかぎり、植民地の新聞に質問表の挟み込みを依頼した形跡はなく、あるいは断られたのかもしれない。

(4) これはウォーレスの誤解で、「人間の変異についての試論」ではなく、一八七一年に刊行されることになる『人間の由来と性選択』のこと。ダーウィンはウォーレスの誤解も理由のないことではないと考えたようで、次の手紙（6-5）で説明をしている。

(5) Murray, A., 1866. *Geographical Distribution of Mammals.* このマレー（Andrew Murray）は『起原』が刊行された直後に攻撃的な書評を書いた人物（3-3の注15、および巻末の人名解説を参照）。次の手紙（6-5）の末尾を見れば、ダーウィンがその後もいまいましく思っていたことがわかる。

(6) この追伸は、『D新書簡集』による。『W書簡集』では削除されている。

(7) 一週間ほど前の三月四日に昆虫学協会の例会で協力を依頼した（本章冒頭解説の一三九頁上段以下を参照）。

研究するのに十分なだけの正確な事実が知られているのかどうか、私は疑問だと思うからです。たしか、ハクスリーが人間について研究しているようですね。

マレーが書いた哺乳類の地理的分布の本[5]を読んでいます。しっかりと考えていることもそここに見て取れましたが、自然選択はまったく理解できていず、大洋諸島についてのあなたの見解に対する批判はあまりにばかげた混乱のきわみとしかいいようがありません。

いずれにせよ、この主題についてあなたが持っている資料をすべてまとめたら、とても興味深い一冊になるだろうこと、まちがいないと私は思います――敬具

アルフレッド・R・ウォーレス

追伸[6]――イモムシ問題について月曜日に昆虫学協会[7]で話したので、この夏に観察がおこなわれることでしょう。多くの会員たちは、既知の事実は私の見解を裏付けると考えているようです。

いろんな種のバーバスカム（*Verbascum*）に群がっているセダカモクメガの一種（*Cucullia verbasci*）の幼虫などはとても派手で目立ち、小鳥に食べられているようすはありません。トラフヒトリ（*Callimorpha jacobeae*〔= *Tyria jacobaeae*〕）の幼虫も同様の例です。

5

ダーウィンからウォーレスへ

1867. 3

ダウン、ブロムリー、ケント州、S・E
一八六七年三月

親愛なるウォーレスへ

　短い手紙を、ふたつ受け取っています。いつもありがとう。ジュリア・パストラナの例は、私が集めてきた歯と髪の毛の相関についての諸例にすばらしい一例を追加することになるので、いま校正をしている巻に書き加えさせてもらいます。(1) この夏のあいだに、けばけばしいイモムシについてなにか証拠がえられたときには、ぜひ教えてもらえるようお願いします。あなたが示唆したようなかたちで、なんらかの支持がえられたならば、このアイデアがあなたのものであると紹介（もし発表されていれば引用）するつもりです。ただし、かなり時間がかかるかもしれません。というのも性選択の問題がかなり大きな問題になるとわかってきたので、いつか出版しようとしている人間についての試論に入れるつもりだからです。

　かなり多くの人々が（まったく同じようにというわけで

（1）『家畜と栽培植物の変異』第二巻、三二八頁に引用されている。あごひげの生えたスペイン人女性で、乱雑な並びの二組の歯が生えていた。パーランドという歯科医（Dr. Purland）が診察し治療した例を、ウォーレスがダーウィンに知らせたという。パーランドはウォーレスの友人の一人の「変人」で、催眠術、古文書学、神秘主義にくわしく、また当時は珍しい気球乗りでもあった。麻酔には絶対反対の立場で、ウォーレスは自分の歯の治療で麻酔を依頼し仲違いすることになった（『W自伝』下巻、七五―八二頁）。

（2）この文面から『人間の由来』は、もともとは『家畜と栽培植物の変異』の一章として準備していたものを、独立させて拡張したものだったのだとわかる。その途中のどこかで、性選択が重要な課題となったのであろう。

（3）ダーウィンの前便（6-3）とあわせ、『人間の由来と性選択』（一八七一年）の構想の主眼点が、人間の由来そのものの議論よりも、むしろ性選択で人種の進化を説明することにあったと推測できる。

（4）「二七年ほどもつづけている道楽」というのは、一八四〇年に彼の最初の子どもを対象にして観察結果を記録していたからで、この研究は観察から三七年後の一八七七年になってから発表された（Darwin, 1877）。この論文は次の二冊に収録されている。(1) Gruber, H. E. & P. H. Barrett, 1994.（邦訳はグルーバー『ダーウィンの人間論』。ただし部分訳で、この論文は収録されていない）。(2) Barrett, ed. 1977. Vol. 2. pp. 191-200.

（5）『動物と人間の感情の表出』（一八七二年）。この手紙から、『変異』から『由来』が独立し、さらに『由来』から『感情の表出』が独

はないのですが）人間は顕著に家畜化された動物だといっているので、私は人間についての一章を入れるつもりでしたが、この問題は一章で論ずるにはあまりに大きいことがわかりました[2]。この問題を十分に取り上げることができないだけでなく、私がこの問題を取り上げる唯一の理由は、性選択が人種の形成に重要な役割を果たしたとかなり確信をもっているからです[3]。性選択は私がつねに大きな関心を払ってきた問題です。

マレー人の〔感情〕表現について、あなたの記憶している印象を知ることができて、とてもたすかりました。この問題がどうやっても重要なものではないということ、あなたの意見に私は全面的に同意します。これは私が二七年ほどもつづけている道楽[4]にすぎなかったのですが、人間についての試論を書いてみようと考えたとき、「〔感情〕表現に関する補論」のようなもの[5]ができるのではと、きゅうに思いつきました。いま準備中の分厚く、たぶんだれも読んでくれそうもない本で、とんでもなく長いあいだ退屈で疲れる仕事をしてきたものですから、趣味の娯楽で気晴らしをしようと考えたわけです。この問題は、あなたが考えられるだろうよりは、ずっと好奇心をそそるし、科学的な取り扱いになじむ主題だと、私は考えています。私はC・ベル卿[6]が彼のもっとも興味深い著書『〔感情〕表現の解剖学』

立したことがわかる（6-3の注7も参照）。

(6) チャールズ・ベルはペイリーの自然神学の信奉者で、エディンバラ大学外科学教授だった（巻末の人名解説も参照）。初版『絵画における表情の解剖学に関する試論』（Bell. 1806）は一八〇六年に刊行され、第二版『表情の解剖学と哲学に関する試論』が一八二四年、第三版『美術に関係する表情の解剖学と哲学』が著者の死後二年目の一八四四年に出され、その後も版をかさねていた。

(7) 前便（6-4）の注5参照。

(8) ロンドン大学植物学教授で王立園芸協会の有力者だったジョン・リンドリーのことと考えられる（巻末の人名解説を参照）。ダーウィンが愛読し、しばしば寄稿した『ガーデナーズ・クロニクル』誌の編集人の一人でもあった。

(9) この時点では『家畜と栽培植物の変異』を執筆中なので、そこから独立させることにした『人間の由来と性選択』（一八七一年）と『動物と人間の感情の表出』（一八七二年）のことだろう。

(10) 一人は妻のエマにまちがいない。ダーウィンの四人の娘のうち、このころ同居していたのはヘンリエッタ（一八四三年生まれ）とエリザベス（一八四七年生まれ）である。この手紙の数年後に『由来』の原稿にヘンリエッタが、母エマと相談しつつ手を入れたとされる（『ダーウィン』、八一七―八頁）ので、もう一人の口述筆記者はヘンリエッタのことだろう。

で提出している、感情を他人にしめすための特別な筋肉が人間にだけそなわっているという見解を、私はどうにかして論破したいのです。感情がどのようにして生じてきたかを、どうにかしてあきらかにしたいのです。

新聞社に依頼してみてはという助言、ありがとうございます。ただ私のこれまでの経験から考えて、個人の申し込みというのはたいていうまくいかないように思っています。しかし、インド新聞については、質問表を挟み込んでくれるかどうか調べてみることにします。ほかの新聞社については、私は名称も住所も知らないのです。

マレーの本[7]は注文をだしたところで、まだ届いていません。リンドリー[8]はよく彼のことを、頭の悪い男といっていました。私がもっている素材の後半[9]を出版できるだけの体力が残っているかどうかは、おおいに疑問だと思っています。

私の二人の女性の口述筆記者[10]は友人が来ていて忙しく、このへたくそな字を読むのにあなたが苦労されるものと恐れ入っています。手紙のお礼を重ねて申しあげます。敬具

Ch・ダーウィン

6

ダーウィンからウォーレスへ

1867. 4. 29

ダウン、ブロムリー、ケント州、S・E
一八六七年四月二九日

親愛なるウォーレスへ

あなたのお手紙[1]に、とても興味をひかれました。しかしあなたの見解は、私にとってはじめて聞くものというわけではありません。『〔種の〕起原』第四版の二四〇頁を見ていただければ、ごく簡単にですが、クジャクとクロライチョウというふたつの極端な例をあげて同じ見解が書かれていることがわかると思います[2]。一〇一頁、初版では八九頁にも、より一般的な記述が見つかるでしょう。私はこの見解を以前から考慮にいれてきたのですが、ただそれを展開するだけの場所がえられなかっただけなのです。しかし私の知識は、あなたが色彩と巣[3]についてしたほどに一般化するには不十分なものでした。あなたが書かれる論文では、第四版での私の貧相な説明にはそれとなくふれるだけにしておいたほうがいいでしょう。なぜなら、私の人間の試論では性選択の問題をすべて議論し、それによって人間につ

(1) このウォーレスの手紙（一八六七年四月二六日付け）は『W書簡集』には収録されていず、編者注で「紛失」とされていたが、最近になって発見されたようで、『D新書簡集』（第一五巻、二三六―八頁）に収録されている。ウォーレスは「性的形質に関して一般化にたどりついたとして、「ウェストミンスター・レヴュー」誌の同年七月号に掲載される「擬態および動物に見られるそのほかの保護的類似」（6-8とその注1参照）の内容をかなりくわしく書いている。

(2) 『起原』第四版の第六章「学説の難点」での修正・挿入のうち、次の個所を指していると考えられる（岩波文庫版の上巻、二五八頁にあたる）。「ときには、装飾が雄にだけ伝えられることの近接要因が明白にわかることもある。雄の長い尾羽をもつ雌クジャクは卵を抱くのに都合悪いだろうし、漆黒の雌ライチョウは現在の地味な衣装の雌より、巣の上にいるときずっと目立ち、より危険にさらされるだろうからである」（Peckham, ed. 1959. p. 372）。ただし、ライチョウは「クロライチョウ（black grouse）」ではなく、「オオライチョウ（caper-calzie）」となっている。また次の一〇一頁の「一般的な説明」というのは、上巻一一七頁のクロライチョウなどライチョウ類の隠蔽色の説明のことだろう。ただしクロライチョウの例は、なぜか第五版で削除された。

(3) ウォーレスの四月二六日付けの手紙（右の注1参照）への言及であり、彼の鳥類の営巣習性と色彩の関係についての一般化が印刷公表されたのは、二―三ヵ月後の論文である（Wallace, 1867e）。また同趣旨の論文が同年九月九日の大英学術振興協会の大会（D部門）で発表され、タイトルを若干変えたものがダーウィンもよく寄稿していた

いてかなり説明するつもりだし、説明できると考えているからです。私は自分の古いノート類をかきあつめ、自分なりの議論を一部書いてみましたが、主要なアイデアがすべてあなたのものだと書くのは、私にとって味気ない仕事となるでしょう。しかし、鳥類学や昆虫学に関する知識をあなたはずっと豊富にお持ちなのですから、私などよりはるかにすぐれた議論を展開することはまちがいないし、あなたの論文を私はおおいに利用させてもらうことになるでしょう。それでも私は人間の試論で、この問題（性選択のこと）を徹底的に議論せねばならないのです。動物学協会でお会いしてカワセミ類の雌雄によるちがいについて質問したとき、(4)じつはこの問題のことが念頭にありました。あなたが見事に説明してみせた派手な色のイモムシのこと（いずれ証明されると私は信じています）をベイツに質問したときから、このことを考えていたからです。

重要な例がひとつあります。オーストラリアの鳥（属名を失念してしまいました）なのですが、雌の尾羽が長い飾り羽になっていて、そのため近縁種のどれとも異なる巣をつくるのです。(5)一部の鳥類では雌が雄よりも色彩があざやかで、雄が抱卵することについて、すこしは研究してみてはいるのですが、とても納得しているとはいえない状態です。タマシギ（*Rhynchaea*）の例をあなたに話したことが

『ガーデナーズ・クロニクル』誌に掲載された（Wallace, 1867g）。ウォーレスはこの一般化がとても気にいっていたようで、これに大幅に加筆した論文も発表している（Wallace, 1868b）。本章冒頭の解説も参照されたい。

(4) 6-2、とくに注1と注6を参照されたい。

(5) 『W書簡集』の編者注は、この鳥の学名を「*Menura superba*」としている。この学名はいまは使われていないが、コトドリ（*Manura novaehollandiae*）とみなしてまちがいない。『人間の由来と性選択』の初版（一八七一年）を見ると、下巻の一六四―五頁で、尾羽の長い雌のコトドリと特異な形状の巣がとりあげられ、一八六八年にラムゼイが発表したコトドリの雌の抱卵のようす（動物学協会議事録、五〇頁からの引用）が紹介されている（邦訳では、第Ⅱ巻の二七五頁）。コトドリの巣は横に出入り口をもつドーム状の一風変わった形状をしていて、雌は頭から巣に入り、それからくるりと向きを変えると、尾羽はときには雌の背中の上になるが、多くの場合はからだの横にくる。ラムゼイの観察によれば、そのため尾羽がゆがみ、そのゆがみの程度を見れば抱卵していた時間がわかるという。ダーウィンはコトドリのほか、クジャクおよびオーストラリアのラケットカワセミという、同じように雌の尾羽が雄と同じくらいに長い鳥の営巣習性を検討し、営巣のときにやや不便ではあるが邪魔になっているほどではないとし、それでも雌の尾羽は雄にくらべればやや短いので、自然選択が作用しているのだろうと論じている。この議論は、性選択で生じた雄の派手な色彩や長い尾羽を含む装飾が、なぜ雌に遺伝しないか、あるいは遺伝しても軽微なのかの議論の一部である（6-7も参照されたい）。

(6) 現在の学名は*Rostratula*で、一属一種（*R. benghalensis*）。日本でも繁殖している留鳥で、雌雄の役割が逆転していることでよく知られる。つまり、雌のほうが雄より色彩があざやかであり、また抱卵や育雛は雄が担当するのである。ダーウィンは『由来』（初版）の下巻二〇二―三頁で議論している（邦訳では、第Ⅱ巻の三〇三頁）。雌のほうが色あざやかで、複雑な気管という一般には雄特有の特徴が見られることは当時も知られていた（複雑な気管は鳴き声と関係がある）が、「雄が抱卵の義務を負う」ことについては、それを支持する証拠

あるように記憶していますが、その巣はまだ知られていないようです。[6]ほかにもいくつか、体色のあざやかさの性差を保護の原理では十分に説明できそうもない例があります。フォークランド諸島に、雌のほうが色あざやかな腐肉食のタカ[7]がいるのですが（自分で解剖したことがあるので確かです）、この場合には保護を適用できるとは思えません。ただし、問い合わせの手紙を数ヵ月前にフォークランドに出したところです。私が到達しつつある結論は、これらの異例の一部では色彩がたまたま雌で変異し、しかも雌だけに伝えられ、そのような雌の変異が雄によって賞美され選択されてきた、というものです。

　これはとても興味深い課題ですが、私はこれから五ヵ月か六ヵ月はこの問題を考えることができないでしょう。なぜなら、〔『家畜と栽培植物の変異』の〕校正という退屈な仕事から手がはなせないからです。私がこの研究に復帰できたときにはきっと、私が考えつづけるよりずっとよい研究をあなたがなさったと知ることになるでしょう。

　あなたのとても興味深い手紙に、あらためてお礼申しあげます。今後ともよろしく、親愛なるウォーレスへ　敬具

Ch・ダーウィン

私たち二人がどうして同じアイデア[8]に行きあたったのか、

がいくつかあるようだとするにとどまっている。

（7）『ビーグル号航海記（第二版）』（岩波文庫版の中巻、三八頁）によれば、学名は *Polyborus*（現在ではカンムリカラカラ属）とあるので、ハヤブサ科のなかの一群で南米に広く分布するカラカラの一種であろう。ただし『旅行記』では雌のほうがとくに色あざやかだとは書かれていない。

（8）この手紙の冒頭の、クジャクとクロライチョウの例のこと（右の注2参照）。営巣中の雌は保護される必要があり、そのため雄の装飾が遺伝的に伝えられないか、伝えられても自然選択によって阻止されているという説明であり、ウォーレスの鳥類の営巣修正と色彩の関係についての説にある程度まで似ている。これにつづく幼鳥の色彩が地味なことも、保護の必要性によって説明されるだろう。

（9）右の注3参照。

不思議なことですね。私は幼鳥の羽色が派手でない例が多いこともほぼ同じ原理で説明できることをあきらかにすべく、草稿でかなり議論しているのですが、この問題は手紙で手短に説明するには複雑すぎます。

追伸　ダウンにて、四月二九日

　親愛なるウォーレスへ――あなたの手紙を読み直し、さらに考えてみたのですが、あなたの一般化、すなわち雌が目立つ色あるいはあざやかな色をしている鳥類はすべて穴のなかや天井のあるところに営巣するという一般化[9]の価値と美しさについて、(どう書いたか記憶している言葉では)私がどれほど賞賛しているか十分に表現できたとは思えません。多くの例が、おそらくほとんどの例が、これで説明されました。私の見解はあなたの一般化の足元にもおよんでいませんでした。変な追伸で、かえってあなたを混乱させたならばお許しください。草々

Ch・ダーウィン

7

ダーウィンからウォーレスへ

1867. 5. 5

ダウン、ブロムリー、ケント州、S・E
一八六七年五月五日

親愛なるウォーレスへ

　貴重なノート類を提供してくださるとは、なんと寛大なことでしょう。しかし、あなたにこんなにしていただくのは、私としては心苦しいかぎりです。なぜならこの問題を、あなたのほうが私よりずっとすばらしい研究にしあげることはまちがいないからです。そこで私としてはあなたがご自分の論文をもっと先に進めていただきたいと心から、また無条件に希望し、ノート類を返送させていただく次第です。

　あなたはすでに、この問題をかなり調査しているようですね。告白すれば、あなたのノートを受け取ったとき打ちのめされた気持ちになり、私がこのところやってきた研究をほとんど投げ捨ててしまおうかと思ったほどでしたが、その感情をなんとか抑えこみました。この問題については校正がほとんど進んでいなかったので、自分は哺乳類の色

(1)　この時期にダーウィンの手元にあった校正は『家畜と栽培植物の変異』（一八六八年一月刊行）だが、この問題についてのウォーレスの見解らしいものは引用されていない。ただし、ウォーレスの哺乳類の性差、とくに雌の色彩についての説明がどのようなものなのか、まだ調査できていない。ウォーレス『熱帯の自然』の第5章「動物の色彩と性淘汰」では、哺乳類をはじめどの動物でも、一般に健康で活動的な個体ほど色艶がよく、そのため活動的で精力あふれる雄は体色があざやかなのだと論じられているが、彼がこの見解に到達したのは数年以上は先になってからだと考えられる。

(2)　前便（6-6）のクジャクとライチョウの例がこれにあたる。前便の注2および注8を参照されたい。

(3)　シカなどの雌に角などの武器がないことについて、『由来』（一八七一年）の第二部第一七章「哺乳類の第二次性徴」で、同趣旨の説明がなされている。この「倹約」という考え方は、『種の起原』では「成長の相関」についての説明のなかで、ゲーテなどのいう「成長の代償」として議論されている（上巻、一九四頁）。

(4)　『由来』の第二部第九章で「動物界の下等な綱における第二次性徴」が検討され、イソギンチャクやサンゴについては、雌雄同体であること、また感覚器が発達していないことから、性選択によって第二次性徴が発達することはないと論じている。またこれらの下等動物の色彩がすべて保護に役立っているわけでないことを、ウォーレスを引用して強調している（邦訳では第Ⅱ巻の六七―八頁）。

(5)　クラゲだけでなく、小型の軟体動物や魚類に透明なものがしばしば見られ、それらが外洋性の鳥類などの天敵に見つからないための

彩やほかの性差について事実を集めてはきたが、あなたの雌についての説明は自分には考えつかなかったと書くかもしれません[1]。私は自分のまぬけさ加減に驚いていますが、あなたの問題への洞察力が私よりずっと明晰で深いことは、ずっと以前から認識していました。

　あなたが遺伝の諸法則にどこまで注目してきたかを知りませんが、以下に書くことをあなたには理解してもらえるでしょう。私の性選択についての議論は、まず第一に、新しい形質がしばしば一方の性に出現し、その性にだけ伝えられること、そしてなんらかの未知の原因のため、そのような形質はあきらかに雌よりも雄にしばしば起こっていることを説明します。第二に、発達していって雄に限定され、ずっと後になって雌に移るような形質があるでしょう。そして第三に、いずれの性にも生じて両方の性に伝えられる形質があり、同程度に伝えられることも異なる程度に伝えられることもあるでしょう。この後者の場合、雌の鳥において最適者生存が作用して、雌の地味な色彩が維持されるのではと推測しています[2]。キジ・ニワトリ類の雌に蹴爪がないのは、抱卵のときにじゃまになるからだろうと考えられます。すくなくとも、私の知っているドイツの品種の家禽は雌にも蹴爪があり、それが邪魔になって卵がよく破壊されてしまうことが知られているからです。

保護的適応であるとするヘッケルの説明は、『由来』の第二部第九章に引用されている（邦訳では第Ⅱ巻の六八頁）。ヘッケルのどの著書からかは明記されていないが、時期から考えて、『一般形態学』(Haeckel, E., 1866. *Generelle Morphologie.*) だと考えてまちがいないだろう。

（6）前便（6-6）の注3を参照されたい。

（7）6-2の注4を参照されたい。

シカの雌に角がないことについては、からだを作る材料を無駄遣いせずに倹約しているのだろうと推測しています[3]。

あなたのノートでは、性選択と保護ですべての動物の色彩が説明できるとされていますが、私としてはイソギンチャクやサンゴなど下等な動物の一部については、それがどれほどの役割を果たしているのか疑問に思っています[4]。

ところでヘッケルが最近、さまざまな綱に属する海産下等動物に色がなかったり透明だったりすることについて、保護の原理で十分に説明できるだろうことをあきらかにしていますね[5]。

いつでもいいので、鳥類の巣についての論文[6]がどこに載るのか教えてください。また『ウェストミンスター・レヴュー』誌の論文[7]もぜひ読みたいと切望しています。

あなたの鳥類の雌雄の色彩についての論文が衝撃的なものであろうこと、私はまちがいないと思っています。

あなたの論文について、よく理解もせずに書いてしまったところがあるかもしれません。その点はお許しください。

敬具　　　　　　　　　　　　　Ch・ダーウィン

8 ダーウィンからウォーレスへ

1867. 7. 6

ダウン、ブロムリー、ケント州、S・E
一八六七年七月六日

親愛なるウォーレスへ

　擬態についての論文[1]をありがとう。おおいなる興味をもって、読みきったところです。あなたは自分のアイデアを最高に力強くまた明晰に論じる技能を、まちがいなくお持ちです。私はいま校正刷り〔『家畜と栽培植物の変異』〕の奴隷状態にあるので、あなたの能力を目の当たりにして嫉妬さえ感じました。

　とくに鳥類の巣について興味深く読んだので、『インテレクチャル・オブザーバー』誌[2]をぜひ手に入れるつもりです。しかし私がいちばん衝撃をうけたのは、ドクチョウ類（*Heliconia*）にとっては味が多少だけ不味くなってもなんの役にも立たないということです[3]。またサンゴヘビ類もとても興味深いですね[4]。要約も、また全体もとても上手に書けていて、とても楽しく読みました。深謝、敬具

Ch・ダーウィン

(1)　『ウェストミンスター・レヴュー』誌の一八六七年七月号に掲載された「擬態および動物に見られるそのほかの保護的類似」（Wallace, 1867c）のことで、掲載号は同年七月一日に発行された（6-2の注4。6-6と6-7も参照）。

(2)　同誌に掲載された「鳥類の巣の哲学」（Wallace, 1867e）のことで、七月中に出た。

(3)　ウォーレスはこの擬態論文で、無毒のチョウが「すこしばかり不味い味を獲得しても、形状や色彩が同類たちと同じまま」であれば、捕食者に襲われて傷ついたり死んだりしてしまうので、選択はかからないと論じた。言い換えれば、不味い味と警告色は同時に進化するということだろう。

(4)　南米の熱帯に分布するサンゴヘビ類は赤・黒・黄色の帯が輪のように並び、有毒の種と無毒の種がいる。警告色の有毒種に、無毒の種が擬態しているのである。しかし、有毒のサンゴヘビを捕食者が襲ったとき、右の注3のドクチョウの例のように味やにおいが不快なだけではなく、反撃されたら牙から注入された毒で死んでしまう。死んでしまえば、その個体がその経験を学習することはない。このためサンゴヘビ類を警告色と擬態の例とみなすかどうか、長いあいだ論争がつづけられていた。ようやく一九五六年になって、爬虫類学者メルテンスが一応の解答を提出して、この例は「メルテンス型擬態」と呼ばれている。メルテンスの説明を要約すれば、進化の初期に弱い毒性のサンゴヘビがいて現在の赤・黒・黄色の警告色が発達し、それをモデルに種として無毒のヘビと強い毒をもつヘビが擬態したとする。以上の説明は、ヴィックラー『擬態』の第一二章による。ただし、この説明が定説になっているとはいいがたい。またウォーレス自身がこのときサ

ンゴヘビの例をどう説明していたかは未調査であり、また後年に書かれた『ダーウィニズム』（一八八九年）の第九章「警告色と擬態」でのサンゴヘビ類についての記述では、無毒な種が有毒な種を擬態しているとしか説明されていない（Wallace, 1889. pp. 158–181）。ダーウィンは『由来』第二章中の「ヘビ目」で、ウォーレスが論じたサンゴヘビ類（*Elaps*）の例を議論し、ウォーレスは無毒の種が有毒の種を模倣して保護色としてその色彩を獲得したと説明していることを紹介したうえで、有毒なサンゴヘビがその色彩をどのようにして獲得したかは説明されていないと指摘し、おそらく「性選択」によるのだろうと主張している。

第7章　「法則による創造」

英国の科学史家チャールズ・H・スミスによる詳細な著作リストによれば、ウォーレスは一九一三年の晩秋に九〇歳で生涯を終えるまでに、二二冊の単行本と一九編のインタヴュー記事のほか、すくなくとも七一二編の文章を発表した（Smith, ed., 1991. pp. 473-536）。原稿料をおもな収入源にせねばならなかったことを割り引いても、かなり多作な文筆家といってよく、また内容や体裁も多岐にわたっている。

この年代順の著作リストを見ていくと、一八六七年に入って文筆家ウォーレスが、それまでの文章とはちがう新たなジャンルを切り拓いたことがわかる。それは書評という分野であり、やがてダーウィンはウォーレスの書評能力を高く評価することになる。ウォーレスが書評を通じてダーウィンの『種の起原』（一八五九年）などに対する批判に反論し、それによって二人の自然選択説の普及と補強におおいに貢献したからである。このことは逆に、『起原』刊行から八年が経過しても反進化論の議論がおさまらず、いまもなお根強くつづいていたことをしめしている。

ウォーレスのこのジャンルでの最初の貢献が、本章で紹介する書簡で話題となっている「法則による創造（Creation by Law）」という論評記事である。アーガイル公がこの年に刊行した『法則の支配（*The Reign of Law*）』の書評であり、『クォータリー・ジャーナル・オブ・サイエンス』誌の一八六七年一〇月号に掲載された。書評ではあるが、内容からいっても、また一八頁という長さからいっても論文といってよく、後年、ウォーレスは自分の論文集にこれを論文として収録した（7-2の注3参照）。

ウォーレスのこの書評によれば、「ダーウィンの称賛すべき『種の起原』に対していわれてきたさまざまな批評のうち、アーガイル公の『法則の支配』で述べられていることほど、多数の教養ある知性的な人々に訴えるものは、おそらくないだろう」という。アーガイル公がもっとも強調したのは「自然界のあらゆるところで出会う知性《マインド》の証拠であり、それらの証拠はわれわれが〝工夫〟や〝美しさ〟を見いだすところにとくに顕現している」という点である。彼はそれを「造物主

自然選択による種の起原の論証

証明された事実	必然的な帰結 （その後，証明された事実として使われる）
生物個体の急速な増加 23，142 頁 （『起原』第五版，75 頁） 個体総数の停滞 23 頁	生存闘争，平均して死が出生と同数となる 24 頁 （『起原』第三章）
生存闘争 変異をともなう遺伝，あるいは親と子の個体相違をともなう一般的な類似 142，156，179 頁 （『起原』第一，二，五章）	最適者生存，あるいは自然選択．簡単にいえば，概して，おのれの生存の維持にあまり適合していないものが死ぬということ（『起原』第四章）
最適者生存 外部条件の，普遍的かつ絶えざる変化 ――ライエル『地質学の原理』参照	生物の種類の変化，変化した条件に調和させるような．すなわち条件の変化が，もとの条件と同じに戻らないという意味で永続的な変化なので，生物の種類の変化は同じ意味で永続的なはずであり，かくして種が起原する

（頁数は論文集『自然選択説への寄与』および『種の起原』の該当頁）

の絶えざる監督と直接の干渉をしめす」ものだと主張したのであった。

アーガイル公のこのような主張に対して、ウォーレスは彼がダーウィンの『起原』を誤読し、自然選択説を誤解している点を指摘し、生物界のすべての現象が自然選択説で説明されることをあきらかにする。そして、アーガイル公の批判や説明があやまりであり無用であると論破する。このウォーレスの議論で注目すべき点は、彼が自然選択をごく単純で明解な原理なのだと強調していることだろう――自然選択説とは「個体数の急速な増加」、「個体数の上限」、「遺伝」、「変異」、「地球表面の物理条件の絶えざる変化」、「自然の平衡ないし調和」といった、「少数の単純な一般法則（ないし事実）」にもとづく説明である。この主張を裏返してみれば、神の法や新旧約聖書の教えといったあいまいで難解な説明の全面否定であり、近代的な科学的合理主義からの反論である。

ウォーレスの書評は、このように、ダーウィンに代わってアーガイル公およびその同調者に反論するだけでなく、ダーウィンの『起原』をわかりやすく解説して誤解を排除しようというものであった。難解な『起原』の議論をウォーレスがどれほど単純明解に説明したかは、この書評の末尾に付されている表形式の「自然選択説の論証」を見れば一目瞭然だろう（上段）。

私事になって恐縮だが、私はこの表をはじめて見たときに見覚えがあると感じた。たまたま翻訳したばかりの本に、現代進化論の長老E・マイアによる自然選択説の構成を要約した図があったからである（マイア『進化論と生物哲学』二四三頁）。

マイアは自然選択説を次の五つの事実と三つの推論から構成されていると説明する——事実1「個体群の指数的増加の潜在的可能性」、事実2「観察される個体群の定常的な安定性」、事実3「資源の有限性」、推論1「個体間の生存闘争」、事実4「個体ごとの唯一性」、事実5「個体変異の多くが遺伝すること」、推論2「差別的な生き残り、すなわち自然選択」、推論3「多数の世代を経過すれば進化する」。

驚くほどの類似だが、マイアがウォーレスのこの表を見たことがあるかどうかは確認できていない。しかしそれ以前に、自然選択説というのは本来が単純明解をよしとする客観的で合理主義的な説明なのだから、その要約が同じになるのは当然といえるだろう。ウォーレスの表は自然選択説の、ある意味で教科書的とさえいえる標準的な要約になっているので、自然選択説に親しんでいる人の多くが、この表に既視感を感じることだろう。

ウォーレスのこの書評での議論について、ここでこれ以上に紹介する必要はないだろう（ダーウィンとウォーレスが手紙で議論している個々の点については、それぞれ注で検討を加える）。ただし一点だけ、ウォーレスが議論の冒頭でダーウィンの『種の起原』の欠点を指摘していることにはふれておかなければならない。それは「ダーウィン氏の隠喩は誤解をまねきやすい」（おそらく論文集に収録のさいに付された見出し）という点である。

第5章で見てきたように、「自然選択」に代えて「最適者生存」という用語を提案した手紙（5-8、一八六六年七月二日付け）でも、ウォーレスはダーウィンの議論の誤解されやすさと擬人主義とを指摘していた。また二人のあいだでいずれ顕在化することになる性選択についての論争も、「美しさ」という自然科学になじまない（とウォーレスはみなした）概念の導入が大きな問題となっていた——「雄の装飾は雌がもっとも美しい雄を、その雄がもっとも美しいからという理由で選ぶことによって発達したというのは、支持する証拠のほとんどない推論である」（『W自伝』下巻、一七—八頁）。ウォーレスはこのような性選択の論理を、擬人主義的とみなした。また「美しさ」という言葉の誤解されやすさは、アーガイル公の本の書評で強調した問題のひとつであった。

「美しい（beautiful）」「巧妙な工夫（curious contrivance）」と、アーガイル公やその同調者たちに誤解された代表例が、マダガスカル島のラン（アングレーカム属の一種、*Angrae-*

cum sesquipedale）である。ウォーレスは「美しさ」が反進化論者たちの「躓きの石」になっていることを指摘し（7-3とくに注2を参照）、また「工夫（仕組み）」という言葉が「工夫する者（仕組みを考案する者）」という擬人化と「造物主」の介入を招いていると批判した。

アングレーカム・セスキペダレはマダガスカル島産のランの一種で、種小名セスキペダレ（ラテン語で桁外れに長い足という意味）のとおり、花の裏側から下に向かって約三〇センチもある細長い距《きょ》が伸び、その距の先端に蜜腺がある。ダーウィンは『英国産および外国産ラン類の昆虫による受粉』（初版、一八六二年）で、さまざまな種類のランが昆虫によって受粉される「工夫（仕組み）」を検討し、アングレーカムの異様に長い距に対応する長さの口吻《こうふん》をもつ昆虫がいるはずだと示唆していた。アーガイル公はそれに噛みつき、そんなことが自然に起こる可能性はなく、そこに造物主の知恵を見るべきだと主張した

ウォーレスはアーガイル公の『法則の支配』の書評「法則による創造」のなかで、ダーウィンの自然選択説によるラン類と昆虫類の相互適応の説明を詳細かつ明快に解説し、アングレーカムの長い距の奥の蜜を吸うことのできる口吻をもつガの存在を「予言」した（彼はスズメガの一種だろうと推測した）。ウォーレスがダーウィンへの手紙（7-2）で、「予言されたガ」と呼んでいるのはこのような理由からである。

この「予言されたガ」が、じつに三六年後、世紀のあらたまった一九〇三年に発見された（Rothschild, W. & K. Jordan, 1903. *A Revision of the Lepidopterous Family Sphingidae*. The Zoological Museum. Tring.: 大阪自然史博物館の岡本素治氏にご教示いただいた）。本当に三〇センチ以上の口吻をもつこのスズメガの一種は、*Xanthopan moggani predicta* と命名された（一般的にはキサントパンスズメガと呼ばれる）。亜種名は「予言された」という意味であり、この「予言されたガ」と異様に長い距をもつアングレーカム・セスキペダレとをめぐる物語は、ダーウィンの進化論を物語るときの有名な逸話のひとつとなっている。

アーガイル公は大臣を歴任した政府の有力者であるだけでなく、知識人としても高く評価されていた（巻末の人名解説も参照）。アーガイルのダーウィン批判の陰には、進化論に最後まで反対した解剖学者リチャード・オーエンの影響がある。しかし、彼自身は好人物だったようで、ウォーレスの晩年の回想ではライエルの家での夕食会などで会った著名人の一人としてアーガイル公爵があげられ、たがいの学説をかなり強烈に批判しあっていたにもかかわらず、同席したときにはとても友好的で、親しく言葉をかわしていたという（『W自伝』上巻、四三五頁）。

ダーウィンは最晩年になって、アーガイル公に会った。死の前年、一八八一年二月末のことである。前年の暮れから同年の正月にかけてウォーレスの年金問題（14-10とその注4、また14-12の注4も参照）への助力を依頼していたので、そのことへの返礼のためである（『ダーウィン』九二二頁）。それでも『法則の支配』以来の懸案が話題にのぼるのは避けられず、意見の対立は変わることがなかった（『D旧書簡集』第一巻、三一七頁の編者注）。

翌一八八二年の四月二六日、ウェストミンスター寺院で執りおこなわれたダーウィンの葬儀では、アーガイル公は政府代表の一人として柩に付き添った。ウォーレスもまた、柩に付き添った一〇名の一人であった。

1 ウォーレスからダーウィンへ

1867. 6. 19

セント・マークス・クレセント　九番地、N・W
水曜日〔一八六七年六月一九日〕

親愛なるダーウィンへ

昨日はお寄りいただいたのに留守にしていて、申し訳ありませんでした。あの日は動物園[1]へ行っていたのですが、C・ライエル卿にお会いしてあなたがロンドンに出てきていることをお聞きしました。

もしベイズウォーターにいらっしゃる時間があれば、私のコレクションを博覧会のように展示[2]していますので、楽しんでいただけるのではと思います（とはいえ、一般の人々はあまり見にこないでしょうね）。

どなたか友人を連れて見にいかれますか？　時間を指定してくだされば、そこでお会いすることができます。

まずまずの体調でいらっしゃるごようす、なによりです。

それではまた　敬具　　アルフレッド・R・ウォーレス

アーガイル公[3]の批判について、ご意見を聞かせてくださ

（1）　原語は「The Zoological Gardens」。ロンドン動物園がZooという愛称で呼ばれ、それが動物園一般をさす言葉となったのは後年のことである。ロンドン動物園の歴史については、ヴェヴァーズ『ロンドン動物園』にくわしい。この動物園は、もともとはロンドン動物学協会付属の「生きた動物のコレクション」として、この協会が創立された翌年の一八二七年に開園した。したがって当初は会員専用の施設であったが、一般の市民も会員から入園券を手に入れ、一シリングを払って入園することができ、一八二九年にはこのようにして二〇万人近くが動物園の門をくぐった。一般に開放されたのは一八四七年で、入園料は一シリングであった（半額の子ども料金が設定されたのは翌年から）。ただし安息日（日曜日）に一般市民が入園できるようになったのは、ようやく一九四〇年になってからである（一九三二年に「日曜娯楽条例」が制定された。また第二次世界大戦で協会の財政が悪化したためもあったらしい）。

（2）　マレー諸島での採集品の整理と研究がほぼ終わったウォーレスは、彼の収集品に関心をもつ人々にそれらを見てもらうため、義兄シムズの経営していた大きな写真館《ギャラリー》で展示した（『W自伝』上巻、四〇四頁）。ウォーレスの次便（7-2、一〇月一日付け）の住所から、その写真館がベイズウォーター地区のウェストボーン・グローヴ通りにあったと推測できる。ベイズウォーターは宮殿のあるケンジントン公園の北側の地区で、同名の地下鉄の駅もある。一九世紀前半には高級住宅地だったが、いまは中華料理をはじめモロッコ料理やギリシャ料理などエスニック料理のレストランが並び、移民が多いことで知られる。モスクワ通りやセント・ペテルスブルグ通りのあたりには安宿が集中し、ギリシャ正教の立派な聖堂がある。ウォーレスはマレー諸島探検中に、

い。さらにきつい批判が『ノース・ブリティッシュ・レヴュー』誌の最新号に載っています(4)。

それらに答える短い記事(5)を書いたところですが、どこに載せてもらえるか、まだわかりません。　——A・R・W

テルナテの彼が借りていた家でニューギニアでの採集品を展示し、その町に住む友人や知人たちの好評を博したことがあったので（同、上巻、三六四頁）、そのときと同じように展示したのだという。

（3）　アーガイル公によるダーウィン批判とは、次の本のこと——Argyll, G. D. Campbell, 8th Duke of, 1867. *The Reign of Law.* London: Alexander Strahn. ウォーレスがこの本の重大さに気づいたのは、おそらくライエルからの問い合わせによると考えられる。ライエルは一八六七年五月二日付けの手紙で、この本の第五章での南米のハチドリに関する議論についてウォーレスの意見をもとめ、必要ならば同書を貸してもよいと申し出ていた（『W書簡集』二八一頁）。ウォーレスはこの本を「一八六七年の秋」に読み（『W自伝』下巻、二五頁）、アーガイル公による鳥類の飛翔の説明についてハーバート・スペンサーと手紙で議論した（ウォーレスからスペンサーへ、一八六七年一〇月二六日付け、『W書簡集』の二八三—四頁。また『W自伝』下巻、二五—七頁も参照）。一方、ダーウィンは一八六七年六月一日付けのライエルあての手紙で、アーガイル公の本を「いま読んでいるところ」だと伝え、全体的にはよく書けているとしつつ、ハチドリの嘴についての議論や美しさについての考察を無意味だとしていた（『D旧書簡集』第三巻の六五頁）。アーガイル公についての同様の評価は、ダーウィンの同年二月八日付けのフッカーあての手紙にも見られる——「非常に巧妙に論じられているが、意味深いところはない」（同、六一頁）。

（4）　ジェンキンによる匿名の評論（Jenkin, H. C. Fleeming, 1867. The Origin of species. *North British Review.* 46 : 277-318）。彼の自然選択説批判、とくに「単一変異」の問題については10-2以下の書簡、および10-2の注4と5を参照。アーガイル公の自然選択説批判は解剖学者リチャード・オーエンの直接的な影響によるものだが、ジェンキンの批判は物理学者ケルヴィン卿の直接の影響を受けている。オーエンとケルヴィン卿については、巻末の人名解説を参照。

（5）　次の手紙（7-2）の注3を参照されたい。

2

ウォーレスからダーウィンへ

1867. 10. 1

ウェストボーン・グローヴ　76½、ベイズウォーター、W[1]

一八六七年一〇月一日

親愛なるダーウィンへ

お手紙が届いたときロンドンにいなかったので失礼しました。大英学術振興協会の会合のあと、スコットランドをちょっと旅行し[2]、ベン・ロウアーズまで行ってきました。とても寒く雨が降っていたし、またいっしょに行ってくれる人が見つからなかったので、予定していたグレン・ロイまでは足を伸ばせませんでした。

アーガイル公と『ノース・ブリティッシュ』誌の書評者に対する返答として書いた「法則による創造」についての論文は、『クォータリー・ジャーナル・オブ・サイエンス』誌の今月号に掲載されています[3]。別刷りを作ってもらえなかったので、お送りしていません。

マダガスカルの予言されたガとアングレーカム・セスキペダレのきれいなイラストが載っています[4]。

私の記事にあなたが満足されたかどうか、ぜひ聞かせて

(1)　この住所は、姉夫婦（シムズ夫妻）の写真館の住所と考えられる（7-1の注2参照）。後の注7のように、ウォーレスは旅行記執筆のため妻の実家にこもっていたので、ロンドンに出てきたときには姉夫婦の家に世話になっていたのだろう。

(2)　大英学術振興協会の一八六七年度の年次大会は、一八六七年九月四—一一日に開催された。九月九日にウォーレスは、鳥類の巣と色彩の理論について発表している（Smith, ed. 1991, p. 486）。この年次大会の開催地はスコットランドのダンディーであり、閉会後に一人で旅行したのだろう。彼が訪れたベン・ロウアーズと訪れようとしたグレン・ロイがどこか、またこの旅行の目的がなにかは確認できていない。「グレン（峡谷）」という地名から考えて、おそらく氷河地形を見たかったのだろう。ちなみに、六月には妻と二人でスイスのアルプス地方を旅行し（『W自伝』上巻、四二一—四頁）、また年次総会の直前の八月には、義父ウィリアム・ミッテンとウェールズ地方を旅行していた（同下巻、四〇一—三頁）。なぜこれほど頻繁に旅行していたのか、また旅行できたのか、個人的には不思議に思う。ウォーレス自身がこの当時の生活の状況について、「東洋（マレー諸島）における八年間の採集品の売り上げが、一人の男が静かに暮らすには十分な収入をもたらしてくれていたとはいえ、自分にあったなんらかの永続的な職をつねに探していた」（『W自伝』上巻、四一四—五頁）といっているからである。その就職の最初のチャンスが、本書第6章冒頭の解説で述べたように、親友ベイツと争うかたちとなった王立地理協会の事務局長補佐の人事であった。

(3)　この論文（Wallace, 1867h）は、わずかな修正と追加がほどこされて、彼の最初の論文集『自然選択説への寄与』に収録され（Wal-

ください。いつものように手加減せず、忌憚のないご意見をお願いします。

あなたの大作〔『家畜と栽培植物の変異』〕は順調に進行していることでしょう。うわさによれば、第一巻をクリスマスのころには読めるのではと聞いています。

お伝えしたかどうか失念してしまいましたが、男の子[5]が生まれました。もう三ヵ月になります。名前はハーバート・スペンサー（弟のハーバート[6]にちなみました）。私はいま、ハーストパイアーポイントの郊外に[7]滞在していますが、少なくとも月に一度はロンドンに出ていっています。住所はただ「ハーストパイアーポイント、サセックス州」だけで大丈夫です。

あなたとご家族全員のご健康を。それではまた、親愛なるダーウィンへ　敬具　アルフレッド・R・ウォーレス

lace, 1870a. pp. 264-302)、さらにこの論文集がもう一冊の論文集と合本再版された『自然選択と熱帯の自然』にもそのまま収録された(Wallace, 1891. pp. 141-166)。本稿で参照しているのは、このうち合本収録の版である。なお、アーガイル公については7－1の注3を参照されたい。

(4) マダガスカルの予言されたガとアングレーカム・セスキペダレの関係については、本章冒頭の解説を参照されたい。一八九一年の論文集に収録された論文（注3参照）では、残念ながら「きれいなイラスト」は省略されているが、『D新書簡集』第一五巻の口絵で見ることができる。

(5) ウォーレスとアニーの長男ハーバート・スペンサー・ウォーレスについて、『W自伝』には一言も述べられていない。『W書簡集』の編者もふれていないし、次男（H. G. Wallace）と長女（Violet Wallace）の追想録でもふれられていない。おそらく幼いうちに死亡し、ウォーレス夫妻は忘れようと努力していたのであろう。この手紙にすでに三ヵ月とあるので、この年の六月か七月はじめに誕生し、若いウォーレス夫妻は幼子を抱いてアニーの実家に里帰りしたと考えられる（注7参照）。

(6) Wallace, Herbert Edward (1829?-1851)。ウォーレスのアマゾン探検に途中から合流したが、別行動をとってまもなく黄熱病で倒れ、一八五一年に二二歳で死亡した。ウォーレスは弟を死なせてしまったことにずっと心を痛めていたようで、晩年に書いた『W自伝』では第一九章の全頁をこの弟の追憶にあてた。第一子の名前を弟にちなんだというなら、なぜ「ハーバート・スペンサー・ウォーレス」なのか疑問がある。次のダーウィンの手紙（7－3）とその注15を参照。

(7) ウォーレスは一八六七年の盛夏から約一年間、ロンドンの家を人に貸して、ハーストパイアーポイント村（英国南東部のウェスト・サセックス州南東部）の妻アニー・ミッテンの実家に滞在した（『W自伝』上巻、四一四頁）。ロンドンでは学会の例会をはじめ社交的なことにわずらわされ、準備中の旅行記『マレー諸島』の科学的な部分の執筆が進まなかったからだと、『自伝』では書いている。しかし、注5で述べたように、長男ハーバート・スペンサーの誕生が六月か七月

3

ダーウィンからウォーレスへ

1867. 10. 12 & 13

ダウン、ブロムリー、ケント州、S・E
一八六七年一〇月一二・一三日

親愛なるウォーレスへ

だいぶ前に雑誌[1]を注文していたのですが、なにかの手ちがいで昨日ようやく届き、すぐに読みました。無条件の賞賛をあなたはあまり嬉しく思わないかもしれませんが、本心をいえといわれれば、ひとつひとつの言葉のすべてに感服しているといわねばなりません。

私がとくに注目してもらいたいと思っていたまさにその点を、あなたは論じています。〔アーガイル〕公爵から攻撃されたアングレーカムを取り上げたあなたの勇気に、私は感心しました[2]。この例の原理は、きっと広く応用できると思うからです。図は私の好みですが、絵描きさんがスズメガをもうすこし上手に描いてくれたらよかったですね。

ならば、出産には間に合わなかったかもしれないが、はじめての育児のため妻の実家に里帰りしたというのが本当のところだろう。

(1)　『クォータリー・ジャーナル・オブ・サイエンス』誌。アーガイル公の『法則による創造』の書評論文が掲載されたことを、ウォーレスが前便（7-2）で知らせていた。

(2)　予言されたガとマダガスカルのラン（アングレーカム）について、またアーガイル公がアングレーカムの例を使ってダーウィンを批判したことの意味については、本章冒頭の解説を参照されたい。

(3)　「美しさ」は、アーガイル公がダーウィン説への反論として、「巧妙な工夫」（本章冒頭の解説を参照）とともに取り上げた問題だった——ウォーレスは、一部の人々にとって、このふたつが最大の「躓きの石」となっているとして、「法則による創造」のなかで反論を展開した（『自然選択と熱帯の自然』、7-2の注3参照、一五三—六頁）。アーガイル公はその本のなかでハチドリ類を取り上げ、その華麗な美しさが生存闘争にはなんの関係もないと主張した。もし美しさに生存上の意味があるのなら、雄に限定されているのはおかしいし、雌は美しくない薄黒い色をしているが生存に不便があるようには見えない。したがってハチドリ類の美しさは、造物主がみずからの悦びのために美しく創造されたことの証拠とみなすべきと主張するのである。これに対してウォーレスは、雄の美しさをダーウィンの性選択で説明し、雌が美しくないことは自分の保護色の理論で説明した（第6章冒頭の解説を参照）。またアーガイル公のこのような主張は、美しいものを

美しさの問題について、見た目の悪いものについてのあなたの意見、花でもじっさいに役立つ場合をのぞけば、美しく作られてはいないという意見、私はとてもすばらしいと思います。[3]

この美しさについての一点において、公爵が完全に率直だとは私にはとうてい思えません。私はいま準備中の本の結論部分で、変異は特別に定められてはいないのだということについて、ブルドッグのことを例にして、[4] じつはあなたとまったく同じ議論を使いました。

あなたの河の隠喩[5]ははじめて聞きましたが、とてもよいですね。しかし、分類と複雑な機械を比較している隠喩[6]は、どこがどうとはうまくいえませんが、あまり適当とは思いません。私にとって力強いと思える点は、博物学者の全員が自然な分類というものがあると認めていることです。まさにそれによって由来は説明されるのですから。出現する変異はどれもはっきりと目立つものだと思いこんでいる『ノース・ブリティッシュ〔・レヴュー〕』誌の書評者に対しては、言外では非常にはっきりとそう言ってはいましたが、もう少ししつこく書いてほしかったと思います。[7] あなたの論文のなかで、競走馬の足の速さなどに限界があることについての見解ほど、私を驚かせた個所はありません。〔『家畜と栽培植物の変異』の〕校正刷りの結論の章に、この

愛する私たち人間と同じ心を造物主がもつという仮定にもとづくものであり、もしこの仮定が正しいのなら、自然界になぜ美しくないものが存在するのかと反論する。造物主が美しいものを愛するのなら、美しくないものは創造しなければよいし、創造してしまっても廃棄すればよい。最後にウォーレスは花の美しさの問題に戻り、花の美しさは昆虫をひきつけて花粉を運んでもらうために進化したとするダーウィンの学説（アーガイル公がダーウィン説への反論の足がかりにした「巧妙な工夫」も、また美しさの問題も、ダーウィン『ラン類の昆虫による受粉』（一八六二年）にもとづいている）を説明し、風媒花など昆虫なしで受粉する花は美しくなく、そういう花は目立たないだけでたくさん存在していることを指摘する。ただし、アーガイル公が頭の固い古いタイプの学者ではない（7‐1の注3参照）ことは、ライエルがアーガイル公とのハチドリ類に関する議論についてウォーレスに伝えた手紙の文面からもわかる（一八六七年五月二日付け、『W書簡集』二八一頁）。その手紙によれば、当時の鳥類学の権威の一人であるグールドは約四〇〇種のハチドリ類のうち、やや疑問のある一種をのぞいて、すべての種を明確に区別できる独立種としていたが、もし変種や発端の種がもっと多数いたならば、種の変遷の学説（ダーウィンの進化論）を認める用意があったようである。ただし、雄と雌とが同時に変化しなければならないという条件がついている。

（4） 自然選択説は、アトランダムな変異に自然選択が作用して進化が起こるとする。それに対して、そのようなアトランダムな変異では自然選択にとって有用な変異が生じる可能性はあまりにも小さく、むしろ無用ないし有害な変異がほとんどなので、自然選択による進化は起こらないという反論が当時は多かった（すこし前の日本の今西進化論に似ている）。もし変異がランダムに起こるのではなく、自然選択が作用しやすい有用な方向に変異が生じるのであれば、そのような方向性をあたえるのは全能の造物主たる神だということになる。それに対してダーウィンは『家畜と栽培植物の変異』の該当個所で反論を展開し、ブルドッグを例にして次のように論じた――「彼〔造物主〕は犬の体格と精神的な特質を、人間の残忍なスポーツ〔闘犬〕のために、雄牛を押さえつけるのに適した顎をもつように、不屈の獰猛さをそ

問題についてのあなたの見解をなんとかして引用するつもりです[8]。この説明に、私はまったく気づいていませんでした。とはいえ、小麦の例[9]については似たようなことを思いついています。あなたが公爵の本を賞賛しているのを見て、安心しました。私はこの本に、とても感激していたからです。飛翔についての部分[10]は、最初はよく書けていると思ったのですが、しかし翼の関節はボールとソケット式になっているので、翼は多少なりとも斜めに空気を打つという信念に反対する理由を見つけることは困難だということ、公爵もわかるのではないかと思います。

このあいだ、『サイエンス・ゴシップ』誌[11]であなたの記事とチョウの絵を見つけ、楽しく拝見しました。それはともかく、あなたはトラの縞模様など、いくつかの例については保護を前面に押し出しすぎているのではと、私としては考えざるをえません。今朝、『ガーデナーズ・クロニクル』誌で、巣の論文のよくできた要約も読みました[12]。私はあなたの手紙で完全に転向することはけっしてありませんでしたが、いまは転向してもよいかななどと考えています[13]。この論文の全文がどこかに発表されることをのぞみます。大切な一般化であることに驚きましたし、最初にみたときよりずっと独創的になっているようですね。

シンガポールのギーチ氏[14]から、気持ちよくかつ慎重に書

なえた品種が作られるように、変異させたのだろうか?」(Darwin, 1868. vol. II: 431)。

(5) ウォーレスはアングレーカムに見られる「巧妙な工夫」を単純な法則で説明した後、生物界のさまざまな見事な適応に類似した非生物界での例として河の隠喩を取り上げることによって、造物主の干渉と目的論を否定する自分の議論を補強した（『自然選択と熱帯の自然』一四九―五一頁）。彼は地質学に無知な一人の男が大きな河川を観察していたと想定し、その男はそこに造物主のデザインのあらわれである数々の適応を見いだすかもしれないという。その男は、たとえば「肥沃な沖積平野を流れる幅広く波静かで航行可能な川に、人間の必要をみたし大勢の人口を支持する特別な適応を見つけるだろう。一方、岩のあいだの流れや山間の急流は、人口の少ない羊飼いたちに適した不毛な地域に限定されている」。そこでその男は、人間のためを思ってくださる造物主の知恵に驚嘆し、神に感謝するかもしれない。しかし、川の上流から河口にいたるどの地形も、流れの状態も、周辺の土地の土壌条件も、すべて長年にわたってさまざまな自然法則が地表に作用してきた結果にすぎないし、人間の役に立たない地形や、人間にとって有害な地形さえある。生物界においても同様で、目的論的に自然を見るべきではない、とウォーレスは主張する。

(6) 「機械の比喩」は、もともとは『ノース・ブリティッシュ』誌の書評者による（次の注7および7-4を参照）。ダーウィンは『種の起原』の第二章「自然のもとでの変異」の冒頭で、どれが種でどれが変種かについて博物学者のあいだで意見の一致がないことを指摘し、軽微であれ特徴の明確な変種は、発端の種すなわち自然選択によって進化しつつあるものだと主張した（岩波文庫版の上巻、七五頁）。この主張に対してこの書評者は、機械の発明の特許の場合も同じことであり、それが単なる改良か新たな発明かの判断は困難だと反論したらしい。ウォーレスはこれに対して、書評者の機械のたとえはむしろダーウィン説を支持するものであり、「改良された蒸気機関にせよ時計にせよ、かつて存在していたなんらかの蒸気機関や時計の直系の子孫ではないのか?」と反論した（『自然選択と熱帯の自然』一六二頁）。そして改良か発明かの区別が困難なのと同じように変種と種の区別は

かれた手紙を受けとっています。あなたのおかげで、〔感情〕表現について貴重な回答がえられました。
「ハーバート・スペンサー」君の誕生に、こころからお祝い申しあげます。名前に負けないお子さんになるでしょうが、私としては名前をもらった人物[15]ではなく、父親の生きかたにまなんでほしいと思います。すでに一ヵ月ほど遅いかもしれませんが、涙が流れ落ちるほどに分泌されるのがいつか、観察してみてください[16]。その日付を手紙で知らせてください。

　私の本の第一巻は仕上がりました。一一月末までには、全巻から手が離れるものと期待しています[17]。忍耐して全巻を読破してもらえば、そんな忍耐ができるか疑問ではありますが、あなたの今後の論文に役立つ大量の事実が書かれていること、わかってもらえると思います。あなたはまちがいなく論証の才能をお持ちなので、上手に利用してもらえることでしょう。

　ウェストボーン・グローヴに引っ越されたのですか[18]？

　こころから、親愛なるウォーレスへ　敬具

Ch・ダーウィン

　うまく書けていないので、この手紙の内容をよく理解してもらえないのではないかと不安です。ただ、いまは校正

ない、つまり種は神によって創造され、変種はその種からの逸脱であるというのではなく、いずれもその前に存在していたものが自然選択によって進化したのだ、とウォーレスは主張する。

(7)『ノース・ブリティッシュ・レヴュー』誌の一八六七年七月号に掲載された『種の起原』に関する「有能かつ論争的なエッセイ」のこと（『自然選択と熱帯の自然』一五九頁）。この書評者は、競走馬の足の速さを例にあげて変異に厳格な限界があるのではと主張した。どんなに強力な選択がどれほど長期にわたって作用しても、走る速度が無限に速くなるわけではなく、すでにほとんど限界に達しているからである。これに対してウォーレスは、この著者の主張は的外れだと批判する。なぜなら、「本当の問題……は、ある方向ないしすべての方向への不定かつ無限の変化が起こりうるかどうかではなく、自然界に起こっているそのような相違が、選択による変異の蓄積によって生じえたかどうか」だからである。ウマだけでなく、シカやウサギやキツネやヒョウなどの走る速度は、自然選択によってすでに限界に近いところまで到達していて、さらに選択がかかってもすぐに限界に達するだろう。しかし別の側面でなら、たとえばイヌやハトのさまざまな品種のように、無限とも思える変異を生じさせることができるが、しかしそれでも限界はある。したがって、書評者の批判は批判になっていない、とウォーレスは批判する。なお、『W書簡集』の原注によれば、この書評者というのはヘンリー・C・F・ジェンキンである（巻末の人名解説を参照）。

(8) ダーウィンは『家畜と栽培植物の変異』下巻の結論の章（第二八章）で、ウォーレスの「法則による創造」での家畜下および自然下での変異の限界の指摘を引用した。たとえば陸生動物の足の速さの変異に限界があるのは、摩擦や体重、筋肉の収縮力によってであり、英国の競走馬の足の速さは、野生の祖先種や他のウマ科の野生種をはるかに凌駕しているが、すでに限界に達しているかもしれないとしている。このダーウィンによる変異の限界の説明は、ウォーレスの指摘に着想をえているが、さらに考察を進めたものである。

(9) 小麦の例を、ウォーレスはこの書評論文で議論していないが、ダーウィンの『家畜と栽培植物の変異』ではさまざまな側面から議論さ

でとても疲れているのです。

追伸――先日、ワリントン氏がヴィクトリア協会で『種の起原』のすばらしい、気合の入った要約を発表してくれました。(19) きわめて正統的な団体なので、彼は悪魔の擁護者という名前をもらってしまいました。その後の例会で三回続けて議論がおこなわれましたが、ナンセンスなおしゃべりばかりです。掲載号を見たいのであれば、お貸しすることができます。

あなたが公にアングレーカムとガを特殊創造で創造させたことで、彼にとって形勢がどれほど見事に逆転したか、いい忘れていました。

れている。

(10) 鳥類の飛翔についてもウォーレスのこの書評論文では議論されていないので、アーガイル公がどんな説明をしたかは不明。おそらくアーガイル公の飛翔についての説明が、多くの博物学者のあいだで話題になっていたと思われる。ウォーレスはスペンサーあて一八六七年一〇月二六日付けの手紙で、アーガイル公が見落としていた昆虫の飛翔について詳細な意見を述べている。それに対するスペンサーからの返答（同年一二月五日付け）は、むしろアーガイル公と同意見だと述べ、この問題についてティンダルやハクスリーと議論したと伝えている。

(11) Wallace（1867f）。

(12) Wallace（1867g）。これはウォーレスが大英学術振興協会で読み上げた「鳥類の巣と羽衣」という論文の要約。

(13) 次の手紙（7－4）の注4を参照されたい。

(14) 前章の6－3の注8を参照されたい。

(15) ウォーレスの長男の名前は、前便の末尾で弟にちなんだとされている。しかし、弟の名前は「ハーバート・エドワード・ウォーレス」である（7－2の注6参照）。ダーウィンは「ハーバート・スペンサー・ウォーレス」という名前から、じつは哲学者ハーバート・スペンサーにちなんだ名前なのではと想像したのだろう。いずれにせよダーウィンの言葉には、ハーバート・スペンサーにあまり好ましくない印象をもっていることが感じられる。ダーウィンはこれまで、ウォーレスと同様にスペンサーを高く評価していたと思われる（5－8と9を参照）が、このころから疑問をもちはじめたのかもしれない。ウォーレスがスペンサーと袂を分かったのは、一八八一年に「土地国有協会」が結成され会長に就任してからである（『W自伝』下巻、二九―三一頁。また本書エピローグの章も参照されたい）。

(16) ダーウィンが準備中だった『人間と動物の感情の表出』（一八七二年）のためだろう。このころこの本を準備中だったことは、すこし前の部分の、ギーチ氏から回答を受け取ったという文面からもわかる。この本が構想された経緯については、前章の6－5の注5を参照。

(17) ダーウィンの『家畜と栽培植物の変異』上下巻の刊行は、三ヵ月後の一八六八年一月である。

4

ウォーレスからダーウィンへ

1867. 10. 22

ハーストパイアーポイント
一八六七年一〇月二二日

親愛なるダーウィンへ

私の「法則による創造」についての論文を、全体としては可としてくださったこと、とても嬉しく思っています。「機械の隠喩」は私ではなく、『ノース・ブリティッシュ〔・レヴュー〕』誌の書評者の言葉です[1]。私はこの隠喩が私たちの側にあって、私たちの立場に対立するものではないことをあきらかにするために是認しただけですが、どのようにであれ論拠として使いよい隠喩だとは、すこしも考えていません。変異の限界についての議論は、文章量を制限してしまったので、半分も展開できませんでした。それで

(18) 前便（7-2）の注1および注7を参照されたい。

(19) ヴィクトリア協会でのワリントン氏の『種の起原』擁護について、調べはつかなかった。この協会は一八六五年に設立され、哲学と科学の重要な問題を、聖書に啓示されている偉大な真実という観点から研究することを目的としていた。ワリントンについては、巻末の人名解説を参照。

(1) 前便（7-3）の注6を参照されたい。

(2) 前便（7-3）の注7および8を参照されたい。ダーウィンとウォーレスの進化論が発表される以前からの議論では、種は神によって創造されたものゆえに変異に限界があるとされていたので、その限界を進化論に合致する理由で説明できたことにウォーレスは満足しただろう。

(3) トラの縞模様は、今日では隠蔽色の例と一般に認められている。隠蔽色には、身を守るための隠蔽色（いわゆる保護色）と、獲物に気づかれないよう身を隠しつつ接近するための隠蔽色とがある。すくなくとも当時のウォーレスは、この二種類の隠蔽色のうち前者を中心に議論を展開していた（ウォーレス『熱帯の自然』の第5章「動物の色彩と性選択」を参照されたい）。前章で紹介したように、保護にもとづく色彩論を構築していたからである。したがって、このダーウィンが見つけた論考（7-3の注11参照）で、捕食者であるトラの縞模様が、ウォーレスの色彩論にどう位置づけられていたのかは、とても興味深い問題である。

(4) 大幅に加筆した改訂版が、表題を変えて別の論文として発表され

も、「変異には厳格な限界がある」という非常によく聞かれる、しかも非常に強力な反論に対して、きちんと答えられたものと満足しています。(2) 家畜下や栽培下での変異が、自然界での同じ変異の限界を越えて進むのを要求することが誤りなのです。そのようなことがときにはありますが、しかしそれは、生存条件がそれほど異なっているからです。私としては、家畜下での変異の限界が自然界ですでに記録されている限界まで達していない、あるいはそれを越えていないというような例は一例として指摘できないだろうし、自然界では属や科の全範囲でしか起こらないような量の変化を、種でふつうにえられるだろうと考えています。

ところが、自然界でよりも変異がはるかに進んでいて、いまだ阻止されていない多数の例が、無視されているのです。たとえば、野生のコリンゴのなかには栽培されているリンゴのように大きな実をつけるものはないし、香りなどにまったく頓着しなかったなら、いまよりはるかに大きなリンゴができただろうことは疑問の余地がありません。

私はたぶん、いまはそれが楽しいものですから、「保護」をときどき押し出しすぎているかもしれませんが、しかしライオンとトラはたった二種しかいない非樹上性のネコ類だと私は思うので、トラの縞模様がふだんの生息場所によく一致しているというのは、すくなくともありえることだ

た（Wallace, 1868b）。また、この論文がさらに改訂されて『自然選択説への寄与』（一八七〇年）に収録された。

(5) ダーウィン『人間と動物の感情の表出』（一八七二年）には引用されていない。

(6) ダーウィンが『家畜と栽培植物の変異』（一八六八年）下巻の第二七章で展開した遺伝理論「パンゲネシス説」のことだろう。ダーウィンからライエルへの一八六七年七月一八日付け、および同年八月二二日付けの手紙から、『家畜と栽培植物の変異』の校正刷りにライエルが目を通し、パンゲネシス説について意見を交換していたことがわかる（『D旧書簡集』第三巻、七一―三頁）。ウォーレスは「一八六三年から一八七二年までの一〇年間、チャールズ〔・ライエル〕卿とよく会っていた。なにか問題があって情報が必要なときには、〔リージェント・〕パークを歩いて横断し、セント・マークス・クレセント〔のわが家〕で一時間ほど話をしていくことがときどきあった」（『W自伝』上巻、四三四頁）ので、ダーウィンのパンゲネシス説についてもそのようにして聞いたのかもしれない。

(7) 「ハーストパイアーポイント」は新妻アニーの実家の住所（7－2の注7を参照）。「ウェストボーン・グローヴ76½」は姉夫婦（シムズ夫妻）の住所（7－1の注2および7－2の注1を参照）。

(8) 「気晴らし」というのは、ダーウィン自身の表現である（6－5を参照されたい）。

と考えます[3]。

鳥類の巣についての論文は、新しい『ナチュラル・ヒストリー・レヴュー』誌用に書き直しているところです[4]。

涙がはじめて見られるのはいつか、お答えできません。しかし、それはかなり早い時期で、第一週か第二週だろうと思います[5]。ヴィクトリア協会の雑誌は、ロンドン図書館で見ることができます。

あなたの本〔『家畜と栽培植物の変異』〕を、私は一語一語にいたるまで読むことでしょう。C・ライエル卿から聞いたのですが、巻末に壮大な新学説を書いているそうですね[6]。それでも慎重（！）なのでは、とハクスリーが懸念しています！　ライエル卿は読んだあと、ほかのことが考えられなくなったそうです。私もはやく読みたいと、首を長くして待っています。

私の住所は冬のあいだはハーストパイアーポイントです。ロンドンにいるときには、ウェストボーン・グローヴ76½です[7]。

そろそろ性選択と人間の本にとりかかっているのでは、気晴らし[8]のために！　とてもすばらしい主題ですが、微妙な取りあつかいが要求されることでしょう。敬具

アルフレッド・R・ウォーレス

5

1867. 2. 7

ウォーレスからダーウィンへ

ダッチェス・ストリート　一〇番地、W①

一八六八年二月七日

親愛なるダーウィンへ——東ロンドン博物館についての請願書に署名していただいたそうで、なによりも感謝せねばなりません②。また大著③を送っていただき、ありがとうございます。ちょうど受け取ったところです。来週、郊外④に行くときにもっていき、暇をみつけて一行ごとに楽しむつもりです。

ご次男がケンブリッジ大学ですばらしい地位を獲得されたとのこと⑤、お祝いの言葉を申しあげさせていただきたく思います。

私がここしばらく、自分の旅行記⑥に打ち込んでいることをお知らせすれば、きっと喜んでいただけるでしょう。しかし、かなり乱雑な本になるのではと懸念しています。博物学の概論の大部分は、将来の仕事にまわすことになるでしょう。すべてを組み込めるまで待っていたら、あと数年はかかるだろうからです。

(1)　この住所がどういう場所かは調べがつかなかった。7-4の末尾前後のように、ウォーレスはこのころは妻の実家にこもって『マレー諸島』の仕上げの最中であり、ロンドンに出てきたときはウェストボーン・グローヴの姉夫婦の写真館で世話になっていた。おそらく姉夫婦の都合が悪く、この住所に宿をとったのであろう。

(2)　「東ロンドン博物館」とは、「ベスナル・グリーン（Bethnal Green）」（ロンドンのイーストエンド地区）に設置が予定されていた博物館のこと。現在の地下鉄ベスナル・グリーン駅近くの「ベスナル・グリーン子供博物館」（ヴィクトリア&アルバート博物館の分館）のことだと考えられる。『W自伝』によれば（上巻、四一五頁）、ウォーレスは自分がこの新しい博物館の館長に適任だと考えたので、ライエルの友人だった枢密院議長リポン卿（Lord Ripon）の面接を受けて協力の約束をとりつけ、またハクスリーがサウス・ケンジントン博物館の学芸局長ヘンリー・コール卿（Sir Henry Cole）を紹介してくれた。しかし一八七二年に博物館ができてみると館長を置く必要がないということで、約束は空約束となってしまった。11-7の注1も参照。

(3)　ダーウィン『家畜と栽培植物の変異』（Darwin, 1868）は、一八六八年一月三〇日に刊行された。

(4)　ハーストパイアーポイントの妻アニーの実家のことだろう。今日では電車で最寄り駅まで一時間から一時間半のようだ。

(5)　ダーウィンの次男（George Howard Darwin: 1845-1912）はケンブリッジ大学で数学を学び、卒業試験で次席に輝いた。そしてトリニティ・カレッジの特別研究員（フェローシップ）という地位を獲得し、弁護士の勉強をはじめようとしていた。次章の8-5の注10および

――ご健康を祈念しつつ　草々

アルフレッド・R・ウォーレス

6

ダーウィンからウォーレスへ

1868. 2. 22

ダウン、ブロムリー、ケント州、S・E

〔一八六八年〕二月二二日

親愛なるウォーレスへ――性選択に打ち込んでいて、半分気が狂いそうです。付随する問題がたくさんあり、いちいち調べていかねばならないからです。たとえば雌雄の相対的な個体数[1]、とくに一夫多妻の場合などです。第二次性徴のはっきりした鳥類について、手助けしてもらえないだろうか？　極楽鳥類、ハチドリ類、イワドリ、そのほかこの手の類ならなんでもけっこうです[2]。キジ・ニワトリ類の多くは、まちがいなく一夫多妻です。一夫多妻ではないといわれている鳥類は、全繁殖期間をつがいでいることが知られている鳥、あるいは雄が抱卵したり、ひなへの給餌を手伝ったりしている鳥のことではないかと、私は考えていま

8-7も参照。

(6)　7-2の注7に記したように、ウォーレスがハーストパイアーポイントの妻の実家にこもったのは『マレー諸島』を仕上げるためである。

(1)　ダーウィンの性比へのこだわりは、「雄の数が雌のそれを上回るなら、性淘汰はいとも簡単に起こるだろう」（『人間の進化と性淘汰』第八章「性淘汰の諸原理」、邦訳、第Ⅱ巻の一九頁）と考えていたからである。この仮説にもとづいて、「雌雄の比」を二頁にわたって検討しただけでなく、この章の末尾で「さまざまな綱に属する動物の雄と雌の比についての補遺」と「両性の数の比を制御している自然淘汰の力と、一般的な繁殖力について」に一九頁を費やしている。

(2)　ウォーレスがダーウィンからの依頼に十二分に応えたことは、『人間の由来と性選択』でのウォーレスからの私信の引用が多いことからあきらか。極楽鳥類はウォーレスがマレー諸島で熱心に観察した種類であるが、ただし一夫多妻であることには疑問だと答えた（『人間の進化と性淘汰』邦訳、第Ⅱ巻の二三頁）。ウォーレスのこの見解の理由は、『マレー諸島』第31章の訳者注14で検討したように、一夫多妻説の根拠が、標本の性比が雌に大きく偏っているという誤解（若い雄を雌と見誤ったため）だと考えたことにある（Wallace, 1857a）。また第38章でのベニフウチョウの色彩と飾り羽の発達の性差についての議論（拙訳の下巻、三七五―七頁）、それに付された原注1と訳注も参照されたい。またハチドリやイワドリは、アマゾン探検で採集や観察をしていた。

す[3]。このことを記憶にとどめておいていただけないでしょうか？　しかし、あなたがマラヤ旅行記に取りかかっているときに、それは私にとってもとても嬉しいので、こんなことでお手数をかけるのは心苦しいかぎりです。あなたが保護についての見解を、さまざまな綱の雌について、どこまで広げられるのか、恐ろしく困惑しています。研究を進めれば進めるほど、性選択の重要さがあきらかになってきています。

チョウ類[4]は一夫多妻になりうるだろうか？　つまり、一頭の雄が二頭以上の雌を妊娠させるかということです。

お手を煩わせることとご容赦ください。本当に、手間ばかりお願いして申し訳ありません。親愛なるウォーレスへ　敬具

Ch・ダーウィン

追伸――ベイカー[5]が昆虫学協会に昆虫の雌雄の相対的な個体数についての議論をもちかけてくれ、かなり好奇心をそそる結果をいくつかもたらしてくれました。

オラン〔ウータン〕は一夫多妻だろうか？　しかし、あなたの論文を読めばわかることです。（たしか）『アナルズ・アンド・マガジン・オブ・ナチュラル・ヒストリー』誌でしたね。[6]

(3)　ウォーレスの鳥類の色彩と営巣様式には関係があるという説（本書第6章とくに6-6）を、さらに展開してもらいたいということだろう。『人間の由来と性選択』では、鳥類の雄による抱卵・給餌と性選択との関係は検討されていない。

(4)　ウォーレスの色彩論の出発点は、マレー諸島のアゲハ科のモノグラフにおける擬態論であり、保護に基盤をおいていた（本書第6章とくに冒頭の解説を参照）。『人間の由来と性選択』はチョウ類に一章を割いているが（第一一章）、第二次性徴の検討だけで一夫多妻になりうるかは論じられていない。

(5)　ベイカー（Baker）がだれかは不明だが、昆虫学協会のことは『人間の由来』第二部冒頭章での「さまざまな綱に属する動物の雄と雌の比についての補遺」（右の注1参照）でふれられている。鱗翅目（チョウ類）では雌より雄のほうが多数採集されるが、雌があまり飛びまわらないからだろうという意見が強かったという。

(6)　ウォーレスはボルネオでのオランウータンの観察について、同誌に三本の報告を書いていた（Wallace, 1856 a, b, c）。また『マレー諸島』の第4章でもオランウータンの習性について論じている。ダーウィンは『人間の由来』でオランウータンを一応は一夫一妻としているが（邦訳、第II巻の四二八頁）、ウォーレスの論文も『マレー諸島』も参照していない。

第8章　不毛な論争「不稳性の進化」

一八六七年までの一一年間は、ダーウィンとウォーレスの蜜月だったのかもしれない。

一八五六年一〇月、マレー諸島探検中のウォーレスはダーウィンに一通目の手紙を書き、彼がはじめて書いた進化論論文の「一言一句に同意」するという嬉しい返事をもらった。こうして二人のあいだの文通は開始され、しかも一年半後にはウォーレスの自然選択説論文がダウン村のダーウィン邸に届き、翌月、一八五八年七月一日にリンネ協会の例会で「自然選択による進化論」が二人の連名で発表された。ダーウィンは書きはじめていた大著（通称『ビッグ・スピーシス・ブック』）の完成をあきらめ、要約版『種の起原』の執筆に着手して、一八五九年一一月に刊行することになった。

学界をゆるがす大仕事をなしとげたにもかかわらず、ウォーレスはダーウィンを師とあおぎ、手紙を書きつづけた。ダーウィンはウォーレスの質問のひとつずつに答え、理論的な批判や提言にも率直かつ真摯に対応してきた。ウォーレスの論文が「執筆のきっかけ」となった『種の起原』の進化論をより完成させるため、二人は手紙のやりとりで共同作業をつづけていた。

しかし一八六八年二月、二人の関係が新たな局面を迎えることになる——理論上での微妙な食い違いがしだいにあきらかとなり、手紙の文面に論争的な部分が増えていくのである。きっかけはダーウィンの『家畜と栽培植物の変異』（一八六八年）の刊行であり、それを謹呈されたウォーレスの礼状での批判的な批評である。ウォーレスが異論をとなえた主要な点は、第一九章での雑種の不稔性と自然選択との関係についての議論であった。

ダーウィンとウォーレスのあいだでの論争については、米国の科学史家コトラーが詳細な研究を発表している（Kottler, 1985）。コトラーが取り上げた論争点は、本章のテーマとなる(1)交雑したさいの不稔性と雑種の不稔性のほか、(2)性的二型性と(3)人間の問題である。

ウォーレス自身も晩年に、ダーウィンとの主要な意見の相違点を四点あげていた（『W自伝』下巻、一六―二二頁）。①知性的で道徳的な存在としての人間の起原、②雌の選り好みによる性選択、③南半球および熱帯に孤立する高山山頂の極地植物、そして④パンゲネシス説と獲得形質の遺伝である。このうち①人間論と②性選択の問題は、第4章の解説で指摘したように、一八六四年のウォーレスの「人類論文」に端を発した。後者の性選択の問題は、第6章で検討した色彩論にも強く関連しているが、とくにダーウィンの『人間の由来と性選択』（一八七一年）の刊行前後から激しく議論されることになる。③極地植物の由来についての論争は、ダーウィンが他界する直前、ウォーレスの『島の生物』の刊行にともなって噴出した。そして④のパンゲネシスは、本章で紹介するダーウィン『家畜と栽培植物の変異』で提出された仮説だが、この時点では二人のあいだでとくに意見の食い違いはない。

　コトラーが検討した三点のうち、⑵性的二型性とは②性選択の問題である。⑶人間についての論争は、①知性的で道徳的な存在としての人間の起原について、すなわち一八六九年にウォーレスが提出した見解が提起した問題であり、ダーウィンはそれを自然選択説の否定とみなし激しく抵抗した（この問題への回答のひとつが『人間の由来と性選択』だった）。

　ここでもっとも注目すべきは、本章で紹介する⑴交雑したさいの不稔性と雑種の不稔性をめぐる論争に、晩年のウォーレスが『自伝』でまったくふれていないことである。

　この雑種の不稔性をめぐる論争は、ウォーレスの一八六八年二月（下旬）の手紙（8－1）で口火が切られ、矢継ぎばやに議論がかわされた。そして、わずか一ヵ月半後にウォーレスによって幕が引かれた――「これ以上はいわず、この問題を解答不能のままにしておきます」（8－10、四月八日付け）。

　しかし、ウォーレスがこれでこの問題を忘れてしまったわけではない。彼はダーウィンの他界後に書いた『ダーウィニズム』（一八八九年）の第七章「別種間の交雑の不稔性とその雑種の子どもがふつうは不稔であることについて」でこの問題をあらためて議論し、「二〇年ほど前に」ダーウィンとやりとりしたときに書いた論証のメモを脚注にそのまま引用した（Wallace, 1889. pp. 122-123）。ウォーレスがなぜこの問題にこだわったかの核心にかかわるメモであり、またダーウィンとの議論の論点が整理されているので、すこし長くなるが以下に引用しておこう（8－3の注1参照、また9－4の注2も参照）。

「雑種の不稔性が自然選択によって生じたということはありうるか？」

1　あるひとつの種がふたつの種類《フォーム》に変異し、それぞれ特定の生存条件に、やがて押しのけることになる親の種類より適応していたとしてみよう。

2　これらの二種類が、同じ地域で共存していたと仮定して、もしも相互交雑しないのならば、自然選択があらゆる好ましい変異を、この二種類がそれぞれの生活条件にうまく適し、ふたつのわずかに異なる種を形成するようになるまで蓄積するだろう。

3　しかし、もしもこの二種類がたがいに自由に交雑して雑種を生じ、その雑種自身にも完全な稔性があるのならば、そのときには、ふたつの区別される品種《レース》ないし種の形成は妨害される、あるいはおそらく完全に防止されるだろう。なぜなら、交雑の組み合わせから生じる子どもは、純粋な品種《ブリード》のいずれにくらべても生活の条件への適応が劣っているにしても、交雑のおかげで生命力がより強いだろうからである。

4　さて、この二種類のかなりの部分の雑種に部分的な不稔性が生じたとしてみよう。この部分的な不稔性が生じたのは、おそらく、なんらかの特別な生活条件のためなのだから、このようなことはこの二種類によって占められている地域のなかの一部の限定された部分で生じる、と想定してかまわないかもしれない。

5　その結果、その地域では、雑種は（最初の交雑によって以前とほとんど同じほど自由に生まれつづけるとはいえ）純粋な二種類ほど急速には増加しないだろう。また、純粋な二種類は、問題の項目によって、いくつもの生活条件に雑種よりも適しているので、この二種類は必然的により急速に増加し、そしてくり返し起こる厳しい生存闘争のどれにおいても、継続的に雑種をすべて押しのける傾向があるだろう。

6　また、なんらかの不稔性が出現するやいなや、交雑の組み合わせになりたがらないなんらかの傾向が出現し、このことが雑種が生まれるのを減少させることにさらに貢献するだろうと想定して、たぶんかまわないだろう。

7　しかしながら、この地域の他の部分では、雑種が完全に自由に生まれるので、さまざまな程度の雑種が純粋な種と個体数において同等ないし凌駕さえするにいたるまで増加するかもしれない——つまり、発端の種が相互交雑によって圧倒されやすくなるということである。

8　そこで、二種類によって占められている地域の一部に出現した交雑の部分的な不稔性の最初の結果は、そこにいる個体の大多数がふたつの純粋な種類だけからなる一方、残りの部分ではふたつの純粋な種類は少数派になるだろうということになる——これは、ふたつの種類の新しい生理学的な変種が生存条件に、生理学的に変異しなかった残りの部分より適しているだろうというのと同じことである。

9　しかし、生存闘争がより厳しくなったときには、生存条件にもっとも適応した変種がかならず、適応が不完全な変種を押しのける。したがって、自然選択によって、交雑したときに不稔な変種が唯一のものとして確立されることになるだろう。

10　さて、不稔性の程度における変異と、交雑の組み合わせになりたがらない傾向における変異が、この地域内のいくつかの部分でも起こるとしてみよう。正確に同じ結果がくり返されるにちがいなく、この新しい生理学的な変種の子孫がやがては地域全体を占めることだろう。

11　このプロセスを促進するであろう、もうひとつ考えるべきことがある。不稔性の変異が、ある程度まで、種の変異と同時に起き、おそらくそれに依存するということが、ありうるように思われる。そこで、このふたつの種類は、分岐して生存条件により適応していくにつれて、相互交雑したときにはより不稔になっていくだろう。もしもこれが事実であるならば、そのときには自然選択が二倍の強さで作用するだろう。また、生理学的にも構造的にも生残により適応したものは、まちがいなくそうなるだろう。

本論に戻ると、先に紹介したコトラーは、ダーウィンとウォーレスのあいだの意見の相違の核心には、次の三つの問題が横たわっていると指摘している。すなわち、(a)あらゆる形質は有用であり、有用な形質は自然選択の直接的な作用によって生じたと考えるかどうか（「適応主義」）、(b)自然選択の作用は遺伝や発生などによって制約されるかどうか、そして(c)自然選択が作用するのは個体か、それとも種や変種などの集団か（「個体選択」か「集団選択」か）である。本章の主要テーマである雑種の不稔についての論争では、とくに(c)「個体選択」か「集団選択」か、が基本的な問題だとコトラーは指摘する。

以下の書簡を見ればあきらかなように、ウォーレスは「集団選択」の立場をとっている。進化しつつある「発端の種」である「変種」にとって、他の変種と交雑してしまうことは不利である、と彼はいう。なぜなら、その変種は生息環境にどれほどであれ適応しているのだから、他の変種と交雑すれば、遺伝子が混合して適応の度合いが低下し、やがて淘汰されてしまうだろうからである。したがって、反対に他の変種と交雑したときに多少でも不稔の程度が高い変種は有利であり、であれば不稔性は自然選択によって選択されていくはずだ。

ウォーレスのこの説明は、変種（集団）を単位として考えている。しかし、今日の進化生物学から見れば、自然選択によって選択されたり淘汰されたりするのは個体（ないし遺伝子）であって、変種や種などの集団ではない。不稔性は突然変異によって、ある一個体に、ごく軽微な不稔性として生じる。どの程度であれ不稔性をもつ個体は、残す子孫の数が他の個体より相対的に少なくなる。したがって不稔性という性質は子孫に伝えられる機会も少なく、やがて消失してしまうだろう。かりに完全な不稔性が突然変異で生じた場合を考えてみれば、この問題がもっとはっきりと理解できるだろう。つまり不稔の個体は子孫を残すことはできないのだから、不稔性という特徴はその個体の一代限りということになる。「集団選択」の立場からすれば不稔性は変種にとって有利にみえるが、個体にとって不稔性は不利である。また今日の進化生物学は「個体選択」の立場をとり、「集団選択」を否定している。

　ウォーレスの集団選択による説明に対して、ダーウィンは有効に反論できていない。反論できないからこそ、「不毛な論争」をつづけねばならなかった。ダーウィンは四月六日付けの手紙（8-9）で、「自然選択は個体にとって好ましくないことには効果をおよぼしえない」と、はっきりと「個体選択」を主張している。しかし、それにもかかわらず、この主張をそれ以上には展開できていない。この事実は、ダーウィンが「個体選択」か「集団選択」かの問題を明確には認識できていなかったことを意味している。

　ダーウィンとウォーレスの「不毛な論争」を今日の進化生物学に照らしたとき、私としては、「個体選択」か「集団選択」かだけでなく、もうひとつ大きな問題が背後に潜んでいることを指摘しておきたい。それは「異所的種分化（allopatric speciation）」か「同所的種分化（sympatric speciation）」かの問題である。私が学生だった時代、つまり四半世紀前には、種分化には「異所的種分化」と「同所的種分化」があるとされていた。しかし今日では、後者はかなり限定的な特殊な条件下でしか起こりえず、一般的には否定されている。

「異所的種分化」というのは、種の分布域内になんらかの障壁が生じて分断された集団が、それぞれの生息地域の条件に適応して進化していくこと。ふつうは島に隔離されたり、大河や山脈などによって分布域が分断されたりといった、地理的な隔離によって起こるので、「地理的な種分化」ともいう（たとえば、マイア『進化論と生物哲学』参照）。それに対して「同所的種分化」は、そういった地理的な隔離なしに生じるとされる（されていた）。

　不稔性の獲得と「同所的種分化」あるいは「異所的種分化」との関係を、今日の進化生物学の見地から考えてみよう。「異所的種分化」の場合、まず種の分布域が物理的な障壁によって隔離される。分断されたふたつの個体群の構成員がたがいに出会うことはできないので、遺伝的な交流は阻止される。そのような状態が継続すると、隔離された個体群がそれぞれの生息地の環境条件に適応して種分化が進行する。そして種分化がある程度まで進むと、ふたつの個体群がなんらかの事情で出会っても、生理学的あるいは行動学的に両個体群の構成員間の生殖が不可能になっている。これを「生殖隔離」が成立したといい、ふたつの個体群はすでに別種化している。反対に、もし生殖がまだ可能なら交雑して子孫が増えていくことになり、その場合には、ふたつの個体群が遺伝的に融合して均質な一種になっていくだろう。いずれにせよ、不稔性は隔離下での種分化の過程で付随的に獲得されたものであり、交雑を防止するメカニズムとして進化したわけではない。

「同所的種分化」が起こると仮定したときには、どうなるだろうか。かりに「集団選択」の立場をとって、変種つまり発端の種が生じたとしても、前述のように、交雑によってすぐに均質な集団に戻ってしまうだろう。「個体選択」の立場をとって、ある個体に突然変異がおこったとしても、交雑によってその突然変異は個体群中に希釈されてしまう。なんらかの生殖隔離のメカニズムが交雑を防止しないかぎり、種分化は起こりえない。今日でも、きわめて特殊な条件下では同所的に生殖隔離が起こる可能性があるとする例がまれに報告されているが、あくまで特殊例であって、一般的な条件下では「同所的種分化」は起こりえないとされている。

　ウォーレスとダーウィンが交雑と雑種の不稔性に注目したのは、地理的隔離なしに生殖隔離が生じるメカニズムとしてだと理解することができる。二人ともに「同所的種分化」に固執していたということだ。しかしそのようなことは、今日の進化生物学の立場からいえば、的外れとしかいいようがない。

　ウォーレスは三月二四日付けの手紙（8-8）で、「変種が隔離されたとき以外に、どのようにして種が生じられるだろう？」と指摘し、その次の段落ですこしだけ議論しているように、「地理的な隔離」による種分化を考えていたことは確かだろう。しかし、「異所的種分化」についてそれ以上には議論していないということは、「同所的種分化」にこだわって議論を展開していたということだろう。

　ウォーレス自身のもともとの進化理論は、「マレー諸島」探検中に、大陸や大きな陸地から分離し隔離された島における進化の観察から生まれ、したがって「地理的な種分化」の理論だった（拙著『種の起原をもとめて』とくに第7章参照）。しかしダーウィンの『種の起原』刊行後は、自分の論文や理論はほとんど無視し、すべて『種の起原』に依拠して議論を展開している。したがって、ウォーレスが「同所的種分化」にこだわっていたとすれば、ダーウィンがそうであったからということになる。

　ダーウィンの雑種不稔への関心は、「不毛な論争」のきっかけであった『家畜と栽培植物の変異』にはじまるものではない。ダーウィンは『種の起原』の初版（一八五九年）を書いた前後の時期には、ウォーレスと同じように不稔が自然選択で説明されると考えていた――「私は一時、最初の交雑および雑種の不稔性が他の変異と同様に軽微に低下した稔性にはたらく自然選択によって獲得されたものではないかと思った」。これは『種の起原』第四版（一八六六年）での、第八章「雑種」への大幅な加筆修正個所の冒頭部分である（上巻、四二四頁）。

　しかし、この第八章「雑種」での議論の本来の目的は、この章の総括の末尾にあるように「種と変種とのあいだには根本的な区別はない」ことを証明することにある。造物主によって創造された種は交雑せず、自然にできた変種は交雑するという、当時の支配的な見解を論駁することが目的だった。そこで彼は、この加筆では不稔性が自然選択によるものではないという自分の考えの要旨を述べるにとどめ、あらためて『家畜と栽培植物の変異』の第一九章で議論を展開することとなったのだろう。そしてそれを読んだウォーレスが、自然選択説で説明できないことはないと異論をとなえることとなった。

　『種の起原』刊行後、ダーウィンが雑種不稔をあらためて考察するきっかけがふたつあったと、前記のコトラーは指摘する（Kottler, 1985. pp. 387-407）。ひとつはT・H・ハクスリーの意見である。彼はどんな学説の証明も、実験的な観察による直接的な証拠がないかぎり不完全だという信念から、自然選択による種の起原という学説が完全に証明されるためには、交雑したさいの不稔と雑種の不稔を人為選択によって実験的に証明すべきだと、一八六〇年から一八六三年にかけてダーウィンにくりかえし提言したという。つまり相互に交雑しない変種を人為選択で作ることができたら、その変種は独立した種（ハクスリーのいう「生理学的種」）になったわけであり、選択による種の起原という学説が証明されたということができる。

　もうひとつのきっかけは、そのころダーウィンがおこなっていた「異花柱花」の植物についての実験である。「異花柱花」とは、同種でも個体によって雌しべと雄しべの長さの異なる植物のことで、たとえばサクラソウは雌しべが長く雄しべが短い個体と、逆に、雌しべが短く雄しべの長い個体とがあり、「二形花」と呼ばれる。ダーウィンはハクスリーが要求する直接証拠が、この「異花柱花」の実験によってえられると（一時的に）考えた。サクラソウ類の実験結果とハクスリーとの論争についてはコトラーに譲るが、その次に研究した「三形花」のミソハギの実験結果によって、ダーウィンはようやく不稔性が自然選択によって獲得される可能性の否定にかたむくことになった。

　ダーウィンの『種の起原』第八章「雑種」への第四版での大幅な加筆、また『家畜と栽培植物の変異』の第一九章は、これらの実験をふまえて書かれた。それでも交雑したさいの不稔性と雑種の不稔性の自然選択による進化の可能性を全面的には否定していない。それはおそらく、「集団選択」と「個体選択」を明確には認識できていなかったためであり、またそれ以上に、「同所的種分化」の可能性に固執していたからであろう。

1

ウォーレスからダーウィンへ

1868. 2

〔一八六八年二月〕

〔一枚目は紛失〕

あなたのご本[1]の二巻目にとりかかっていますが、あなたがまとめあげられた膨大な数の興味深い事実に驚きました。まずパンゲネシスの章から読みはじめました。[2]待っていられなかったからです。私がどれほど賞賛しているか、言葉が見つかりません。つねに悩まされつづけてきたひとつの難題に、なんであれ可能性のある説明がなされたことは、私にとっては積極的な慰めであります。よりたしかな説明で置き換えられるまで、この説明を放棄することはできないし、[3]それはほとんどありえないのではと私は思います。あなたはいまや、スペンサーを彼の土俵でうちまかしました。[4]彼はこの問題の難点に、じっさいなんの解答も提出していなかったのですから。生理学的な胚種ないし原子（これ自身はスペンサーの生理学的単位が多数複合したものにちがいありません）が、目に見えないほど微小であることと、その数が膨大なことが唯一の難点[5]ですが、物質、空間、

（1）『家畜と栽培植物の変異』（一八六八年）は上下二巻本として刊行された。ウォーレスは二月七日付けで献本の礼状（7－5）を出し、またダーウィンから二月二二日付けの性選択に関する質問（極楽鳥は一夫多妻かなど）の手紙（7－6）を受け取っていた。したがってこの手紙は、これに対するダーウィンの返信の日付（二月二七日）と考えあわせれば、二月二三日から二六日のあいだに書かれ、紛失した一枚目には質問への返答が書かれていたものと推測できる。

（2）パンゲネシス仮説は『変異』下巻の第二七章で展開された（次の注5を参照されたい）。ウォーレスは以前からライエルを通じてパンゲネシス仮説のことを聞き、期待していた（7－4の注6参照）。

（3）ダーウィン自身が『変異』でパンゲネシス仮説を提出するさい、ヒューエルの帰納科学のモットーを引用して同じことをいっている――「仮説というものは、一部が不完全であったとしても、またたとえ誤りを含んでいたとしても、科学にとってしばしば有用なことがあるかもしれない」(Darwin, 1868. Vol. 2, p. 357)。

（4）ハーバート・スペンサーの遺伝理論については、現代進化論の長老エルンスト・マイアが紹介している（Mayr, 1982. pp. 669–670）。スペンサーの「生理学的単位」による遺伝理論は、一八六四年の『生物学原理』第一巻で提唱された。マイアによれば、この遺伝理論はトカゲの尻尾の自切に見られるような再生に着想をえたもので、遺伝を担う「生理学的単位」の大きさは細胞と単純な有機分子の中間くらい。この単位は自己増殖し、種特異的で、個体内では同一である。個体の形状などは、両親から受け継いだこれらの単位が、分子が結晶化するように配置されることによって決定される。また「生理学的単位」は環境に反応する能力をもつので、獲得形質が遺伝する。

運動、力などといった概念のどれにもある難点と同程度のことにすぎません。私がスペンサーを理解しているかぎり、彼のいう生理学的単位というのはどの種でも同一ですが、それぞれの種によってわずかに異なっています。しかし、両親ないし祖先の同一の形状がどのようにしてそのような単位から組み立てられることになるのか、なんら説明する努力はなされていません。

　私があなたと見解をすこし異にすることに気づいた個所は、いまのところ変異性の原因の章だけです[6]。あなたがこの章で展開している議論のいくつかは、うまくいっているとは思えません。しかしこの問題は、ここで述べるには長くなりすぎます。

　それから、近縁種間の不稔性が自然選択によって助長されたことに対するあなたの反論が、私にはよくわかりません[7]。ひとつの種が分化して二種類になり、そのいずれもが特別な生存圏に適応しているとき、どんなにわずかな不稔性でも、不稔の個体にとってではなく、それぞれの種類にとって積極的な利点になることは[8]、私にはあきらかなことのように思えます。もうすこし考えを進めて、ふたつの発端の種、AとBが、ふたつのグループに分かれたと仮定したとき、一方のグループはふたつの種が交雑したとき稔性なものを含み、他方のグループはわずかに不稔であったな

（5）　パンゲネシス仮説は遺伝を担う「ジェミュール」と呼ぶ粒子を想定している。これは身体の各細胞に含まれる自己増殖性の粒子で、血液によって生殖細胞に集まり子孫に伝えられる。親の特徴が子に伝えられることは説明するが、この粒子は各細胞中にあったときに環境の影響を受けて変化するとされ、そのことによってダーウィンは獲得形質の遺伝も説明しようとした。ウォーレスはいずれパンゲネシス仮説を否定し放棄することになるが、その理由はゴールトンの飼いウサギの実験とワイスマンの生殖質連続説であった（『W自伝』下巻、二一一二頁）。ゴールトンの実験は二種類のウサギの血液を入れ換えても形質に変化が見られないことを証明して、パンゲネシス仮説で想定されていた粒子「ジェミュール」の存在を否定した（ド・ビア『ダーウィンの生涯』一七九頁）。ゴールトンのこの実験結果は王立協会の一八七一年三月三〇日の例会で発表されたが、ダーウィンはパンゲネシス仮説が否定されたとは認めなかった（『D旧書簡集』第三巻、一九五頁）。ワイスマンの生殖質連続説は、英訳によって一八八九年に英国に紹介された（Weismann, A., 1889. Essays upon Heredity. Oxford: Clarendon Press）。生殖質とは今日の用語でいえば遺伝物質であり、生殖細胞（卵と精子）に含まれる生殖質が親から子に伝えられ、からだを構成する他の細胞すなわち体細胞は受精後の生殖質から派生するとされた。ダーウィンのジェミュールは、逆に体細胞からジェミュールが生殖細胞に運ばれるので獲得形質の遺伝を認めるが、ワイスマンの生殖質連続説によって獲得形質の遺伝は完全に否定された。ウォーレスはワイスマンのこの論文集の校正刷りを英訳者の一人、ポールトンから見せられて意見を交換した（『W書簡集』二九九―三〇一頁）。これと同年に刊行されたウォーレス『ダーウィニズム』ですでにワイスマンの生殖質連続説が取り上げられているのは、関連論文の要約が『ネイチャー』誌に掲載されていたからである（Wallace, 1889, pp. 294-96）。ポールトンについては、巻末の人名解説参照。

（6）　第二二章「変異性の原因」での議論のこと。次の8-2を参照。ウォーレスがそのどの部分に納得できなかったのかは不明。

（7）　ウォーレスとダーウィンの意見の食い違い、とくに以下で述べられているA種とB種という議論については、本章冒頭の解説で紹介し

ら、後者が生存闘争において前者にとってかわることはまちがいないことに気づくでしょうし、またあなたがすでに、同じような交配をしたとき、その子どもたちは純粋な血統にくらべより生命力が強いだろうし、したがって、いずれ純粋な血統にとってかわるだろうし、またそれらが純粋な種AとBほどには特定の生存圏に適応していないのであれば、そのときには自分たちのほうが、かならずやAとBに道をゆずるだろう、ということを書かれていたことを思い出すことでしょう。

『アシーニアム』紙に出た悪意のある無知蒙昧な記事は、あらゆる博物学者が嫌悪するものと確信します。[9] 新聞の名を汚すものであり、だれかがこれについて一般的な意見を公にしてくれたならと願っています。あなたのご本のまともな書評は、季刊誌や良心的な月刊誌を待つよりほかありません。「ダーウィン説審査官」の「ケンブリッジ男」が『アシーニアム』紙のために書いたにちがいない、と私は考えています。[10] パンゲネシスがどう受け入れられるか、ぜひ知りたいものです。敬具

アルフレッド・R・ウォーレス

たコトラーが図示して説明しているので参照されたい（Kottler, 1985. p. 409）。

（8） この部分から、ウォーレスが個体選択でなく、集団選択を考えていることがあきらかだろう。ダーウィンが返信でこの部分に反論できていないということは、ダーウィン自身も個体選択と集団選択の区別を明確に認識できていなかったことをしめしている。くわしくは本章冒頭の解説を参照されたい。

（9） ダーウィンは同年二月二三日付けのフッカーへの手紙で、この侮辱的な記事（『変異』の書評）のことにふれている（『D旧書簡集』第三巻、七七―八頁）。それに付された注によれば、この記事が掲載されたのは『アシーニアム』紙の二月一五日号であり、進化を全然説明していないとか、フランスのプッシェという学者（巻末の人名解説参照）の成果を無断引用つまり盗作しているなどと書かれているという。

（10） 次の二月二七日付けのダーウィンの手紙（8－2）を参照。

2

ダーウィンからウォーレスへ

1868. 2. 27

ダウン、ブロムリー、ケント州、S・E

一八六八年二月二七日

親愛なるウォーレスへ

　パンゲネシスについてのあなたの意見に私がどれほど喜んだか、あなたには想像できないかもしれません。友人たちのだれも、なにもいってくれないのです。ただしH・ホランド卿[1]はすこしふれてくれ、とても読みづらいとしつつ、「これにかなり近い」見解がいずれ認められるべきだといっています。フッカーは、私が理解したかぎりでは、いまの私にはそれが精一杯なのですが、この仮説を、生物個体はしかじかの潜在的な能力を有するといっている以上のものではないと考えているようです[2]。あなたはなんと正確に、私の気持ちを表現してくれたのでしょう――さまざまな事実についてなんらかの可能性のある説明があることは慰安であり、よりよい仮説が見つかれば、それまでの説明は即座に放棄してかまわない[3]！　私にとっては、本当に心休まることです。もう何年もこの問題でつまずいたまま、さま

（1）　フッカーあての二月二三日付けの手紙でも、ホランド卿によるパンゲネシス仮説の評価について、ほとんど同じことを書いている（8－1の注9参照）。ホランド卿については巻末の人名解説を参照。

（2）　このフッカーの見解への返答と考えられる二月二三日付けの手紙で、ダーウィンは「パンゲネシスは死産ではないかと恐れている」と述べ、たとえばベイツからも、二度読んだが理解できていないと思うと伝えてきたと書いている。

（3）　前便（8－1）とくに注3を参照されたい。

（4）　『家畜と栽培植物の変異』下巻の三七五頁から三七七頁にわたる脚注で、ダーウィンは自分のパンゲネシス仮説に類似したそれまでの遺伝理論を紹介している。そのなかで、スペンサーが一八六四年に『生物学原理』で提出していた「生理学的単位」（8－1の注4参照）と自分の「ジェミュール」との類似点と相違点を説明したうえで、この問題にもっとも関連する（とダーウィンがみなした）個所を『生物学原理』の二五四―六頁から引用した。

（5）　8－1の注6を参照。

（6）　不稔性と自然選択についての両者の意見の相違と論争については、本章冒頭の解説でくわしく説明した。

（7）　一八六八年時点で成人していた息子は、長男 William Erasmus Darwin (1839-1914) と次男 George Howard Darwin (1845-1912)、そして三男 Francis Darwin (1848-1925) である。長男ウィリアムはすでに独立していたので、この二人とは次男と三男のことだろう。

（8）　Wallace (1868b)。この論文については、6－6の注3を参照されたい。

ざまな種類の事実のあいだになんらかの関係が存在することがぼんやり見えているばかりだったのですから。H・スペンサーから連絡があり、私が脚注に引用した彼の見解は、あなたはすでに気づいているかもしれませんが、まったく別の問題についてのことだそうです(4)。

いつでもいいですから、変異性の原因(5)についてのあなたの批判を聞かせてもらえると幸いです。

ただし、不稔性と自然選択については、私が正しいと確信しています(6)。私の成人した子ども(7)のうち二人が、二人とも推論が確かですが、これまでに二度か三度、あいだをおいて、私がまちがえていることを証明しようと試みたことがあったし、あなたの手紙が届いてからまた同じことを試みましたが、最後は私の側につくことになりました。あなたのおっしゃる例が私にはまったく理解できず、二、三の言葉の語順がちがっているのではと思っています。いつか同じ例を、次のような観点から考えてみていただけるとありがたい。かりに不稔性が自然選択によって引き起こされたり蓄積されたりするのであれば、絶対的な不稔にいたるあらゆる程度の不稔性が存在するのですから、自然選択はそれを増大させる力ももっているはずです。そこでA種とB種という二種があるとして、その二種が（どのようにしてであれ）半分不稔だと、つまり本来の半数の子どもしか

(9) ダーウィンは二月二二日付けの手紙（7-6）で、準備中の『人間の由来と性選択』（一八七一年）のため、極楽鳥が一夫多妻かどうかなどをウォーレスに問い合わせていた（8-1の注1参照）。ウォーレスは自分がマレー諸島で観察し標本を多数採集した経験から、極楽鳥が一夫多妻であるとする当時の一般的な意見に反対していた（拙訳『マレー諸島』、とくに第31章の注14を参照されたい）。このためダーウィンは『由来』で極楽鳥の例を積極的に利用することができなくなった。7-6の注2も参照。

(10) ダーウィンの『由来』は全二一章から構成され、第一部（第一—七章）で人間の由来が議論され、第二部（第八—二〇章）で性選択が議論されて、結論（第二一章）にいたる。第二部の最初の章は性選択の概論で、それに続けて下等動物から順に第二次性徴が検討され、第一一章が鱗翅類、そして第一二章が魚類および両生・爬虫類である。したがってこの時点で、ダーウィンは『由来』の半分ほどまで書き進めていたことになる。ダーウィンが『由来』をどのように構想したかについては、6-3の注5、6、7、および6-5の注2、5を参照されたい。

(11) オーエンについては、巻末の人名解説を参照。

(12) シーマンについても、巻末の人名解説を参照。

(13) 「死産」という表現を、ダーウィンはフッカーへの手紙でも使っている（右の注2参照）。また、ここで「パン」といっているのは、ギリシャ神話の牧神のもじりでもあるだろうが、具体的には「パンゲネシス」仮説のこと。

(14) 本章の解説でも述べたように、残念ながら二人は最後まで一致できなかった。この問題は、次章で紹介する往復書簡の主要な論争点となる。

生まないとします。そのとき、A種とB種を（自然選択によって）交雑したときに絶対的に不稔なようにしようとしても、それがきわめてむずかしいこと、あなたにもおわかりでしょう。A種とB種の各個体の不稔性の程度が変異するだろうことは認めるし、じっさいまちがいのないことですが、たとえどんなに不稔性の強い個体が、たとえばA種のなかにいたにしても、その後にA種の他の個体と交配するにちがいないのであれば、その子孫たちにその一族が、B種と交雑してもより不稔になるわけではないA種の他の一族よりも、数を増加させる傾向をもたらすような利益を残すことはないでしょう。しかし、このことを私の本のなかですこしでも明確にできたかどうか、私にはわかりません。私はこのことを、紙にグラフを描きながら何度も何度も考えてみましたが、推論するのがもっとも困難な問題です。

あなたが「旅行雑誌[8]」にどんなことを書かれるのか、とても楽しみにしています。

あなたができるかぎりの回答をしてくれたこと、感謝いたします。あなたが書いてくれたことから、極楽鳥類はおそらく一夫多妻だろうと私は推測せざるをえませんでした[9]。しかし、いずれにせよこのことは、私が考えていたほど重要では、たぶんありません。性選択について全動物界を調べてきて、ちょうど鱗翅目に手をつけはじめたところ、つまり昆虫の最後まで来たところで、これが終わったら脊椎動物です。[10]ところがわが家のご婦人たちときたら、来週から一ヵ月ものあいだ、私をむりやりロンドンに連行しようとしています（困ったことです）。

私は『アシーニアム』紙の記事はオーエン[11]が書いたのではとにらんでいますが、聞いたところによるとバートールド・シーマン[12]だそうです。筆者は私を軽蔑し憎んでいますね。

お手紙にこころから感謝しています――偉大な神パンを死産した神として放棄[13]してしまっていたので、ほんとうにうれしい手紙でした。あなたがその称賛すべき説明の能力でもって、どこかの科学雑誌で問題を解明してみようという気になってくれるとよいのですが。

私たちは性選択についてほぼ完全に一致したと思います。[14]色彩がしばしば両性に伝達されるとずっと考えていますが、いまでは雌の保護についてはかなりの程度まであなたにしたがいます。ただし保護にはあまり深入りしません。敬具

Ch・ダーウィン

3 ウォーレスからダーウィンへ

1868. 3. 1

ハーストパイアーポイント
一八六八年三月一日

親愛なるダーウィンへ

　同封させていただくのは、自然選択が雑種の不稔性を生じさせることができることの、あなたご自身の原理にもとづいた証明では、と私が思うものです[1]。

　もしあなたを納得させられないときには、どこがまちがえているのかを指摘していただけたなら幸いです。わずかな不稔性が完全な稔性にうちかつ例と、完全な不稔性が部分的な稔性にうちかつ例の、ふたつの場合を考えてみました――プロセスの最初と最後ということです。あなたは稔性と不稔性に変異が生じることを認めていますし、また私がかなりの程度の不稔性がある変種にとって有利なことを証明できたならば、その方向へのわずかな変異もまた有用であり、蓄積されていくだろうことの十分な証明であることも、あなたは認めてくださるものと私は考えています。

　C・ライエル卿と話をしたら、パンゲネシスをとても称

(1) この文面から別紙が同封されていたことがわかる。この「別紙」は、本章冒頭の解説に引用した『ダーウィニズム』（一八八九年）の「脚注」に使われた「二〇年ほど前」のメモである（一八七頁下段以下）。ただし、このメモは1から11だけで終わらず、12から19もあった（全文は『D旧書簡集・補』上巻の二八九―九三頁で見ることができる）。

(2) 前便（7-2）で述べられている脚注のこと（前便の注4参照）。

(3) 「生命の起原」と「意識の起原」の問題をウォーレスは、『種の起原』が未解決のまま残した重要な問題だと強く考えていた。彼が「意識の起原」についてはじめて議論したのは、第10章で取り上げることになるライエル『地質学の原理』改訂版などの三六頁にもおよぶ長文の書評（Wallace, 1869a）であり、『クォータリー・レヴュー』誌の一八六九年四月号に掲載された。人間の精神的な進化には自然選択説が適用できないと主張して、ダーウィンを失望させることになる。「生命の起原」の問題は、マレー諸島探検から帰国した直後にベイツとともにスペンサーを訪問した主要な目的であった（第4章冒頭の解説参照）。ウォーレスがこの問題を具体的に議論したのは、第12章で紹介する書簡でウォーレスが取り上げるバスティアン『生命のはじまり』をめぐってである（とくに12-9とその注3、12-11とその注2を参照されたい）。

(4) スミスが作成した著作リストを見るかぎり、『変異』の書評に類したものは書いていない（Smith, ed. 1991）。

(5) トリメン（巻末の人名解説を参照）は南アフリカ在住の英国人昆虫学者で、南アフリカ産チョウ類に見られた擬態について、リンネ協

賛しているようすでした。H・スペンサーが、彼の見解があなたのそれとなにかまったく別のことだと即座に認めた[2]というのは、私にはとても嬉しいことです。もちろん、あなたもご存じのように、私は彼をおおいに称賛するものでありますが、彼の見解は、あなたの説がとらえている問題の根幹を、なんともはや完璧にはずしていると私は考えています。彼が説明の探求にたいへんな苦闘をしていることは明白なのにもかかわらず、彼はなにも説明していません。あなたの説は、私が理解できたかぎり、生長と生殖のあらゆることを説明しています。ただし、生命と意識の謎[3]がそのまま残されていることは、いうまでもないでしょう。

　パンゲネシスの章の一部に、読みづらい個所をいくつか見つけました。また、まだ十分に調べつくしてはいませんが、第二巻の全体を通じてもささいな個所で読みづらいところが多々あり、あなたのように栽培や交配を実験的に研究していない人には、その重要性や一般的な問題にどのような意味をもつかが、ほとんど理解できないでしょう。

　依頼があれば、ご本についての記事をどこかの定期刊行物に書くことになるでしょうし、そのときには私なりにパンゲネシスの評価をしてみたいと思います[4]。

　ダーウィン夫人はきっと、あなたは休暇をとるべきだとお考えなのでしょう。あれだけの本を仕上げるという、途

会の一八六八年三月五日の例会で発表した（Trimen, 1868）。この数年前からダーウィンと手紙をやりとりし、一八六七年の後半にはロンドンに滞在して擬態論文をまとめ、同年暮れにはダウン・ハウスを訪れた。したがってトリメンの擬態論文には、ダーウィンの助言が反映されていると考えられる。ダーウィンの『人間の由来と性選択』（一八七一年）には、チョウ類についてトリメンの研究や私信が数多く引用されている。

方もない労働のあとなのですから。残念なことに、私はいま街《タウン》〔ロンドンのこと〕にいません。ですが二日後の木曜日には上京するので、リンネ協会でお会いできればと思います。当日にはトリメン氏が、彼が研究している南アフリカのすばらしいチョウ類の擬態について発表することになっています[5]。

この手紙が、あなたが出発する前に届けばよいのですが。敬具

アルフレッド・R・ウォーレス

4

ウォーレスからダーウィンへ

1868. 3. 8

ハーストパイアーポイント
一八六八年三月八日

親愛なるダーウィンへ

とても残念なことに、私が街に向かっているあいだに、あなたの手紙がこちらに戻ってきてしまいました。そうでなければ、お会いして楽しい一時をもてたにちがいありません。

(1) トリメンの擬態論文については、前便（8－3）の注5を参照。
(2) アンドリュー・マレーについては、巻末の人名解説を参照。
(3) B・シーマンについても、巻末の人名解説を参照。
(4) アンドリュー・マレーがどのような意味で「両極化（Polarisation）」を議論しているのかは不明だが、おそらくE・フォーブズの「両極性（polarity）の説」と関連があると考えられる。フォーブズの「両極性の説」については、拙著『種の起原をもとめて』の第5章を参照。
(5) ラボックについては、巻末の人名解説を参照。
(6) ウォーレスが前便に同封した別紙のこと（8－3の注1参照）。

リンネ協会で発表されたトリメンの論文[1]はとてもいい論文でしたが、アンドリュー・マレー[2]とB・シーマン[3]だけが反論していました。前者は、「岩石、植物、動物」に見られるのと似た「両極化[4]」によって生じる「自然の調和」がどうしたこうしたといった、まったくナンセンスなことを話していました。またシーマンは、植物にも擬態が見られるが、私たちの説ではそれを説明できないだろうと反論していました。

この二人に対するラボック[5]の返答は見事でした。

どうぞゆっくりと静養して、私がこのあいだ送ったメモ[6]はダウンに戻るまでそのままにしておいてください。ご子息に私のメモの推論の誤りを探してもらうのもいいですね。

周囲の物体の色に一致した色に変化したチョウの蛹[7]の標本をご覧になりますか？　とても好奇心をそそられます。このチョウを飼育したのはT・W・ウッド[8]氏ですが、よろこんで見せてくれると思います。彼の住所はスタンホープ・ストリート八九番地、ヘンプステッド・ロード、N・Wです。敬具

アルフレッド・R・ウォーレス

（7）この例をウォーレスは『熱帯の自然』（一八七八年）で紹介している。オオモンシロチョウの幼虫を白い箱で飼うと白い蛹になり、黒い箱で飼うと暗色になり、同じ傾向は野外でも観察された（ちくま学芸文庫版、二一九頁）。

（8）ウッド（Thomas W. Wood）は挿絵画家だが、経歴などは不明。『マレー諸島』の挿絵の一部を担当した。

5

ダーウィンからウォーレスへ

1868. 3. 17

チェスター・プレース　四番地、
リージェント・パーク、N・W①
一八六八年三月一七日

親愛なるウォーレスへ

　シロチョウ科②について、たいへん感謝しています。写真を一枚も持ってきていないので、忘れずにダウンから送ります。ふつうの三倍か四倍の大きな写真でよければ、ガラスのおおいをつけたものを、すぐにでもロンドンのご希望の住所に届けます。とても残念なのですが、四月二日にはここにいません。三一日に自宅に帰るからです。夏になって、ロンドンに戻られたらすぐにでも、ウォーレス夫人といっしょにダウンにいらしてください③。私の身勝手を、あなたなら許してくれると信じています。

　明日のリンネ協会での私の論文④は、なんとも単純なことを証明しようとするものです！　つまり、プリムローズ《イチゲサクラソウ》とカウスリップ《キバナノクリンザクラ》とはようするに独立種⑤であって、一方が他方を生じるという信頼するにたる証拠はないということです。

（1）　この住所は、妻エマの姉サラ・エリザベス（Sara Elizabeth: 1793-1880）の自宅ではないかと思われるが、確証はとれていない。ダーウィンがロンドンで常宿としていたのは、クイーン・アン街にあった兄エラズマスの家である。

（2）　ウォーレスが知らせてくれたチョウの蛹の色彩についての情報への礼とも考えられるが、前便（8-4）の注7で説明したように、ウォーレスが紹介したのはオオモンシロチョウという特定の種の蛹の色についてであり、ダーウィンがいっているシロチョウ科は別のことなのかもしれない。数ヵ月前の一八六七年一一月にウォーレスのシロチョウ科の分類の論文（Wallace, 1867b）が刊行されているので、その別刷りを受け取ったお礼の言葉とも考えられる。

（3）　ウォーレスと妻アニーが九月上旬にダウンを訪ねたことが、ウォーレスからダーウィンへの打ち合わせの手紙（9-7）からわかる。

（4）　Darwin（1869）。サクラソウの二型花についてのこの研究は、他の三型花などの研究とともに、一八七七年の『同種の植物における花の異型』（Darwin, 1877）にまとめられた。ダーウィンのサクラソウ類の研究については、ミア・アレン『ダーウィンの花園』の第一六章で要領よく紹介されている。

（5）　現在の英国の一般的な植物図鑑を見てみると、プリムローズ（*Primula vulgaris*）とカウスリップ（*P. veris*）、すぐ後に出てくるオックスリップ（*P. elatior*）は、今日ではそれぞれ独立した別種とみなされている。ただし自然雑種がかなり多く生じるというので、そのため当時は分類が混乱していたのであろう。次の注6も参照されたい。

（6）　ミア・アレン（右の注4参照）によれば、ダーウィンは異種交配実験によって、プリムローズとカウスリップ、そして「バードフィー興味をそそられる唯一の点は自然雑種、すなわちオックスリップが生じる頻度と、第三の独立した別種をなすような種類のオックスリップが存在することです。[6] 明日のリンネ協会に、私はたぶん出席できないでしょう。

ロンドンでは毎朝、性選択に関する事実の収集にはげんでいて、かなりたくさん集めることができました。しかし問題がますます錯綜してきて、いままでよりむずかしく疑問になってきたこともたくさんあります。それでも今朝、大成功がひとつありました。クジャクの尾羽が発達してきた漸次移行の段階の追跡に成功したのです。[7] あたかも、クジャクの祖先たちを一列に並べて見ることができたような気分です。

不稔性の議論には、家に帰るまでとりかかる気分になれません。一度か二度、考えてみたのですが、胃が万力でしめつけられるようでした。あなたの論文[8]は私の三人の子どもたち[9]を半ば狂わせてしまいました――一人は夜中の一二時まで読みふけっていました。数学者の次男[10]は、あなたが避けては通れないはずの推論をひとつ省略していて、あきらかにそのために結論が変わってしまったと考えています。彼は彼の考えを書いてくれましたが、それを理解すべき努力を私はまだ十分にはしていません。彼がどんなことを書いたか、あなたはそれを見たいほどこの問題を気にはして

ルド・オックスリップ」が別種であることをあきらかにした。右の注5のように、現在の植物図鑑でも英国には三種のサクラソウ類が認められている。ダーウィンが「バードフィールド」と形容詞を付したのは、ミア・アレンによれば、大陸ヨーロッパでふつうに見られる「オックスリップ」と区別するためだという。また、ダーウィンがこの手紙でいっているように、プリムローズとカウスリップのあいだには雑種が生じ、今日の図鑑でも「フェイルス・オックスリップ（*P.* × *polyantha*）」、仮に和訳すれば「オックスリップもどき」と名前がつけられ種に準ずるあつかいがされている（それだけ愛好家が多く、珍種が珍重されているのだろう）。ダーウィンのいう雑種はこの「フェイルス・オックスリップ」のことと考えられ、それとよく似ているが独立種の「バードフィールド・オックスリップ」が存在することを指摘したのだろうと考えられる。

(7) 『人間の由来と性選択』の鳥類における性選択の章（第一四章）での、クジャクおよび他のキジ類の尾羽の眼状紋を例にした、第二次性徴の漸次移行的な発達についての議論のことと考えられる（原著 Vol. 2: 135-151、邦訳、第Ⅱ巻の二五一―六五頁）。ダーウィンの主張は以下のとおり。すなわち、第二次性徴の漸次移行は「高度に複雑な装飾が小さな継続的な段階によって獲得されたのかもしれないということが、少なくともありうることをしめしている。現生のどれかの鳥の雄がその豪華な色彩あるいは装飾を獲得してきたじっさいの諸段階を発見するためには、その先祖や絶滅した祖先たちの長い系列を見なければならないが、そんなことが不可能であることは明白であろう。しかし、その分類群が大きなものであれば、その全種を比較することによって、一般的にいって手がかりがえられるかもしれない。おそらく一部のものが、少なくとも部分的なかたちで、かつての形質の痕跡を保持しているだろうからである」。

(8) たぶんウォーレスが前便（8-3）に同封していた別紙のことだろう。

(9) 三人の子どもについては8-2の注7参照。

(10) 数学者の次男（ジョージ・ハワード・ダーウィン）は、ケンブリッジ大学の数学の卒業試験で次席を獲得したばかりだった（8-7参

いないでしょうね?

あなたの本〔『マレー諸島』〕がはかどっているものと期待しています。

マレーの雑誌[11]に載るあなたの論文を、首を長くして待っています。親愛なるウォーレスへ　敬具

Ch・ダーウィン

6

ウォーレスからダーウィンへ

1868. 3. 19

ハーストパイアーポイント

一八六八年三月一九日

親愛なるダーウィンへ

あなたの大きな写真、それから写真帳《アルバム》用の名刺[1]も、大切にさせていただきます。とはいえ、たくさんの希望者がいるのでしょうから、両方をお願いするなんてずうずうしすぎますね。

街《タウン》でお会いできず残念ですが、夏にお訪ねするのを楽しみにしています。[2]

照)。

(11) おそらくジョン・マレー社(『種の起原』の発行元)が印刷発行していた大英学術振興協会報告(*Rep. BAAS*)のことと考えられる。一八六七年九月九日の大会のD部門(生物学)で読み上げた論文(鳥類の営巣習性と羽衣の色彩の性的二型の関係について)の要約が、一八六八年発行の三七号に掲載されている。しかし要約であり、一頁分もない。論文の全体はすでに、ダーウィンが愛読していた『ガーデナーズ・クロニクル』誌の一八六七年一〇月一二日号に掲載されていた(Wallace, 1867*g*)。また大幅な加筆訂正版が *J. Travel & Natural History* の一八六八年三月号に掲載された(Wallace, 1868b: 8 - 2および6 - 6の注3参照)。

(1) 当時は「写真入り名刺」が流行していたらしく、ウォーレスは一八六五年一月三一日付けのダーウィンあての手紙に自分の「写真入り名刺」を同封し、また義兄シムズの写真館で写真を撮影しないかと誘っていた。またダーウィンはこの手紙への返信で、「科学アルバム」を作りはじめていると伝え、自分の写真を同封している。

(2) ダーウィンとウォーレスがロンドンで会えなかったことと、ダウンへの招待については、前便(8 - 5)を参照されたい。

(3) 隣接する島間での種分化は、今日にいう「異所的種分化」である。ここでの議論から逆に、ウォーレスは不稔性の進化を「同所的種分化」に必然的に付随することと見ているらしいことがうかがえる。同所的に分布する発端の種間では、自然選択が不稔性の進化を導くかもしれないし、そうでなければ種分化が進むことはできないが、隣接する島のように異所的に分布する発端の種間にはそのような作用が働き

サクラソウ類については遺憾ながら、そのくらいの例ならばまたいつか発見されるだろうことはまちがいないと考えています。なぜなら、どうして自然な種はすべて、どんな種であれ、不稔性を獲得していなければならないのか、理解は不可能なように思われるからです。私としては、隣接する島の近縁な種類が、「たがいに」稔性のある独立種を発見できる最高の機会を提供してくれるにちがいないと考えます。[3]というのは、かりに自然選択が不稔性を誘導するとしても、自然選択がどのように作用するのか私にはわからないし、なぜそれらがつねに不稔でなければならず、変種はけっして不稔でないのかも理解できないからです。

　性選択に関するよい資料を手に入れたとのこと、私も嬉しく思います。これは疑いなく困難な問題です。私にとって困難なことのひとつは、恒常的な微細な変異が、自然選択が作用するのにはそれで十分なのですが、どのようにして性的に選択されうるのか、私には理解できないということです。一連の顕著で唐突な変異が必要なのではないでしょうか。クジャクの尾羽の二―三センチのちがいや、極楽鳥の尾羽の五―六ミリのちがいに、雌が気づいたり選好したりするなど、どうして想像できるでしょう?

　息子さんが不稔性選択の問題についてどうおっしゃっているか、ぜひ見せてください。[4]自然選択の力に関するあら

えないといっているからである。またその前後の文章から、ダーウィンは、種は不稔だが変種は不稔でないという、当時の創造論に引きずられた考え（種は完全なものだが、変種はそれから逸脱した不完全なもの）の否定にこだわっていたこともうかがえるだろう。

（4）ダーウィンが前便（8-5）で知らせていた次男ジョージのメモのこと。見たいとは思わないだろうといわれていた。

（5）どのような質問が同封されていたのかは不明。

ゆることに、私は深く興味をもっています。自然選択に関係のないこともすこしはあると認めないわけではありませんが、私は不稔性がそのひとつだとは考えていません。

もし息子さんの関心が数学的物理学に向いているのでしたら、同封した質問[5]を見てもらっていただけますか？ 答えを見つけようと私も努力したのですが、徒労におわっています。それではまた　敬具

アルフレッド・R・ウォーレス

7

ダーウィンからウォーレスへ

1868. 3. 19–24

チェスター・プレース　四番地、
リージェント・パーク、N・W[1]
一八六八年三月一九―二四日

親愛なるウォーレスへ

あなたの質問表をケンブリッジの息子に送っておきました。彼は答えないわけにいかないでしょう。とてもむずかしい問題を解いたことなどで、セカンド・ラングラー〔数

（1）この住所については、8-5の注1を参照。
（2）エドワーズは肖像写真家。11-1の注3参照。
（3）『種の起原』第八章「雑種」のことだろう。
（4）ダーウィンは接木について、『種の起原』第八章だけでなく、『家畜と栽培植物の変異』でも議論している。ウォーレスは『ダーウィニズム』で接木に触れていない。
（5）ライエル『地質学の原理（第一〇版）』（一八六七―八年）の第二巻のこと。ウォーレスは返信（8-8）で、読んで感激したと書いている。
（6）近年の雌による配偶者選択による性選択の研究をレビューした長

学学位の次席合格者〕の地位を獲得したのですから。同封したのは、あなたの書かれたもののうち二段落についての彼の意見です。私はまだ検討していないし、またあなたの意見も知りたいので、いつか返送してもらえたらと思います。

Ｅ・エドワーズ[2]に私の大きな写真を一枚、あなたの住所、ウェストボーン・グローヴ76½番地に送り、転送されないようにするよういってあります。名刺は帰宅してから送ります。

不稔性はきわめて頭を悩ませる問題です。それはわかりますが、あなたの仮定のすべてを認めようとはまず思いませんし、かりにすべて認めたとしても、そのプロセスは非常に複雑ですし、不稔性は〔あなたが手紙で指摘したように〕きわめて普遍的であり、〔私が該当章[3]で指摘したように〕まったく別の地方に生育する種においてさえ見られ、また相反の〔雌雄を逆転させた〕組み合わせによるちがいが頻発することもあるので、不稔性が自然選択によって獲得されたとは、私にはとうてい納得することができないし、別属の接木の困難さ、別科の接木の不可能さ以上にむずかしいでしょう。接木できるかどうかが自然選択によって直接に獲得されたものではないこと、あなたも認めるだろうと私は考えています[4]。

あなたはきっと喜ぶでしょうが、ライエルの『〔地質学

谷川眞理子『クジャクの雄はなぜ美しい？』に、クジャクの雌が雄の飾り羽の目玉模様の数の多少で配偶者を選択しているという研究が紹介されている。

(7)　ジェンナー・ウェアについては巻末の人名解説、および6－2の注4参照。

の」原理』[5]の、第二巻だったか第二部だったかが出たところです。

性選択について。ある一人の少女がハンサムな男性を見かけ、その鼻でもほおひげでもいいのですが、ほかの男性より二—三ミリ長いとか短いとかいうことには気づかないけれど、見た目を気に入って、その男性と結婚したいといいました。クジャクの雄でも同じことだと、私は考えています。その尾羽は、ようするに、見かけがより豪華だというただそれだけで、長さを次第に増してきたのです[6]。ただしジェンナー・ウェア[7]が、鳥類があきらかに羽衣の細部を愛でていることをしめす事実をいくつか教えてくれました。敬具

C・ダーウィン

8

ウォーレスからダーウィンへ

1868. 3. 24

ハーストパイアーポイント

〔一八六八年〕三月二四日

親愛なるダーウィンへ

(1) 8-6とその注1を参照。また8-7も参照。

(2) 次のダーウィンからの返答（8-9）から考えて、このメモは別紙として同封されたと推測される。したがって以下の概論はそれとは別の、おそらくその内容を要約したものと考えられる。

写真のこと、たいへんありがとうございます。[1] こんど上京したときに受け取ります。

息子さんのメモに私の書き込みを入れて返送します。[2]

詳細に全然立ち入らない概論では、強固な論拠にはならないでしょうか？

1　種がときおりふたつの方向に変異することがあるが、しかし自在に相互交雑してしまうがゆえに、それら（の変種）はけっして増加しない。

2　その種の生存をおびやかすような条件の変化が起こるが、そのふたつの変種は変化していく条件に適応しているので、もしも蓄積されたなら、新たな条件に適応した二種類の新たな種が形成されるだろう。

3　しかしながら、自由交雑がこれを不可能にするので、その種は絶滅の危険がある。

4　もし不稔性が誘発されうるならば、そのときには純粋な品種がより急速に増加し、古い種と置き換わるだろう。

5　変種間の部分的不稔性がときに起こることが認められている。この不稔性の程度が変異することが認められている。自然選択がこれらの変異を蓄積することができ、それによって種が保全されるということは、ありえないだろうか？

もし自然選択にそれができないのなら、変種が隔離され

（3）　この部分およびこれに続く議論から、ウォーレスが地理的隔離による異所的種分化ではなく、隔離を必要としない同所的種分化を考えていることがわかる。またこの手紙への返答（8-9）でこの問題にふれられていないことから、ダーウィンも同所的種分化に固執していることがあきらかである。この問題については、本章冒頭の解説の後半部を参照されたい。

（4）　接木は園芸や果樹栽培で昔からおこなわれてきた。台木と接穂との親和性は、一般的には、近縁なほど高く、キクやナス、リンゴなどで品種間の接木によって苗が作られる。しかし例外も多数知られ、同科異属間の接木の例として温州ミカンとカラタチ、ビワとマルメロ、西洋ナシとマルメロ、キュウリとカボチャなどをあげることができる。

（5）　この部分もウォーレスの集団選択をあきらかにしめしている。

（6）　相反交雑とは、たとえば変種Aの雄と変種Bの雌のかけ合わせに対して、変種Bの雄と変種Aの雌の組み合わせのように、雌雄を入れ替えた交雑のこと。

（7）　『地質学の原理』の第一〇版（一八六七—八年）。ウォーレスは翌年の春に長文の書評を書き、そのなかで自然選択説の人間への適用を全面的に否定した。第4章冒頭の解説の末尾に近い部分を参照されたい。この問題は、第10章で議論する主要なテーマとなる。

たとき以外に、どのようにして種が生じられるだろう？[3]

別々の地方の近縁な種が不稔なのはむずかしい問題ではない。なぜなら、それらの種がひとつの共通祖先から接触しつつ分岐し、そして自然選択が不稔性を増大させたか、あるいは、それらの種は隔離され、それ以降に変異し、その場合には、不稔性を生じさせるかもしれないような異なる条件の影響を、長年のあいだ受けてきただろうからである。

もし接木のむずかしさが交雑のむずかしさと同じほど大きく、また一定したものならば、私はこれをもっとも深刻な異議と認めるだろう。しかし、そうではない。私の考えでは、多くの別種で接木ができるし、あまり差のない種で接木できないこともある。[4]自然な（？）種が、非常によく似ているときでさえ、たがいに不稔なことが一定して見られることは、私の考えでは、不稔性が一般的に、種にとって好ましい[5]がゆえに自然選択によって生じたことの、ひとつの論拠といえるだろう。

もうひとつの難点とされる、相反交雑[6]によって不稔性が同じにならないことは、私にはさしたる問題とは思えない。なぜなら、それはより完全な不稔性への中途段階であり、そのようなことは有用なので選択によって増大するだろう。

C・ライエル卿の第二巻[7]を読んで、感激しているところです。彼は、例のごとく、きわめて慎重で、積極的な意見をほとんど表現していませんが、議論はすべて私たちの側についているので、本全体の全般的な効果はとても強力です。

この本が自然選択への新たな一連の改宗者をもたらし、とにもかくにもこの問題に新鮮な風が送り込まれるだろうことを期待しています。敬具

アルフレッド・R・ウォーレス

9

ダーウィンからウォーレスへ

1868. 4. 6

ダウン、ブロムリー、ケント州

一八六八年四月六日

親愛なるウォーレスへ

恐ろしい問題をよく考えてみました。まずはじめにいわせていただくと、不稔性に関して自然選択がうまくいってほしいと私以上に熱望していた男がほかにいたとは思えませんし、また、全体的な概論（あなたがこのあいだの手紙

（1）アリやハチのコロニーなどのこと。たとえば、ミツバチなどの働きバチは敵を針で刺すと抜けなくなり、内臓が引き出されて死にいたる。ダーウィンは『起原』で、働きバチが死ぬような構造や行動が自然選択で進化することを、個体にとっては不利だがコロニー全体にとって有利だからと説明していた（岩波文庫版の上巻、二六一―二頁）。この説明はあきらかに「集団選択」である。しかし、このような例を「個体選択」によって説明できる見通しがたち、「集団選択」を否定できるようになったのは、ようやく一九七〇年代に入って「血縁選択」と「包括適応度」という概念が提唱されてからである。

（2）ダーウィンはあきらかに個体選択を主張している。しかし、ウォ

に書いてくれたような）をいろいろ考えていたときには、これでうまくいくだろうといつも確信したのですが、しかし細部でかならずうまくいかなくなったのです。その原因は、私の考えでは、自然選択は個体（この場合には社会的共同体[1]も含みます）にとって好ましくないことには効果をおよぼしえないという点にあるのだと思います[2]。すべての問題を議論すれば、一冊の本になるでしょう。あなたのような（あるいはフッカーのような）男と、前提では一致できていて結果では一致できないことほど、私にとって屈辱的なことはありません。

　私は息子の主張に同意し、それに対する反論には同意しません。私たちのあいだの食い違いの原因はおそらく、私が子どもの数を、一定地域内の平均個体数を維持しているもっとも重要な要素（状況はすべて同じままとして）と見ていることにあります[3]。食物の量は、どんなふうにしてであれ、個体数を決定する唯一の原因になるとは考えません。稔性の低下は、崩壊の新たな原因にほかなりません。私の考えでは、もしある地区である種の生む子どもの数がなんらかの原因のために少なくなったならば、不足分は周囲の地区から供給されるでしょう。このことが、あなたの段落5[4]に適用されます。もしその種がなんらかの原因のため、あらゆる地域で子どもの数が減少したなら、その稔性が自

ーレスの集団選択を的確に批判できていないし、ウォーレスもその誤りに気づいていない。ただし、「社会的共同体」を個体のように扱っているのは、右の注1で指摘したように、今日からみれば誤りである。「個体選択」と「集団選択」との関係については、本章冒頭の解説を参照されたい。

(3)　自然選択説は「多産性」を大前提とし、それゆえの個体数の急速な増加とその阻止（マルサス原理）だったはずである（たとえば本書第7章冒頭の解説に引用したウォーレスの自然選択説を論証する表を参照されたい）。したがって、ダーウィンがなぜ食物供給ではなく子どもの数を個体数の決定要因としたのか、理解に苦しまざるをえない。いうまでもなく、稔性の低下がある程度までなら、そのことが個体数減少の直接の原因とはならない。次世代を生み出す繁殖年齢まで到達できた個体数が、なんらかの原因によって減少したときにはじめて、「一定地域内の平均個体数」は減少する。したがって、ウォーレスがいっていたらしい食物供給量のほうが、むしろ個体数の決定要因となりうるだろう。

(4)　三月二四日付けのウォーレスの手紙（8-3）の注1で指摘したように、手紙とは別に別紙があり、その文章の段落のことと考えられる。ウォーレスは『ダーウィニズム』（一八八九年）での不稔と自然選択の議論に、「二〇年ほど前に書いた」「一連の命題」による説明の「写し」を、「若干の語句の修正を加え」て脚注とした（Wallace. 1889. pp. 122-123）。この脚注は本章冒頭に全文を引用した（一八七頁下段以下）。

(5)　おそらくスペンサーの『生物学原理』（一八六四年）のことだろう（8-1の注4を参照）。

(6)　ハトやニワトリには数多くの品種がある。またキャベツ（*Brassica oleracea*）にも、芽キャベツのようにふつうの品種とは大きく異なる品種があるし、カリフラワーやブロッコリーもキャベツの変種である。しかし、外見が異なっている程度が大きいから交雑しない（不稔）ということはない。ダーウィンは『家畜と栽培植物の変異』の随所でそのことを指摘している。

(7)　8-3の注1で説明したように、段落12から19は『ダーウィニズ

然選択によって増大しないかぎり絶滅していくでしょう（H・スペンサー[5]を参照）。

同一地域内にあって、相互に不稔ではなく、さらに親の種に取って代わったという二種類からはじまるあなたの段落1については、そういうことがあるかもしれないと私は考えないし、その可能性もほとんど考えません。（段落6）交雑したがらない傾向が不稔性にともなっているという信念を支持するような事実は、私はその亡霊さえ知りません。植物でも、下等な固着性の水生動物でも、そんなことはありません。このことがどれほど役に立つかはよくわかっていましたが、しかし私は放棄しました。交雑したがらない傾向は独自に、おそらくは自然選択によって、獲得されたのではないかと思われます。が、それがなぜ発端の種の混合を防止するのに十分でなかったのか、ただ交雑したくないという性的な傾向を増大させるだけのことで十分でなかったのかは、私にはわかりません。

段落11　不稔性と構造的な相違の程度は必ずいっしょに増大するということについては、それが間接的なことで、けっして厳密なものでないのではないかぎり、私は反対します。ハトやニワトリ、あるいはキャベツの例を考えてみてください[6]。

相反交雑で半分が不稔になることの利点を、私は見過ご

ム』（一八八九年）の脚注では省略されている（『D旧書簡集・補』上巻の二八九―九三頁で見ることができる）。

していました。ですが、おそらく考えたことがないからでしょうが、自然選択がそれほど明白に作用してきたかどうか、その可能性を認めたいとは思いません。

完全な不稔性の二番目の例については議論しませんが、あなたの段落13[7]での仮定は私には複雑すぎるように見えます。遠く離れた種のあいだの絶対的な不稔性のような普遍的な属性が、そんな複雑なやりかたで獲得されたとは、私には信じられません。接木に対するあなたの反論に、私は同意しません。交雑の場合ほど近いものに限定されないことは完全に認めますが、だからといって、ひとつのアナロジーとしての論拠を弱めるとは、私には思えません。接木の不能性も同様に、たがいに十分に遠く離れている植物の不変な属性ですし、ときにはかなり近縁な植物の属性でもあります。

すでに不稔な二種の不稔性を、自然選択によって増大させることの困難は、じっさいの例を考察することによって、私にはもっとも納得がいくように思えます。カウスリップ《キバナノクリンザクラ》とプリムローズ《イチゲサクラソウ》は中程度に不稔ですが、たまに雑種が生じます。さて、こういった雑種は、ひとつの教区の全体でも二個体か三個体、あるいは一〇個体ほどですが、いずれかの純粋な種が占有していたのかもしれない地面を占拠し、後者がこの小さな程度なら耐え忍ぶことは疑問の余地がないでしょう。しかし、プリムローズ《サクラソウ》とカウスリップ《クリンソウ》の一部の個体が、たまたま相互にふつうより不稔だったとき（すなわち交雑したときに種子の数がさらに少なくなるとしたら）、それらが個体数を増加させて最終的に現在のプリムローズとカウスリップを排除するほど利益をえると、あなたは想像できるでしょうか？　私には想像できません。

　私の息子は、残念ながら、持続的に増大する不稔性の二番目の項目に関するあなたの抗弁の力強さがわかっていません。あなたはこの抗弁と、段落5で、ある地域ではすべての個体が若干の程度は不稔になることをいっています。もしあなたが、同じ条件に持続的にさらされることによって不稔性が必然的に増大することを認めるつもりならば、自然選択はまったく必要ないでしょう。しかし私は、不稔性がなんらかの特定の条件によって、なんらかの種類の条件への長期間の慣れによるほどにもたらされることは、たぶんないのではと疑っています。パンゲネシス仮説にもとづいていえば、雑種のジェミュールが傷つくことはありません。雑種は芽で、自由に増殖するからです。しかしその生殖器官はなんらかの影響をうけるので、適切なジェミュールを蓄積することができません。それは、純粋な種の生殖器官が不自然な条件にさらされたときに影響を受けるのと、ほとんど同じことです。

いいたいことが全然うまく書けてない、つまらない手紙になってしまいました。よほど気分がのらないかぎり、返事はくださらなくてけっこうです。このような長い議論をするには、人生は短すぎます。私たちはけっして意見が一致しないのではと、私はおおいに恐れています。親愛なるウォーレスへ　敬具

Ch・ダーウィン

10

ウォーレスからダーウィンへ

1868. 4. 8

〔ハーストパイアーポイント〕

一八六八年四月八日

親愛なるダーウィンへ

不稔性についての私の考えに答えるのにかなり苦労されたようで、恐縮しています。あなたが納得しないのであれば、私がまちがえていることにほとんど疑問の余地がありません。じっさい、私は自分の議論に半分ほど納得していたにすぎず、いまでは自然選択が不稔性を蓄積できるかどうか、ほぼ五分五分だと考えています。もし私の第一命題

(1)　ウォーレスが不稔性に立ち帰るのは、約二〇年後の『ダーウィニズム』(一八八九年)においてであり、そのときにはダーウィンはすでに七年前に他界していた。本章冒頭の解説および前便(8-9)の注4を参照されたい。

(2)　ジャワの高山の山頂付近に見られる北方起原の植物について、『マレー諸島』の第7章で議論され、比較としてテネリフェ島にも一行だけふれられている(拙訳、上巻の一九三―二〇一頁)。テネリフェ島は、ダーウィンの「ビーグル号航海」の最初の寄港地だった。熱帯の高山に見られる北方起原植物について、ウォーレスは『マレー諸島』の時点ではダーウィンの氷河期による説明を受け入れていたが、後年になって『島の生物』(一八八一年)で独自の説明を提出し、二人のあいだでの最後の論争を引き起こしてしまう(本書第14章の主要なテーマとなる)。

を同一地域における種と変種の生存と変更したなら、私の議論にぴったりとなるでしょう。そのようなことは、たしかに存在します。それらはたがいに稔性がありますが、それでもそれぞれにかなり明確に異なったまま維持されます。交雑したがらない傾向がなかったなら、どうしてこういうことがありうるでしょう？　たしかに私の信念では、子どもの数は種の個体数を維持する要素として、食物の供給や他の好ましい条件ほど重要ではありません。なぜなら、種の個体数はその分布域のそれぞれの場所によって大きく変異するのがつねですが、それに対して平均的な子どもの数はさほど変異する要素ではないからです。

　ともあれ、私はもうこれ以上はいわず、この問題を解答不能のままにしておきます[1]が、ただ自然選択説の敵たちの手にあなどりがたい武器を手渡ししてしまうことにならなければと恐れています。

　ジャワの山々のいただきに生育している北方系の高山植物について何頁か書いていたとき、北方の種類は一種もなく、高山性の種類もほとんどないテネリフェのような例をいくつかでも引用したいと思っていました[2]。ハワイの火山群が好適な例になるのではと期待して、シーマン博士[3]に問い合わせました。ハワイの植物のリストと、ヨーロッパの高山植物の属やいくつかの種（！）が多数生育している山

（3）　シーマンについては巻末人名解説参照。

（4）　『W書簡集』の原注――「これについては、不正確ないし、かなり誇張されていたことがあきらかとなった。本当の高山植物は生育していず、ヨーロッパの属もかなり少ない。拙著『島の生物』の三二三頁参照。――A・R・W」

地[4]のことを、だれかが最近発表したように思うのですが。これはきわめて尋常でなく、ひとつの難問ではないでしょうか？　哺乳類がいず鳥類や昆虫も非常にとぼしい、真性の大洋諸島のことだったように思うし、熱帯にある島だったと思います。あなたが地理的分布を詳細にあつかうことになったとき、なかなか困難な問題となるのではありませんか？

シーマンからのメモを同封しておきましたので、もし利用できそうでしたら、リストを写したうえで返送してください。

名刺をありがとうございます。とてもすてきですね。大きいほうの写真は、先週、首都に行ったときにはまだ届いていませんでした。

C・ライエル卿の大洋諸島に関する章、とてもすばらしいと思います。それではまた、親愛なるダーウィンへ

敬具　アルフレッド・R・ウォーレス

第9章　性選択と第二次性徴の遺伝

性的二型とそれをもたらす性選択の問題は、前章冒頭の解説のなかでふれたように、ダーウィンとウォーレスの主要な論争点のひとつであり、二人は最後まで意見の一致を見ることがなかった。

性選択についてダーウィンは、一八五九年の『種の起原』では手短に議論しただけだったが（岩波文庫版、上巻の一二一―四頁）、一八七一年に刊行された『人間の由来と性選択』で全面的に展開された。この本は第一部「人間の由来について」と第二部「性選択」の二部構成となっているが、第一部が七章なのに対して第二部は二倍の一四章もあり、頁数では約二・三倍となっている。

性選択（雌雄選択、性淘汰）とは、自然選択では説明できない形質などの進化を説明するためにダーウィンが提出した概念である。たとえば、クジャクの尾羽やシカの枝角は行動の邪魔となり生存に不利なので、自然選択（適者生存）で進化することはなく、むしろ淘汰されてしまうだろう。しかし、生存にある程度まで不利であっても、繁殖上でそれを上回るだけ有利なら、そのような形質でも進化しうる。シカの枝角は雄同士の雌をめぐる闘争で有利なので、より大きな枝角をもつ雄がより多くの子孫を残すだろうからである。またクジャクの雄の尾羽は、それがより大きく美しい派手な雄を、雌が魅力的に感じて配偶者に選ぶならば、より大きく派手な方向に進化していくだろう。

このダーウィンの性選択説は、当時はほとんど注目されなかった。しかし一〇〇年を経過した一九七〇年代以降になって、現代の進化生物学者たちによって再認識され急激に研究が進展した。シカの枝角のような例は「同性間性選択」、クジャクの尾羽のような例は「異性間性選択」と呼ばれる。性選択の手ごろな参考書としては、たとえば長谷川眞理子『クジャクの雄はなぜ美しい？』をあげることができる。

ウォーレスはダーウィンの性選択説に、当初から疑問をもっていたらしい。その理由はふたつあると考えられる。ひとつはウォーレスが早い時期から保護色について考察をすすめ、雌雄で色彩に相違があるほとんどの例を「保護適応」として説明していたこと。保護適応は自然選択で説明できるので、性選択をもちこむ必要はない――ふたつ目の理由も、このことに関連している。『W自伝』（一九〇五年）のダーウィンとの意見の相違を述べた第二五章や、『ダーウィニズム』（一八八九年）の序言や該当章で強調されているように、ウォーレスは自然選択以外の作用因をもちこむことを嫌い、またダーウィンの性選択説が依拠している「美しさ」や「審美力」といった概念を、彼が考える自然科学にはなじまないと考えた。

二人が意見の相違に気づいたのは文通を開始してごく早い時期であり、たとえば『起原』刊行直後の一八六〇年三月七日付けのダーウィンからの手紙に、「保護適応」か「性選択」かという、二人のあいだの強調点のずれの認識をうかがわせる言葉がみられる（3-2）。本章で取り上げた書簡だけにかぎらず、ほぼ全章で性選択についての意見のずれをしめす言葉が見つかるだろう。以下の往復書簡の直前にも、前章で紹介したように、次のようなやりとりをしていた。

性選択に関するよい資料を手に入れたとのこと、私も嬉しく思います。これは疑いなく困難な問題です。私にとって困難なことのひとつは、恒常的な微細な変異が、自然選択が作用するのにはそれで十分なのですが、どのようにして性的に選択されうるのか、私には理解できないということです。一連の顕著で唐突な変異が必要なのではないでしょうか。クジャクの尾羽の二―三センチのちがいや、極楽鳥の尾羽の五―六ミリのちがいに、雌が気づいたり選好したりするなど、どうして想像できるでしょう？

（8-6、ウォーレスからダーウィンへ、一八六八年三月一九日）

性選択について。ある一人の少女がハンサムな男性を見かけ、その鼻でもほおひげでもいいのですが、ほかの男性より二―三ミリ長いとか短いとかいうことには気づかないけれど、見た目を気に入って、その男性と結婚したいといいました。クジャクの雄でも同じことだと、私は考えています。その尾羽は、ようするに、見かけがより豪華だというただそれだけで、長さを次第に増してきたのです。

（8-7、ダーウィンからウォーレスへ、一八六八年三月一九―二四日）

二人のあいだで「保護適応」か「性選択」かの問題が大きな論争点になったのは、本章で紹介する手紙からわかるように一八六八年からである。双方ともに、この問題にこだわるべき理由があった。ダーウィンはこの年のはじめに『家畜と栽培植物の変異』を刊行し、『由来』（一八七一年）の本格的な準備に着手した（「書くのに三年かかった」、『W自伝』一六三頁）。またウォーレスは、前年からこの年にかけて「保護適応」を論じた一連の論文を矢継ぎばやに発表していた（第6章の冒頭解説を参照）。ダーウィンは対立意見としてこれらの論文を参照しなければならず、『由来』の随所でウォーレスの意見を検討することになる。ウォーレスの擬態説については、チョウ類の第二次性徴を検討した第二部の第一一章で、鳥類の色彩と営巣習性については鳥類の第二次性徴をあつかった四章のうち、おもに第一五章で議論されている。

ダーウィンの性選択説については先に説明したので、ここでウォーレスの保護適応の理論も整理しておかねばならないだろう（第6章冒頭の解説も参照）。ウォーレスの「保護適応」による「色彩論」は、鳥類とチョウ類の研究に主要な着想をえている。鳥類の研究から彼は、羽衣の色彩の雌雄差と営巣習性のあいだに通則を見いだした。シジュウカラやスズメのように雌雄の色彩がほとんど同一の種は、樹洞など外から見えない場所に隠された巣を作り、しかも雄と雌が交代で抱卵する。それに対して、クジャクや極楽鳥のように雄の色彩が派手で装飾が発達した種は、皿型の巣を地面に作ったり枝にかけたりして雌だけが抱卵し、しかも雌が地味で目立たない保護色をしている。またチョウ類の研究はベイツの擬態説をさらに展開したものだが、雌雄のうち一方だけが擬態している場合には、それがすべて雌であることを指摘し、その理由を雌は体内に卵をもつなど、雄にくらべ保護をより必要としているからだとした。擬態はほとんどの例で有毒種の警告色を真似ているので、派手な目立つ色彩となる。つまり派手な色彩も「保護適応」によって説明されるのである。

本章で紹介する時期には、ダーウィンだけでなくウォーレスも揺れていて、たがいの理論をなんとか理解しようという姿勢が見えなくもない。しかし最終的には、ウォーレスは一八七七年に書いた「動物と植物の色彩Ⅰ」(Wallace, 1877) をきっかけに、ダーウィンの性選択説のうち「異性間性選択」を全面的に否定することになった（この論文は一八七八年の『熱帯の自然』に第5章として収録された）。

ちょっと残念なことなのですが、いま試論などを小さな一冊にまとめるため、動物の色彩という主題などについて復習していて、自発的（ヴォランタリー）な性選択に真っ向から対立する結論に到達したことをお伝えしておきます。私の考えでは、性的な装飾や色彩のすべての現象を、単純な自然選択の助力をえた発達の法則によって、（概括的には）説明できます。

（13-10、ウォーレスからダーウィンへ、一八七七年七月二三日）

性選択をめぐるダーウィンとウォーレスのあいだの意見の相違を概観すれば以上のようになるが、以下で紹介する手紙のやりとりでは、もうひとつ重要な問題が議論されている。それは遺伝の問題である。ダーウィンは『由来』の第一五章で、ウォーレスの鳥類の色彩の理論の検討に先だって、変異と遺伝のしくみを詳細に考察している。変異と遺伝の問題は、第八章「性選択の諸原理」でもくわしく検討されている。なにが問題なのか——端的にいえば、たとえば雄が派手な色彩や装飾をなんらかの形式の進化で獲得したとき、その色彩や装飾は子どものうち雄（息子）だけでなく雌（娘）にも伝わってしまうだろうということである。

この問題についてウォーレスは、派手な色彩や装飾は最初は息子だけでなく娘たちにも伝えられるだろうが、目立ちすぎて危険なので、とくに保護を必要とする雌では自然選択によって淘汰されるだろうと主張した。ダーウィンも『起原』第四版（一八六六年）での加筆では、クジャクやオオライチョウを例にして同じように説明していた（6-6の注2参照）。ダーウィンは『由来』（一八七一年）でも、そのようなことが少数の例で起こる可能性は否定していないが、しかし「集めることのできたすべての事実について熟考してきて、いまでは雌雄で相違がある場合、持続的な変異が一般的に最初から、その変異が最初に出現したと同じ性に伝達されるよう限定されてきた、という考えに傾いた」と説明している（長谷川眞理子訳、第Ⅱ巻、二六七頁）。

ダーウィンの遺伝理論は『家畜と栽培植物の変異』（一八六八年）で提出したばかりの「パンゲネシス説」（第8章とくに8-1の注5参照）という、今日から見れば荒唐無稽といっていいほど的外れな学説だった。またウォーレスも遺伝のしくみについて自説があるわけではなく、基本的にダーウィンのパンゲネシス説に依拠している。そのため二人の議論は今日からすると理解しづらいというより、的外れでばかげているとさえいいたくなるところがあるだろう。当時はまだ、遺伝子が染色体上にあることさえ知られていなかった。

今日の知見に立ってみてみれば、性的二型をもたらしている第二次性徴は、ダーウィンたちが考えたように遺伝によって直接に決定されるのではなく、発育の過程で性ホルモンが作用して形成されることがわかっている。極端な例で説明すれば、ニワトリの雌に雄性ホルモンを投与すれば頭頂の鶏冠が発達してくるし、また人間の男性に女性ホルモンを投与すれば、腰の肉づきがよくなり乳房が膨らんでくる。しかし、性ホルモンとその機能が発見されたのは二〇世紀に入ってからであり、ダーウィンもウォーレスもそのようなことには考えもおよばなかったようだ。

しかし二人は、限られた事実と的外れな理論にもとづきながら（しかも、その理論が誤っているかもしれないことを承知の上で）、可能なかぎり真実をあきらかにしようと真剣に努力しているのである。ダーウィンはパンゲネシス説を提出するにあたって、科学哲学者ヒューエルの帰納科学のモットーを引いていた——「仮説というものは、一部が不完全であったとしても、またたとえ誤りを含んでいたとしても、科学にとってしばしば有用なことがあるかもしれない」（Darwin, 1868. Vol. 2, p. 357）。それに対してウォーレスもまた、同じ考えをダーウィンに伝え（8－1およびその注3参照）、ダーウィンはそのことをとても喜んでいた（8－2）。

1　ダーウィンからウォーレスへ

1868. 4. 15

ダウン、ブロムリー、ケント州、S・E
一八六八年四月一五日

親愛なるウォーレスへ

　鳥類の巣に関する賞賛すべき論文[1]に、深く興味を刺激されました。私たちがじつはほんのわずかしか相違していないことを知って、嬉しくなっています——男が二人もいれば、ほとんどつねに意見が異なるものです。

　一方の性（一般的には雄）に自然に生じ、その性にだけ伝えられるような、あるいはもっとふつうにはその性に極端に伝えられるだけですが、そのような新しい形質に、あなたはとくに、あるいはなんの重点もおいていませんね[2]。私のほうはといえば、以前には保護にあまりに注意を払っていませんでした。私には真実が垣間見えてさえいなかったのです。しかし、いまになっても、私はあなたほどには到達していません。むしろ、営巣における通則[3]への例外について、あなたが考える以上に考えるのを避けることができないのです。とくに部分的な例外、つまり、隠された巣

（1）　Wallace (1868b)。この論文については、第6章冒頭の解説、および6-6の注3を参照されたい。なおこの論文に改訂を加えたものが、Wallace (1870a) に収録され、さらに Wallace (1891) に再録された。

（2）　ダーウィンは雄の派手な色彩や装飾を、雌が美しい雄を選り好みすることによる性選択によって説明しようとし、『由来』（一八七一年）でその理論を展開した。この理論にとっては、雄のそのような形質が雄にだけ遺伝し雌に遺伝しない（すくなくとも遺伝する程度が雌雄で異なっている）ことが必要だった。ダーウィンは『家畜と栽培植物の変異』（一八六八年）の第一四章で遺伝が性によって差がある例を検討していた。一方、ウォーレスの色彩論は保護に基礎をおくものであり、雌の選り好みによる性選択には最初から疑問を指摘し、最終的には全面的に否定することになった。これらの問題については本章冒頭の解説でやや詳しく説明した。

（3）　本章冒頭の解説で述べたように、ウォーレスが鳥の巣の論文で提出した通則は、雌雄ともに目立つ色彩をしている小鳥、たとえばヨーロッパでも日本でもごくふつうに見られるシジュウカラは、両性ともに抱卵し、その巣はなかの小鳥が見えない構造になっているのに対して、雄だけが派手な色彩をしている小鳥（たとえば極楽鳥）の場合には、雌だけが抱卵し、色彩は地味で目立つことがなく、また巣は抱卵している小鳥が外から見える構造になっている、というものである。

（4）　ダーウィンは『由来』の第一五章の後半部（邦訳、第Ⅱ巻、二七六―八八頁）で、このような例外だけでなくさまざまな例外を幅広く検討し、ウォーレスのいう通則に反論している。

を造る種でありながら、両性のあいだにわずかながら相違があるような場合です。[4] 抱卵する雄については、いまでは完全に納得しています。両性のあいだで目立ちかたにほとんど差がないからです。すべての点であなたと同じであれたらと、本当に心から願っています。あなたはこのような鳥［の雄］はたぶん、もっとも美しい雌を選択していると考えているようですね。[5] この点については、証拠がひとつも見つからないので、私としては疑問だといわざるをえません。あら捜しのようなことを書いていますが、私はこの論文を徹底的に賞賛します。

さて、質問がひとつあります。雌のチョウが同種の雄よりあざやかなとき、ほとんどの場合、あるいはすべての場合において、その雌はなにか他の種に擬態し、それによって危険を回避するためにあざやかになったのだと、あなたは考えています。[6] しかし、雄が同じようにあざやかになって同じように保護されるようにならなかった[7]ことを、あなたは説明できるだろうか？　雌が保護されねばならないことは、その種の安泰にとって大事なことかもしれないとはいえ、不幸な雄が危険に対する同等な耐性を享受することは、なんらかの利点になるだろうし、不利でないことはまちがいないでしょう。私としては、雌だけがたまたま、まさにそのように変異し、その有利な変異が同じ性にだけ伝

(5) ウォーレスはこの論文（注1参照）では、雄が派手な色彩をしている場合だけでなく、雄も雌も色彩があざやかな場合にも、美しい配偶者を選り好みすることによる性選択を、作用因のひとつとしては認めている。すなわち、「その色彩が役に立っているから、あるいはもう一方の性にとって心地よいから」という可能性、さらには「なんの有用性もないが、もう一方の性に転移した」という可能性の、すべてを同程度に可能性のある仮説として並列に扱っているのである（Wallace 1891. pp. 129-130）。しかし、彼はその後、美しい配偶者を選り好みすることによる「異性間性選択」を全面的に否定することになる（本章冒頭の解説を参照）。

(6) ウォーレスによる擬態の説明については、第6章とくにその冒頭の解説を参照されたい。

(7) ダーウィンは『由来』の第一一章で、この疑問につづけて主張している限性遺伝を強調している（邦訳、第Ⅱ巻、一三九―四〇頁）。つまり、雌に生じた保護的な適応（擬態）が雌にだけ伝えられ雄には伝わらないという主張である。ウォーレスは鳥類の色彩の進化については、目立つ色彩は雌雄のいずれにも遺伝するだろうが、雌では保護の必要から淘汰されるし、むしろ地味な色彩が選択されると考えている。しかしチョウ類の擬態では、保護の必要性の高い雌はモデル種の警告色（派手で目立つ）を獲得するが、雄は保護の必要がないので獲得しないと説明するだけで、その色彩が雌雄の両方に遺伝したとき、雄ではなんらかの理由によって淘汰されるとは説明していないし、他の理由から派手ではない色彩が選択されるとも説明していない。

(8) ウォーレス『マレー諸島』（一八六九年）。ウォーレスはこの手紙の前年（一八六七年）の盛夏から妻の実家にこもり、『マレー諸島』の執筆に専念していた（拙訳『マレー諸島』の解題、下巻の五六九頁参照）。7-2の注7も参照。

えられたといわざるをえません。

そう考えるならば、次のことがありえないとはまったく思えません（また家畜のアナロジーから、強い可能性があると思います）。つまり、美しさをもたらす変異が雄だけにしばしば起こったにちがいなく、その性だけに伝えられてきたにちがいないということです。雄が雌よりずっと美しく、しかも保護の原理が必要ないような数多くの例を、私はそのように説明せざるをえません。この点について、返事がもらえるとありがたい。

あなたの東洋の本[8]が順調に進行しているものと期待しています。親愛なるウォーレスへ　敬具　C・ダーウィン

2

ダーウィンからウォーレスへ

1868. 4. 30

ダウン、ブロムリー、ケント州、S・E

一八六八年四月三〇日

親愛なるウォーレスへ

あなたからのお手紙[1]は、これまでの数多くの手紙もそう

（1）ダーウィンからの前便（9-1）への返答のことだと考えられるが、この手紙は『W書簡集』には収録されていない。

（2）オールブットは内科医だが、それ以上の詳細は不明（巻末の人名解説を参照）。ダーウィンがどこで短い考察を書いたかも、ダーウィンの論文集（Barrett ed. 1977）で調べたが不明。フランシス・ダー

でしたが、私の興味をおおいにそそりました。

　オールブット博士の見解に私はしばらく前に気づき、それについて短い考察を書いていました[2]。これは、私の考えでは、注目に値する法則で、私はひとつの例外も見いだしていません。その基礎は、多くの場合、卵ないし種子が受精後しばらくのあいだ、栄養および母親役の保護を必要としているという事実にあります。それゆえに、下等な水生の動物や植物では精虫やアンセロゾイド[3]が雌のところまで旅し、花粉が雌性器官まで運ばれます。生物が階梯をのぼる[4]にしたがい、雄が精虫を自分のからだに入れたまま雌のところまで運ばねばならないのは、自然なことのようにみえます。

　雄は探索者ですので、雄は雌よりずっと強い情熱を受容し獲得してきました。そして、あなたと非常に異なる点ですが、私はここに、雄がより魅力的な雌を選択すると考えることの、ひとつの大きな難点を見るわけです。私が見いだすことができるかぎり、雄たちはつねにどんな雌にでもとびつく用意があるし、ときにはたくさんの雌にとびつく用意があります。雄がより魅力的な雌〔?:ハト類の[5]〕を選択している証拠を見つけること以上に、私を満足させることはないでしょう。私は数ヵ月間、そのことを確信したいと努力してきました。この考えの好例となる人間の例[6]があ

ウィンによれば、ダーウィンが言及しているオールブット博士の見解というのは、おそらく「精細胞（sperm-cell）が胚細胞（germ-cell）のところへ行く、あるいは運ばれるのであって、けっしてその逆ではない、という事実」ではないかという（『D旧書簡集・補』第二巻、七六頁）。今日の言葉で言い換えれば、雄性配偶子（精子や花粉）が雌性配偶子（卵や胚珠）まで移動していくのであって、けっしてその逆ではないということ。「卵ないし種子が受精後しばらくのあいだ、栄養および母親役の保護を必要」とすること、また次の段落の「雄は探索者」ということは、今日の性選択説とくに雌の選り好みによる配偶者選択についての議論の前提となる基本的な事実である。

（3）「antherozoid」。サヤミドロモドキ類（ツボカビ類）の雄性配偶子で、運動能力がある。造精器から放出されたアンセロゾイドは、水中を遊泳して造卵器に到達して卵と結合する。

（4）ダーウィン＝ウォーレスの進化論以前には、下等生物から高等生物までが「自然の階梯」にしたがって並び、その頂点に人間が位置するという考えが学者たちのあいだで広く支持されていた。この問題については、ラヴジョイ『大いなる存在の連鎖』（晶文社）という名著がある。進化論者ダーウィンは、ただのたとえとしてこの言葉を使っているのだろう。

（5）『W書簡集』の原注によれば、〔……〕内はウォーレスによる書き込み。論文か著書の執筆準備中のメモなのだろう。なお『人間の由来と性選択』に、雄のハトが魅力的な雌を選択する例は述べられていないので、ダーウィンはそのような例を探すことに結局は失敗したようだ。

（6）ダーウィンは、哺乳類でも他の動物でも配偶者選択は、雌が雄を選り好みするのが基本だとしている。しかし人間の場合には、女が男を選ぶとともに男が女を選んでいるとしている。雄による雌の選り好みという逆転現象は動物界においては例外的なことだが、『人間の由来と性選択』でそのことの理由は説明されていない。

（7）『W書簡集』の原注によれば、これもウォーレスによる書き込みである。なお『人間の由来と性選択』に、この雑種のトカゲの例は述べられていない。

り、雑種〔トカゲ類〕(7)の組み合わせで雄が特別な雌を選好している例を知っていますが、なんということか（！）色彩によってではないのです。私の二〇年分(8)の大量のノート類を渉猟すれば、たぶんもっと証拠が見つかるかもしれません。

　雌が保護されているチョウ類について、私は動揺しません(9)。雄の生命が非常に価値の低いものであることを、（議論のためだけですが）私は認めるでしょう。雄が変異しないことを認めるでしょう。ですが、雌の保護的な美しさがどうして、遺伝によって雄に転移しなかったのか？ 美しさは雄にとって、わかるかぎりでは、保護として利得となるでしょう。また雄が美しくなることは、雌は美しくなっているのですから、彼女にとって不快なことだとは私には考えられないのです。

　しかし私たちは、けっしてたがいを納得させられないでしょうね。真実がどうやって進展するのか、私はときどきあやしんでいます。だれかがだれかを説得するなんて、相手の心が空っぽでないかぎり、困難なことですから。とはいえ、私自身は自分の考えにかなり矛盾しています。保護の重要性を、あなたの論考を読む以前にくらべ、ずっと信じているのですから。

　あなたが手紙では認めていることについて、論文(10)ではそ

（8）ダーウィンがウォーレスにあてた最初の手紙にも「二〇年」という言葉があった（1-1）。たぶん、ダーウィンの口癖なのだろう。『D自伝』での『由来』についての説明のなかでは、「一八三七年か一八三八年に種は変わりうることを確信してすぐ、人間も同じ法則に服するはず」と考え、この問題について「おぼえを書きためた」と書いている（『D自伝』一六二頁）。この説明を字句どおりに受け取るなら、「大量のノート類」は「二〇年分」ではなく「三〇年分」と計算すべきだろう。

（9）ダーウィンが前便（9-1）の後半で質問したことに、ウォーレスが何らかの返答を書いていたと考えられる（右の注1参照）。ダーウィンの質問の要点については、前便の注7も参照のこと。また文面から考えて、ダーウィンは『ウェストミンスター・レヴュー』誌に掲載されたウォーレスの論文もふまえて意見を述べていると思われる（Wallace, 1867c）。この論文は改訂を加えて論文集『自然選択説への寄与』（一八七〇年）に収録され、『熱帯の自然』（一八七八年）との合本改訂版（一八九一年）にも収録された。

（10）右の注9の『ウェストミンスター・レヴュー』誌論文のこと。

（11）以下の議論から考えて、ダーウィンは雄にも保護のための自然選択がかかるのではといいたいようだ。たぶん、とくに擬態についての意見だろう。

（12）肖像写真家のエドワーズへの問い合わせの結果を報告しているのだろう。ダーウィンからの一八六八年三月一九―二四日付けの手紙（8-7）とその注2、およびウォーレスからの同年四月八日付けの手紙（8-10）の末尾近くを参照せよ。

れほど強調していないように、私には思えます。「雄において保護に依存せずに色彩の……快活さが、なんらかのかたちで生じているように思われ」という点です。この点を私は主要な問題としています。そして、いまのところ、あなたの結論に近づいていて、雌における強烈な色彩は危険であることによってしばしば阻止されているのだと私は考えています。

　あなたの秀逸な意見として、雄だけが保護的色彩を身につけている例は一例もないということがあります[11]。しかし、保護が地味な色彩によって獲得された例では、私は、性選択が雄の美しさが失われるのを妨げているのではと考えています。かりに雄だけが保護として美しさを獲得したとしても、雄が同種の雌より美しいことはとても多いので、きわめて見過ごされやすいことでしょう。さらに、私は雄の減損はどうもさほどのことではないらしいことを認めているし、したがって雄にはそれほど厳格な選択はかかっていないだろうから、雄が自然選択によって保護のために美しくなるということは、あまりないのではと考えています。(これは性選択には当てはまりません。雄が過剰なほど、そして雄の生命がさほど貴重でないほど、性選択には好都合だからです)。しかし、〔あなたの議論は〕すぐれた主張だと私は思うし、余すところなく確立されたならとてもす

ばらしいと思います。敬具

C・ダーウィン

このなぐり書きを、あなたは読む気になってくれるだろうか。

追伸　昨日聞いたのですが、私の写真をあなたのロンドンの住所――ウェストボーン・グローヴ――に送付したそうです[12]。

3

ダーウィンからウォーレスへ

1868. 5. 5

ダウン、ブロムリー、ケント州、S・E

一八六八年五月五日

親愛なるウォーレスへ

とても長いお手紙[1]をいただいて、ずいぶんと手間をかけさせたのではと危惧しています。あなたの要約にほとんど完全に同意すると、喜んで申しあげます。ただし、私は色彩をもたらす作用因として性選択を、保護のための自然選

(1)　この手紙は残っていないが、以下の文面から、ウォーレスが『ウェストミンスター・レヴュー』誌に掲載された論文（前便9‐2の注9参照）などで展開している色彩論の要約を書き送ったのだろうと推測される。

(2)　『人間の由来と性選択』（一八七一年）のこと。「階梯」（前便9‐2の注4参照）の「いちばん下からはじめて、魚類に到達」したというのは、上下二巻のうち上巻を書き終え、下巻の最初の章である第一二章「魚類、両生類、爬虫類の第二次性徴」に着手したということだろう。上巻は第一部「人間の由来について」（第一―七章）と第二部「性選択」のうち第八―一一章まで、下巻は第一二―二一章から構成

択と同等、もしくはたぶんそれ以上に重要なものとしないわけにはいきません。仕事[2]を進めているところなので、考えをもっと明確かつ詳細にしたいと望んでいます。階梯のいちばん下からはじめて、ようやく魚類に到達したところです。

　あなたのあげている項目のうち私がちょっと異議を申しあげたいと思っていることは、あなたが性選択を要約の第四項と非常に高く位置づけるとは、だれも考えないだろうということです。『ウェストミンスター・レヴュー』誌[3]の要約のなかで、あなたが性選択に一行しかあたえていない[4]のはとても自然なことですが、私が思った第一印象は、あなたはその力にほとんどなにも帰していないということでした。最後から二番目の項目で、あなたは次のようにいっています。「両性のあいだで色彩に大きな相違がある膨大な例のうち、そのほとんどすべては雌にとっての保護の必要によるものだと私は考える」。さて、全動物界を見わたしてみて、私はいまの時点では、この見解をけっして認めることができません。しかし、私がある程度まで意見を異にしているからといって、あなたの鳥の巣についての数編の論文[5]と賞賛すべき一般化とを私がまったく賞賛していないなどとは、けっして考えないでください。ただしこの一般化という点については、あなたの意見にしたがうとはい

されている。

（3）前便（9-2）の注9参照。

（4）論文の原文は参照していないが、一八九一年の論文集（9-2の注9参照）に収録されたものによれば、論文の末尾に「要約」、「自然界の色彩についての一般的な推論」、「結論」が付されていて、ダーウィンの性選択については「要約」ではふれずに、「自然界の色彩についての一般的な推論」で一―二行だけ言及されている。

（5）第6章冒頭の解説および、6-6の注3を参照されたい。

（6）いうまでもなく「性選択」の観点から見るということ。

（7）ダーウィンは『人間の由来』の下巻四一三頁に、雌が擬態しているシロチョウ科の例を、ウォーレスの話として記述しているが、具体的な種名はあげていない。ウォーレスは一八九一年の論文集に収録された擬態論文で、南米産の数種のシロチョウ科で雌だけが擬態している例をあげ、*Pieris pyrrha* という種名をあげている（七九―八〇頁）。また『熱帯の自然』（一八七八年）で「雌が美しい昆虫」の例を、ダーウィンの性選択説と自分の保護色説とを対比して説明するなかで、南米産のシロチョウ科の例をあげている（ちくま学芸文庫版、二五九―六二頁）。

（8）ウォーレスの手紙がないのでなんともいえないが、これにつづく雌のトナカイの角についての議論から考えて、ゾウの雌が雄より小さいが牙を持つことについての質問だろう。シカの角やゾウの牙など雄のもつ武器は、色彩とならんでダーウィンが性選択で論じた問題である。角や牙は繁殖をめぐる雄同士の闘争において有利な形質であり（同性間選択）、色彩は雌に選り好みされることによって繁殖上で有利となる形質である（異性間選択）。

（9）『人間の由来』の索引で調べたかぎり、このウォーレスの考えは引用されていない。またウォーレスの色彩論の主要論文である『熱帯の自然』の第5章でも、この問題はとりたてて議論されていない。

え、私は最終的にはすべての例をむしろ別の観点[6]から見ることになるだろうと考えています。

シロチョウ属 *Pieris* の華美な色彩をした雌[7]について、私がどう考えるかとおたずねでしたね。まったくあなたのおっしゃるとおり、この色彩は完全に擬態のためだと考えます。さらにいえば、雄が派手でないのは、雌から色彩を遺伝によって受け継がず、また雄自身が変異しなかったからだと考えます。簡単にいえば、雄は選択の影響をうけなかったということです。

ゾウ類に関しては、答えを持ち合わせていません[8]。雌のトナカイについては、私はこれまで、この角はようするに、遺伝が性によって限定されなかった結果だと見てきました。

小さな雄では色彩が濃縮されるというあなたの考え[9]は秀逸だと思うので、これをあなたの示唆だと書いても、あなたは反対されないだろうと思っています。

これからもよろしく。感謝をこめて、親愛なるウォーレスへ　敬具

C・ダーウィン

4

ウォーレスからダーウィンへ

1868. 8. 16

セント・マークス・クレセント　九番地、N・W
〔一八六八年?〕八月一六日

親愛なるダーウィンへ

「プリムラ（サクラソウ）属 *Primla*」についてと「二型性植物その他の交配組み合わせ」についての論文の別刷り[1]について、もっと早くに礼状をさしあげるべきでした。後者はとくに興味深く、その結論はきわめて重要です。しかし、不稔性[2]の程度がさまざまなそれらの型がどのようにして起原したかという難点を、これまで以上にむずかしくしていると私は思います。

もし自然選択が、さまざまな程度の不稔性を植物の利益のために蓄積できないならば、どうして不稔性が三型植物のうち、ただひとつの交配に結びつくようになったのでしょうか?　この難点は、性質の異なる個体との交配の利点が、嫡出の組み合わせでも非嫡出の組み合わせでも、同じようによく獲得されることを考えたとき、さらに増大するように思います。このとき、非嫡出の組み合わせはどのよ

(1)　時期から考えて次の二編の論文の別刷りと思われるが、掲載誌の発行は翌年とされているので、発表原稿の写しを受け取ったのかもしれない（Darwin, 1868a, 1868b）。ダーウィンは一八六一年から六八年にかけて関連する五編の論文をリンネ協会で発表し、その後さらに実験をかさねて一八七七年に『花の異型』としてまとめた。彼は自伝で、これら異花柱花の「構造の意味を発見したこと以上に大きな満足を私にあたえたものは、自分の科学的な生涯において他にはなかったと思う」と述べ、さらにすこし後でも同趣旨の言葉をくりかえしている（『D自伝』一五九および一六六頁）。不稔性が自然選択で生じるかどうかについての二人のあいだでの論争については、第8章でくわしく検討した。

(2)　前章で見てきたように、ウォーレスは不稔性についての議論を、この手紙の四ヵ月前に自分から打ち切っていた（8-10、同年四月八日付け）。にもかかわらず議論を蒸し返しているのは、それだけ重要な問題と考えていたからだろう。『W書簡集』の原注として、ダーウィンが死んで七年後の一八八九年時点での、ウォーレスの次のようなメモが付されている。「私の著書『ダーウィニズム』を執筆していて、変種ないし発端の種のあいだでの不稔性の程度の変異の蓄積における自然選択の効果の問題の考察に立ち戻ったとき、それは二〇年後のことだったが、私は自分の議論が実質的に正確であったことを、ダーウィンと議論していたころよりずっと確信するようになった。最近、博物学者でもあり数学者でもある文通相手から、故ロマネス博士の生理学的選択に反証するために私が一八三頁でおこなった計算に、ちょっとしたまちがいがあることを指摘された（ただし、このまちがいは結

うにして不稔になったのでしょうか？　それぞれの植物個体の花粉にとっては、同じ個体の柱頭よりも他の個体の柱頭における〔遺伝の〕強力性（prepotency）を、三種類の異なった構造と不稔性の程度の異なる一八通りもの組み合わせ（！）という尋常ならざる混乱なしに獲得するほうが、はるかに簡単なことのように思われます。

しかしながらこの事実は、雑種の不稔性は両親の絶対的な個別性の証明であるという言明への、見事な解答であることに変わりはありません。

ベンサム氏の最近の賞賛されるべき講演[3]について読み、『アシーニアム』誌のはなはだしく誤った論説にとてもうまく答えているので楽しくなりました。またパンゲネシス[4]についても一言、好意的に述べられています。一人の貴重な改宗者を生み出したことを、ここでお祝い申しあげてもいいかなと思います。彼のこの問題に関する意見は、遅れてやってきた分だけあきらかによく熟考されているので、とても大きな重みをもつことでしょう。

火曜日にノリッジへ行って、フッカーの話を聞いてきます[5]。講演のなかで「ダーウィニアニズム」[6]を大胆に宣伝するものと期待しています。そこであなたにお会いできると嬉しいのですが。

私の本について、交渉中です[7]。

論に実質的に影響しない）が、彼は発端の種間において不稔性を増大させる自然選択の力についての私の議論になんらの誤謬も見いだせなかったし、私の知っているかぎり、そのような誤謬の存在を指摘した人はだれもいない。／それまでの討論においてダーウィン氏と意見が相違した他の点――種の個体数への高い稔性の効果など――について、私は当時に表明した見解をいまも保持しているが、それについてここで正当化を試みるのは場違いとなるだろう。――A・R・W」。

(3) ベンサムは植物学者で、当時のリンネ協会の会長（巻末の人名解説を参照）。講演は、『W書簡集』の原注によれば、『リンネ協会議事録』一八六七―八年、五七頁に掲載された。

(4) 「パンゲネシス説」については第8章とくに8‐1の注5を参照。

(5) ノリッジで開催された大英学術振興協会の年次大会のこと。くわしくは9‐6の注1を参照。

(6) 「Darwinianism」。当時はまだ Darwinism という言葉が使われていなかったらしいことがわかる。ウォーレスが Darwinism という言葉をはじめて使ったのは、おそらく一八七一年に『ネイチャー』に投稿したレターだと思われる（12‐1の注8参照）。ウォーレスはダーウィンが他界した後の一八八九年、彼なりの自然選択説をまとめた著書に *Darwinism* という表題をつけることになる。

(7) 『マレー諸島』のこと。一八六七年から六八年にかけて妻の実家で執筆され、マクミラン社から一八六九年三月九日に刊行された。この手紙が書かれた一八六八年の夏以降、図版の手配と校正で多忙となったという。図版を多くしたいと、マクミラン側から要望されたという（『W自伝』上巻、四〇五、四一四頁。拙訳の巻末解説も参照）。

あなたの健康と次の著作の進行を祈願しつつ　敬具

アルフレッド・R・ウォーレス

5

ダーウィンからウォーレスへ

1868. 8. 19

フレッシュウォーター、ワイト島

一八六八年八月一九日

親愛なるウォーレスへ

手紙をありがとうございます。ノリッジ[1]は気に入るにちがいないので、行ってみようと何度か考えたのですが、かなうはずもないことでした。転地〔療法〕のために当地に来て五週間になり[2]、おかげで少しよくなりました。とはいえ、まるで雄バチのような怠惰な暮らしを強いられていて、家を発つ前の一ヵ月間はなにひとつできず、研究はすべて中止せねばなりませんでした。

明日、ダウンに帰ります。

フッカーが二、三日こちらに来てくれて、彼の講演[3]についていろいろ話をすることができました。あなたも来てく

(1) ノリッジについては、次の手紙（9－6）の注1参照。

(2) 転地療法のため、写真家ジュリア・カメロンから六週間の約束で池畔のコテージを借りて家族と滞在し、八月二一日に帰宅した（『ダーウィン』七九六頁）。後述のように、フッカーが訪れてノリッジでの会長講演の準備をした。

(3) ノリッジでの大英学術振興協会年次大会（9－4の注5）でのフッカーの会長講演のこと。くわしくは次の手紙の注1を参照。

(4) 文芸評論家のルイス（巻末の人名解説参照）は進化論に関する論評でも知られ、『家畜と栽培植物の変異』について『ペル・メル・ガゼット』紙に三度にわたって（一八六八年二月一〇、一五、一七日）好意的な文章を寄せていた（『D旧書簡集』第三巻、七六―七頁）。またダーウィンがルイスにあてた手紙の下書きが一通だけ知られている（一八六八年八月七日付け、同前）。内容は発光器官、発電器官、植物の刺についてで、ルイスに反論して自然選択によって説明している。ウォーレスはルイスの書いたものをライエルから送ってもらって読んだようで、ライエルへの礼状のなかでルイスのダーウィン批判（発光器官や発電器官など）にかなり詳細な反論を加えている（『W自伝』上巻、四二三―四頁）。またウォーレスはルイスと、心霊主義について論争している（同、下巻の二七九―八三頁）。

れていたらよかったのですが。

あなたの本が進展していて、刊行について交渉中とのこと、ほんとうにすばらしいニュースです。

二型性の植物について。大きな謎ではありますが、部分的には道が見えているような気がしています――手紙に書くには長くなりすぎ、発表するには憶測的にすぎます。このように風変わりな稔性が獲得される土台は（性質の異なる他のどのような個体でも、どうも十分のようだという点については、あなたのいうことはまったく真実ですから）、まずはじめに雄しべと雌しべの相対的な長さが、じっさいに起こっているように、二型性と関係なく変異し、それから二型性あるいは三型性の植物の特徴であるなんらかの種類の稔性が二次的に獲得される、ということにあります。

パンゲネシスはほんの少数の人しか改宗させられませんでした。その一人はG・H・ルイス[4]です。

この九週間にわたるすべての研究のいまいましい中断の前に、私は性選択への興味が急激に深まり、かなり進展することができました。じつのところ、先に進むにつれ、雌が保護のために地味な色彩をしているということについて、あなたとの意見の相違が大きくなっていくことに気づき、とても悩んでいます。いまでは、『起原』のときほど自分を強く表現することは、ほとんどできません。そのため研

（5） ウェアについては、巻末人名解説および6－2の注4参照。

究の喜びがおおいに減じています。

九月のうちにどうにか元気になれたら、J・ジェンナー・ウェア氏[5]に訪ねてこないかと声をかけるつもりです（驚くほど親切に情報を提供してくれています）。そのときには、あなたも、私の希望としてはウォーレス夫人といっしょに、来てくれるかどうか手紙を書くことにします。数人がいっしょに訪ねてくれたほうが、退屈させなくてすむと思うからです。最近では、とくべつに体調のよい日をのぞけば、どんな人とも半時間以上は話をすることが不可能とわかりました。それではまた、親愛なるウォーレスへ　敬具

Ch・ダーウィン

6

ウォーレスからダーウィンへ

1868. 8. 30

セント・マークス・クレセント　九番地

〔一八六八年〕八月三〇日

親愛なるダーウィンへ

体調がまたすぐれないと聞いて、とても残念です。無理

（1）　八月の中旬にノリッジで大英学術振興協会の年次大会が開催され、会長フッカーが「ダーウィニアニズム」について講演した。ウォーレスはノリッジに出かけることを、八月一六日付けの手紙（9－4）でダーウィンに知らせていた。『ダーウィン』（七九六—八頁）によれば、大会には女王陛下も列席することになっていたらしく、フッカーもダ

をして、あまり長い返事など書かないようにしてください。

ノリッジ[1]ではダーウィニアニズム[2]が日の出の勢いで（本当にこういうしかないのですから、この言葉をいやがらないでください）、フッカーとハクスリーの大量の忠告のこともあって、何人かの教区牧師たちは気を悪くしたのではと思います。いちばんこまったことは、博物学のことをいくらかでも知っているような反対者が一人もいなくなって、以前にはよくおこなわれたような十分な討論が聞かれなくなったことです。

G・H・ルイス[3]は『フォートナイトリー〔・レヴュー〕』誌で大きなまちがいを犯しているように、私には思えます。それぞれの分類群ごとに数多くの個別の起原を提唱し、私の理解したところでは、いくつかの類縁のある分類群にさえ個別の起原をいっているのです。まるで赤色人はオラン〔ウータン〕に由来し、黒色人はチンパンジーから――むしろ、マレー人とオランは同じ祖先から、黒人とチンパンジーはまた別の祖先からといったほうがいいでしょう――といっている人類学者たち[4]のようなものです。

フォークト[5]から聞いたところによれば、ドイツ人はあなたの新しい本[6]で全員が改宗したそうです。

保護が雌における派手な色彩の獲得を阻止してきたことを否定する証拠を、あなたがそんなにたくさん見つけねば

ーウィンもかなり緊張していた。ダーウィンはフッカーに、ニュートンの万有引力の法則がライプニッツに否定されたことを思い出させ、さらに緊張を高めたという。

（2）　9-4の注6参照。

（3）　ルイスについては、前便（9-5）の注4参照。ルイスが『フォートナイトリー・レヴュー』誌に書いた四回にわたる進化論批判は以下のものと考えられる。Lewes, G. H. 1868. Mr. Darwin's Hypotheses. *Fortnightly Review*. vol. 9, April : 353-373 ; vol. 9, June : 611-628 ; vol. 10, July : 61-80 ; vol. 10, Oct. : 492-509.

（4）　おそらくロンドン人類学協会の人類学者たちのことを揶揄しているのだろう。ロンドン人類学協会は、一八六三年にロンドン民族学会から分派して創設された。民族学協会の多数派が人間の単起原説をとっていたのに対して、人間の多起原説をとる学者たちが分派して新たな学会を立ち上げた。ロンドン人類学協会の初代会長ジェームズ・ハントは黒人を別種とみなしただけでなく、その見解にもとづいて、すでに廃止されていた奴隷性を擁護する主張をおこなった。この学会はウォーレスが一八六四年に「人類論文」をたずさえて殴りこみ、物議をかもした学会である（本書第4章を参照）。

（5）　ドイツ人の動物学者でジュネーヴ大学教授のカール・フォークトのこと（巻末の人名解説を参照）。唯物論者で社会主義者であり、ジュネーヴからノリッジに駆けつけ、ウォーレスにこの話を伝えた（『ダーウィン』七九七頁）。

（6）　この年の一月に刊行された『家畜と栽培植物の変異』。わずか半年でドイツ語訳が出たとは考えづらいが、英語の原典が読まれていたのだろう。

ならなかったということに、とても驚いています。しかし私はあなたのいう事実を、私がおもに依拠してきた分類群――鳥類と昆虫類――から出てきたものでなくとも説明できるだろうと、生意気な希望をもつことで自分をなぐさめています。雌ではかならず保護が必要とされるということでは、けっしてありません。これは習性の問題です。両性が保護をまったく同程度に必要とする分類群もあるし、雄が非常に保護を必要とする分類群もあるでしょうし（私はそう考えています）、また、これらの分類群が供給してくれるだろう事実を私はまだ知らないにもかかわらず、これらが最終的には私の見解を支持するだろうことに最大の自信をおぼえています。

　あなたの健康が回復することを願いつつ、それではまた。

親愛なるダーウィンへ　敬具

アルフレッド・R・ウォーレス

7

ウォーレスからダーウィンへ

1868. 9. 5

セント・マークス・クレセント　九番地、N・W
〔一八六八年〕九月五日

親愛なるダーウィンへ

　こんどの土曜日と日曜日に、あなたの親切なご招待をお受けすることは、大いなる喜びです。妻[1]もうかがうのをとても楽しみにしていまして、都合のつくかぎりいっしょにまいります。困ったことに、ちょうどその日に新しい召使が来ることになっていて、赤ん坊[2]が一歳半という悪戯ざかりでだれかほかの人に預けるわけにもいかないのですが、なんとかして折り合いをつけます。

　あなたが書かれていた時間に間に合うかどうか、金曜日に一筆さしあげることにします。それではまた　敬具

アルフレッド・R・ウォーレス

金曜日

親愛なるダーウィンへ

　妻も明日いっしょにうかがう支度ができたところです。

（1）妻のアニーについては、5－4の注12および5－8の注1を参照されたい。

（2）長男ハーバート・スペンサー・ウォーレス。前年の六月ごろ生まれたらしいが、ウォーレスは記録をほとんど残していない。七歳で死亡し、ウォーレスには辛い思いだったらしい。7－2およびその注5を参照。

（3）オーピントン駅はこの年（一八六八年）の三月二日にできたばかりなので、ダーウィンが列車の到着時刻や駅についてあれこれ説明していたのだろう。いまダウン・ハウスを訪れるなら、ロンドンのヴィクトリア駅からサウス・イースターン・レイルウェイズの便に乗ってオーピントン（Orpington）駅かブロムリー・サウス（Bromley South）駅で降り、一時間に一本ぐらいあるバスで向かう（タクシーでもそう高くはないはず）。

おっしゃっていたとおり、五時四四分にオーピントン駅[3]に到着できると思います。敬具

アルフレッド・R・ウォーレス

8

ダーウィンからウォーレスへ

1868. 9. 16

ダウン、ブロムリー、ケント州、S・E

一八六八年九月一六日

親愛なるウォーレスへ

甲虫類が届きました[1]。心から感謝。私の生涯で、こんなにすばらしい生きものを見たことは一度もありません。こういうのが届くとは、考えていませんでした。液に漬けて調べる[2]のは、息子のフランク[3]が帰宅してからにします。箱をいただいてしまいたいのですが、この手紙といっしょに送り返すことにします。いかにも小心者ですね。

とてもうれしいのは雄のジャコウカリクロマ[4]です。偶然の一致ですが、一週間前にフランクに、来年の春になったらケンブリッジでジャコウカミキリ（*Cerambyx moscha-*

（1）前便（9-7）から考えて、ウォーレスがダウン・ハウスを訪問したときに送る約束をしたのだろう。ただし、どういう目的で、どのような甲虫類を送ったのかはわからない。

（2）展翅などのため液に漬けて軟化させるということか？　当時はどんな薬品を使ったのだろうか？　あるいはただのぬるま湯かもしれない。

（3）ダーウィンの三男フランシス（Francis Darwin: 1848–1925）。晩年のダーウィンの実質的な助手をつとめ、また父の死後に自伝と書簡集を編集した。

（4）*Callichroma* は中南米のカミキリムシ科の一種だが、詳細は調べられなかった。

（5）ダーウィンはおそらく、彼の性選択説を補強するために第二次性徴としてのにおいの例を探していたのだろう。哺乳類であればジャコウジカやジャコウネコというよく知られた例があるので、それに対応する例を昆虫で探していたものと推測される。ただし二年後に刊行された『由来』では、これらの甲虫の例も性臭についてもふれられていない。

tus（＝*Aromia moschata*）をたくさん捕まえるべきだ、そうすれば性臭[5]が絶対に見つかる！ と話していたところだったからです。

保護と性選択について私がひどく難儀しているといったら、あなたは嬉しいでしょうね。今朝にはあなたのほうへ揺れて喜んでいたのですが、夕方にはまたもとの位置に戻ってしまい、もうここから一歩も歩み寄れないのではと思ったりしています。

あなたたち三人の紳士[6]、とりわけあなたと話ができて、これ以上はないほど愉快でした。しかも、ほんとうに驚いたことですが、疲れて寝込んだりしなかったのです。ウォーレス夫人に、お会いできてとてもうれしかったとお伝えください。私の妻が在宅していたら、心から同じことをいったことでしょう。敬具

Ch・ダーウィン

今朝、イリノイ州のウォルシュ[7]から重要な手紙が届きましたが、くわしく書きはじめると長くなりそうです。

（6）ダーウィンのフッカーあての手紙（九月八日付け）によれば、「土曜日にウォーレス（たぶんW夫人も）、J・ジェンナー・ウェア（非常にいい男です）、それにブライスがやってきて、（たぶんベイツはだめでしょう）、日曜日に泊まっていきます」（『D旧書簡集・補』第一巻、三〇九頁）。ジェンナー・ウェアについては6－2の注4、ブライスについては1－3の注3を参照されたい。ベイツは、いうまでもなく若き日にウォーレスとアマゾンを探検したベイツであり、ベイツと彼の「擬態説」については第6章冒頭の解説で少しくわしく述べた。

（7）ウォルシュは米国の昆虫学者。巻末の人名解説を参照。

9

ウォーレスからダーウィンへ

1868. 9. 18

セント・マークス・クレセント　九番地、N・W
一八六八年九月一八日(1)

親愛なるダーウィンへ

　雌の色彩についてのあなたの見解について考えれば考えるほど、私には受け入れるのが困難とわかってきます。それに、あなたはこの問題について執筆中なのですから、「相手側の弁論」に耳を貸すことが仕事のじゃまになったりしなければと願っています。

　以下に書き連ねるのは、私の「一般」論拠と「個別」論拠です。

1　雌の鳥類と昆虫類は一般に雄より危険にさらされているし、また昆虫の場合には雌の生存のほうが長くなければなりません。

2　したがってこれらの雌は、なんらかのかたちで特殊な保護という釣り合いを必要としています。

3　さて、かりに雄と雌が別の種であって、習性もからだのつくりも異なるならば、あきらかにより保護を必要と

(1)　『W書簡集』の編者注によれば、この手紙は書類のあいだから発見された下書き。『W自伝』にも同じ手紙が引用されている（下巻、一八―二〇頁）。

(2)　『種の起原』の第四章「自然選択」および第六章「学説の難点」の随所で強調されている。ただし、「それが必要とする」とは「その種が必要とする」ということである。ここでウォーレスが指摘しているのは、雌にとって有利なことが雄にとって有利とはならないということであり、根拠3の「かりに雄と雌が別の種であって、習性もからだのつくりも異なるならば……」、また根拠4の「したがって、自然選択がこのふたつの性に、それらがあたかもふたつの種のように作用する」という言葉とあわせ読むべきだろう。進化生物学で、雌雄のあいだの利害の葛藤というように、雄と雌とを別種のようにあつかう議論がされるようになったのは、一九七〇年代以降のことである。

(3)　「それ〔その習性〕は……」のカッコ内の挿入は、おそらく『W書簡集』の編者によるものだが、「それ〔雌雄の色彩の類似〕は保護のおかげで獲得され……」と解釈すべきかもしれない。樹洞内のような隠された巣で保護されているから、雄のあざやかな色彩が雌に伝えられたのかもしれないということである。ウォーレスは色彩と営巣習性について、後に『ダーウィニズム』（一八八九年）で次のように述べた――「営巣の様式が色彩に影響をおよぼしたのであって、色彩が営巣様式を決定したのではないと理解されるべき……色彩はより急速に変異するので、選択によってより変化しやすく固定されやすい……それに対して習性は……永続性がずっと強く変化しづらい」（一八八頁）。

(4)　次のダーウィンの手紙（9―10）の末尾近くの「色彩があざやか

していうほうが他方より目立たなくなるような色彩の相違が自然選択によって獲得されたことを、あなたは即座に認めるものと私は考えます。

4 しかしあなたは、一方の性にあらわれた変異は（しばしば）その性にだけに伝えられることを認めています。したがって、自然選択がこのふたつの性に、それらがあたかもふたつの種のように作用するのを妨げるものは、なにひとつありません。

5 同じ保護が雄にとってもある程度は有用だろうというあなたの反論は、私にはまったく意味をなさないように思われるし、またあなたが『起原』であれほど確信をもって力説した「自然選択は動物を、それが必要とする以上にはけっして改良できない」というご自身の教義《ドクトリン》に真っ向から対立するように思われます[2]。ですから、雄における色彩の豊富な変異を認めても、雄が自然選択によって雌に似るようになるということは、（雌の変異がつねに雄に伝達されるのでなければ）不可能です。なぜなら、雌雄の色彩の相違は雌雄のからだのつくりや習性の相違と釣り合っていなければならないからであり、また自然選択は雄に、この釣り合いの効果を達成させるのに必要なこと以上のものをもたらすことはできないからです。

で抱卵している雄の魚」のことだろう。

6　保護されている分類群のほとんどすべてで、雌が雄に完全によく似ているという事実は、私の考えでは、一方の性の色彩が他方の性に伝えられるという傾向が、その傾向が有害でないならば、あることをしめしています。

　あるいは、おそらくこの傾向が存在するがゆえに、保護が獲得されたというべきでしょう。したがって私は、隠された巣の場合には、それ〔その習性〕は保護のために獲得されたのかもしれないことを認めます。[3]

つづいて、個別の事例についてです。

7　非常に弱々しく飛ぶ南米のシロチョウ類（*Leptalis*）では、両性ともにドクチョウ科（Heliconidae）に擬態しています。

8　力のずっと強いアゲハ属（*Papilio*）、シロチョウ属（*Pieris*）、ムラサキ属（*Diadema*）では、一般に雌だけがマダラチョウ科（Danaidea）に擬態しています。

9　これらの例では、雌がしばしば雄よりあざやかで変化のある色彩を獲得しています。ときには、シロチョウ類の一種 *Pieris pyrrha* のように、かなり目立ちます。

10　アゲハ属（*Papilio*）、シロチョウ属（*Pieris*）、ムラサキ属（*Diadema*）の（あるいは他のどんな昆虫でも）雄だけがマダラチョウ属（*Danais*）やほかのものに擬態している例は、ひとつとして知られていません。

11　しかし、色彩は雄のほうによりしばしば見られ、また変異が性選択や他の選択のためにつねに準備されているようにみえます。

12　妥当な推論としては、一般議論の命題5に書いたこと、すなわち、どの種もどの性も選択によって、絶対的に必要なところまで変化しうるだけであり、それより先には一歩も進まないということになるように思われます。雄は、構造や習性ゆえに、雌ほど危険にさらされず保護を必要としないので、自然選択によってあたえられる以上の保護をもちえませんが、雌はより大きな危険に釣り合うようなんらかの特別な保護をもつにちがいないし、雌はなんらかのやりかたで保護を急速に獲得するのです。

13　保護が必要にみえるのに色彩があざやかな雄の魚[4]といった例から派生する反論は、私にとっては、次のようなこと以上の重みがあるとは思えません。たとえば、ベイツの擬態説に対して南米のシロチョウ類（*Leptalis*）には多数の白く保護されていない種が存在し、また木の葉に完全によく似たチョウは一種か二種しかいず、さらには、ある動物の保存にとって必須と思われる本能や習性あるいは色彩が近縁の種にまったく見られないということもしばしばあります。

10

ダーウィンからウォーレスへ

1868. 9. 23

ダウン、ブロムリー、ケント州
一八六八年九月二三日

親愛なるウォーレスへ

長文の手紙を書くのにどれほど苦労されたことか、とても恩義に感じています。いつまでも手元に置き、あれこれと考えをめぐらせることになるでしょう。この手紙に返事を書くには、フォリオ版ですくなくとも二〇〇頁は必要です！　一部の頁〔『由来』の原稿の〕を私がどれほど何度も書きなおしてきたかを知ってもらえたなら、私が真実にどこまで近づけるかをどれほど不安に思っているか、あなたにもわかってもらえるでしょう。

私たちの食い違いの主要な原因は、私の考えでは、おそらく私たちがそれぞれ別の点に、あまりに強く執着しているからだと思うし、その点においては二人の意見は一致していると思います。私はといえば、家畜化で起こっていると私が知っていることに大きな強調点を置いています。また私の考えでは、私たちは遺伝について異なった基本的な

(1)　『W書簡集』の原注——「赤い羽毛をもつ雄から雌が生まれるはずであり、その雌は赤い羽毛を欠いているにちがいないというだけでは十分でない。それらの雌はそのような羽毛を生じる潜在的な傾向をもっているはずであり、そうでなければ彼女たちの雄の子どもの頭の赤い羽毛を退化させることになるだろう。このような潜在的傾向は、老齢になったり卵巣が病気になったりしたときに赤い羽毛が生じればあきらかとなるだろう」。この原注を書いたのは、頭文字などの注記がないので、ウォーレスではなく、『W書簡集』を編纂したマーチャントだろう。とくに後半部で指摘されている「潜在的傾向」は今日の言葉でいえば「劣性の遺伝形質」と考えられるし、また二次性徴の性ホルモンによる支配という、当時はまだあきらかになっていなかったことを示唆している（本章冒頭の解説を参照）。

(2)　ズアオアトリ、ゴシキヒワ、ウソ、キクイタダキの例は、『由来』の第一五章「鳥類（続き）」の随所で議論されている。いずれも英国でふつうに見られる鳥類であり、観察や研究の蓄積があったからだろう。とくに同章の二八四頁（邦訳の第Ⅱ巻）の「たとえば、ズアオアトリの雌の頭、ウソの雌の胸の赤さ、アオカワラヒワの雌の緑、キクイタダキの雌の冠羽などがすべて、保護のために徐々にその美しさをゆっくりとうしなっていったということがあり得るのだろうか。私には、そうは思えない」の個所は、一部の例は差し替えられているが、ウォーレスへの反論として、この手紙の文面を使っていると考えられる。イエスズメ、アオガラ、クロウタドリについても同章の随所でふれられている。この章のうち二七六—八七頁（同前）が、ウォーレスの営巣習性と保護色の性差の説への回答となっている。

理解から出発していると思います。

私にとってもっとも理解が困難なのは、しかし、ありえないわけではないと考えていますが、たとえば、雄の小鳥の頭に数本の赤い羽毛が生えていて、それが最初には両性に伝えられるというとき、その赤い羽毛がどのようにして雄だけに伝えられるようになりうるかということです[1]。ですが、雄の数本の赤い羽毛が最初から性的に伝達される傾向があるのであれば、頭全体が赤くなることになんの困難も感じません。雌が同時にであれその後にであれ、保護のために、伝達が雌性に限定された変異の蓄積によって変化してきたかもしれないことを、私は認めてもよいと本当に考えています。この後者の点についての私の考えは、あなたが書いてくれたものに負っています。しかし、雌だけがしばしば保護のために変化してきたということについては、私はまだ自分を説得できていません。

面倒に思われるかもしれませんが、次のようなことをあなたならどう考えるか、ちょっと答えてもらうことはできるだろうか[2]——♀のズアオアトリの頭部がより質素で色彩があまりあざやかでないこと、♀のゴシキヒワの頭部があまり赤くなく色彩がはっきりしないこと、♀のウソの胸がほとんど赤くないこと、キクイタダキの冠羽が白っぽいこと、等々は、保護のために獲得されたのだろうか？　私に

（3）　雌の保護色が自然選択で進化するならば、雌間のささいな色彩の相違に保護上の適応的な効果がなければならない。ダーウィンは『由来』でも、その効果を否定的に見ている——「しかし、たとえばクロライチョウとアカライチョウの雌間に見られる違いのようなほんのわずかの差異が、保護の役に立っていると信じられるだろうか？……ヤマウズラ……コウライキジとキジとキンケイ……ウォーレス氏は、東洋のいくつかのキジ科の鳥類の習性を観察し、このようなわずかな差異が役に立っていると考えている。私としては納得できないというほかない」（邦訳の第Ⅱ巻、三〇〇頁）。

（4）　色彩があざやかで抱卵している雄の魚の例については、『由来』の第一二章「魚類、両生類、爬虫類の第二次性徴」の末尾部分で議論されている。あざやかな雌のチョウの例は、『由来』の第一一章「昆虫（続き）——鱗翅目」で、擬態の例として議論されている。

はそう考えることはできません。私に考えられるのはせいぜい、イエスズメの♀と♂のあいだのそれなりの相違、あるいはアオガラ（*Parus caeruleus*）の♂が♀よりずっとあざやかなのは（このどちらも被いの下に〔巣を〕作ります）、保護に関係しているだろうということぐらいです。クロウタドリ〔の♀〕があまり黒くないことが保護のためかどうかさえ、私はかなり疑問に思います。

もう一点、次のことの理由をしめすことができるだろうか[3]——雌のキジ、雌のセキショクヤケイ（*Gallus bankiva*）、雌のクロライチョウ、雌のクジャク、雌のヤマウズラのあいだのちょっとしたちがいは、すべてささいに異なる条件下での保護に特別な関係をもっているのだろうか？　私はもちろん、これらがすべて地味な色彩によって保護されていることを認めるし、これらの地味な色彩はなんらかの地色の地味な祖先から派生したものと考えます。またこれらのちがいの一部を、私は雄からの色彩の部分的な転移と、長すぎて特定できない他の方途によって説明します。ですが私は、それぞれがその環境に隠蔽されるための特別な適応だと考えるべき理由を、ぜひ知りたいのです。

あなたとの食い違いを、私は悲しんでいます。本当にいやになってしまうし、自分が信じられなくなってばかりいます。

私たちがたがいに十分に理解しあうことが、けっしてないのではと恐れています。色彩があざやかで抱卵している雄の魚の例を、またあざやかな雌のチョウ[4]を、私が重要なこととみなすのは、一方の性が、他方の性になんであれかならずしも美しさを転移することなく、あざやかになれるかもしれない、ただそれだけのこととしてです。これらの例では、他方の性で美しさが選択によって阻止されたとは、考えることができないからです。

　この手紙を読んであなたがこまったりしなければと懸念しています。♀の小鳥とキジ科の鳥類（Gallinaceae）について、ほんの短い手紙で答えてもらえたら、それだけで十分です。これからもよろしく、親愛なるウォーレスへ

Ch・ダーウィン

敬具

11

ウォーレスからダーウィンへ

1868. 9. 27

セント・マークス・クレセント　九番地、N・W
一八六八年九月二七日

親愛なるダーウィンへ

あなたの考えでは、一方の性で生じた変異はその性にだけ伝えられる、あるいは両方の性に同等に伝えられる、あるいはより稀には部分的に転移するということのようですね。しかし性的な色彩には、まったく似ても似つかない例から完全に同一な例まで、あらゆる漸次移行が見られます。もしこれを遺伝の諸法則だけで説明したなら、一方ないし他方の性の色彩は（その環境と関係して）つねに偶然の問題となってしまいます。そんなふうに考えることは、私にはできません。遺伝の諸法則よりは、それを利用する選択のほうが強力だというのが、私の考えです。そのことは、チョウの雌に二型、三型あるいは四型があって、私はほとんど疑っていないのですが、そのどれもが保護のために特殊化しているという例からあきらかです。

あなたの第一の質問への答えが、不可能ではないにして

（1）　過去の選択による適応は、ウォーレスのとくに強調していたことであり、ダーウィンの死後に刊行されたウォーレス『ダーウィニズム』（一八八九年）では重要なポイントのひとつに数えられている――「本書中で議論されている新奇あるいは興味深く、また自然選択説に重要な意味をもっている問題のひとつは……種のもつ形質のすべては、それ自身が有用か、あるいは有用な形質と関連性がある（あるいはかつてあった）ことの立証である」（「序言」）。あらゆる形質に適応的な有用性を認めるこの考えは、「自然選択万能主義」として批判されることがある。

（2）　この傾向について、後に『熱帯の自然』の第5章「動物の色彩と性淘汰」で議論を展開した。

（3）　この南米産のシロチョウの雌の色彩について、ウォーレスは後に『熱帯の自然』の第5章で、有毒なドクチョウへの擬態で説明している（ちくま学芸文庫版の二六一頁）。

（4）　レンジャク類は翼の次列風切羽の先端に水滴型の赤い蠟状物質の突起があり、これが英名 waxwing の由来となった。これについてダーウィンは『由来』で、全体的な体色に性差はないが、風切羽の赤い蠟状の突起は「雌には雄ほど早い時期からは発達しない」ことを指摘している（第一五章、邦訳の第Ⅱ巻、二八六頁）。

（5）　『マレー諸島』の印刷がはじまったということだろう。翌年三月九日に刊行された。

（6）　一週間後の一〇月四日付けの手紙もほぼ同じ内容であり、いずれかが下書きだった可能性がある。あるいは気持ちのはやるウォーレスが、一週間前の手紙のことを忘れて同じことを書いたのか？

も、いちばん困難です。なぜなら、雄だけが性選択によってよりあざやかな色彩を獲得したのか、雌が保護の必要性のために地味な色になったのか、あるいはこのふたつの原因が作用したのかを決定できるほど十分な証拠が、ささいな性的相違の個々の例には見つからないからです。いま存在する種の性的な相違の多くは、異なった条件のもとに存在していて、保護の必要性がいまより大きかった、あるいは小さかった親種から受け継いだ相違なのかもしれません。[1]

以前に認めたことがあると思いますが、雄のほうがよりあざやかな色合いを獲得するという一般的な傾向[2]が（たぶん）あります。しかしこの傾向は、普遍的ではありえません。数多くの鳥類や四足動物の雌が同程度にあざやかな色合いを獲得しているからです。

南米産のシロチョウ（*Pieris pyrrha*）の♀の例[3]は、雌だけが保護のために大きく変化しうることを証明している、と私は考えます。

第二の質問には、もっと明確に答えることができます。あなたがあげられたキジ科（Gallinaceae）の雌は、保護の必要性のために変化したか、あるいは雄のあざやかな羽衣の獲得を阻止されたというのが、私の考えです。私の知っているところでは、ジャワのクジャクの雌は草や木の葉の茂った植生のあいだで見られるのに対して、セキショクヤケイ（*Gallus bankiva*）はより乾燥し、より開けたところでよく見られ、〔それぞれの生息環境は〕この二種の色彩に対応しています。それからセイランの♂と♀ですが、これらが住んでいる背の高い森林の枯葉に対応した色合いによって保護されていると、私は確信しています。また華麗なセアカキジ（*Lophura viellottii*）の雌は、非常によく似た濃い褐色をしています。ただし私は、この問題が個々の例で解決できるとは毛頭思っていません。この問題は、大量の事実が集積されなければ解決しません。

　鳥類の多くの雌の色彩は、私としては、保護されていることに疑問の余地のないタシギやヤマシギ、チドリなどの両性の色彩と厳密に類似しているように思われます。

　さて、あなたの見解にもとづいて、雄の小鳥の色彩が性選択によって次第にあざやかになり、その色彩のかなりが雌に転移して抱卵中の雌にとって積極的に有害なまでになって、その品種が絶滅の危険にさらされていると仮定してみましょう。そのときあなたは、雄のあざやかな色彩をあまり獲得しなかった雌や、保護される方向に変異した雌はすべて保存され、このようにしてすぐれた保護色が獲得されるとは考えないのでしょうか？　あなたがもし、このようなことが起こりうることを認め、またこのようなことが頻繁には起こらないはずだとする、それなりの理由をしめすことができないのなら、これが私の見解の主要な点なのですから、二人の意見はもはや食い違っていないということになります。

レンジャク（*Bombycilla*）の赤い蠟端[4]は、その巣に使われている地衣類の赤い結実器官のみごとな擬態であり、だから雌にもそれがあるのだと、あなたは考えたことはありませんか？ とはいえ、この形質はとても性的なもののように見えます。

今週、印刷がはじまります[5]——敬具[6]

アルフレッド・R・ウォーレス

追伸——この問題のことで、あまり悩んだりなさらないでください。いつかは解決するわけですし、最後にはあなたの偉大なお仕事のちょっとした逸話となるのですから

——A・R・W

12

ダーウィンからウォーレスへ

1868. 10. 6

ダウン、ブロムリー、ケント州、S・E

一八六八年一〇月六日

親愛なるウォーレスへ

あなたのお手紙[1]は、私にとってきわめて有用なものであり、またあらゆる意味で思いやりにあふれています。長々とした返事を書こうとは思いません。おたずねのことにだけ、お答えします。両性がたがいに非常に異なり、またセキショクヤケイ（*G. bankiva*）の両性とも大きく異なっている品種があります（すなわちハンブルグ種[2]です）。また両性とも選択によって不変に保たれています。

スペイン種[3]の♂の鶏冠は直立するよう、またスペイン種の♀の鶏冠は垂れ下がるようにされ、これはうまくいっています。狩猟鳥[4]のなかに、♀が非常に異なっていて♂はほとんど同一な亜品種がありますが、しかしこれは見たところ、特別な選択とは関係のない自然発生的な変異の結果のようです。

極楽鳥の♀の例[5]のことが聞けて、とても嬉しく思ってい

(1) ウォーレスの前便（9-11および本書に未収録の一〇月四日付けの手紙）にセキショクヤケイやニワトリについての質問も見られないし、この手紙の後半の極楽鳥の雌についての説明も見られない。一〇月四日付けの手紙は二枚目が紛失しているので、その部分に書かれていたのかもしれない（9-11の注6参照）。

(2) 家禽のニワトリはセキショクヤケイから家畜化された。ハンブルグ種はその一品種で、ドイツないしオランダ原産の卵用ないし鑑賞用。羽衣の色彩の変異が大きい。ダーウィンは前便で本人がいっているように、家畜や家禽の調査から彼の理論の多くを引き出した。じっさい、このハンブルグ種のニワトリの例が『由来』の第一五章に、手紙で述べられているように、雌雄でいちじるしい相違があり、しかも両性とも親種（セキショクヤケイ）と異なる例として引用されている（邦訳、第II巻、二七〇頁）。

(3) スペイン種がどのような品種なのか、調べはつかなかった。『由来』（同前、同頁）でダーウィンは、両性ともとさかが大きいので、とさかの大きさが雌にも遺伝したことを認めたうえで、雌のとさかが垂れ下がるという特徴を人為選択で固定できたことを指摘し、垂れ下がるという形質は雌だけに限定的に、またとさかが直立するという形質は雄だけに限定的に遺伝するにちがいないと論じている。

(4) 狩猟鳥というので、ライチョウかウズラの仲間と考えられるが、具体的に何を指しているのかは不明。

(5) ダーウィンは極楽鳥が一夫多妻かどうかについて、同年二月二二日付けの手紙（7-6）でウォーレスに問い合わせていた。ここではまた別の側面についてのウォーレスの説明についてのことなのだろう。

ます。

　鳥類の雌だけが保護のために変化した可能性について、私はこれっぽっちも疑ったことは一度もありません。またチョウ類についても、ずっとそう考えてきました。私が望んでいるのはただ、鳥類の雌だけが保護のために色彩が変化したという証拠だけです。しかし、そのときには、雌の鳥やチョウがそれによって保護色を獲得できる、あるいは保護色を獲得した変異は、おそらく最初から転移が雌性にかぎられた変異だったと私は考えるし、そうならば雄の変異についても、雄が雌より美しいとき、その変異は雄にだけ伝達されるというように性的に限定されていると私は考えます。

　あなたがご自分の原稿に一所懸命になっていると聞き、私は喜んでいます――敬具　Ch・ダーウィン

たとえば、ウォーレスは『マレー諸島』（一八六九年）のなかで、極楽鳥類の色彩と飾り羽の発達が身体の部位によって異なることを指摘し、雌が配偶者となるべき雄を選り好みすることによる性選択の好例だとして、ダーウィンの性選択説を支持する説明をしている（拙訳、下巻の三七六頁）。

第10章　『マレー諸島』と心霊研究宣言

ウォーレスの主著『マレー諸島』は、八年におよぶ探検から帰国して七年目、一八六九年三月九日にマクミラン社から刊行された。特装版を謹呈されたダーウィンは、「私の子どもの子どもまで誇りにするでしょう」と礼状の末尾をむすんだ（10-5、一八六九年三月五日付け）。孫の代までの誇りとされたのは、『マレー諸島』の冒頭にしたためられた献辞である——

『種の起原』の著者
チャールズ・ダーウィンに
私の尊敬と友情のしるしとしてだけでなく
彼の天賦の才とその著作への
私の心からの敬愛の念を表明するため
本書をささげる。

しかし、この三月九日をはさむわずか数ヵ月のあいだに、ウォーレスは「変身」し（11-4）、彼自身とダーウィンの「子どもを殺めて」しまった（10-8）。すなわち、自然選択説の人間の知性的な進化への適用の否定である。

　ウォーレスは世紀を越えた一九〇五年に自伝『我が生涯』で、ダーウィンとの主要な意見の相違を四点あげた（『W自伝』下巻、一六―二二頁。本書第8章冒頭の解説を参照）。その第一点目、もっとも本質的な意見の食い違いが、「知性的および道徳的な存在としての人間の起原」であった。彼はこの点について、次のように説明している。

「この大きな問題についてのダーウィンの信念と教えは、人間の本性はすべて（身体的にも、精神的にも、知性的にも、道徳的にも）下等な動物から、変異と生存という同じ法則によって発達したというものであった。この信念の帰結として、人間の本性と動物の本性とのあいだに種類（カインド）のちがいはなく、ただ程度だけが異なるということになる。いっぽう私の見解は、人間と動物とのあいだには、知性的および道徳的に、種類のちがいがあるというものであったし、いまもそうである。そして、人間の身体が祖先のなんらかの動物種《アニマル・フォーム》からの継続的な変形によって発達してきたことは疑いないにしても、人間の高度に知性的および精神的な性質の発達のためには、最初に有機的な生命を生みだし、そして意識を起原させたのと類似《アナロガス》な、なんらかの異なる作用因が働くこととなった、ということだ。この見解が最初にほのめかされたのは、一八六四年の「自然選択下における人種の発達」に関する私の論文の最後の文章においてであり、一八七〇年の私の『試論集〔自然選択説への寄与〕』の最終章でより十分に論じられた」（『W自伝』下巻、一六―七頁）。

この回想には一個所、あきらかな記憶ちがいがある。一八六四年の論文とは第4章で紹介した「人類論文」のことであり、末尾でも他の部分でもこのようなことはほのめかされていない。第4章冒頭の解説で述べたように「人類論文」では、知性が発達しはじめた時点から自然選択は身体的な形質ではなく精神的な形質に作用するようになった、すなわち身体的な形質は不変なまま、精神的な形質が進化するようになったと主張された。

人間の精神的な進化は自然選択では説明できないとウォーレスが最初に主張したのは、ライエル『地質学の原理』改訂版などの三六頁にもおよぶ長文の書評（Wallace, 1869a）においてであり（以下では「原理書評」と略記。10‐2の注1参照）、『クォータリー・レヴュー』誌の一八六九年四月号に掲載された。ライエルが人間の進化を議論した「人類の起原と分布」の章にふれながら、ウォーレスはその内容には立ち入らずに、「これまでにこの主題を論じた全員が無視してきたと思われる問題のいくつかの側面について」、三頁を費やして「手短に所見」を述べた。人間の「道徳的で高度に知性的な性質」、「この世界に意識をもつ生命が最初に出現したこと」は、自然選択など進化論では説明できないとするだけでなく、「人間の脳、言葉の器官、手、外形〔直立姿勢、皮膚の裸出など〕」も「変異と最適者生存の学説」では説明がきわめて困難だというのである。

一八六四年の「人類論文」では、知性の発達にともない身体的な形質ではなく精神的な形質が自然選択によって進化しはじめたとされた。それから五年後、精神的な形質は自然選択で説明できないとされ、さらにそれだけでなく、身体的な形質の一部まで、人間を人間たらしめているとされる裸の皮膚、二足歩行、言語器官という身体的な形質まで、進化の自然選択説の例外とされた（後年の『ダーウィニズム』（Wallace, 1889）では、『W自伝』で述べられているように、身体的形質は自然選択で説明できるとされ、精神的形質だけを例外とした）。彼の議論の中心に据えられているのは、人間の脳の発達である。

「下等な未開人《サヴェージ》および、知られているかぎりでは有史以前の人種の脳に、高等なタイプ（たとえば平均的なヨーロッパ人）のそれと、大きさも複雑さもほとんど劣っていない器官がある……しかし、たとえばオーストラリア人《アボリジニ》やアンダマン諸島人といった下等未開人が精神的に必要とするのは、数多くの動物のそれをほんのわずかにうわまわるだけのものである。彼らにとって高度に道徳的な能力あるいは純粋な知性や洗練された情緒は不用であり、かりにそれが現れていたとしても稀なことだし、彼らの必要や欲求、あるいは幸福には関係がない。それでは、どのようにしてひとつの器官が、その所有者の必要をはるかに越えて発達したのか？　自然選択は未開人に類人猿のそれよりわずかにすぐれた脳を賦与できるだけなのに、未開人はじっさい、われわれ学者社会の平均的な会員のそれにほとんど劣らない脳を所有している」（「原理書評」三九一―二頁）。

　ウォーレスの以上のような議論は、後に『ダーウィニズム』（一八八九年）で明確に主張される「実用主義《ユティリタリアニズム》」の論理につらぬかれている。どんな形質もなんらかの役に立っている、あるいは過去に役立っていたからこそ選択されてきたという主張である。いいかえれば、あらゆる形質に適応的な価値を見ようとする「適応万能主義」だ。この論理を逆転すれば、役に立たないものが自然選択によって進化するはずはないということになる。未開人や原始人にとって、われわれ現代人と同じ大きさの脳とその機能である知性が、どんな役に立ったというのか？　まして毛被を欠いた裸の皮膚は、生存闘争において圧倒的に不利ではないのか？

　もしウォーレスが、人間の脳とその機能などが自然選択で説明できないと主張するにとどまっていたら、問題はここまでややこしくはならなかっただろう。その後の研究の進展によって説明できるようになるかもしれないし、じっさい最近の進化生物学の進展はそのことを証明している。しかし彼はそれでは納得できなかった。そこで、人間の特殊な進化あるいは進歩を説明するために、家畜や栽培植物を作り上げてきた人間による人為選択とアナロガスな「力《パワー》」を想定し（「原理書評」三九三頁）、そして「より高度な知性」、自然法則を方向づけ「支配する知性」の存在をしめす証拠に目をつぶるべきではないと主張したのである（同、三九四頁）。

　彼はこの見解にもとづいて、「人類論文」を論文集『自然選択説への寄与』（Wallace, 1870a）に収録するさいに大幅に書き換えた（本人の記憶ちがいは、この書き換えに起因するのだろう）。またこの論文集の最終章「人類に適用したときの自然選択の限界」は、この書評論文の最後の部分をさらに展開したものである。

　ダーウィンがウォーレスのこの主張に度肝を抜かれ、狼狽し、いかに反論したかは、以下で紹介する書簡からあきらかだろう。自然選択説の共同提唱者ダーウィンとしては認めることなどとうていできない主張だった。しかも、タイミングが最悪だった。ダーウィンは『人間の由来と性選択』（一八七一年）を準備中であり、『種の起原』（一八五九年）では避けた「人間の起原とその歴史」の問題を本格的に展開すべく、考えをまとめようと最後の格闘をしていた（前章で紹介した性選択理論がその中心にあった）。ちょうどそのとき、自然選択説の共同提唱者が転向してしまったのである。ダーウィンの蔵書中の『クォータリー・レヴュー』誌一八六九年四月号の、ウォーレスの「原理書評」の先の引用個所には「No」の文字が書きこまれ、それに三本の下線が引かれ、さらに感嘆符が雨あられのように付されている（『W書簡集』一九六―七頁）。

　ウォーレスの転向の原因はなんであったのか？　ダーウィンの「二人の子どもを殺さないで」という悲痛な願い（10-8、9）に対する返答（10-10）で、ウォーレスは心変わりの原因が「一連の顕著な現象」すなわち心霊現象の研究にあることを告白した。ウォーレスが心霊研究に着手したのは、第6章冒頭の解説で記したように一八六五年の夏、すなわちロンドン人類学協会で「人類論文」を発表した一年後である。

　ウォーレスの心霊主義については、たとえばジャネット・オッペンハイムが『英国心霊主義の抬頭』（とくに三七五―四〇九頁）で詳細に検討している。彼女はウォーレスが心霊主義にはまった原因のひとつとして、交霊会で見聞きしたことを素朴に事実と認めてしまったこと、つまり自分の五感を素朴に信じ、手品やペテンだという批判に耳を傾けなかったことを指摘している。経験主義的な近代科学を信じるあまり、自分で見聞きした体験的な事実についてナイーブでありすぎたということだ。

　そこには姉の影響があったのかもしれない、と私は考えている。最初に調査した霊媒ニコル嬢（後のグッピー夫人）は当時、ウォーレスの姉ファニー・シムズ夫妻宅に居候していた。推測の域を出ない憶測を述べるべきではないのだろうが、ウォーレスには探検や研究を志した青年時代から、いわば「シスター・コンプレックス」があったという印象を私はもっている（米国で住み込み家庭教師をして両親の家計を助けていた優秀な姉であり、帰国後にはウォーレス兄弟を一週間のパリ旅行に招待してくれた。そのパリで自然史博物館を訪れたことが、ウォーレスの探検博物学者への決意を最終的にかためたと思われる）。その姉が紹介した霊媒だからということが、ウォーレスの警戒心を弱めたのではないか。そして、未知の事実を自分の眼で見てしまった（そう思いこんだ）ことが、深みにはまるきっかけとなった。

　また「写真」ということも気になる（この場合も、姉が関係している。姉の夫シムズはロンドンのもっとも初期の写真館主の一人で、ウォーレスがマレー諸島探検から帰国したときにはすでに営業していた）。英国ではじめて「心霊写真」が話題になったのは、上述の霊媒「グッピー夫人」が「写真家のハドソン氏（Mr. Hudson）」に撮影してもらった「一八七二年三月」のことだが、米国ではその「一〇年」前から話題になっていた（ウォーレス『心霊と進化と』邦訳版の第三部第五章「心霊写真現象の検討」）。

　気になる理由は、この前後の時代には「写真」と「客観的事実」、「科学的事実」をめぐる議論が欧米でさかんに議論されていたと考えられることである。たとえばフランスでは、有名な「ドレフュス事件」（一八九四年）で「筆跡鑑定」が決定的な証拠とされたが、その鑑定のさい文字のひとつずつを「拡大写真」にし、それを重ねて一致の程度を統計的に推定する「重畳式計量筆相学」の手法がとられたという（菅野賢治『ドレフュス事件のなかの科学』）。この筆跡鑑定で重要な役割を演じたベルティヨン（Alphonse Bertillon：1853-1914）は、「人体計測学（Anthroponetry）」を提唱したことでも知られ、そこでも写真が強力な道具と位置づけられていたことを見逃すべきでないだろう（ベルティヨンの開発した他の手法も含め、渡辺公三『司法的同一性の誕生』が詳細な検討をしている）。このベルティヨンの父親（Louis-Adolphe Bertillon：1821-1883）が、骨相学でも有名な人類学者ブローカ（Paul Broca：1824-1880）とともにパリ人類学協会を創設（一八五九年）したという事実も見逃せないだろう（詳細の説明は省くが、ウォーレスの心霊主義への関心は若いころからの骨相学への興味と関連していたし、また骨相学は後の大脳の機能局在論という近年の脳科学の基本的な考えかたに先駆的な役割を果たしたとされることもある）。

　ウォーレスが心霊主義に深くかかわった前後の時代には、写真と客観的な事実との関係についての議論に大きな混乱があったと見ていいだろう。その例に、コナン・ドイルが本物と信じて失態を演じた「妖精写真」を含めてもいい――一九一六年の「コティングリー妖精事件」のことである。考えてみれば、「photograph」は「光の（photo）」の「図（graph）」にすぎないにもかかわらず、なぜ日本語では「写真」という「真実を写す」かのような言葉に翻訳されたのだろう。「写真」と「客観的事実」との混乱は、「心霊写真」や「ＵＦＯ写真」がいまでも話題になることがあるように、未解決のまま今日も尾を引いているらしい。

　閑話休題……オッペンハイムはまた、ウォーレスが若い時代に接触したオーエン主義に強い共感をおぼえていたこと、そして同じころにキリスト教を放棄していたことも、彼の心霊主義と無関係ではないだろうという。ウォーレスには強い社会正義感があった（晩年には社会主義者を自認し、土地の国有化を主張しただけでなく、最後には私有財産の否定まで主張するようになる。エピローグの章を参照）。中流下層階級出身の一四歳の少年労働者として人生を開始した彼は、社会の進歩すなわち人間の進歩＝進化を心から願っていた。しかし当時の社会状況をまじめに考えれば考えるほど、オーエンの描いた理想社会は見えなくなっていく。また進化の自然選択説が、一歩まちがえると、過酷な労働を強いる資本主義や植民地争奪にあけくれる帝国主義を正当化する「社会ダーウィニズム」に堕することを、ウォーレスは早いうちから見抜いていたのかもしれない。

最後にもう一点、ウォーレスの人間進化論と社会正義感との関係で、これまでの研究では見落とされていた重要な問題を指摘しておきたい。それは、ウォーレスの人間論に変化が見られたのは一八六九年の「原理書評」が最初ではないということである。その直前に刊行された『マレー諸島』で、ひとつの無視できない変化があった。

「原理書評」が掲載されたのは、『クォータリー・レヴュー』誌の一八六九年四月号であり、ダーウィンはウォーレスが書評を「書こうとされていると聞い」たと同年一月二二日付けの、『マレー諸島』の献辞（先に引用した）を快諾した手紙（10-2）に書いている。したがってこの原稿が書かれたのは一月から四月までのいつかだと考えて、まずまちがいないだろう。『マレー諸島』の刊行は同年の三月九日である。ウォーレスの晩年の回想によれば、『マレー諸島』の「印刷がなかなか進まないあいだに書いた何編かの論文」のひとつが、「原理書評」だった（『W自伝』上巻、四〇六頁）。ダーウィンに『マレー諸島』の献辞の許可を求めた一月二〇日には原稿はすでに完成し、また印刷もそれなりに進行していたと考えていいだろう。彼はこのせいぜい数ヵ月間というごく短期間に、以下に述べるように二段階のステップをへて「変身」した。

『マレー諸島』の末尾は有名な文明批判の文章でむすばれている。ハーバート・スペンサーに着想をえたと考えられる「警察も法律もない」理想社会が、むしろ未開人と呼ばれる人々のあいだで見られるという指摘であり、ひるがえって文明社会とされる英国などの状況は、犯罪が多いだけでなく法律も多すぎる野蛮な状態にあると激烈な調子で批判される。この部分は、第4章冒頭の解説で指摘したように、一八六四年の「人類論文」で描いた人類進化の将来の理想社会を、主人公を将来の文明人ではなく彼が出会った未開人と呼ばれる人々に置き換えて焼きなおしたものにほかならない。あきらかにウォーレスは人間の進化についての考えかたに、大幅な変更を加えたわけである。これが一段階目の「変身」であるが、このときには心霊主義はまったく関与していない。これだけ激烈な文明批判の文章を書いているとき、心霊主義が入り込む余地はないだろう。

一八六四年の「人類論文」では、この警察も法律もない理想社会はゲルマン諸民族が南方の下等人種を駆逐した後に訪れるだろうとされていた。ウォーレスの「人類論文」における人種差別主義と『マレー諸島』での転向については別のところでくわしく論じ、転向を導いた要因としてアルー諸島ドボの村での体験を強調した（拙論「第二ウォーレス線——人種論と進化論」）。『マレー諸島』第30章でのドボの描写（拙訳の下巻、二〇五—八頁）と、末尾での警察も法律もない理想社会の描写（同、四三八—四一頁）とがよく似ているし、彼自身がこの文明批判を「いまだ文明化していない人間の観察から学んだ教訓」だといっているからである。

しかし、ウォーレスの「変身」のその後の経緯をあわせ見るならば、探検中の経験よりもむしろ彼の社会正義感を重視すべきだったのかもしれない。英国の当時の現状への不満と批判であり、その改革への強い願望である。一八六四年の「人類論文」は論文集『自然選択説への寄与』（一八七〇年）への収録にあたって、先にも述べたように、「変身」した立場から大幅な修正が加えられたのだが、彼はその末尾で次のように述べている。

「……いまわれわれが暮らしているのは、世界史におけるひとつの異常な時代である。そうなったのは、科学の驚異的な発展と多大な実用的な成果が、それをどのように利用するのが最適かもわからないほど道徳的、知性的に低い社会に、それが結果的に恩恵にも災いにもなってしまうような社会にもたらされたからである。現在の文明国では、自然選択が道徳性や知性の永続的な前進を保証するように作用することは、どんなかたちであれ不可能なように思われる。なぜなら、人生をもっとも成功させもっとも急速に増殖するのは、道徳性と知性の両方において、低い人々ではないにしても、凡庸な人々であることに議論の余地がないからである。だが、高い道徳性という世論への感化にも、また知的な向上への一般的な希求にも、疑いなく前進——概して着実で永続的な前進——が見られる。この前進は、どのようにしても〝最適者生存〟に帰することができないので、私としては次のように結論せざるをえない。この前進をもたらしたのは、栄誉ある資質に固有の進歩する力であり、この資質が私たちを仲間の動物たちより測定不能なほどに高く向上させ、また同時に、われわれよりも高次の他の存在がいるという確たる証拠をあたえてくれているのである。こういった資質はこの高次の存在から派生したのかもしれないし、またわれわれはこの高次の存在に向かってつねに進んでいっているのかもしれない」。

ここには『マレー諸島』末尾に見られる「未開人」評価の

言葉はない。論文全体を見ても、また「原理書評」の人間論をさらに展開した「人間に適用したときの自然選択説の限界」（『自然選択説への寄与』の最終章）においても、未開人の道徳性の評価は後退している感を否めない。未開人の知性についてはなおさらであり、むしろ今日から見れば差別的な視点を指摘しないわけにはいかない。

　ウォーレスの独特の人間進化論、心霊主義が組み込まれたまちがえた進化論を、どう位置づけたらいいのか。とくに青年時代からの社会正義感や晩年の社会主義思想との関係をどうとらえるべきかは、オッペンハイムも困難な問題だとして結論を保留している。

　いっぽうのダーウィンが人間に進化論をどう適用したかについては、まずは『人間の由来と性選択』（一八七一年）を見ていただくのがいちばんだろう。

1

ウォーレスからダーウィンへ

1869. 1. 20

セント・マークス・クレセント　九番地、N・W

一八六九年一月二〇日

親愛なるダーウィンへ

マラヤ旅行の拙著[1]をあなたに献辞することを許可していただけたなら、私にとってそれ以上の喜びはありません。いうまでもなく、そのような名誉を望むべくもない小さな本ではあります。それでも、博物学のより高い枝[2]への趣味を伝える器にしようと、できるかぎりのことをしました。あなたはきっと、多分に好意的に評価されることでしょう。第二巻のなかほどまで来ていて、印刷屋の仕事が順調にすすめば、来月にはできあがります[3]。

『クォータリー・ジャーナル・オブ・サイエンス』誌の先月号をごらんになりましたか?　『フレイザー』誌の、自然選択は人類にはあてはまらないという記事について、秀逸な批評が載っています[4]。一頁で問題の核心をついているので、私は編集者に手紙を書き、著者がだれなのか問い合わせています。

(1)　ウォーレスの主著『マレー諸島（*Malay Archipelago*）』（一八六九年）のこと。「マラヤ旅行の拙著（my little book of Malayan Travels）」と書いているが、この時点で題名がまだ決まっていなかったと考える必要はないだろう。

(2)　「博物学の高い枝」ということをウォーレスはマレー諸島探検中から意識し、自然選択説論文の直前に書いた「アルー諸島の博物学について」に「われわれの科学のもっとも高い枝に博物学の著述家たちが……」という言葉が見える。そして「博物学はせいぜいが道楽であり、どうでもよい役立たずの仕事であり、不毛な事実の使い途のない蓄積にすぎない」という「広く流布している考え」に反論した。この美しくも勇ましい一節の全文は、拙著『種の起原をもとめて』の一九八頁で読むことができる。

(3)　『マレー諸島』上下二巻は、一ヵ月半後の一八六九年三月九日にマクミラン社から刊行された（拙訳、ちくま学芸文庫版の下巻に付した解題、とくに五四三頁）。

(4)　『フレイザー』誌（*Fraser's Magazine*）の自然選択説批判論文と、それについての批評について、調べはつかなかった。ダーウィンの『種の起原』の刊行時には、進化論を批判する書評を掲載していたことが、当時のダーウィンの書簡類からわかる。

(5)　スプルースについては、巻末の人名解説を参照。ウォーレスがアマゾン探検中に出会い、帰国後も親しくつきあった植物学者であり、スプルースの死後、遺稿がウォーレスによって編まれ出版された(Spruce, 1907)。

(6)　「性転換」現象だろう。栄養条件や社会的な条件で、雄から雌あ私の友人スプルース[5]のヤシについての論文が、明日の夕方にリンネ協会で読み上げられます。彼から聞いたところによれば、この論文には彼が「機能の変更」と呼ぶ発見のことが書かれています。ウスバヒメヤシ（*Geonema*）のひとつのやぶがすべて雌だったのが、翌年には同じやぶの全部が雄だったのを発見したそうです[6]！　彼はこれに類似した他の事実も発見しています。あなたがこの問題に興味をもたれるだろうこと、私はいささかも疑っていません。

あなたの体調がすぐれ、あなたの次の著作[7]が順調に進んでいることを願っています。ダーウィン夫人およびあなたの周囲の全員によろしくお伝えください。それでは、親愛なるダーウィンへ　敬具

アルフレッド・R・ウォーレス

追伸――『ガーディアン』紙（！）に載っていたライエルの〔地質学の〕原理についての賞賛すべき記事[8]をごらんになりましたか？　きわめて秀逸かつリベラルです。書いたのはバースのティヴァートン牧師館のジョージ・バックル師[9]で、私は彼にノリッジ[10]で会いましたが、徹底して科学的でリベラルな人物であることを知りました。たぶん聞きおよびのことと思いますが、『クォータリー〔・レヴュー〕』誌（！）に同じ主題の記事を書く約束をしました[11]。昨年の

るいは雌から雄への転換が見られる。植物では雌雄異株のテンナンショウ属の例がよく知られ、小型のときは雄になり、成長し根茎の栄養貯蔵が十分に多くなると雌になる。このヤシの場合の研究は調べていないが、「やぶ」ひとつが一株つまり一個体で、なんらかの栄養条件の悪化が雌株から雄株への転換をもたらしたと推測される。

(7)　ダーウィン『人間の由来』（一八七一年）。

(8)　『ガーディアン』紙に掲載された記事は未見。『ガーディアン』紙は英国国教の高教会派の新聞。リベラル左派の高級紙として知られるようになったのは、一八七二年に編集長に就任したC・P・スコットの功績によるものとされるので、この手紙の当時はまだ保守的な性格を強く残していただろう。

(9)　バックル師については不明。

(10)　一八六八年夏にノリッジで開催された大英学術振興協会の年次大会のこと。くわしくは9‐6の注1を参照。

(11)　ライエル『地質学の原理』改訂版などの「長文書評」のこと（くわしくは本章冒頭の解説を参照）。『クォータリー・レヴュー』誌は「トーリー党」の雑誌とされ、きわめて保守主義的な性格が強く、もともとは自由主義的な『エディンバラ・レヴュー』誌に対抗するために一八〇九年に創刊された（版元は『種の起原』を出したジョン・マレー社）。ちなみにオックスフォード集会（一八六〇年）でハクスリーと論戦し敗れたとされる逸話の主、ウィルバーフォース司教はトーリー党員だった。10‐9の注10も参照。

(12)　ウォーレスが書いたという「現代地質学」についての記事は、C・H・スミス（Smith ed. 1991）が作成した著作リストには見当たらない。

(13)　「教会の定期刊行物」というのは、おそらく『ガーディアン』のこと（右の注8を参照）。ライエルはいまだ進化論に完全には改宗していなかったが、それでも『種の起原』を高く評価していたので、そのライエルの『地質学の原理』を高く評価する記事を掲載したことに驚いているのだろう。

「現代地質学」についての記事[12]でC・ライエル卿に言及しなかった埋め合わせのためです。

まったく、トーリー党が急進的な選挙改革法案を通過させ、教会の定期刊行物がダーウィニアニズムを擁護するなんて、どうなっているのでしょう。[13]千年紀がもう間近なのにちがいありません。

——A・R・W

2

ダーウィンからウォーレスへ

1869. 1. 22

ダウン、ブロムリー、ケント州、S・E

一八六九年一月二二日

親愛なるウォーレスへ

献辞してくださるとのこと、たいへん嬉しいことです。とても名誉なことであり、楽しみにしています。これは嘘偽りのない気持ちです。

あなたが『クォータリー〔・レヴュー〕』誌に書こうとされていると聞いて、ライエルのためにも、また一般的な意味でも、すばらしいことだと思っています。[1] じつは少し前

（1）ライエルの『地質学の原理』第一〇版（一八六七—八年）と『地質学の基礎』第六版（一八六五年）についての長文書評（本章冒頭の解説も参照）。「地質時代の気候と種の起原についてのチャールズ・ライエル卿」という表題で、匿名で発表された。『W自伝』（上巻、四〇六頁）では、この匿名書評を自分が書いたことをあきらかにしているが、『W自伝』での位置付けは表題のとおりであって、本章で問題としている人間の進化についてのウォーレスの転向にはふれていない。この矛盾ないし不自然さの原因は、おそらく、彼が自分の転向を一八六四年の「人類論文」（本書第4章でくわしく紹介した）でなされたと勘違いしていたためであろう（『W自伝』下巻、一七頁）。この長文書評の最後の部分を詳細に展開して書き下ろしたのが、翌春に刊行された論文集『自然選択説への寄与』の最終章「人類に適用したときの自然選択の限界」である（Wallace, 1870a）。この論文は『自然選択と

に、あなたが『クォータリー』誌に書いてくれたらと考えていたところでした。あなたがときどき定期刊行物に書かれているのを知っていましたし、『クォータリー』誌に書けばもっと広く読まれるだろうと考えたからです。

『ガーディアン』紙のことを教えていただき、お礼を申しあげます。ライエルから借りてみます。『クォータリー・ジャーナル・オブ・サイエンス』誌の記事のことはすでに気づいていて、『フレイザー』誌と『スペクテイター』誌(2)の記事といっしょに再読しようと手元に置いてあります。

私の通常の研究は中断中です。『起原』の新しい版(3)の準備のためで、かなり苦労しています。二、三の重要な点について、それなりに修正できればと願っています。私はつねづね個体差は単一変異より重要だと考えていましたが、いままでは個体差は卓越して重要だという結論に到達しました(4)。この点について、あなたと私の意見は一致していると思っています。フリーミング・ジェンキンの議論が私を納得させました(5)。

あなたの新しい本がほぼ完成しつつあるとのこと、心からお祝い申しあげます。ではまた、親愛なるウォーレスへ　敬具

Ch・ダーウィン

熱帯の自然』(Wallace, 1891) に、そのまま再録されていると考えられるので、ここではこの一八九一年版を参照した。

(2) 『スペクテイター』誌の記事については不明。

(3) 『種の起原』第五版。発行は一八六九年八月七日とされる (Peckham ed., 1959. p. 24) が、奥付には一八六九年五月とある (『D旧書簡集』第三巻、三六三頁)。

(4) 第五版で、この趣旨にそって改訂が加えられた。『種の起原』の第四章「自然選択」の注29の挿入であり、『人間の由来と性選択』でも同じことを脚注で述べている (邦訳の第Ⅱ巻、二四四頁の脚注32)。ジェンキンからどういう示唆を受けたか、あるいは受けなかったかについて、ボウラー『進化思想の歴史』にややくわしい検討がある (三四〇―四頁)。

(5) F・ジェンキンが『ノース・ブリティッシュ・レヴュー』誌の一八六七年六月号に寄せた『種の起原』の書評 (『D旧書簡集』第三巻、一〇七頁)。ジェンキンの議論の一部については、ウォーレスがすでに一八六七年にアーガイル公批判のなかで取り上げていた (7－3とくに注6を参照されたい)。なお「単一変異」というのは、家畜や栽培植物でときどき見られる「変わりもの (sport)」など、その一個体にだけ現われた突発的な変異のこと。ダーウィンは準備中だった『種の起原』第五版で、ジェンキンの意見を書き加えた (右の注4を参照)。

3

ウォーレスからダーウィンへ

1869. 1. 30

セント・マークス・クレセント　九番地、N・W

一八六九年一月三〇日

親愛なるダーウィンへ

フリーミング・ジェンキンの単一変異の重要性についての議論はどこに出たのか、教えていただけませんか[1]？　というのも、私はいまのところ正反対の意見をかなり強くもっていて、個体差あるいは種の一般的な変異性[2]こそが種を変化させ新たな環境に適応させると考えているからです。

変異あるいは「変わりもの《スポーツ》」は動物を、たとえば色彩というように、あるひとつの方向で変化させるのには重要なのかもしれませんが、たとえばラン[3]におけるように、多数の部分の協調が必要とされるような変化に、いったいどのように働くことができるのか、私には想像ができません。また動植物のより重要な構造的変化はすべてかなりの協調を暗示していますから、個別の変異が一致して起こって必要な変化を可能にするという可能性は一〇〇万分の一しかないと、私には思われます。ともあれ、どこがあなたを納

(1)　前便（10-2）の注5で見たように、ウォーレスはジェンキンのこの論文をすでに読んでいる。にもかかわらずのこの質問は、この手紙と次のダーウィンの返信からわかるように、ウォーレスの勘ちがいのため。

(2)　「個体差あるいは種の一般的な変異性」とは、今日でいえば量的な変異のこと。それに対して「変わりもの」はアルビノのような突発的な突然変異である。自然選択による進化は微細な量的変異の自然選択による蓄積であり、それゆえに「漸次性（gradualism）」が強調される。個別の突然変異による「変わりもの（sport）」は、ダーウィンの強調した「自然は跳躍しない」という格言（『種の起原』の上巻の二五一頁、下巻の二二六、二三九頁）にも合致しない。

(3)　ランの例をあげているのは、第7章で見たアーガイル公との議論の焦点のひとつだったからだろう（とくに7-3を参照）。

(4)　一月二七日に誕生した長女ヴァイオレット（Violet Wallace: 1867-1945）のこと。

得させたのか、まずは読ませていただきたいと思います。

私に娘(4)ができたこと、ダーウィン夫人に話していただけるでしょうか。

奥様とご家族のみなさまに、よろしくお伝えください。

敬具

アルフレッド・R・ウォーレス

4

ダーウィンからウォーレスへ

1869. 2. 2

ダウン、ブロムリー、ケント州、S・E

一八六九年二月二日

親愛なるウォーレスへ

ひどく誤解されるような書きかたをしてしまったようです。私がいいたかったのは、あなたが理解したのと反対のことです。F・ジェンキンは『ノース・アメリカン・レヴュー』誌で、単一変異でさえ永続化するということに対する反論を書いていて、ここで持ち上げるほど幅広く議論されているわけではないのですが、私を納得させせました。私は個体差のほうが重要だとつねに考えてきましたが、私は盲

(1) ダーウィンは家畜や栽培植物での人為選択とのアナロジーとして自然選択を議論し、たとえばハトの品種の「変わりもの」の例などを多数収集してきたので、「変わりもの」＝「単一変異」を強調する傾向があった（たとえば『起原』の第一章「飼育栽培のもとでの変異」を見ればあきらかだろう）。数行先の「単純明快な例証となるような単一変異」とは、まさに人為選択された「変わりもの」のことである。

目だったようで、単一の変異が、いまわかったよりずっと頻繁に保存されることがあるかもしれない、あるいはあるだろうと考えていました。[1] 前便でこのことにふれたのはただ、あなたは同じような結論に到達していると思ったからで、あなたとの意見の一致が嬉しかったからです。私が惑わされたのはおもに、人間に選択されたときにいかにも単純明快な例証となるような単一変異のせいだと思います。

　かわゆいお嬢さんの誕生を、こころからお祝い申しあげます。敬具

Ch・ダーウィン

5

ダーウィンからウォーレスへ

1869. 3. 5

ダウン、ブロムリー、ケント州、S・E

一八六九年三月五日

親愛なるウォーレスへ

　今朝、あなたの本を大いなる喜びとともに受け取りました。[1] 全体的な外観、それに惜しみなく本を飾っている挿絵[2]も、とても美しいですね。頁をカットして金箔を張ってく

（1）『マレー諸島』の刊行日は、一八六九年三月九日である（Bastin, 1986: 拙訳に付した解題の五四三頁も参照）。ダーウィンの元に三月五日に届いたということは、刊行前に版元マクミランから発送されたことになる。

（2）『マレー諸島』に多数の図版を入れることは版元（マクミラン社）の希望だった（『W自伝』上巻、四〇五―六頁）。当時のロンドンの最高の画家と木版画家たちの協力をえることができ、ウォーレスとしても満足できる出来映えだったという。

ださったあなたと出版者のお気遣いに感謝いたします。[3]

献辞についていえば、私があなたのお言葉を受けるほどの人間ではないことはさておき、私がこれまで出会った献辞[4]のなかで、もっともたくみに表現された献辞だと思います。

読むのにたぶん一ヵ月ほどかかります。いろいろ考えさせてもらうことになるとわかっているので、声を出して読んでもらうのはよそうと思うからです。[5]

おおいに興味をおぼえるだろうことが、たくさんあるようです。読み終わって、どうしても申しあげたいことがあったら、あらためてお手紙をさしあげます。心からの感謝の気持ちを、どうぞ受け取ってください。この献辞は、私の子どもの子どもまで誇りにするでしょう。敬具

Ch・ダーウィン

(3) 説明は不要だろうが、本や雑誌は大きな紙に何頁分かを印刷し、それを折って製本する。今日では背以外の三辺を裁断して製本するが、当時は裁断しないまま仮製本の状態で配本するのがふつうだった。読者は購入後、ペーパー・ナイフで切りながら読みすすむことになる。また仮製本をはがし、革表紙など本格的な製本をほどこして保管することが多かった。この手紙へのウォーレスの返答（次便、10-6）から、親しい友人用に頁をカットして小口に金箔をはった特装版を作製したことがわかる。

(4) 献辞の言葉の全文を、本章冒頭の解説のはじめのところで引用した。

(5) ダーウィンは居間のソファーで、かたわらの妻エマに本や手紙を読んでもらう習慣があった。

6

ウォーレスからダーウィンへ

1869. 3. 10

セント・マークス・クレセント　九番地、N・W

一八六九年三月一〇日

親愛なるダーウィンへ

ご丁寧なお手紙をありがとうございます。マクミラン氏[1]を説得できず、友人用に二〇冊しかカットしてもらえませんでした。彼にとってはどうも、ひどく奇妙で野蛮な趣味のように思われたようです。

ウェア氏の論文が昆虫学協会の先日の例会で読み上げられました[2]。いろんな種類の幼虫などが食虫性の鳥類に食べられたり拒否されたりということについての論文ですが、とても興味深く満足できる内容でした。彼の観察と実験は、これまでにおこなわれたかぎりどの例でも、イモムシの色彩についての私の仮説的な説明[3]を確認しています。彼は夜間に餌を食べる色の不明瞭なイモムシのすべて、緑色と褐色および擬態しているイモムシのすべてを、ほとんどどの食虫性鳥類も貪り食うことを発見しました。他方、色彩が派手だったり、斑点があったり、縞模様があったりする種

(1)　マクミランはいまもロンドンにある出版社であり、週刊の国際科学誌『ネイチャー』の発行元として有名だろう。ウォーレスの著書の大部分を出版した。ただし、マクミランがウォーレスの最初の本となる『マレー諸島』の版元となった経緯には、やや腑に落ちないところがないでもなく、拙訳の解題で若干の考察をくわえた。

(2)　ウォーレスは一八六七年に『ウェストミンスター・レヴュー』誌に匿名で発表した「擬態および他の保護的類似」を『自然選択説への寄与』（一八七〇年）に収録するにあたって、このウェア氏（6－2の注4および8－7を参照）の論文と私信を数個所で引用した。ウェア氏の論文が発表されたのは、一八六九年三月の例会において。同じ例会では、大英博物館のバトラー氏（Mr. A. G. Butler）のトカゲとカエルとクモについての観察結果も報告された。

(3)　ウォーレスは一八六七年三月二三日の『ザ・フィールド』紙で仮説を述べ、それを証明する実験や観察を呼びかけた（6－2の注4および6－3の注1を参照）。

(4)　第二版は、活字を新たに組み直して、同年一〇月に七五〇部が刊行された（Bastin, 1986）。

は、これらはけっして身を隠したりしないのですがどれも、また刺があったり毛が生えている種類はすべて、試してからあるいは試すこともなく、かならず拒否されるのです。彼はまた、奇妙な予測されていなかった結論に到達しました。毛の生えたイモムシや刺のあるイモムシは、その毛によってではなく、嫌な味によって保護されているのであって、毛は他のイモムシの派手な色彩のように、食べられないことの外向けのしるしにすぎないというのです。彼はこのことを、二種類の事実から推論しています。すなわち、①毛が発達する以前のごく幼い幼虫も、同じように拒否され、また②多くの場合、同じ種の毛の生えていない蛹も、また完成した虫〔成虫〕さえもが、同じように拒否されるのです。

彼が報告した事実は、じつのところ、まだとくに例数が多いというわけではないのですが、すべてがひとつの方向を指し示しています。彼の事実は私にとって、色彩の決定において保護がきわめて重要だとする私の見解に多大な支持をあたえてくれるように思われます。なぜなら、食べられる種が、彼らにとっては有害なあざやかな色彩や斑点や模様を獲得するのを防止してきただけでなく、すべての不味い種に目立つしるしをあたえて、食べられないことによる保護を、そのようなしるしがないときよりも高めているからです。

もし私の本を読み終わっていらしたら、次の版[4]ということになったときの修正のために、なにかご意見をいただけたなら幸いです。校正であれだけ苦労したのに、粗野ないいまわしをいくつも見つけてしまい、われながらぞっとしていますので、もっと重大な間違いがたくさんあるだろうこと、疑いようもありません。――それではまた、親愛なるダーウィンへ　敬具　アルフレッド・R・ウォーレス

7

ダーウィンからウォーレスへ

1869. 3. 22

ダウン、ブロムリー、ケント州、S・E
一八六九年三月二二日

親愛なるウォーレスへ
あなたの本[1]を読了しました。とてもいい本だと思います。それに、読んでいてとても楽しい本です。病気や航海であれだけの危険に出会いながら、生きて帰ってきたことじたいが驚きです。とりわけワイギオウへとそこからの帰路の

(1)　ウォーレス『マレー諸島』（一八六九年）。
(2)　第35章「セラムからワイギオウへの航海」と第37章「ワイギオウからテルナテへの航海」のこと。ワイギオウに向かう少し前の航海から、あわやという危機が何度かくり返された。またセラムからワイギオウへ向かうときには資金が底をつき、途中で出会った友人のオランダ人博物学者から借金している。私はウォーレスに疲れが見え、そのための判断ミスがあったと推測している（拙著『種の起原をもとめて』三〇〇―二頁）。マレー諸島探検を開始して七年目に入っていた。旅の装備のなかには、届いたばかりの『種の起原』初版があった。
(3)　たぶん、アルー諸島ドボ郊外でのメガネトリバネアゲハのはじめ

航海[2]は、きわめて好奇心をそそられました。私があなたの本から受けたあらゆる印象のうち、もっとも強い印象は、科学のためのあなたの堅忍不抜さは英雄的だったということです。

華麗なチョウを捕獲したときの記述[3]は私を嫉妬させましたが、また同時に私を若返らせ、私が採集をしていた昔の日々のことを生き生きと思い起こさせました。もっとも私はあなたほどすごい採集は、一度もできませんでしたが。採集というのは、まちがいなく世界で最高のスポーツです。あなたの本が大成功しないなど、考えられもしません。また地理的な分布についてのすばらしい一般化[4]は、私はあなたの論文でなじんできましたが、読者のほとんどにとっては目新しいものでしょう。

いちばんおもしろかったのはチモールの例で、もっともうまく証明されているからです[5]。しかし、もっとも重要なのはおそらくセレベスでしょう。私としては、インド洋を横断する大陸がかつて存在していたことを認めるよりは、アジア大陸全体がかつては動物相がずっとアフリカ的だったと見るほうが好ましいといわないわけにいきません[6]。ドケーヌのチモールの植物相についての論文[7]は、マスカレン諸島の植物相との密接な関係を指摘していて、あなたの見解を支持しています。いっぽう私としては、むしろシワリ

ての採集（拙訳、下巻、一九一頁）、あるいはバチャン島での新種アカメガネトリバネアゲハの採集（同、五八頁）の記述のこと。冷静な観察者であるウォーレスが、まるで詩人のように興奮を謳いあげている。

（4）『マレー諸島』は、旅行記としては異例といってよいと思うが、日時の流れを無視して構成されている。マレー諸島全体を五つの島群に区分し、各島ごとの旅行の記録の章を並べた最後にその島群の博物学の章を置き、動物地理学的な見地から解説するのである。また冒頭の第1章でマレー諸島全体の「自然地理」が概説されている。マレー諸島探検中に動物の地理的な分布と変異の調査研究から進化論に到達し、またその進化論にもとづく動物地理学の理論を確立したウォーレスならではの構成といえよう。「地理的分布」に章を割くというアイデアは、すでに一八六四年五月二九日付けのダーウィンへの手紙（4-7）にみえる。第1章は王立地理協会で発表した論文（Wallace, 1863b）、第14章「チモール島群の博物学」はロンドン動物学協会で発表した論文（Wallace, 1863c）をもとに構成されており、ダーウィンがウォーレスの動物地理学的な一般化にすでになじんでいたというのは、これらの論文のことだろう。

（5）第14章「チモール島群の博物学」でウォーレスは、チモールはオーストラリア大陸と接続したことはないとして、その動物相を「偶然の移住」というダーウィンの学説で説明した。ダーウィンがこの章を気に入った理由は、自説が認められていたからだろう。なぜならダーウィンはこの問題についてはあきらかに少数派だったし、対立する「陸地接続説」にライエルやフッカーだけでなく、ウォーレスも加担していたことは、本書でも何度か指摘してきた（次の注6も見よ）。

（6）ウォーレスは第18章「セレベスの博物学」で、セレベスの動物相の一部が周辺の島々ではなくアフリカに類縁関係をもつことから、インド洋にかつて陸地が存在していた可能性を議論し、当時の鳥類学者スレイターが提唱した仮想の大陸「レムーリア」にも言及した。スレイターの提唱は、ウォーレスの論文「マレー諸島の動物地理学について」（2-3の注1）に触発されて、一八六四年に『クォータリー・ジャーナル・オブ・サイエンス』誌でなされた（『オックスフォード英語辞典（OED）』による）。遠く離れた地域間での動物相の類似を

ク堆積中のキリンなどを提出したいですね。[8] バンカの植物[9]をだれか採集してくれないか、私はどんなにか望んでいます！ ジャワ、スマトラ、ボルネオのパズルは、三羽のガチョウと三匹のキツネ[10]のようですね。私としては、マラッカ〔＝マレー半島〕をバンカ経由でジャワの一部まで伸ばし、三本の平行する半島にしてみたいのです[11]が、ガチョウとキツネに川を渡らせることが私にはできません。

あなたの本で私が強く関心をひかれたところはたくさんあります。私は常日頃からラジャ・ブルックについての独自の判断を聞いてみたいと思っていたので、今回、彼についてのあなたのすばらしい賛辞を楽しく読ませてもらいました。[12]

熱帯では花が少なく目立たないこと[13]については、昆虫がたくさんいて、だから花は目立つ必要はないのだというように説明できないのだろうか？ フンボルト[14]によれば、熱帯では温帯にくらべ、社会性[15]の植物が少ないので、熱帯の花はあまり目立たないのだろうといいます。

お手紙のなかで、文章に粗野なところがあるようなことを書いていましたね。私は一個所も気づきませんでした。どこも真昼の太陽のように明確です。誤植を二、三ヵ所ばかり見つけました。

第一巻で、*sondiacus* となっていますが、[16] これは誤植で

説明するのに、仮想の大陸や陸橋を想定するか、あるいは偶然の移住を想定するかは、右の注5でも述べたように、ダーウィンとウォーレスのあいだでのごく初期から最後までつづく論争の的であった。この問題については、拙訳『マレー諸島』の関係個所に付した訳注と解題、および拙著『種の起原をもとめて』の第11章を参照されたい。

(7) ドケーヌは、ベルギー生まれの植物学者。庭師から叩き上げて、パリの植物園長と科学アカデミーの総裁にまで登りつめた（巻末の人名解説を参照）。ここで言及されているチモールの植物相の論文については不明。マスカレン諸島はマダガスカルの東のインド洋の島々であり、インド洋上の仮想大陸がチモールにまでおよぶということを、ダーウィンはいいたいのだろう。

(8) シワリク丘陵はヒマラヤ山脈の南側の山麓で、この丘陵の主要部分である「シワリク層群」は中新世中期から更新世初期の地層からなり、英国の古生物学者ファルコナーとコートリーが一八四六年から一八四九年にかけて発表した研究によって、陸生脊椎動物の化石の宝庫として有名になった。地層によっては、アフリカとの関係の強い化石が産出する。セレベス特産でアフリカに類縁関係をもち（当時はそう考えられていた）、そのためにウォーレスを悩ませた哺乳類のうちバビルーサは、シワリク層群から類縁種の化石が発見されている (Whitmore, 1987. pp. 87–88)。

(9) スマトラ島の南東に接するバンカにウォーレスは数日滞在しただけで観察も採集もほとんどしていないが、『マレー諸島』第9章「インド・マレー島群の博物学」でライデン博物館所蔵の鳥類標本などを利用して検討を加えた。その結果、バンカに特産種が多いこと、また地質が隣接するスマトラ南部と異なることから、バンカはスマトラおよびボルネオよりずっと古い島だろうと推測している。ダーウィンは植物の分類や分布からバンカを検討したいといっているのだろう。

(10) 「三羽のガチョウと三匹のキツネ」というパズル遊びのこと。横三列、縦四段の等間隔に円を配置し、隣の列や隣の段の円の間をとおる線で、その次の列や段の円を線でむすび、最初にはいちばん上の段に三羽のガチョウ、いちばん下の段に三匹のキツネを配置しておく。そしてガチョウとキツネを順番に一コマずつ移動させ、ガチョウとキ

は？

第二巻、二三六頁。アルーの西側は、東側ですね(17)。

三一五頁。あなたがいおうとしているのは、ムースの角のことですか？　エルクの角は掌状ではありません(18)。

一般性をもつ批判点は一点だけですが、他の地質学者たちが私に同意してくれるかどうか確信はありません。あなたは火山からの溶岩などの流出が、じっさいに隣接地域の沈降の原因になっているような書きかたを、何度もしています(19)。私は反対方向に動いている地域がなんらかのかたちで接触していることには同意します。しかし火山の噴火は、私の考えでは、深成岩の巨大なドームないし表面が膨隆するさいの、たんなる偶然事とみなすべきです。また、そのような巨大な膨隆ないし隆起が沈降の原因となったと結論すべき理由は、沈降が隆起の原因となったと考えるべき理由ほどもないのではないでしょうか。この後者の見解を支持する地質学者は、じっさい何人かいます。

あなたが出会ったたくさんの動物たちの習性について、あまり書かれていなかったのは私には残念でした(20)。

第二巻の三九九頁ですが、極楽鳥の変異について、最初にあるいはずっと昔に選択された変異と、はやい年齢におけるその出現との結びつきについてのことを、その後に生じて選択された変異のことよりも知りたいと願っています。

ツネをそっくり入れ替える。ただしガチョウがキツネに食べられてしまわないよう、両者のあいだはかならず一コマは間隔をあけなければならない。

(11)　『マレー諸島』の第9章「インド・マレー島群の博物学」でウォーレスは、東南アジア本土つまりマレー半島とスマトラ、ジャワ、ボルネオの三つの島の動物相の共通点と相違点を検討し、この地域の地質学的な歴史を考察している。動物相から地史を推測するというのは、ウォーレスがマレー諸島探検中の一八五七年に書いた「アルー諸島の博物学について」（1-3の注4）で提出した方法論である。ウォーレスは各島とマレー半島との共通種だけでなく、三島間の共通種も検討し、これら三つの島がそれほど古くない過去に東南アジア大陸部と陸続きだったとした上で、ジャワ島が他の島よりさらに古いと推測した。ダーウィンは右の注8のようにバンカ島の特異性に注目し、おそらく東南アジア大陸部からボルネオへ、同大陸部からバンカを経てジャワへ、そして同大陸部からスマトラへという三本の半島を想定してはどうかと考えているものと思われる。後出の注19も参照。また13-10の注6で、ウォーレスのこの説明へのベルトの異論が検討されているので参照されたい。

(12)　英国人でボルネオ島サラワク地方の統治者（ラジャ）だったジェームズ・ブルックのこと（巻末の人名解説および1-1とその注14も参照）。『マレー諸島』の第6章「ボルネオ――ダヤク族」で彼の統治が絶賛されている。しかし、ウォーレスのブルック評価は当時のヨーロッパ人の価値観の域を出ていず、近年では脱・植民地主義＝脱・西欧中心主義の立場から批判的な評価がされている。

(13)　熱帯に美しい花が少ないことは、ウォーレスがしばしば強調した問題である。『マレー諸島』では第16章「セレベス」（上巻の三六八―七一頁）と第33章「アルー諸島の博物学」（邦訳、下巻の二七九―八二頁）で議論され、さらに『熱帯の自然』（一八七八年）の第2章（ちくま学芸文庫版、八九―九四頁）でも議論されている。

(14)　フンボルトの南米探検の記録のどこかに、熱帯に花が少ないことについて書かれているものと思われるが、確認できていない。岩波書店刊のフンボルト『新大陸赤道地方紀行』（17・18世紀大旅行記叢書）

じつのところ、この鳥の装飾の発達の奇妙な順序についてのあなたの説明は、私には理解できません。

ヒクイドリは雄だけでなく雌も卵を抱くとあなたは確信しているのかどうか（第二巻、一五〇頁）、教えていただけますか？　私の誤解でなければ、バートレット[21]から卵を抱くのは雄だけで、その雄は首のあたりがあまりあざやかに色づいていないと聞いたものですから。

第二巻の二五五頁で、未開人の男性が女性より身を飾る[22]と書いていますし、以前にも聞いたことがありました。さて、彼らが身を飾るのは自分の楽しみのためなのか、仲間の男たちの賞賛を鼓舞するためなのか、女たちを喜ばせるためなのか、あるいは、おそらくありうると思うのですが、この三つの動機すべてからなのか、あなたはなにか意見をお持ちでしょうか？

末尾ながら、こんなにもすばらしい本を書き上げられたこと、あらゆる種類の問題について考えぬかれたこと、こころからお祝い申しあげます。また、献辞によってあなたが私にあたえてくださったきわめて多大なる栄誉に、もう一度感謝の言葉をいわせていただきます。それではまた、

親愛なるウォーレスへ　敬具　Ch・ダーウィン

第二巻、四五五頁。ニュージーランドのところですが、

の上・中・下の三巻を、半日をかけて斜め読みしてみたが、これぞと思える個所は見つからなかった。第三部第六章「ヌエバ・アンダルシアの山間部」の森の様子の記述のなかで、広い谷間にオオホザキアヤメ、ミズカンナ、ヘリコニアの花が群生していたことを述べ、「熱帯の低地では、花をちりばめた牧草地や芝生のような〔ヨーロッパではよくある〕風景は全くといっていいほど目にすることがない」、「そういった景観に接することができるのはアンデスの耕地だけ」と指摘している。『マレー諸島』の熱帯に花が少ないことの議論（右の注13参照）でも、比較されているのは英国の草原に群れ咲く花々であり、おそらくフンボルトのこの記述ないし他の本での同様の記述を、ダーウィンとウォーレスは議論していると考えていいだろう。

(15)　植物の「社会性」という言葉づかいは現在では使われないが、おそらく同種の植物が群落を形成することを指しているのだろう。

(16)　第9章「インド・マレー諸島の博物学」の一節の「*Bos sondaicus*（野生牛バンテン）」（拙訳では上巻の二三一頁）のこと。原著の初版を調べてみたら、たしかに「sondiacus」と誤植になっている。

(17)　邦訳の下巻、二二六頁に該当する。アルー諸島を東西に横切る水路のひとつを東進しているときの記述中の二ヵ所で、「東側のワテライ村」、「東側の海」とすべきところが「西側」となっていた。あきらかな誤記なので、翻訳では「東側」と訳した。現在もペーパーバックで入手できる第一〇版では、「東側」と訂正されている。

(18)　第34章「ニューギニア——ドーレイ」で述べられているシカバエ類の一種「ヘラジカ（原文はelk）の角をもつ鹿蝿」のこと（下巻の二九七頁）。両眼の下の突起がヘラジカの角のように掌状なので、その意味の学名がつけられている。ダーウィンの指摘は勘ちがいによるもの（次の返信10‐8を参照）。

(19)　ウォーレスは火山活動による溶岩の噴出などが隣接地域の沈降をもたらすという考えを、第1章「自然地理」と第9章「インド・マレー諸島の博物学」で議論している。ダーウィンのいうように、根拠に欠けた無理な議論といえよう。ウォーレスが火山の噴火と隣接地域の沈降を最初に議論したのは、一八六三年六月に王立地理協会で発表した「マレー諸島の自然地理学について」であり、ダーウィンはこれを

その住人は混血人種で、髪がもっと縮れ肌がより暗色な人種よりタヒチ型がまさっていると私は考えていました。また、いまでは石器によって古代の住人の存在があきらかになっているのですから、これらの島々に真性のパプア人が住んでいたというのは、ありえないことなのではないでしょうか？　記載から判断して、真性のタヒチ人はあなたのいうパプア人とはかなり異なっているはずです。(23)

読んだときから疑問をもっていた（5－1とその注4を参照）。なお当時は、スマトラ、ジャワ、ボルネオと東南アジア大陸部とのあいだの陸地が沈降したというように、陸地の隆起と沈降のみが考えられていた。今日ではむしろ、氷河期など気温の上下にともなう海水面の上昇と下降によって、陸地が分断されたり接続されたりすると考えられている。右の注11も参照。

(20)　第38章「ゴクラクチョウ」で、オオフウチョウとベニフウチョウの雄の色彩と飾り羽の年齢にともなう発達のことが述べられ、色彩は比較的早く発達するが、飾り羽はなかなか完成しないと指摘されている。ダーウィンがこの問題にこだわるのは、本書第9章で見たように性選択との関係で、雄の第二次性徴が雌には伝わらずに雄だけに遺伝し、しかも性成熟してから発達するのはどうしてかに頭を悩ませていたからだろう。『由来』では、この問題にふれていない。

(21)　『マレー諸島』の第27章「モルッカ諸島の博物学」に、セラム島特産のオオヒクイドリについて「雄と雌が交代で一ヵ月ほど抱く」とある（下巻、一四六頁）。しかし、最近の資料を見ると、ヒクイドリは雄だけが五〇日ほど抱卵し、その後も一年ほど雛を育てる。雄と雌で体格や色彩に差はほとんどない。ダーウィンはバートレット（ロンドン動物園の園長）から聞いたという話を、『由来』に引用し、ウォーレスの『マレー諸島』での右の記述を脚注に記している（邦訳、第Ⅱ巻の三〇五頁）。ただし、首の色のあざやかでない雄、つまり若い雄が抱卵するという部分は使われていない。

(22)　第31章「アルー諸島――内陸への旅行と滞在」のワヌンバイ村での観察のこと（下巻の二四三頁）。女と男の装飾品について記録されている。ダーウィンがこの問題を質問したのは、あきらかに性選択がらみだろうが、『由来』にアルーの男たちのおしゃれのことは引用されていない。

(23)　第40章「マレー諸島の諸人種」でウォーレスは、彼のいうパプア人種の分布の東端をフィジー諸島とし、その東にポリネシア人種が分布するとした。しかし彼のパプア人種とポリネシア人種の区分はあいまいで、ニュージーランド人やオタヘイト群島人（タヒチ人を含む）とパプア人とは、肌の色合いや毛髪の縮れ具合の程度の差があるだけ

8

ダーウィンからウォーレスへ

1869. 3. 27

ダウン、ブロムリー、ケント州、S・E
一八六九年三月二七日

親愛なるウォーレスへ

お礼を一言述べねばと筆をとりましたが、この手紙に返事は不要です。今朝手紙を書いたあとで、スウェーデンでは「エルク」が「ムース」のことだと知りましたが、このあいだ北アメリカのエルクとムースについて読んでいたものですから[1]。

あなたの手紙での説明[2]について、本での説明とすこしち

で、非常によく似ているとしている（下巻の四三四頁）。彼はパプア人種とポリネシア人種を「太平洋人種」のそれぞれ変異型ではないかと考えていた。かつて存在していた「太平洋大陸」を想定し、ポリネシア人種（およびパプア人種）の起原をこの仮想大陸に求めているのである。動物相の分布境界線である「ウォーレス線」とマレー人とパプア人（およびポリネシア人）の人種境界線とを、動物地理学の同じ理論で説明しようとしたとき、「太平洋大陸」という仮想の陸地が論理的に必要となったのだろう。ダーウィンは『由来』で、この問題にはふれていない。

(1) ヘラジカは英国ではエルク（elk）と呼ばれるが、米国ではムース（moose）と呼ばれ、しかもふつうの枝角をもつ「ワピチ」を「エルク」と呼ぶことがある。

(2) 極楽鳥の雄に特有な色彩と装飾の発達について、ダーウィンが前便（10－7）で質問していた。ここでの文面から、それへのウォーレスの返答がすでにあったことがわかる。この返信は『W書簡集』には収録されていない。前便の注20も参照。

(3) 本書第9章の焦点は、第二次性徴とくに雄の色彩や装飾がなぜ雌に伝わらないのかという問題であった。第9章冒頭の解説で少しくわしく検討をくわえた。なおアオミミキジとコウライキジの尾羽の発達については『人間の由来と性選択』に引用されていない。

(4) 『由来』（一八七一年）の原稿のことだろう。前便（10－7）の該当個所の訳注で検討したように、「ほかの事実」を「よく考え」た上

がうように思いますが、私は同意しようかなと考えつつあります。羽毛の長さは、まずは生長しきるまではほとんど伸びることはなく、したがって生涯の後半になってから長くなり、対応する年齢に転移されるのだと考えてよいのですね[3]。しかしアオミミキジは、またコウライキジでさえ、尾羽がごく初期に発達しうることをしめしています。

ほかの事実について感謝します。原稿にふたたび取りかかるときによく考えてみます[4]。

オランダ〔植民地〕政府についてあなたがおっしゃっていること[5]、すべて強い関心をもって読ませてもらいましたが、なんらかの反論をまとめるほどには私はわかっていないようです。

『クォータリー』誌[6]を、私は強い好奇心をもって読むことでしょう。私としては、あなたがあなた自身と私の子どもをあまり完全に殺めたりしていないよう願っています[7]。

私は最近、つまりは『起原』の新しい版[8]においてですが、自分の熱狂を緩和して、かなり多くをたんなる無用な変異性に帰しました。あなたに校正刷りを送ってみようかとも考えたのですが、あなたはたぶん読みたいとは思わなかったでしょうね。そこではネーゲリの、機能的には重要ではないが、分類学上はとても重要な形質に自然選択は影響しないという試論のことを議論しました[9]。

のことだろうが、『由来』に引用されていない。

（5）オランダ植民地政府の政策について、『マレー諸島』の各所でウォーレスは好意的な見解を述べている。そこで『マレー諸島』の拙訳では、否定的な評価が定説となっている「強制栽培制度」を、あえて原語の直訳のまま「栽培制度」とした。オランダの植民地政策への好意的な見解は彼の持論だったようで、すでに一八六四年九月一九日にバースで開催された大英学術振興協会の年次大会（地理学および民族学部会）で「北セレベスにおける文明化の進展について」という論文を発表した。この論文は、要約が何度か雑誌に掲載された後、翌年一月二四日にロンドン民族学協会の例会で再度発表され、紀要に掲載された（Wallace, 1866b）。『マレー諸島』第17章の該当個所はこの論文を組み込んだもの。ウォーレスのオランダの植民地政策に対する好意的な見かたをどう理解すべきかは、そう簡単な問題ではないが、おそらくは彼の英国の植民地政策に対する批判的な見解と関係があると見ることができるだろう。

（6）本章冒頭の解説でくわしく見た「原理書評」（Wallace, 1869a）。この手紙は掲載誌の発行前のはずだが、文面からダーウィンはすでに内容を知っていると考えられる。

（7）「あなた自身と私の子ども」とは一八五八年七月一日にリンネ協会で連名発表した「自然選択説」のことであり、「殺す」というのはそれを「否定」するということ。ウォーレスはこの論文（形式的には無署名の書評）ではじめて、人間の高度に知的なことへの自然選択説の適用を否定した。ダーウィンが「あまり完全に殺めたりしていないよう」（傍点部は現在完了形）と書いていることから、内容についてある程度の予備知識があると考えられる。『W書簡集』の編者は、ウォーレスが一八六四年三月に人類学協会で発表した「人類論文」（第4章参照）の内容から予想していたのかもしれないとしている。しかし、本章冒頭の解説でも指摘したように、「人類論文」ではそのようなことは論じられていず、『W書簡集』の編者が誤解した原因はウォーレス自身が『W自伝』（一九〇五年）に記憶ちがいの記述をしたためと考えられる。

（8）『種の起原』の第五版（一八六九年八月七日刊行）での、第四章

フッカーは、この題目について私が話したことにとても満足してくれています[10]。私たちが似たような結論に行き当たるなんて、奇妙なことですね。

あなたは世界のどこかの編集者を喜ばせようと、自分の信念から毛の筋ほど逸脱した英国で最後の男になろうとしています。敬具

Ch・ダーウィン

追伸——ようするに私はひとつの疑問のことを考えているわけですが、かりに答えがもらえなくても、(ありうることですが)、あなたにはいうべきことがないのだと理解するでしょう。ある部族の男と女の肌の濃淡あるいは色合いがややちがっているということが書かれているのを見たことがあるのですが、あなたはこのふたつの性のあいだで色合いになんらかの相違があるのを、生活習慣のちがいから来たとは思えないような相違ですが、見たり聞いたりしたことがあるでしょうか[11]？

末尾の「本章の総括」の直前への、大幅な挿入のこと。ブロッホやネーゲリの論文にもとづいて、有用性がなく自然選択がかからない形質について検討されている。この挿入部分は第六版(一八七二年二月一九日刊行)では、さらに拡充されて新たな第七章「自然選択説にむけられた種々の異論」の前半部となった(岩波文庫版、下巻、二六四頁)。

(9) ネーゲリの試論とは、一八六五年三月二八日に開催されたミュンヘン王立科学アカデミーでの講演録(Nageli, 1865. *Enstehung und Begriff der Naturhistorischen Art*. The Royal Academy of Science of Munich)。右の注8も参照されたい。

(10) ダーウィンは右の注のネーゲリの見解について、『起原』(第五版)での改訂のため一八六八年一二月五日付けの手紙でフッカーに助言をもとめ、翌年のはじめにかけやりとりをつづけた(『D旧書簡集・補』第二巻、三七五—九頁)。フッカーの意見は第五版の挿入部分に取り入れられている(右の注8参照)。なお、意見の一致は不思議とダーウィンがいっているのは、フッカーとのあいだで見解が割れる場合が多かったからだろう(たとえば遠く離れた陸地間での動物や植物の分布の広がりについて、ダーウィンは機会的な移住説を主張したが、フッカーは陸地接続説を主張していた。1‐3の注8参照)。

(11) 『由来』では、男女間で皮膚の色合いが異なるとされる例はないか、あっても疑わしい程度だとして、皮膚の色が性選択で進化した証拠はないとしている(邦訳、第Ⅱ巻の四四三頁)。

9

ダーウィンからウォーレスへ

1869. 4. 14

ダウン、ブロムリー、ケント州、S・E
一八六九年四月一四日

親愛なるウォーレスへ

あなたの論文にすごく興味をひかれました。[1] ライエルがとても喜ぶにちがいありません。[2] かりに私が編集者であって、方針をあなたに示す力量があったとしたら、あなたが選んだのと同じことを論点として選んだにちがいないと断言できます。私はしばしば若い地質学者たちに（私は一八三〇年に〔地質学を〕はじめた[3]のですから）、彼らはライエルがどんな革命を起こしたかを知らないといってきました。にもかかわらず、あなたのキュヴィエ[4]からの抜粋は私にはまったく驚きでした。

じつは判断できないでいるのですが、私はクロール[5]に、たぶんあなたより信頼を寄せたいと思っています。しかし、〔岩石や土地の〕分解についてのあなたの多くの意見に、私はとても衝撃をうけました。トムソン[6]の世界の年齢が新しいとする見解は、ここしばらくのあいだ私にとってもっと

(1) 「原理書評」（Wallace, 1869a）のこと（本章冒頭の解説を参照されたい）。ライエルはダーウィンやウォーレスの進化論を熱心に応援していながら、自分では進化の真実性を疑っていたが、ようやくこの『地質学の原理』第一〇版で進化を認めダーウィンたちの進化論を採用した。ウォーレスはこの書評でそのことにふれ、次のように書いている。「かくも長いあいだ保持し、かくも力強く主張していた意見のこの放棄によってしめされたような、高齢における精神の若さのかくも顕著な例は、科学の歴史においてめったに見られることではない。また、この著者が生み出してきたあらゆる著作を特徴づける真実への熱烈な愛と、そして極度の慎重さとを心にとめるならば、これほど大きな変更が長く不安な熟考がなされることなく決心されたものではなかったこと、そしていまや採用された見解が圧倒的に強力な議論によってじっさいに支持されるにちがいないことを、われわれは確信するだろう。ライエルがその第一〇版で採用したのだから、かりに他に理由がなくとも、ダーウィン氏の学説は真実を真摯に追究するあらゆる人たちの丁重かつ敬意をもった考察を受けるに値するだろう」（三八一頁）。

(2) ライエルの反応は見つかっていないが、ダーウィンがライエルへの一八六九年五月四日付けの短い手紙のなかで、この手紙でと同じ評価を、ほぼ同じ言葉づかいでくり返している（『D旧書簡集』第三巻の一一七頁）。

(3) ダーウィンはケンブリッジ大学で地質学者ヘンズローの講義は受講しなかったが、卒業間際の一八三一年八月に北ウェールズの地質調査を実施したヘンズローに同行し、実地で地質学を学んだ（『D自伝』

もふれたくない困難だったので、あなたの意見を読むことができてうれしくなりました。

　自然選択についてのあなたの解説は、これ以上はないほどよくできていると私は思います。あなた以上にすぐれた解説者は、この世に一人もいません。私がうれしかったもうひとつのことは、私たちの見解とラマルク[7]のそれとのちがいが議論されていたことです。「自分にとっての公平のために、あえて言わせてもらうと云々」といういやらしい言いまわしをときどき見聞きしますが、あなたのように頑固に自分を不公平にあつかい、しかもけっして公平を要求しない男を、私は一人も聞いたことがありません。じっさい、あなたはレヴューのなかで当然、リンネ協会誌のあなたの論文[8]に言及すべきだったのだし、私たちの友人たちは全員がそのことに同意するだろうと確信します。あなたがどんなにがんばっても、ご自分を「バーク〔抹殺〕[9]」できないこと、これから出る記事の半分も見ればわかるでしょう。

　つい先日もあるドイツ人教授からあなたの論文をたのまれ、送ったところです。あなたの今回の論文が『クォータリー〔・レヴュー〕』誌に出たことは、全体的にいって、私たちの主張にとっての多大な勝利だと私は見ています。[10]人類についての意見は、あなたが手紙のなかで言及していた

第二章)。また一八三一年にビーグル号で世界一周航海に出るときには、航海を勧めてくれた恩師の植物学者ヘンズローの助言でライエル『地質学の原理』の第一巻を携行した(同、一二四頁)。第一巻は前年に出版されたばかりで、まだ出ていなかった第二巻と第三巻は旅の途中で受け取った。したがってダーウィンが地質学を最初に学んだのは、正確にいえば「一八三〇年」ではなく「一八三一年」とすべきだろうが、とくに問題にする必要はないだろう。

(4) ウォーレスは「原理書評」の最初のほう(三六〇—三頁)で、ライエル『地質学の原理』が出版されるまで英国および西欧の地質学の基本であったキュヴィエ『地球の理論に関する試論(*Essay on the Theory of the Earth*)』のことを論じている。英訳本が一八二七年つまり『原理』が刊行される三年前に五版を重ねていたという。ウォーレスがキュヴィエを数頁にわたって議論しているのは、いうまでもなく、ライエルの「斉一説」をキュヴィエの「天変地異説」と対比させるためである。

(5) ウォーレスは「原理書評」で、クロールの天文学による氷河期の原因についての説明と、地形の変形の風化による説明などを検討している(三七二—六頁)。いずれも地質時代の長さにかかわる問題であり、ライエルが『原理』第一〇版の第一三章であつかっていたからである。ダーウィンはこの時期、クロールと手紙をやりとりし、『起原』第五版(一八六九年)の改訂でクロールの意見を大幅に取り入れた。主要な点は、地形の変化におよぼす影響は水による侵食よりもむしろ空気による侵食つまり風化が大きかっただろうこと、氷河期の年代つまり地質時代の長さ、カンブリア紀の古さ、そして北半球が氷河期のとき南半球はむしろ温暖だったということ(第九章の注9と21と58、第一一章の注62など)。

(6) トムソンすなわちケルヴィン卿は物理学者(巻末の人名解説を参照)。熱力学の観点から地球の年齢を地熱の損失率によって検討し、溶融した状態から地殻が固まるまでの時間を一億年から四億年と推定し、この結果にもとづいてライエルの斉一説を批判した(Thomson, W., 1866. The "doctrine of uniformity" in geology briefly refuted. *Proceedings of the Royal society of Edinburgh* 5: 512-513)。ダーウィ

ことなのですね。

もしあなたが話してくれていなかったなら、この部分はだれか他の人が書き足したのだと考えたにちがいありません。あなたが予想されているように、私の考えはあなたと耐えがたいほど異なっていて、そのことをとても悲しく思っています。

人類に関して至近要因(11)をもうひとつ追加せねばならない必要性が、私にはわかりません。しかしこの問題は、手紙で議論するには長くなりすぎます。

あなたの議論を読むことができたのは、とてもありがたいことでした。というのも、ちょうど人類についてかなり書いたり考えたりしているからです(12)。

あなたのマレーの本がよく売れるよう願っています。私は『クォータリー・ジャーナル・オブ・サイエンス』誌の記事(13)を見て、とてもうれしくなりました。あなたの仕事を十分に評価できているからです。そう！　書いた人が竹の用途について言っていることに、あなたはたぶん同意することでしょう。

『サタデー・レヴュー』誌にもいい記事が出ていると聞いていますが、それ以上のことはまだわかりません。それではまた、親愛なるウォーレスへ　敬具　Ch・ダーウィン

ン（とウォーレス）の進化論は、地球の年齢が十二分に古いことを前提にして、緩慢で漸次的な変化を強調していたので、トムソンが地球の年齢を比較的若く推定したことは脅威となった。ウォーレスは「原理書評」で、クロールが支持していたトムソンの推定値を取り上げたが、物理学者のなかにも対立する学説があるのだから、いまだ証拠不十分だとして却下した。ダーウィンは『起原』第五版で、トムソンの推定値を否定的に紹介している（第九章の注58）。トムソンによる地球の年齢推定と、ライエルの斉一説およびダーウィンの進化論との関係については、米国の進化生物学者グールドがくわしく検討している（『フラミンゴの微笑』の第8章「まちがった前提、良い科学」）。

(7)　ウォーレスは「原理書評」のなかで、ライエルが『原理』第一〇版ではじめて取り入れた「ダーウィン氏の学説」すなわち自然選択説を解説するに先だち、『原理』のそれまでの版で批判されていたラマルクの進化論および匿名で出版されていた『創造の自然史の痕跡』（〔Chembers〕, 1844）の進化論を批判的に検討した（三七九—八一二頁）。

(8)　リンネ協会の一八五八年七月一日の例会で、ダーウィンの草稿などとともに発表された自然選択説論文（Darwin and Wallace, 1858）。2-1の注6参照。

(9)　死体を解剖用に売るため次々に人を殺した有名な殺人犯 William Burke (1792-1829) から、「議案をやみに葬る」ことや「握りつぶす」こと、あるいは風説を「もみ消す」ことを「Burke する」という。ウォーレスが自分の功績を無視する書き方をしていることを指すのだろう。ウォーレスの謙虚すぎる態度は最初からのものであり、ダーウィンはそのことにかねてから苦言を呈していた（4-6を見よ）。

(10)　ダーウィンはウォーレスの「原理書評」について、マレー（『種の起原』の発行人）への手紙に次のように書いた——「ウォーレスの論説はだれにもまねできないほどすばらしく、またこのような論説が『クォータリー〔・レヴュー〕』誌に出なければならなかったことじたいが偉大な勝利であり、オックスフォードの司祭……は歯ぎしりすることでしょう」（『D旧書簡集』第三巻、一一四頁の脚注）。「オックスフォードの司祭」とは、『種の起原』の受容史におけるもっとも有名な逸話であるオックスフォード集会（一八六〇年六月三〇日）で、ハ

追伸――落馬してひどい目にあいました。倒れた馬の下敷きになりかけてしまったのです。でも、すぐによくなりつつあります。

クスリーを相手に反進化論の論戦を挑んだウィルバーフォースのことであり、彼が書いた『種の起原』批判が『クォータリー・レヴュー』誌の一八六〇年七月号に掲載された（同、第二巻、三二四頁の脚注、また4-1とその注2も参照されたい）。ウォーレスの「原理書評」が掲載されたことをダーウィンが「偉大な勝利」といっていることから、おそらくその後も、この雑誌じたいが反進化論の立場をとっていたと考えられる。じっさい一八七一年七月号にはマイヴァートによるダーウィン攻撃の論文が掲載された（12-3とその注8参照）。

(11) 至近要因（proximate cause）となっているが、ダーウィンが究極要因（ultimate cause）と至近要因を使い分けているとは考えられず、おそらく「直接的な原因」といった意味だろう。進化を説明するときに至近要因と究極要因の区別はきわめて重要だが、『由来』の邦訳に付された解説や注でも、ダーウィンが両者を区別せずに議論していることが指摘されている。

(12) 『由来』（一八七一年）を準備中だということ。

(13) ウォーレス『マレー諸島』（一八六九年）の匿名書評。ウォーレスは「竹という植物の賞賛すべき特質」を『マレー諸島』で強調していた（拙訳、上巻一三九―四五頁）。『D新書簡集』の注によれば、匿名書評氏は、未開人が竹から受けている恩恵を神の恵みの好例とし、神学者の「ペイリーも真っ青」だろうと書いている。また次の『サタデー・レヴュー』誌の記事も書評だろう。

10

ウォーレスからダーウィンへ

1869. 4. 18

セント・マークス・クレセント　九番地、N・W
一八六九年四月一八日

親愛なるダーウィンへ

私がライエルに対して公平だったと考えてくださったこと、また自然選択説を上手に「陳列した」（フランス人ならそういうでしょう）と思ってくださったこと、私にはとてもうれしいことでした。自然選択説の短い説明を書いたり、理解力のもっとも劣った人たちにもわかるよう工夫したりするのは、私のいちばん好きなことです。「クロール」問題[1]は、おそろしくむずかしい問題です。この問題にかなり深入りしたのですが、編集者から八頁カットするよういわれました。

あなたの事故のことを聞きとても心配していますが、すぐに回復し、悪い影響は残らないものと信じています。

人類についての私の「非科学的」な意見についてあなたがどう思われたか、私にはよく理解できます。私自身、ほんの数年前には、同じように粗野で必要がないと見なした

（1）　前便（10-9）の注5参照。

（2）　心霊現象のこと。この問題については、本章冒頭の解説でくわしく検討した。

（3）　「科学によっていまだ認識されていない力」という言い方は、ウォーレスの心霊主義など、今日では非科学的とされている見解の鍵になる言葉だと考えられる。自然選択という「科学によって認識されていなかった進化メカニズム」を発見したという自信に裏づけられた素朴な科学主義といえるだろう。このことについて、以前に少し論じたことがある（拙稿、一九八五年、一九九八年）。

（4）　チェンバーズ（巻末人名解説参照）が匿名で出版した『創造の自然史の痕跡』（一八四四年）は、『起原』以前に進化を論じた本として版をかさねていた。『W自伝』（下巻、二八五―六頁）に、一八六七年二月一〇日付けのチェンバーズからの手紙が収録されている。ウォーレスの『超自然の科学的側面』（本書第6章冒頭の解説を参照）を受け取ったという礼状だが、彼がチェンバーズにそれを送った理由は不明。チェンバーズと心霊主義との関係については、オッペンハイム『英国心霊主義の抬頭』の三四四―五二頁を参照されたい。

（5）　バーミンガム大学の生理学教授だったノリスは、心霊主義の研究でも知られる。ウォーレスとの関係は不明だが、心霊研究を通じてのつきあいだろう。『W書簡集』（三七七―八頁）にウォーレスが他界する一ヵ月前にノリスにあてた手紙（たがいの老齢をなぐさめる手紙）が収録されている。巻末人名解説も参照。

（6）　ヴァーリーは、『英国心霊主義の抬頭』（右の注4参照）によれば、有名な電気技師で大西洋海底ケーブル計画に参加した。その妻は霊媒であり、『W自伝』の心霊主義についての第三五章に、ウォーレスが

はずだからです。あなたが人類についてどんなことを書かれるのか、強い関心を持って楽しみにするでしょうし、人類の起原についてあなたがどんな説明をするか、それがどんなものであっても私は十分に重視することでしょう。

この問題について私の意見が変わったのは、一連の顕著な現象、物理的および精神的な現象についての熟考によるものにほかなりません。[2] これらの現象について私は機会があるたびに徹底して検証してきたし、その結果は科学によっていまだ認識されていない力と効果の存在を証明しています。[3] これがあなたにはなんらかの精神的な幻覚に見えるだろうことは承知していますが、ロバート・チェンバーズ、[4] バーミンガムのノリス博士[5]（著名な生理学者です）、C・F・ヴァーリー[6]（著名な電気学者）からの私信であなたを納得させることができます。これらの人たちはみな何年もこの問題を調査し、事実についても、またそれらの事実から引き出される主要な効果についても、私と意見が一致しています。ですから、私たちがなんらかの狂気症候群だと確証されるまで、しばらくのあいだ、あなたの判定を棚上げしていただけたらと希望します。

とりあえずあなたを安心させられることがあります。『クォータリー・ジャーナル・オブ・サイエンス』誌の竹[7]について、私は同意しないことを保証します。また「法

ヴァーリーと知り合った経緯や二人がやりとりした手紙などの記録が見つかる。

（7）　ウォーレス『マレー諸島』の書評のこと（10－9の末尾とその注13を参照）。

（8）　第7章で見たように、実質的にはアーガイル公の『法則の支配』（一八六七年）の書評である。第7章の解説および7－2の注3を参照されたい。

則の支配」についての論文[8]で私が表明した意見の、どれをとっても変更する理由は見当たりません。それではまた

敬具

アルフレッド・R・ウォーレス

第11章　『人間の由来と性選択』とその書評

ウォーレスの主著とされる探検記『マレー諸島』が刊行された一八六九年、彼の経歴に、また科学界にもやがて大きな変化をもたらすことになる、ある小さな出来事があった。

その年、「週刊科学新聞の創刊が提案された」（『W自伝』下巻、五四頁）。その目的は「働くものたちのための進歩の記録として役立ち、本の功績についてのみ論じる専門家による科学書の書評を載せ、また諸学会の会合についての報告や、一般的な興味をひくだろうあらゆる顕著で新しい事実や理論の、大衆向けだが正確な説明を提供する」ことにあった。ウォーレスはその準備の「会合に参画して、ときどき寄稿することを引きうけ、それから四半世紀のあいだ……ほぼすべての巻に私の書いた書評やレターや記事が掲載されることになった」。

今日も科学界に大きな影響力をもつ週刊科学誌『ネイチャー』（発行マクミラン社）の創刊である。国会図書館で第一号を調べてみると、発行日は一八六九年一一月四日（水曜日）。巻頭の記事（巻頭言？）は、T・H・ハクスリーの「自然——ゲーテの警句《アフォリズム》」である。一頁目の上四分の一がタイトル部で、宇宙から見た地球のような図にかぶせて「NATURE」の文字が躍り、副題に「週刊絵入り科学雑誌」とある。その下にはワーズワースの言葉が引かれているが、出典がわからないので生半可の翻訳はやめ、そのまま引用して識者の教えを乞うことにしよう——“To the solid ground/Of Nature trusts the mind which builds for aye.”

一冊四〇頁だが、一—八頁と三一—四〇頁は広告であり、記事は半分強の二二頁分（創刊号だから特別だったのかもしれない）。これだけ広告があるということは、それだけ発行部数が多かったということだろう。広告のほとんども科学書の宣伝であり、社会が科学に注目し、また期待していたであろうことを物語っている（科学雑誌が次々に廃刊となった日本の現状からすれば、口惜しいほどにうらやましい）。値段は一冊四ペンス。風刺漫画雑誌『パンチ』（一冊一四頁）など、当時の週刊誌は三ペンスが相場だったから、やや割高というべきかもしれない。

ウォーレスは『ネイチャー』誌にどのくらい寄稿したのか？　米国の科学史家C・H・スミス（Smith, 1991）が作成した巻末付録の著作リストで数えてみた。最初の寄稿は第四号（一一月二五日号）と第五号（一二月二日号）に二回に分けて掲載された書評（11－2の注3参照）であり、最後となったのは一九一二年三月七日号に掲載された他の新聞からの抜粋転載である（八九歳の老博物学者を祝う特集かなにかへ寄せた書簡らしい）。その間の合計数は、書評が八四本、その他の記事が九四本（ただし学会などでの議論の収録は除外し、また第四号と第五号の書評のような分載は一本と数えた）。四四年間で合計一七八本、一年あたり四本となるが、寄稿は前半に集中している。

『ネイチャー』誌だけでも以上のような数字になり、もちろん他の雑誌にも多数の記事を書いた。彼が雑誌などに発表した文章の総数は、第7章冒頭の解説にも書いたように、少なくとも七一二編におよぶ。じつに多作な評論活動であり、著作リストを作成したスミスも認めているように、未確認、未発見のものもあるらしい。

ウォーレスの文才は、以下の書簡でもわかるように、ダーウィンの認めるところであった。前章で紹介した手紙のやりとりでも、ダーウィンは「自然選択についてのあなたの解説は、これ以上はないほどよくできていると私は思います。あなた以上にすぐれた解説者は、この世に一人もいません」（10－9）とウォーレスの文才を絶賛し、それに対してウォーレスも「自然選択説の短い説明を書いたり、理解力のもっとも劣った人たちにもわかるよう工夫したりするのは、私のいちばん好きなことです」（10－10）と答えていた。

ダーウィンだけでなく周囲の他の人々も同様に見ていたし、だからこその執筆依頼だったのだろう。この文筆活動に本腰をいれる契機となったのが『ネイチャー』の創刊だったことは、スミスの作成したリストを一瞥するとわかる。そのことが明瞭にみえるよう、彼が書いた書評の数を、ダーウィンが他界する一八八二年までにかぎって表にしてみると三〇三頁のようになる。

ウォーレスがはじめて書いた書評は、第7章で紹介したアーガイル公爵の『法則の支配』の書評「法則による創造」で、一八六七年に『クォータリー・ジャーナル・オブ・サイエンス』誌一〇月号に掲載された。また二編目の書評（前章で紹介したC・ライエル『地質学の原理』第一〇版などの長編書評）は、『クォータリー・レヴュー』誌の一八六九年四月号に掲載された。そして三編目の書評が『ネイチャー』への最初の寄稿であり、以後はこの雑誌を中心に文筆活動とくに書評に精力をそそぐことになる。

この表から一目瞭然なことは、ウォーレスが『ネイチャー』誌の常連寄稿者であったこと、そして彼の書評活動が『ネイチャー』創刊三年目の一八七一年にピークを迎えたことである（他の雑誌とあわせて年間一六本、月に一本以上のペースである）。この年の二月、ダーウィンの『人間の由来と性選択』が刊行された。ウォーレスによるこの本の書評（11-12の注2参照）が掲載されたのは別の雑誌『アカデミー』（ジョン・マレー社から『ネイチャー』と同年に創刊された月刊の学芸雑誌）だったが、ウォーレスが科学評論活動に乗り出してまもない、精力をもっとも傾けていただろう時期であったことは見逃せない。

　この時期はウォーレスにとって、別の意味でも転機であった。一八六九年春に旅行記『マレー諸島』を刊行したのにつづき、翌一八七〇年四月には、それまでに発表した主要な論文をまとめた『自然選択説への寄与』を刊行した。この論文集には、マレー諸島探検中に書いた「進化論宣言論文」（1-1の注3参照）と「自然選択説論文」（2-1の注6参照）、帰国後に書いたアゲハチョウ科を例に変異や擬態を論じた論文（第4章冒頭の解説を参照）、人間の進化を論じた「人類論文」（同前）、独創的な色彩論を展開した論文（第6章冒頭の解説を参照）などが収録された。

　この論文集は、そのタイトルから、ウォーレスがみずからを自然選択説への貢献者、ダーウィンの自然選択説に寄与した者という脇役に位置づけたものとみなすことができる。だがそれ以上に注目すべきは、この論文集以降、彼が自然選択説とその適用・展開の論文をほとんど書いていないという事実である。自然選択説について論じきってしまったという側面もあるだろう。だがそれ以上に、後述する一八六八年のノリッジでの大英学術振興協会の年次大会であきらかなように、時代が変わったこと、つまり自然選択説が学界や世間に承認されつつあったことが、ウォーレスの執筆活動を質的に変化させたと考えられる。

　時代の変化は、ウォーレスだけでなく、ダーウィンの著作活動からもうかがうことができる。ダーウィンは一八三七年か一八三八年に種の進化を確信してすぐ、「人間も同じ法則に服するはずだという信念を避けることができない」と気づき、「その問題についてのおぼえを書きためた」（『D自伝』一六二頁）。しかし、人間の進化についてのノートは「発表の意図なし」に書かれたものであり、ウォーレスの自然選択説論文が届いたため急ぎ準備した『種の起原』（一八五九年）でも、「人間の起原と歴史に光が投じられるであろう」（下巻、二六〇頁）と述べるにとどめた。人間の進化について「なんの証拠も提示しないで見せびらかすのは、この書物（『起原』）の成功のためには無用であり、有害」（『D自伝』同前）と考えたからである。たぶんそれ以上に、論争に巻き込まれるの

年度	『ネイチャー』（書評以外）	他雑誌での書評	書評合計
1867年		1	1
1868年			—
1869年	1	1	2
1870年	5（9）	1	6
1871年	11（4）	5	16
1872年	4（3）	2	6
1873年	6（6）	2	8
1874年	2（4）	2	4
1875年	4		4
1876年	2（2）	1	3
1877年	（8）	1	1
1878年	（3）		—
1879年	7（4）	2	9
1880年	5（4）	2	7
1881年	3（2）		3
1882年	7（1）		7

を避けるダーウィンの性格のゆえだったのかもしれない。

だが時代は着実に変化していた。一八六八年八月にノリッジで開催された大英学術振興協会の年次大会では、会長フッカーの「ダーウィニアニズム」擁護の講演に対し、反論らしい反論はほとんどなかった。この大会に参加したウォーレスは、第9章で見たように、ダーウィンに次のように報告していた――

ノリッジではダーウィニアニズムが日の出の勢いで（本当にこういうしかないのですから、この言葉をいやがらないでください）、フッカーとハクスリーの大量の忠告のこともあって、何人かの教区牧師たちは気を悪くしたのではと思います。いちばんこまったことは、博物学のことをいくらかでも知っているような反対者が一人もいなくなって、以前にはよくおこなわれたような十分な討論が聞かれなくなったことです」（9－6）。

一八六〇年、ウィルバーフォース司教とハクスリーが舌戦を繰り広げたオックスフォード集会（プロローグの年表のⅢ、および10－9の注10など）にくらべ、なんという変わりようだろう。この間に、八年という月日が流れていた。ダーウィンとウォーレスの「子ども」（10－8）、すなわち進化の自然選択説を大切に育み、たがいの理論の切磋琢磨のために日夜努力し、また手紙で議論をかさねてきた二人にとって、長くもあり短くもあった八年だったことだろう。

「多数の博物学者が種の進化の説を十分に受けいれたことを私が知ったとき、私の所持する覚書を仕上げて、人間の起原についての特別の論稿を発表するのが当をえたことだと思われた」（『D自伝』一六二頁）。『人間の由来と性選択』を「書くのに三年かかった」（同前）というので、執筆に着手したのは刊行された一八七一年の三年前の一八六八年と計算でき、右のノリッジでの大英学術振興協会年次大会での反応を見てダーウィンの決心がかたまったのだろうと推測することができる。

　前章までですでにあきらかなように、ダーウィンとウォーレスのあいだには、性選択（と色彩論）、とりわけ人間の進化をめぐって意見の対立があり、ウォーレスの「異端の考え」に対しダーウィンが手紙で反論をしていた（とくに第4章、6章、9章、10章を参照）。『人間の由来』は、この議論へのダーウィンの回答のひとつの総決算だったということができるだろう。

　第9章で検討した性選択のうち、雌による雄の選り好みによる性選択を認めるかどうかが、ダーウィンとウォーレスの決定的な意見の対立であった。また第10章で見たように、ウォーレスの独特な人間進化論には、心霊主義の影響が決定的であった。それでもなおダーウィンは、ウォーレスの「異端説」を正面から受け止めようとした。そのことは『由来』におけるウォーレスへの言及、ウォーレスからの引用の傑出した多さを見ればあきらかだろう。邦訳版の人名索引によれば、ウォーレスへの言及は第一部で一四個所、第二部で三九個所、合計で五三個所におよぶ（ただし複数頁にまたがる場合は一個所と数えた）。次に引用が多いのは鳥類学者のJ・グールドで、合計三九個所である。

　ウォーレスによる『由来』の書評は、前述のように『アカデミー』誌に掲載された。かなり細かな活字で二段に組まれ、ちょうど六頁分ある。半分までは内容の紹介で、後半では「批判をまぬがれないだろうと思われるいくつかの点」が検討されている。『人間の由来』と『性選択』とを別々の著作にすべきだった、また「本能」という用語の使い方があいまいで、異なる内容が混同されているとの指摘もあるが、主要な批判点は第7章や第9章で見てきた「雌の選り好みによる性選択」である。また第10章で検討した人間の特殊性（大脳の発達、皮膚の裸出、直立姿勢など）についても、自説の立場から批判している。

　これらウォーレスとダーウィンの意見の食い違いと対立は、以下で紹介する往復書簡のおもな内容であり、また前章までにも随所に出てきていたので、ここであらためて解説する必要はないだろう。ただ、書簡にはあらわれていない、いくつかの問題をここで指摘しておきたい。

一点目は、「痕跡（rudiment）」という言葉に関係する問題である。ウォーレスは『由来』の各章の内容を紹介するなかで、「痕跡」という言葉を二回使っている。第一章「人間がなんらかの下等な種に由来することの証拠」と、第二章「人間と下等動物の心的能力の比較」においてである。

第一章の紹介では、「下等な種類の特徴である構造の多数の痕跡が人間に見られる」ことについて述べ、その例のひとつとして人間の耳の「内側に巻き込んだ耳介の上部にしばしば見られる尖った突起」をあげる。それは「大部分の哺乳類の尖っていて直立した耳の痕跡」だ、と『由来』では説明されている。今日の教科書でも「ダーウィン結節」として紹介されている有名な「〝痕跡〟器官」であり、下等動物の名残を人間に見いだし、それを人間が下等動物から進化してきた証拠だとして議論が展開される。

ところが第二章の紹介では、「次に人間の心的な能力が下等動物のそれと比較され、後者（下等動物）がそのすべての痕跡を有していることがしめされる」という。下等動物に人間の特徴の痕跡が見られるというのである。

『由来』の第一章では、人間に見られる下等動物の特徴の痕跡が議論され、第二章では反対に、下等動物に見られる人間の特徴の痕跡が議論されているという。新しいものに古いものの名残が見られると同時に、古いものに新しいものの名残が見られるというのは、あきらかに矛盾だろう。

この混乱の原因は、「痕跡（rudiment）」という言葉のあいまいさにある。英語の辞典を調べて見ると、この言葉の原義は「未熟」、「萌芽」であって、二義的に「痕跡」の意味に使われている。第二章の紹介での、「下等動物に見られる人間の特徴の（痕跡ではなく）萌芽」というのが、この言葉の本来の使い方なのである。第一章で議論されている「痕跡器官」を、たとえば『岩波・生物学辞典』で調べてみると、英語では「vestigial organ」ないし「rudimentary organ」となっている。

ウォーレスは一八五五年に彼がはじめて進化を論じた論文「新種の導入を調節してきた法則について」でも、「痕跡／萌芽（rudiment）」という言葉で大きなまちがいを犯していた。ペンギンの退化した翼を、これから翼に進化していく未発達な状態（rudiment）とみなしたのである（拙著『種の起原をもとめて』一四四―六頁、四二一―二頁）。彼もこのまちがいには気づき、論文集『自然選択説への寄与』（Wallace, 1870a）に収録するにあたり、脚注でダーウィンを引いて、ペンギンの翼は退化した痕跡器官だと訂正した（同前、四七三頁）。

ウォーレスの『自然選択説への寄与』が出版されたのは一八七〇年四月であり、いま問題にしている『由来』書評が掲載されたのは『アカデミー』誌の一八七一年三月一五日号である。彼は一年前に訂正した（気づいたのはもっと以前だろう）と同じ種類のまちがいを、またもくり返してしまったのだろうか。

そうではない。彼は第一章の紹介では本来の意味での「痕跡」を、第二章の紹介では未発達な「萌芽」状態をいっているだけであり、ただどちらにも「rudiment」という同じ単語を使ったにすぎない。そこでダーウィンを問題とせねばならない。彼はこの書評を絶賛し、少なくとも「rudiment」という言葉についての混乱（誤解の招きやすさ）を指摘していない。ウォーレスの書評での第一章と第二章についての議論のズレというより矛盾は、『由来』そのものに原因があると見ないわけにいかないだろう。

ダーウィンの『由来』の第一章「人間がなんらかの下等な種に由来することの証拠」では、当然ながら「痕跡器官」が「相同器官」とともに主要な話題となっているし、「rudiment」「rudimentary organ」という言葉が使われている。しかし第二章「人間と下等動物の心的能力の比較」では、一個所で「rudiment」という言葉が使われているだけである――「amという単語のなかのmという文字は、Iを意味している。したがって、I amという表現は冗長であって、無駄な痕跡が維持されているのだ」（邦訳、第I巻、六〇頁）。ここでの「rudiment」は「痕跡」という意味であって、「萌芽」ではない。

それではウォーレスが書評でいう「人間の心的な能力が下等動物のそれと比較され、後者〔下等動物〕がそのすべての痕跡〔すなわち萌芽〕を有していることがしめされる」というのは、『由来』の第二章のどの部分を指していっているのか。じつは、ウォーレスがいうように、第二章の全体が基本的にそうなのである。たとえば、人間にしか見られない心的能力であり、人間を他の動物から分けるものとされていた「宗教」について、ダーウィンは次のように論じる――「イヌが主人に対して深い愛情を抱き、完全な服従と少しの恐怖と、おそらくその他のいくらかの感情を持つのを見ると、その〔宗教的な感情の〕萌芽的なもの（some distant approach to this state of mind）を彼らのなかに見て取ることができる」（同前、六七頁）。

ここに重大な問題がある――『由来』の第一章と第二章では進化を論証する方向が逆になっているのである。第一章では、痕跡という下等動物の名残（rudiment）を人間にも探すことによって、人間が下等動物から進化してきたことを論証していく。ところが第二章では、人間の特徴の萌芽（rudiment）を下等動物で探し、人間と下等動物の連続性を論証しようとする。言いかえれば、形態的な特徴を論じる第一章では進化を時間的な流れにそってたどり、心的な特徴を扱う第二章では進化の時間的な流れをさかのぼる。第一章と第二章では進化を見る見方、つまり歴史観がまったく異なるのである。ウォーレスの書評はこの点を、「rudiment」という両義的な言葉を用いて率直にとらえたのだということができる。

ダーウィンが『由来』第二章で全面的に適用した遡及的な進化史観（＝歴史観）は、必然的に進歩史観に通じる。ウォーレスもそれに対して、なんら疑問を感じていない。これは二人の進化論の限界だといっていいだろう。

指摘しておくべき二点目は、書評の冒頭での称賛の内容である。「ダーウィン氏の名声はすでに高くそびえ、さらに高めることは困難なようにみえるかもしれない。だが本書が彼の評価をさらに高めるだろうことは疑いなく、また博物学者《ナチュラリスト》と一般読者とをほぼ等しく魅了することがあきらかとなるだろう。『家畜と栽培植物〔の変異〕』についての二巻の大著は、読みやすい科学書をもとめていた人々に少なからぬ失望をもたらしたが、今度の著作にはそのような問題はまったくないだろう。全編を通して著者ならではの明晰な文体で書かれ、細部の枝葉を書き込みすぎることもなく、数多くの好奇心をそそる事実と鋭い推論が盛り込まれ、そしてもっとも興味深いふたつの大きな主題が取り扱われている――すなわち、人間の本性と起原、そして動物の世界を形作り美しいものにしている性的な影響の圧倒的な重要性である」（傍点、引用者）。

もちろん、師と仰ぐダーウィンの本を書評するのであれば、高く評価する書き出しはありふれたことだろうし、まして後半で批判を展開することを考えれば、礼儀としてそうしておかなければと考えたのかもしれない。だが、はじめに書いたようにウォーレスが評論活動を本格的に開始した時期であることを考えるなら、「読みやすい科学書をもとめて」いる「一般読者」の重視を見逃すことはできない。だれもが手に取ることのできる科学雑誌が創刊され、その雑誌に科学書の広告があふれていた時代なのである。

そのことと関連して、最後にもう一点、指摘しておくべきことがある。それは、この書評でダーウィンとウォーレスとの関係が、これまでとは決定的に変わったということである。二人の関係が険悪になったというのではない。二人の意見の食い違いと対立が公然化したということである。

二人のあいだでは、すでに私信で意見の食い違いが露呈し、たがいに意見を闘わせてきた。ウォーレスは自説を論文にして発表してきていたが、しかしダーウィンとの意見の食い違いにことさらにふれることはしていなかった。ダーウィンもウォーレスとの意見の違いを公表していなかったが、ついに刊行された『由来』のなかで、対立意見としてウォーレスの見解を引用し批判的に検討を加えた。そしてウォーレスは、その書評において自説の立場からダーウィンの性選択説を批判し、人間進化論についても異論をとなえた。

『由来』とその書評で、二人の意見の相違と対立点がはじめて印刷公表され、学界のみならず世間一般に知られることとなった。

1 ウォーレスからダーウィンへ

1869. 12. 4

セント・マークス・クレセント　九番地、N・W
〔一八六九年〕一二月四日

親愛なるダーウィンへ

私の本をドイツ語に翻訳したアドルフ・ベルンハルト・メイヤー博士[1]から、リンネ協会議事録の私の原著論文[2]を、あなたのものとともに翻訳する許可をもとめる手紙がきて、それに私の写真とあなたの写真を入れたいといってきています。あなたが論文の翻訳を彼に許可するのでしたら（彼がのぞむなら許可がなくても翻訳できるようにも思いますが）、あなたの写真のうちどちらをドイツで出すのがよいか、おたずねしたいと思います——最近のですか、それとも以前のアーネスト・エドワーズが撮った写真でしょうか[3]。後者のほうがずっといい、と私は思います。もしそれでいいのであれば、私が注文して、あなたに余計なお手間をかけさせないようにします。写真を撮影するためにお会いするなどと、メイヤー氏はずうずうしく提案してきていますが、むろん問題外です。

（1）　メイヤーはドイツの博物学者で、ウォーレス『マレー諸島』のドイツ語版（一八六九年）の翻訳者でもあった。巻末の人名解説も参照。

（2）　一八五八年七月一日のリンネ協会例会で発表された自然選択説論文のこと。ダーウィンの草稿と私信からの抜粋とウォーレスがテルナテから送った論文が、ライエルとフッカーの紹介で読み上げられた（2－1の注6を参照）。メイヤーによるドイツ語訳は、スミス（Smith, 1991）のリストによれば、翌年に刊行された（Meyer, A. B., 1870. *Charles Darwin und Alfred Russel Wallace: Ihre Ersten Publicationen über die "Entstehung der Arten" nebst einer Skizze ihres Lebens und einem Verzeichniss ihrer Schriften.* Eduard Besold, Erlangen）。

（3）　エドワーズ（Ernest Edwards: 1837-1903）は写真家で、肖像写真を専門とする写真館をロンドンで一八六四年から六九年にかけて開いていた。その後、米国に渡り、ボストンそしてニューヨークを本拠地として活躍した。ダーウィンはエドワーズの写真館で一八六六年の四月と一一月の二度、肖像写真を撮影したと考えられている（『D新書簡集』第一三巻、三一五頁）。この写真は著名人の『ポートレート集』用であり、また顔写真付き名刺として売られてもいたらしい（『ポートレート集』の題名などは以下のとおり。Reeve, L. A. and E. Walford, eds. 1863-67. *Portraits of men of eminence in literature, science, and art, with biographical memoirs.* 6 vols. Lovell Reeve and Alfred Wm. Bennett, London）。なお、ダーウィンがエドワーズに肖像写真を撮影してもらっていたことは、第8章で紹介した書簡（8－7、一八六八年三月一九－二四日）からわかるが、ウォーレスがエドワーズに写真を撮影してもらったかどうかは不明（上述の『ポートレ

あなたの体調がよいことを願いつつ、それではまた

敬具　　アルフレッド・R・ウォーレス

追伸——氷河時代について、論文をひとつ書きました[4]。『ネイチャー』誌に出ますが、この問題に関するあなたの最大の難点を解決した、と思っています。

2

ダーウィンからウォーレスへ

1869. 12. 5

ダウン、ベッケンハム、ケント州、S・E

一八六九年一二月五日

親愛なるウォーレスへ

ート集』は著名人の肖像写真集なので、おそらくウォーレスの写真もエドワーズ撮影のものが収録されているのだろう)。ウォーレスの場合は、義兄が写真館を経営していたので、義兄に撮影してもらうことが多かったと思われる。

(4) Wallace (1870c)。『ネイチャー』の第一巻に掲載された「地質学時間の測定」と題された論文であり、後の著書『島の生物』(一八八〇年)の脚注(二二二頁)によれば、原型は一八六九年の大英学術振興協会年次大会の地質学部会で発表した論文だという。ダーウィンの最大の難点とウォーレスがいっているのは、物理学者トムソン(ケルヴィン卿)の地球の年齢の計算結果から考えて、進化に十分な時間がないという議論が起こっていたことだろう(前章の10-9の注6、および次便11-2の注5を参照)。ウォーレスはこの論文で時間の短さを一応は認め、環境条件が大きく変化する時代と安定した時代とでは進化速度が異なるという主張で説明した。たとえば、遺跡などから出土する種と現在の種のあいだに相違がほとんどないことから「種の安定性」が主張されていたが、それに対してウォーレスは、『島の生物』の該当個所から推測すれば、過去三〇〇万年間の気候と地理的な変化を検討して、最後の数万年が「例外的に安定した時代」だったことを指摘し、気候や地理条件が激変した過去にくらべ変化や進化があまり起こらなかっただけだと反論した。

(1) 『マレー諸島』のドイツ語版(11-1の注1)。

(2) ミュラーはダーウィンの文通相手のドイツ人動物学者(巻末人名解説参照)。一八五二年にブラジルに亡命していた。

(3) Wallace (1869c)。マーフィー『物質と力の法則との関係から見

メイヤー博士に手紙を書き、イングランドでは写真は高く、費用を彼に負担させるほどの写真ではないと思うが、もちろん反対するつもりはないといっておきました。あなたがいいと思う写真を注文する手間をかけてくださるのは、とてもありがたいことですが、たぶん、M博士から再度いってきて確認できるまで、待つのが最善かと思います。私たちの連名論文を一部、彼に送りました。彼は親切にも、あなたの本の翻訳[1]を送ってくれました。すばらしい出来ばえです。これを無駄にしないいちばんの方法は、ブラジルのフリッツ・ミュラー[2]に送ることだと考えました。彼はこの本の価値を認めてくれるでしょう。

あなたのマーフィー氏の書評[3]、とても気に入りました。あなたの仕事場から出てくるあらゆるものがそうですが、とてもよく書けています。とくにおもしろかったのは、眼のことです。もし私の意見に賛成してくれるなら、機会をみて、完成されたグレイハウンドか競走馬の例を、多数の関連した変異の選択の可能性の証拠として、議論を進めてみてください。この問題について私は、いちばん新しい本[4]で注意をむけています。

地質学的時間の不足[5]にあなたが光を投げかけたなら、名声、永遠の栄誉と祝福があなたの頭上に厚く降り積もるかもしれません。――敬具

Ch・ダーウィン

た習性と知性』（一八六九年）の書評で、『ネイチャー』誌の一九六九年一一月二五日号と一二月二日号に「種の起原論争」と題して掲載された。本章冒頭の解説の前半部で紹介したように、創刊されたばかりの『ネイチャー』誌へのウォーレスの最初の寄稿である。マーフィー（巻末の人名解説を参照）は米国の博物学者だが、ウォーレスが書評した本の書名から考えて、自然科学と形而上学がないまぜになった主張をしていたと思われる。

（4）『家畜と栽培植物の変異』（一八六八年）のこと。11-11とその注8参照。

（5）地質学的時間の不足とは、物理学者トムソン（ケルヴィン卿）などの地球の年齢を若く見積もった研究のこと。ダーウィンもウォーレスもこの時期、この問題に頭を悩ませていた（前章の10-9の注6を参照）。『ネイチャー』誌に掲載された「地質学時間の測定」（11-1の注4）でも、またマーフィーの著書の書評でも、ウォーレスはこの問題を議論している。ダーウィンは『起原』第五版（一八六九年）でこの問題に関連して改訂を加えた。たとえば、第九章「地質学的記録の不完全について」にトムソンの計算結果を引用したほか、トムソン側についていたクロール（10-9の注5参照）などの意見についても、随所で引いて議論を書き込んでいる。またウォーレスは、一八八〇年に『島の生物学』で地球の年齢と進化の速度について本格的に議論することになる。

（6）ダーウィンの写真嫌いは有名であった（たとえば、R・ミルナー「ダーウィン最後のポートレート」（『日経サイエンス』一九九六年一月号）。ミルナーは「一八六九年に、あるドイツ人の翻訳家がダーウィンにウォーレスとともに写真に写ってほしいと頼んだ」という逸話を紹介し、写真撮影のために座ることは大嫌いであり、「だれかといっしょに写るとなると、さらに面倒で時間がかかってしまう」というダーウィンの言葉を引用している。この逸話がこの手紙と前便でふれられている一件と同じことなのかは、確認できていない。なお、一八六五年早春にウォーレスから義兄シムズの写真館で写真を撮影しませんかと誘われたときには、ロンドンに出たときに必ずと社交辞令をいいつつ、たぶんずっと先になるでしょうと、やんわりと断っていた

いい忘れましたが、M博士への手紙に、近々にロンドンに行くことはないし、世界中のあらゆることのなかで、写真のために座るという苦痛ほど嫌いなことはなく[6]、まことに申し訳ないが遠慮させていただくと書いておきました。最近も、いくつかの申し出を断ったところです。

3

ウォーレスからダーウィンへ

1870. 1. 22

セント・マークス・クレセント　九番地、N・W

一八七〇年一月二二日

親愛なるダーウィンへ

私の地質学的時間についての論文は、二ヵ月近くも印刷に入ったまま、いつになったら出るのかわかりません[1]。校正刷りをあなたとハクスリーとライエルに送るよう、依頼してあります[2]。後半部には私が新しいと考えていることだけを書いていますが、それがあなたの難点を乗り越える役に少しでも立つのかどうか、お聞きするまで不安です。

このところ、「種の起原」などに関係する私のいろいろ

（一八六五年二月一日付け、ダーウィンからウォーレスへ。8‐6の注1も参照）。

（1）『ネイチャー』の第一巻に掲載された「地質学時間の測定」のこと（11‐1の注4参照）。

（2）ハクスリーとライエルが校正刷りを読んだかどうか、またそれについてどう意見を述べたかは調べがつかなかった。ダーウィンのこの校正刷りへの意見は、次便（11‐4）に見ることができる。

（3）Wallace (1870a)。刊行は一八七〇年四月。

（4）おそらく、『サイエンティフィック・オピニオン』誌への投書（Wallace, 1869d）だと思われる。その大部分が、『自然選択説への寄与』（一八七〇年）のために書き下ろした「人間に適用したさいの自然選択の限界」に取り込まれた。「ハクスリアン哲学を攻撃」という言葉が何を意味しているかは不明。この時期、ウォーレスはハクスリー宅を訪ねて議論することがよくあった（『W自伝』下巻の三六頁）。議論するうちハクスリーの考えと自分のアイデアを混同し、そのまま論文に書いてしまったことがあって二人の間が気まずくなったことも

な論文を修正したり書き足したりして、すぐにも一冊の本にまとめようとしています。題名は『自然選択説への寄与――試論集』です[3]。

つい最近、人類についての私の異端の意見を前進させ、ハクスリアン哲学を攻撃するなんてことまでしてしまいました[4]！

健康状態がすぐれ、あなたの人類の本を前進させていらっしゃることを願っています。それではまた、親愛なるダーウィンへ　敬具

アルフレッド・R・ウォーレス

追伸――校正刷りを読んで手を入れ終わったら、私のほうに返送していただけますか？

――A・R・W

4 ダーウィンからウォーレスへ

1870. 1. 26

ダウン、ベッケンハム、ケント州、S・E

〔一八七〇年〕一月二六日

親愛なるウォーレスへ

あるという。ハクスリーの態度でそれに気づき、無断引用を確認して詫び状を書いたところ、すぐさま返事がきて誤解がとけた（ハクスリーの一八七〇年二月一四日付けの手紙が収録されている）。

（1）この論文については、11-1の注4を参照されたい。

（2）トムソンすなわちケルヴィン卿については11-2の注5参照。

（3）リュティメイヤーはスイスの化石哺乳類学者。巻末の人名解説を参照。

あなたの論文全体に(1)、非常に大きな衝撃をうけました（この便で返却します）。とくに侵食の速度についてです。というのも、このところ、いまも氷河におおわれた地表にいちばん頭を悩ませていたからです。またこの六万年間における気候の変化《ミューテーション》がわりと小さいことにも、とくに衝撃をうけました。私はあなたと同じように、移住をもたらしてなんらかの変化を誘導する原因として、これ〔気候の変化〕ほど強力な原因はないと考えているからです。生物の変化がかつてはもっと急速だったということについてのあなたの主張は、W・トムソン(2)の物理的な変化はかつてはもっと激しく突然だったという意見が正しいなら、なんであれ強化されるでしょうね。

この問題全体がきわめて新しくまた大きいので、だれかをただちに納得させることはほとんど期待できないでしょうが、あなたの見解を心にとめて発酵させようという人はいるにちがいありません。だれもが、そうせざるをえないだろう、と私は思います。太陽と地球の年齢を短くするという基本的な考えを、私はいまのところは消化できていません。あなたの論文はどこをとっても明確で、よく書けているように私は思います。ついでにいっておけば、リュテイメイヤー(3)がスイスの数種類の野生哺乳類は新石器時代以来、歯式が同じであり、たしか、全体的な大きさがわずか

(4)　パナマ地峡の開閉について、ウォーレス『動物の地理的分布』（一八七六年）の新熱帯区の章（第一四章）では、ニカラグアとホンジュラスの一部が沈降して中新世と鮮新世のあいだ南北大陸の分断と動物相の隔離が続き、氷河期が到来する以前のいつかの時点で接続して今日にいたったとされている。ここではパナマ地峡の西と東の太平洋と大西洋の海産動物が問題とされているが、『地理的分布』が出版されたときには、北米大陸と南米大陸の陸上動物相のことが、両大陸の接続と分離との関係で議論されることになる（13-8の注3と注4を参照されたい）。いうまでもなく、ダーウィンとウォーレスの時代の地質時代区分は今日と大きく異なり、また大陸移動説など今日の知見のほとんどがまだ知られていなかった。今日では、南北アメリカ大陸が接続したのは地質学的にはごく最近のことであり、陸上動物ではパナマ地峡がつながってから一部がそれを越えて移住したとされる（北から南へは食肉類のネコ類や有蹄類のシカ類、南から北へは有袋類のオポッサムなど）。

(5)　アガシについては、巻末の人名解説を参照。

(6)　『自然選択説への寄与』（一八七〇年）に収録された論文は、以下の一〇編である。①探検中にボルネオで書き、ライエルをしてダーウィンに先を越されるぞと忠告させた最初の進化論論文（Wallace, 1855）、②リンネ協会の例会でダーウィンの草稿とともに発表された自然選択説論文（Darwin and Wallace, 1858）、③自身やベイツ、ダーウィンの研究から擬態など保護色を論じたレヴュー論文（Wallace, 1867c: 6-7も参照）、④マレー諸島のアゲハ科の総論（Wallace, 1865a: 4-4とその注3参照。また第6章の冒頭解説も参照）、⑤書き下ろし論文「人間と動物の本能について」、⑥「鳥類の巣の哲学」（Wallace, 1867e）、⑦大英学術振興協会の一八六七年大会で発表した鳥類の羽衣の性差と営巣習性」を論じた論文を拡大した論文「鳥類の巣についての一理論」、⑧アーガイル公の本の書評論文「法則による創造」（第7章参照）、⑨自然選択説の人間への適用でダーウィンと意見を異にした「人類論文」（第4章参照）の改訂版、⑩「原理書評」（第10章の冒頭解説参照）の最後の部分を大幅に加筆して議論を展開し、それに前年秋に発表した短い論評「道徳的直感の起原」（Wal-

に変化したことをあきらかにしています。パナマの地峡が氷河期の開始以降に開いていたことがあるとは、私には信じられません。[4] なぜなら、魚類はさておき、両側に共通する貝類や甲殻類はごくわずかであり、アガシ[5]によれば、棘皮動物はひとつも共通していないからです。あなたが自然選択に関する全論文を出版しようとしているとのこと、[6]とてもうれしいことです。あなたがそうなさるのは正しいことだし、私たちの主張にとってとてもいいことになるだろうと確信します。

しかし、私は人類について苦悶しています――あなたは変身した（退歩の方向へ）博物学者のように書き、そしてあなたは『人類学レヴュー』誌にこれまでに掲載されたなかで最高の論文の著者なのです。[7] ウーッ！　アーッ！　オーッ！　あなたの惨めな友人より

C・ダーウィン

lace, 1869b）を組み合わせた「人間に適用したときの自然選択の限界」。

（7）人類学協会で発表した「人類論文」（Wallace, 1864b）のこと。この論文については第4章冒頭の解説でくわしく紹介した。またウォーレスがこの論文での意見に変更を加え、自然選択説の人間への適用を否定したことについては、第10章の冒頭解説および10－2とその注1でくわしく論じた。

5 ダーウィンからウォーレスへ

1870. 3. 31

ダウン、ベッケンハム、ケント州

一八七〇年三月三一日

親愛なるウォーレスへ

板目木版《ウッドカット》[1]をたいへんありがとうございます。私ののろまな速度から判断して、来年のいまごろまで必要になりそうもありません。縮小するか、あなたがおっしゃるように、マクミランに頼んで鉛版にしてもらうか、いまはまだ決めかねています。

引っ越しが完了したこと、こころからお祝い申しあげます[2]が、あなたがロンドンを去ってしまったことで、私自身をなぐさめるほうがもっとたいへんです。いつもおおいに楽しんできたあなたとのおしゃべりの機会が、これで失われてしまうからです。

ゴールトンの書評[3]はとてもおもしろかったし、一言一句に同意します。もうひとつ付け加えねばならないことがあります。『人類学レヴュー』誌[4]のあなたの論文を再読したところですが、あなたがあなた自身の教義《ドクトリン》をひっくり返

（1） この板目木版がどういうものなのかは不明。『人間の由来』のために『マレー諸島』の図版を借用した可能性はあるが、『由来』にそのような図版は見つからない。

（2） 引っ越しを「お祝い」しているのは、この引っ越しには、11-7の注1で触れるように、ウォーレスが希望していた就職（博物館の館長）のためという意味もあったので、その準備が着々と進んでいるとダーウィンは理解してのことかもしれない。

（3） ゴールトンの『遺伝的天才』(Galton, F., 1869. *Hereditary Genius: An Inquiry into its Laws and Consequences.*) の書評で、*Nature* 1: 501-503 (17 Mar. 1870) に掲載された。

（4） 前年の一〇月に刊行された『人類学レヴュー』誌に、八月に開催された大英学術振興協会の年次大会での、人類学関連の発表に対するウォーレスの発言を含む質疑応答の要約が掲載されている（Anthro. Rev. 7: 414-432）。しかし、ダーウィンが再読したのは、本書第4章の主要な問題であった「人類論文」（Wallace, 1864b）のことだと考えるべきだろう。

すのを、私は拒否します。――敬具　Ch・ダーウィン

6

ダーウィンからウォーレスへ

1870. 4. 20

ダウン、ベッケンハム、ケント州
〔一八七〇年〕四月二〇日

親愛なるウォーレスへ

あなたの本を受け取り[1]、序言を読んだところです。あなたの賛辞[2]以上に高い賛辞を、私はこれまで一度も受けたことがないし、じっさいだれも受けたことがないでしょう。それに十分に足りる人間でありたいと思います。あなたの謙虚さと公平さは、私にははじめてのことではありません。私たちが、ある意味ではライバルでありながら、たがいに一度も嫉妬のようなことを感じなかったということ、それを想うことがあなたにとって満足であればと願っています――私にとってこれ以上の満足は、生涯においてほかにはまずありません。私はこのことを私にとっては真実をもっていうことができると思うし、あなたにとっても真実だと

（1）刊行されたばかりの『自然選択説への寄与』のこと（Wallace, 1870a）。

（2）序言のうち内容の紹介を除くと、その本文といえるのは三頁ほどだが、徹頭徹尾、ダーウィンを賞賛する内容といっていい。この論文集をまとめた目的として、一般に流布している誤解を正すことがあったという。すなわち、リンネ協会でのダーウィンとの連名発表のおかげで名を知られるようになったが、自分がなにをなすことができたのかについてやや誤解があり、とくに自分が思うより高く評価されすぎている場合が多いので、それを正すためには自分のオリジナル論文を一冊の本にまとめ、その長所と欠点、ダーウィンとの異同を、そのまま見てもらうべきと考えた――「しかし、私が主張できるのはここまで。私はこれまでずっと、またいまでも、ダーウィン氏が私よりずっと以前から研究していたこと、私が『種の起原』の執筆を試みる必要がなかったことに、心の底から満足している」。ダーウィンの知識や実験の技能、論文作成の能力を高く評価し、彼のほかにこれだけのことはなしえないとしている。

（3）このリストがどのようなものか、具体的には不明。論文集を編むにあたり、オリジナル論文に加筆や訂正を加えているので、それを箇条書きにしたメモを、ダーウィンに送ったのだろうと推測される。

絶対に確信しています。

加筆のリスト[3]をいただけるとは、あなたはすばらしいキリスト教徒です。加筆された部分がとくに読みたかったし、あなたの論文を通読する時間は、いまはとても持てそうもなかったからです。

もちろん、新たな部分や大きく変更された部分をすぐに読みますし、相応に期待されるほどには正直であるよう努力するでしょう。ご本の出来ばえは、とてもよいと思います。——それではまた、親愛なるウォーレスへ、心をこめて

Ch・ダーウィン

7

ウォーレスからダーウィンへ

1870. 7. 6

ホリー・ハウス、バーキング、E[1]

一八七〇年七月六日

親愛なるダーウィンへ

絵のこと、とてもありがとうございます[2]。ですが、コブラがアメリカ〔大陸〕にいないことを除いても、ヘビとの

(1) ウォーレス一家は一八七〇年三月に、ロンドン郊外のこの住所に引っ越した。『W自伝』(上巻、四一六頁、および下巻、九〇頁)に、この「ホリー・ロッジ」と呼ばれている「古いコッテージ」に移り住んだ顚末が述べられている。引っ越しの理由はふたつ。ひとつは前年(一八六九年三月)に念願の『マレー諸島』を刊行し、ロンドンでの生活に飽きてきたので(彼自身が社交を好まなかったのと、妻アニーも庭師の娘で園芸好きであった)、町から離れて田舎暮らしをしよう

類似はそれほど顕著ではないといわざるをえません。また、これがベイツ氏のイモムシ[3]でないことは、あきらかです。彼のイモムシは頭部を後ろに振り上げ、足を上に見せるようにして竜骨状の鱗を模倣します。

クラパレード[4]が私の本に対する彼の批判を送ってきました。あなたのところにも、たぶん届くと思います。私の異端説に対する彼の主張は、とても弱いと私は思います。あなたがすでに印刷に入った[5]ことを耳にし、山のような事実に押しつぶされるのでは！と恐れ身震いしながら、楽しみにしております。

あなたが先日、ロンドンにいらしたことを聞きました。今度ロンドンにいらっしゃるときには、ご都合のよい時間にぜひお会いしたいものです。

あなたの健康が回復しつつあることを願っています。ダーウィン夫人と家族の皆様にどうぞよろしくお伝えください。それではまた　敬具

アルフレッド・R・ウォーレス

としたこと（この年の四月には、論文集『自然選択説への寄与』も刊行された）。しかし、この家のあったバーキングは「惨めというほかない村で、沼沢地があったり醜悪な工場に取り囲まれていた」。テムズ川沿いの快適な散歩道があったりしてそれなりに楽しめたようだが、すぐにもっと環境のよい場所を探しはじめた（11‐12の注4参照）。というより、よい土地を探すための「仮の宿（halfway house）」としてこの家を借りたのである。もうひとつの理由は、ロンドンのイーストエンド地区の「ベスナル・グリーン（Bethnal Green）に美術と博物学の博物館を建てる計画」があり（7‐5を参照）、チャールズ・ライエルが強い影響力をもっていたので、ウォーレスが勝手に「館長になれると確信」し、そこに近い場所に引っ越そうと考えたためであった。じっさいライエルやハクスリーが政府の高官に相談すると約束してくれていた（12‐9と12‐11を参照）。この博物館は一八七二年に完成したが、館長職は置かないことになり、ウォーレスの期待は裏切られた。ウォーレスによれば、田舎に引っ越すことがいちばんの目的で、ロンドンの「南や西のおしゃれな地域」より、土地がずっと安かったのでこの場所にしたのだという。11‐5の注2も参照されたい。

（2）ダーウィンが一八七〇年六月五日付けの便に、一枚の「奇妙な絵」を同封してくれていた。「模倣と保護はあなたの研究主題」なので、ウォーレスが持っているべきだと考えてのことだという。

（3）「ベイツのイモムシ」が具体的になにを指しているかは不明。少なくともベイツ『アマゾン河の博物学者』には、このイモムシのヘビ擬態の例は出ていない。ベイツの擬態説については調べがつかなかった。ベイツの擬態説については、本書第6章冒頭の解説を参照。その後のベイツの研究については、巻末の人名解説を参照。

（4）クラパレードについては、巻末の人名解説を参照。ダーウィンと『種の起原』を支持していたらしいので、ウォーレスの『自然選択説への寄与』の「異端説」を批判する手紙か書評を送ってきたのだろう。

（5）ダーウィン『人間の由来と性選択』のこと。「山のような事実に押しつぶされ」という言葉から、ウォーレス自身が演繹的な理論先行型なのに対して、ダーウィンが大量の事実を積み重ねる帰納法にこだわっていることを、ウォーレスがよく認識していたことがわかる。

8

ダーウィンからウォーレスへ

1870. 11. 22

ダウン、ベッケンハム、ケント州、S・E

一八七〇年一一月二二日

親愛なるウォーレスへ

『ネイチャー』誌のあなたの論文[1]を、私もこの家の他の全員もどれほど賞賛しているか、一言か二言でも書かせてもらいます。事例をわかりやすく述べ、そして議論を展開することにかけて、あなたはまちがいなく並ぶもののない達人です。「種の起原」という用語と、たとえ個々の変異の正確な原因がなにもわからなくても、その帰結の多くはえられるのだということについて、あなたの議論以上によくなされた議論はこれまでありませんでした。

私はたまたま自分の本の第一巻で、しばらく前に印刷はあがっているのですが、擬態しているチョウについてほんの少し書いていて、あなたが指摘したうちの二点、すなわち、すでに広く異なっている種がたがいに似るようになることはないという点と、鱗翅類においては変異がしばしばよく目立つという点にふれました[2]。

（1）Wallace（1870d）。この論文は、『W自伝』（下巻、七頁）によれば、同年にリヴァプールで開催された大英学術振興協会のD部門でA・W・ベネットが発表した「数学の観点から見た自然選択説」という論文（『ネイチャー』誌の一八七〇年一一月一〇日号に全文掲載）に対する反論である。ベネットの、ダーウィンの『種の起原』もウォーレスの『自然選択説への寄与』も、種の起原の本質に迫っていないという批判に対する回答であり、「種」と「変種」と「個体」の区別ができていないことが誤解の主要な原因だと論じた（『W自伝』下巻、八—九頁による）。ウォーレスはベネットの進化論批判は、本書第7章で紹介したアーガイル公爵の進化論批判と同類と見なしている。ウォーレスのこの反論の主要部分は『W自伝』（下巻の八—九頁）に採録されている。

（2）『由来』の第一一章「昆虫（続き）——鱗翅目」、とくに擬態について論じられている部分（邦訳、第Ⅱ巻の一三七—四〇頁）のことのはずだが、該当個所は見つからない。またベネットへの反論との関係も不明。

（3）ベネットは印刷業者で、植物の研究もしていた（巻末の人名解説を参照）。

（4）ダーウィン『英国産および外国産ラン類の昆虫による受粉』（一八六二年）などの研究の主題であり、第7章で紹介したアーガイル公爵はそこに造物主の介入を見ていた（第7章冒頭の解説を参照）。

（5）いうまでもなく『由来』のことであり、三ヵ月後の翌年二月に刊行される。

（6）『W自伝』（下巻、八頁）によれば、この「死んでしまうのでは」という言葉は、人間の精神的および道徳的な本性についての二人の意ベネット氏[3]であれ他のだれであれ、精神《マインド》の作用を変異の主要な原因にもってくるというのは、なんと奇妙なことなのでしょう。植物における美しく複雑な適応や構造の変化[4]を見て、それらの植物が精神を持っていると彼らがいうとは思えません。

　私の途方もない本[5]は、第一巻が終わり、第二巻の初校の半分まで来ています。疲労困憊のため半分死んだようになっていて、あなたのすぐれた意見で私は完全に死んでしまうのではと[6]、おおいに恐れています。

　時間に余裕があれば、あなたのこと、あなたがいまなさっていることやご家族について、なにか知らせてもらえるとうれしいのですが。――敬具

Ch・ダーウィン

9

ウォーレスからダーウィンへ

1870. 11. 24

ホリー・ハウス、バーキング、E

一八七〇年一一月二四日

親愛なるダーウィンへ

見の相違のために、ということ。

(1) 11-7とその注4を参照。

(2) この雑誌にだれがどのような批判を掲載したかは調べがつかなかった。雑誌と時期から考えて、次章に登場するチャウンシー・ライトの可能性はある（12-1の注1参照）。

お手紙は、私にとってとてもうれしいものでした。私たちはいまでも、二〇のうち一九点については意見が一致しているのだと確信しました。二〇点目についても、私は理屈のわからない男ではありません。しかし、私が説得されるのは事実や議論によってであって、クラパレード[1]のような高圧的なあざけりによってではありません。

彼のようなこの種の批判と、『ノースアメリカン・レヴュー』誌の最新号に載っているような批判[2]とのちがいが、あなたにはわかると思います。この雑誌では私の最終章[3]が、一点ずつ本当に批判されています。その一部はとても弱いと考えていますが、非常に強力な批判もあり、私を迷い道からほとんど転向させかけていることを、私は認めます。

あなたの新しい本について、この本であなたのことをいまより低く見るようになることは、あなたとは対立する事実や主張を無視されていないかぎりないと確信するし、そんなことをあなたはこれまで一度たりとなさったことがありません。

いまはアンチ・ダーウィニアンを黙らせるための記事[4]を書いているだけで、ほかにはなにもできていません。いまいましい厄介者[5]が背中にどうしようもなくしがみついているからです。この男は私が気に入っていた土地[6]の一画を譲ってくれることを承諾し、その土地のことでこのあいだの

(3)『自然選択説への寄与』(一八七〇年)の最終章「人間に適用したときの自然選択の限界」のこと。11-4の注6参照。

(4)「アンチ・ダーウィニアン」とは、11-8の注1で述べたベネットのことだろう。ベネットへの反論の続編と思われる記事を二編、ウォーレスは同じ『ネイチャー』に投稿している(一八七〇年一二月一日号、同月八日号)。

(5)「厄介者(Old-man-of-the-sea)」。『アラビアン・ナイト』の登場人物。シンドバッドの背中にしがみついて離れなかった。

(6)この土地については、11-12の注4を参照。

(7)ミカエル祭は、九月二九日。英国の古くからの慣習で「四期制勘定支払日」のひとつ。

(8)ウォーレスは『マレー諸島』の第16章「セレベス」で、熱帯に花が少ないことを指摘し、ひるがえって温帯とくに英国の植物を絶賛する一節をしたためた――「荘厳たる熱帯植物のあいだで過ごした一二年の歳月のなかで、私はわが国の景観にハリエニシダ、エニシダ、ヒース、野生のヒヤシンス、サンザシ、紫色の野生ラン、そしてキンポウゲがあたえている効果に匹敵するような例を、一度として見たことがない」(拙訳の上巻、三七一頁)。熱帯に美麗な花が少ないことはウォーレスの持論といってよく、後に『熱帯の自然』(一八七六年)でも第2章で同趣旨のことをくりかえし主張している。

(9)Wallace (1871c)。とくにマデイラ諸島の甲虫類を例にして島嶼の昆虫相の特徴を議論した。その一部が後に書き改められて、論文集『自然科学と社会科学論集』(Wallace, 1900b)に収録された。後出の書簡11-13の末尾とその注11も参照されたい。A・マレーについては、巻末の人名解説を参照。

二月から彼をつかまえようと努力してきたのですが、返事の手紙をくれようとせず、契約に署名をしようとせず、私を何週間も不安な気持ちにさせつづけています。彼本人からの定期借地権を無条件に受けてはいますが、そのひとつは借地料をこのあいだのミカエル祭[7]から支払っているのです！　そろそろ、植えつけに最適な気候が過ぎてしまいます。この土地はちょっと野生的なところがあるので、小さいけれどウェールズの峡谷のすてきな模造品になっていて、私が賞賛している温帯植物相の美[8]を身のまわりに集めることができるだろうし、そうでなければ、けちな野郎のやりかたに我慢などできやしません。残る人生の住居をきめるというのは大切なことなので、しばらくは心の枠組みをあまりかためないでおくつもりです。

Ａ・マレーの甲虫類の地理的分布についての返答を、昆虫学協会の自分の会長講演[9]としてまとめているところです。また『試論』の第二版を、若干の注と加筆をくわえて印刷中です。体調がよくなっていること、（お手紙でのあなたの書きぶりから）わかって、とてもよろこんでいます。ご家族のみなさまによろしく。親愛なるダーウィンへ　敬具

アルフレッド・Ｒ・ウォーレス

10

ウォーレスからダーウィンへ

1871. 1. 27

ホリー・ハウス、バーキング、E
一八七一年一月二七日

親愛なるダーウィンへ

第一巻(1)をとても楽しく、また興味をもって読み終えたところです。ご恵送を、たいへん感謝しています。私と私の異端説を多大な温和さをもって取り扱ってくださったことにも感謝いたします(2)。

性選択と保護という問題(3)について、あなたはまだ、私がまちがえていると納得させてはいませんが、第二巻ではあなたの重装備の砲兵隊が登場して、私は降伏せねばならないかもしれないと予想しています。ただし、あなたは私がいおうとしていることを少し誤解しているようですし、それに私は二人のあいだの相違があなたの考えているらしいほどには大きいと考えていません。雌が、なにか多数の例で、保護のために「特別に変形して」いる、あるいは色彩は一般に、いずれかの性によって保護を目的として獲得される、という見解へのあなたの反論がたくさんの節に見ら

(1)『由来』(一八七一年)の第一巻には、第Ⅱ部第一一章「昆虫、つづき——鱗翅類」まで収録されている(長谷川眞理子訳は第Ⅰ部と第Ⅱ部とに分冊)。ここでの言いかたや、ウォーレスの次信(11 - 12)の冒頭から、第一巻と第二巻では刊行時期に若干ずれがあったことが想像される。

(2)『由来』でのウォーレスからの引用の多さについては、本章冒頭の解説で具体的な数字をあげて説明した。

(3) この問題に関する二人の論争については、本書第6章および第9章を参照されたい。『由来』第一巻にはこの問題を論じた第八章「性選択の原理」が含まれている。

(4)『由来』は第Ⅰ部「人間の由来について」と第Ⅱ部「性選択」の二部構成。ウォーレスの異端の説にとくに頻繁に言及しているのは、第Ⅰ部第五章「原始時代と文明時代における知的および道徳的な能力の発達について」である。

(5)「"evolution" or "development"」。「進化(evolution)」という用語は、一八七〇年代にH・スペンサーの著作を通じて普及しはじめたとされる。『由来』では「進化」という言葉は使われていないが、『起原』では第六版(一八七二年)ではじめて「進化」という言葉が使われた(岩波文庫版の下巻、三二一および四〇〇頁)。なお、「evolution」のもともとの意味は「展開」や「旋回」である。たとえばウォーレス『熱帯の自然』の第4章「ハチドリ」では、ハチドリの旋回飛翔を「evolution」と表現している。

れますね。

しかし私の見解は、すでにあきらかにしてあると思うのですが、雌は（大多数の場合）雄の派手な色合いの獲得を（それが雌に遺伝する傾向があるときでさえ）防止されているだけであり、なぜならそれが有害だから、ということです。そして、保護が必要ないときには、派手な色彩を両性が獲得するのは一般的であり、そのことは色彩の変異が両性に遺伝することは、自然選択によって出演が防止されていないときには、きわめてふつうのことなのだということです。

色彩そのものは、性選択によっても、また他の未知の原因によっても、獲得されるかもしれません。しかし、いまのところ私をたじろがせている性選択にあなたがあたえているあまりに広い適用には、無理があります。とはいえ、この原理が完全に真実であること、その適用が無限に重要で実に多用であることを、私は他のだれよりも認める用意があったし、いまもあります。

人間の章[4]はとても興味深いのですが、私の特殊な異端説にふれているところは、まだ私をまったく説得できていません。もちろん、人間の下等な種類からの「進化」あるいは「発展」[5]を証明しようとしているあらゆる語句、あらゆる議論に、私は完全に同意します。私にむずかしかった唯一の点は、あなたが発展のあらゆる段階を、確定された諸法則によって説明できたのかどうかです。

　この本があなたの高い名声をさらに高めつづけ、この本が受けるべき多大な成功をおさめることを確信しつつ、

親愛なるダーウィンへ　敬具

アルフレッド・R・ウォーレス

11

ダーウィンからウォーレスへ

1871. 1. 30

ダウン、ベッケンハム、ケント州、S・E

一八七一年一月三〇日

親愛なるウォーレスへ

　お手紙を拝見して、とてもうれしくなりました。なによりも、あなたの扱いに失礼なところがあったのではと不安だったし、だれかと意見が異なるときに公平に語るのはとてもむずかしいことだからです。あなたの感情を害したりしていたら、それは私にとって、あなたが考えるだろう以上に苦痛となっていたことでしょう。

（1）　雌が美しい雄を選り好みすることによる性選択をめぐる二人のあいだでの論争のこと（本書第9章および第6章を参照）。第一巻は第Ⅰ部「人間の由来」の七章に続いて、第Ⅱ部「性選択」の四章が収録され、その最初の第八章「性選択の原理」で、この問題が全面的に論じられている。

（2）　第Ⅱ部第一一章「昆虫、つづき——鱗翅類」。ウォーレスの鱗翅類の色彩論＝性差論については、本書第6章および第9章の冒頭解説ですこし説明した。

（3）　マイヴァート『種の創始』（Mivert, St. G. J., 1871. *On the Genesis of Species*）。マイヴァートに対するダーウィンとウォーレスの反応については、次章で取り上げることになる。巻末の人名解説も参照。

（4）　ダーウィンはマイヴァートのこの批判を、『起原』第六版で新たに設けた第七章（岩波文庫版では下巻の付録）で引用している——

第二にうれしかったのは、あなたが第一巻に興味をもったと聞いたからです。私はこの問題全体[1]がもういやになってしまって、どの部分の価値も完全に疑うようになっていました。私は雌が保護のために特別に変化はしていないというときには、♂が獲得した形質の♀への転移の防止のことを含めるようにしました。しかしいままでは、「特別に作用した」といったような言葉をつかったほうがよかったとわかりました。私の意図は、たぶん第二巻であきらかになるでしょう。申しあげておけば、私の結論のおもなよりどころは、膨大に集めたすべての動物についての考察であり、性差という法則がすべての綱にいかに共通して見られるかに気づきました。

鱗翅類の章[2]の第一稿は、あなたの考えにかなり一致していました。研究をさらにつづけて、鱗翅類に戻ってきたとき、私はどうしても変更しなければと考えました。性選択を書き終え、最後にまた鱗翅類にきて、さらに変更を加えねばと思いました。

第二巻にあなたとの食い違いがないことを神に願っています。あなたの見解については、公平に述べたつもりです。この件については、いままで以上に恐れています。というのは、ちょうどマイヴァートの本[3]を読んで（ただし、あまりきちんとは読んでいません）、彼が公平であろうとして

「マイヴァート氏は、クジラひげに関して、次のように述べている。“それがいったん、すこしでも有用な大きさと発達の程度にいたれば、それの役立つ範囲で保存と増大とが、自然選択だけで進められるであろう。だが、このように有用な発達の端緒は、どのようにしてえられるのだろうか〟（下巻、二九〇頁）。ダーウィンはこの批判に対して、泥や水から餌を濾し取るカモ類の嘴を例にして説明をこころみている（同、二九〇―五頁）。

(5)「鰾から肺への転化」といった「しばしば機能の変化をともなう形質の漸次的推移」については、「前章」すなわち初版以来の第六章「学説の難点」で述べていたからであろうが、『起原』（第六版）で新設された第七章ではとくに説明を加えていない。また第六章の該当部分（上巻の二四七―八頁）にも、第六版でとくに改訂は加えていない。

(6) 今日では「収斂進化」と呼ばれる現象のことが問題とされているのだろう。類縁の遠い種のあいだの表面的な類似について、マイヴァートは自然選択では説明できないと主張したようだ。脊椎動物の眼とタコなどの眼の類似と、同じように考えたのだろう。『起原』では「適応的すなわち相似的形質」として、第一三章「生物の相互類縁、形態学、発生学、痕跡器官」で述べられているが、「収斂進化」についてダーウィン自身の議論も、今日から見ればきわめて不十分である。

(7) マイヴァートの「突発的な進化」や「内的な力による進化」という考えは、ダーウィンの「漸進的な進化」（「自然は跳躍しない」）や進化を突き動かすメカニズムとしての自然選択説と真っ向から対立する。『起原』第六版で新たに加えられた第七章で、この点についてかなりくわしく反論し（下巻、三二一―七頁）、「奇跡の世界に足を踏み入れ、〈科学〉の世界を捨てること」だと、かなり強い調子で結んでいる。

(8) グレイハウンドの育種における多数の体構造の整合性について、『変異』の第二〇章「選択」で述べられている（Darwin, 1868. Vol. II. pp. 221-222）。競走馬については、まとめて議論されている個所はない。

いる（しかし彼を鼓舞しているのは神学的な熱情です）ことが間違いなく確かだと思ったところだからです。ただし彼がまったく公平だとは考えていません。ある個所では私の文章の半分しか引いていないし、私が使用の効果について述べたことを何個所もでまったく無視し、段落の最後まで見ればけっして教条的な文章でも傲慢な文章でもないことがわかると思うのに、私の教条的な断言、「偽の信仰」を語ってくれたりしているのです。この本が出た後に、彼からとても魅力的な手紙をいくつかもらっています。

　その彼が、なんとも熱烈に（またきわめて正当にも）あなたを賞賛しています。彼の著作が自然選択説に対してきわめて強い影響力をもつだろうことを、私は疑っていません。振子が、いまや私たちに向かって振られるのです。

　もっとも影響力のある部分は、私の考えでは、クジラひげのような、私たちが漸次移行の段階を説明できないような事例を羅列しているところです。[4] しかし、そのような例は私にとってはさしたる問題ではありません——もし二、三の魚が絶滅していたなら、いったいどこのだれが、肺は鰾《うきぶくろ》から起原した[5]などという大胆な当て推量をしたでしょうか？　フクロオオカミ（*Thylacines*）のような例では、私の考えでは彼は、その顎がイヌの顎に似ているのは表面上のことだといわざるをえなかったでしょうね。[6] 歯の数も対応も発達も、大きく異なっていますから。それとまた、多数の形質がいっしょに変化する必要があると彼がいうとき[7]、彼はたくさんのことを選択によって同時ないしほぼ同時に変化させる力をもつ人間のことを考えねばならなかったはずです。たとえば、グレイハウンドや競走馬を作るときのように——私の『家畜〔と栽培植物の変異〕』で詳述してあります[8]。

　マイヴァートは私の「道徳観念」について腹をたてているというか、軽蔑しているのですが、たぶんあなたもそう思われるでしょう。彼が私の一連の人間についての立場に、動物的な性質を考えるかぎりにおいて同意してくれたことは、私にとってとても嬉しいことでした。あるいは、なんにせよ、彼の意見があまりに異なると考えたことがまちがいだったと考えるべきなのでしょうか。

　ながながと書きつらねてしまったこと、お許しください。あなたのおかげで、とても元気になりました。あなたの意見に対して、無意識のうちに不公平なことをいってしまったのではと、とても恐れていました。第二巻が無事に通過できることを、心から願っています。他のだれがなんというか、私はほとんど気にかけていません。私たちの意見が完全には一致しないことについては、このような複雑な問題について、それぞれの結論に独自に到達した二人の男

が完全に同意することなど、ほとんどありえないことです。そんなことは不自然でしょう。――敬具　Ch・ダーウィン

12

ウォーレスからダーウィンへ

1871. 3. 11

ホリー・ハウス、バーキング、E
一八七一年三月一一日

親愛なるダーウィンへ

あなたのご本の第二巻[1]を、そんなことが可能だとすればですが、第一巻よりも大きな興味をもって読みました。私にとって特別に関心のある話題がたくさんあつかわれているからです。「雌の保護」問題について、私を説得できなかったと知っても驚かれないでしょうが、私があなたの説得をあきらめていないと聞いたら驚くでしょうか。あなたもご存じのように、『アカデミー』誌のために書評を書いていました。[2] 断るつもりだったのですが、編集長から、あなたがそうしてほしがっているのだから、という言い方をされたものですから。このような本を要約するのはとても

(1)『由来』の第二巻。第一巻は一月二七日付けで礼状を書いていた(11-10)。第一巻には第I部「人間の由来について」と、第II部「性選択」のうち第八章から第一一章までが収録されていた。第二巻は第一二章「魚類、両生類、爬虫類の第二次性徴」から脊椎動物の分類群ごとに第二次性徴がレヴューされ、第一九章と二〇章で「人間の第二次性徴」が議論されて第二一章「全体的な要約と結論」にいたる。

(2) この書評は、本章冒頭の解説でも述べたように、『アカデミー』誌の同年三月一五日号に掲載された(Wallace, 1871b)。

(3) 邦訳の第II巻、四三九頁に該当する。第二〇章「人間の第二次性徴（続き）」中の「体毛のないこと……」を論じた部分の脚注。ダーウィンはウォーレスの『自然選択説への寄与』最終章「人間に適用したときの自然選択の限界」から「なんらかの知的な力が人間の発達を導き……」（本書第10章の解説を参照）という言葉を引用し、人間の皮膚が裸出していることもウォーレスはそう説明すると述べた。たぶんここまではいいのだが、それにつづけてダーウィンは、ステビング師（Stebbing, Thomas Roscoe Rede : 1835-1926）の次のような揶揄したような批判を引用している。「なんらかの超知性が未開人の背中から毛をむしりとり、かわいそうな裸の子孫が、何世代にもわたって寒

簡単なことではないのですが、それなりにうまく書けたのではと思っています。考察にとりかかったとき、いつもの感じを取り戻しましたが、あなたが少しでも強すぎると思うかもしれない言葉は、ひとつたりとも見逃していないと、心から確信しています。

あなたは私について、私が変えてほしいと思うようなことは一言も書いていませんが、私にあなたに対して率直であってほしいと考えていることを知っていますので、あなたが注で引用している一節（第二巻、三七六頁）は、私が書いたなにかの戯画《カリカチュア》のように見えたことをお伝えしておきます。(3)

さて、あなたにも喜んでもらえるとうれしいのですが、私は白亜採掘場《チョーク・ピット》を手に入れ、(4)そこへの急な坂に道をつけようと、設計に精を出しています。一度いらして、私と何日かそこを見ていただけないかと期待しています。ロンドンから馬車ですぐですし、以前に昼食をごいっしょしたときにダーウィン夫人がおっしゃっていた、ケント州の荒野にある白亜採掘場と同じかどうか、ぜひ知りたくてしかたないからです。お宅の庭師が越冬性の植物を秋に間引こうとしているようでしたら、ほとんどどんな種類でも歓迎します。土地は四エーカーほどあるので、雑草を除去して装飾になる植物を植えたいと考えています。

さと湿気で死ぬことになりながらも……」。

(4) この土地問題については、『W自伝』（下巻、九一頁―）にかなりくわしく書かれている（ただし「翌年」つまり一八七一年としているのは記憶ちがいだろう）。「翌年〔正しくは一八七〇年〕、ロンドンから二〇マイルのテムズ川沿いのグレイズ村の近くで、絵のように美しい古い白亜採掘場《チョーク・ピット》を見つけた。長いあいだ使われていなかったので、たくさんのニレの大木をはじめ何種かの他の樹木が勾配のきつくない部分に生えていた。ここの白亜〔層〕は約一二フィート〔≒四メートル〕の厚さのサネット砂と洪積世の砂利に覆われ、その上の野原からの眺望は美しく……家を建てるのにとても魅力的なところだった。ややむずかしいことがあった後、四エーカーの土地の九九年間の借地契約を結ぶことができた。四エーカーの内訳は、採掘場そのもの、その上の台地の野原が一エーカー、採掘場とそこにいたる小道のあいだの、だいたい同じ広さの起伏のある耕作可能な土地である。地主が売ることはできなかったので、一エーカーあたり七ポンドの借地料を払わねばならなかったが……」（11-9も参照）。ウォーレスは友人たちの手を借りて、ほぼ自力でこの土地に家を建て、一八七二年三月から住みはじめた（ただし四年半後にまた引っ越すことになる。13-6参照）。

今後ともよろしく、あなたの健康と体力がすぐれ偉大な研究が進むことを願いつつ。親愛なるダーウィンへ　敬具

アルフレッド・R・ウォーレス

書評は今度の水曜日に出ます。

13

ダーウィンからウォーレスへ

1871. 3. 16

ダウン、ベッケンハム、ケント州、S・E
一八七一年三月一六日

親愛なるウォーレスへ

あなたのすばらしい書評[1]を読んだところです。どの点をとっても、私について好意的に表現されているし、内容も申し分ありません。ライエル夫妻[2]が拙宅に来ていたのですが、C卿は科学的な書評をあなたほど上手に書く人はほかにいないと評価していたし、バックリー嬢[3]も、あなたはよい点を嬉々としてすべて拾い上げ、しかも悪い点に対してもけっして盲目ではないといっていました。このすべてに、

(1) 前便（11-12）の注2参照。
(2) ライエルのウォーレス評価については、1-1の注3参照。
(3) ライエルの秘書バックリー嬢とウォーレスとの、この前後の時期のやりとりが記録に残っている（『W書簡集』二八八頁）。『由来』の第一巻を読了した直後の二月二日付けの手紙では、「下等な動物からの人間の起原を圧倒的な力で証明し」と絶賛するとともに、「私の“毛”に関する異論については、まだとても弱いのですが、第二巻でよりよい解答が約束されています」と述べている。この「毛」についての期待が、前便での不満につながったのだろう（11-12の注3参照）。また三月三日付けの手紙では、『由来』の書評を書いていることを伝えている――「親愛なるバックリー嬢へ／手紙をありがとうございます。私はいま、ダーウィンの批評で苦労しています。道徳観の章を、私はこの本のどの部分とも同じほどに賞賛します。独創的であるとともに、完全には満足でないにしても、あらゆる理論のなかでもっ

私は完全に同意します。私はこれからもつねにあなたの書評を大いなる栄誉と考えるでしょうし、たとえ今後私の本がののしられることがあっても、まちがいなくそうなるでしょうが、二人の意見がこれほど大きく異なっているにもかかわらず、あなたの書評が私をなぐさめてくれることでしょう。

私の見解へのあなたの反論は心にとめておきますが、私の見解はほとんどかたまっているのではと危惧しています。遺伝と選択の難点についてもう何週間も考え、なんとか解決しようと紙一折分をメモでいっぱいにし、それができればどれほど救済されるかはっきりとわかっているのですが、できませんでした。二、三の点にかぎって、意見を書いておくことにします。私は、昆虫の場合に色彩が性選択によって獲得されたことに、あなたが力をこめて反論されることに強い印象を受けました(4)。証拠がとても弱いことは、私はつねに知っていましたが、それでも、昆虫の楽器(5)が性選択によって獲得されたことが認められるのであれば、色彩もそのようにして獲得されたことは、少しもありえないことではないものと考えています。

人類が裸になった(6)ことについての、また昆虫についての、性選択がなんらかの効果をもたらすためには、一方の性の側の趣味(7)が数多くの世代のあいだほとんど同じままにとど

とも満足できます……ダーウィンの本は概して驚嘆すべきです！　批判に開かれた点がたくさんありますが、生命の諸形態の発展の歴史へのすばらしい貢献です」。

(4)　ウォーレスは、書評のなかで、とくにチョウ類における性選択に疑問を主張した——「数多くの雄が一頭の雌を追いかけたりそのまわりに群がっているという事実から、ダーウィン氏は雌が特定の雄を他の雄より好んでいる……と結論する。しかし、最終的に雌を獲得する雄が、もっとも生気があるか、翅の力が強いか、あるいは……もっとも忍耐強いかであることは確実であり……」(Wallace, 1871b. p. 182)。また雌が保護を必要とするがゆえに目立たない保護色になったことも指摘する（ウォーレスの色彩論については、本書第6章冒頭の解説を参照）。

(5)　『由来』第Ⅱ部第一〇章「昆虫における第二次性徴」のなかで、同翅目（セミ類）と直翅類（コオロギやキリギリス）の雄の鳴き声についてくわしく論じられている。

(6)　前便でウォーレスが不満を述べた点。11-12の注3および右の注3参照。

(7)　『由来』では、性選択で選択される形質の遺伝は詳細に論じられているし、本書第9章で紹介した二人の手紙のやりとりでもこの問題が議論されていた。しかし、そのような形質を配偶者が好む傾向（「趣味」）も遺伝されなければ、性選択は成立しない。この問題について『由来』では、たしかにほとんど議論されていない。なお、ダーウィンは「趣味（taste）」という言葉はほとんど使っていない（原著の索引で見るかぎり一個所だけ——第一八章での、野蛮で下等な人種とサル類の美に対する「趣味」は質的には変わらないという個所）。ウォーレスは雌による雄の選り好みのような「趣味の問題」を科学に持ち込むことに納得できなかったのではと考えられる。

(8)　この「……否定する人」とは、ウォーレスその人のこと。ウォーレスは当時の欧米で、極楽鳥（フウチョウ類）をその生息地で採集したり観察したりした唯一の博物学者だった（拙訳『マレー諸島』参照）。ダーウィンは一八六八年二月に、極楽鳥は一夫多妻かどうかをウォーレスに問い合わせていた（8-1の注1参照）。また一八六九

まらねばならないという主張は、私はそれに同意するし、この議論は、たとえば極楽鳥の飾り羽がそのようにして獲得されたことを否定する人[8]がそう主張していたにしても、私は妥当だと考えます。このことはあなたも認めると思うのですが、もしそうならば、あなたの主張が他の例にどう適用されるのか、私にはわかりません。少し前に気づいたのですが、私は趣味の獲得、その遺伝する性質、そして長期にわたってごく限られた範囲内で永続することについて、私にできるかぎりの議論をしなかったという、大きな怠慢をしていました。

　もう一点で終わりです。書評の一七九頁[9]で、私の表現のしかたが悪いために、雄の把持器官が雌による選り好みの証拠となると私が考えているとあなたに思わせたことがわかりました。私はけっしてそうは考えていませんので、どの一節だったか思い出すことがあったら（わざわざ探すことはありません）、ぜひ教えてください。

　注にステビング氏[10]から引用したこと、とても申し訳なく思っています。美しさを裸になった原因とする彼の示唆に注目せねばと思っていたものですから、それで彼の主張を使ってしまいました。末尾の一節は私には攻撃的に見えたので修正し、またはじめの部分については疑問をもっていました。

年三月二二日付けの手紙でも、『マレー諸島』での極楽鳥の飾り羽の説明について質問している（10-7）。ウォーレスの返答は残っていないが、極楽鳥が一夫多妻であることを否定したらしく、おそらくそのため『由来』では極楽鳥についてほとんどふれられていない。

(9)　クワガタムシの巨大化した顎のことだと思われる。これはカブトムシの角と同様に、雄同士の雌をめぐる闘争（同性間性選択）のために発達した。ウォーレスの書評はこれらの例を、雌の選り好み（異性間性選択）によって雄に発達した雄のコオロギの鳴き声や雄のチョウの翅のあざやかな色彩と同列に紹介している。

(10)　前便（11-12）の注3参照。

(11)　Wallace（1871c）。これの一部が、後に書き改められて論文集に収録された（Wallace, 1900a, b）。ウォーレスの前年一一月二四日付けのダーウィンあての手紙によれば、「A・マレーの甲虫類の地理的分布への反論」を目的として書かれた（マレーについては、6-4の注5および3-3の注15を参照されたい）。

(12)　クロッチ（Crotch）は昆虫学者。このすぐあとの「気まぐれ（crotchety）」は、ダーウィンの駄洒落だろう。巻末の人名解説も参照。

(13)　アップルトンは『アカデミー』誌の編集長。

これらの疑念をつぐなえたらと、切に願っています。新しい版が出るときには、この注の後半は削除します。

あなたが白亜採掘場を所有されたことはバックリー嬢から聞いていました。遅れ遅れになった末に手に入れたこと、お祝い申しあげます。わが家の灌木類はどれも大きくなりすぎていて、掘り起こせそうなものはないのではと思っています。数年前に、たくさん捨ててしまいました。あなたの家と土地を見てみたいのはやまやまなのですが、旅路が長すぎるのではと懸念しています。キュー〔王立植物園〕に行くだけで疲れ果ててしまい、行く気がほとんど失せています。

もう一度、あなたの賞賛すべき書評に心からのお礼をいわせてもらいます。――親愛なるウォーレスへ　敬具

C・ダーウィン

マデイラについて、すばらしい会長講演でしたね。[11]　しかし、ライエルの陸産貝類などについての議論に、彼はこの問題について何もいっていませんでしたが、言及してほしかったと思います。講演全体は、とてもおもしろく読みました。クロッチ氏[12]が翅のない昆虫についてのあなたの事実の一部に反論していると聞いていますが、彼は気まぐれな男です。私が記憶しているかぎり、アップルトン氏に書評

をあなたに書かせたらよいとあえていったことはありません[13]。ただ、質問に答えて、まちがいなくあなたが最適であり、上手に書けるごく少数の男の一人だといっただけです。

14

ダーウィンからウォーレスへ

1871. 3. 24

ダウン、ベッケンハム、ケント州、S・E
一八七一年三月二四日

親愛なるウォーレスへ

試論集の新版[1]をご恵送いただき、ありがとうございます。追加の一覧をつけてくれたことは、とてもありがたいことです。すばらしいですね、あなたの本の新版がすぐに出るというのは、私たちの主題が繁栄しているということです。私の本もよく売れています。たぶん、六五〇〇部になるはずです。

手紙書きに疲れています。私が受け取る手紙の束は男に悲鳴をあげさせるに十分なほどもあるからですが、好奇心をそそる重要な手紙も何通かはあるのです。今日届いたそ

(1)『自然選択説への寄与』の第二版のこと。ウォーレスは一八七〇年一一月二四日付けの手紙(11-9)で、加筆などして準備中と伝えていた。

(2) 人間の皮膚が、頭部を除いて裸出していることを、ダーウィンは『人間の由来』の第二〇章「人間の第二次性徴(続き)」で議論していた(11-12の注3)。おそらくそれを読んだ読者から、関連情報が寄せられたのだろう。

(3) 〝Pall Mall Gazette〟は、ロンドンの高級夕刊紙(一八六五年創刊)。一八八〇年にステッド(William Thomas Stead: 1849-1912)を副編集長に迎えてからは、売春市場の暴露キャンペーンなどで注目され、今日的な大衆紙への道を開いたとされる。この手紙の当時がどうであったかは不明。また『由来』についてどんな記事が出たのかも調べがつかなかった。

(4)『W書簡集』の原注によれば、『スペクテイター』誌一八七一年三月一一日号と一八日号に出た記事。『D旧書簡集』の編者注(第三巻、一三八頁)によれば、その記事の要約は次のとおり。「良心の進化に関して書評氏は、ダーウィン氏は彼の先駆者たちの多くよりも〝心理

んな一通はある医者からのもので、弱々しい幼子の背中に毛が生えていて[2]、その後に抜け落ちたそうです。毛の生えた白痴についての手紙もありました。が、疲れて死にそうなので、このへんで失礼します。

このあいだの手紙、ありがとう。

私の本について、注目すべきふたつ目の記事が『ペル・メル〔・ガゼット〕』紙[3]に出ました。『スペクテイター』誌の記事[4]も、私にはとても興味深いものでした――もう一度、それでは失礼します。

C・ダーウィン

学的な問題の核心〟に近づいていると考えている。二番目の記事ではデザインの問題についての本書の姿勢がよく議論され、ペイリーの『自然神学』に見られるよりすばらしい有神論の擁護が見いだされると結論している」。

第12章　マイヴァートをめぐって

ダーウィンは一八七二年、『種の起原』の五度目の改訂版を刊行した。この第六版が最終版であり、いま出まわっているペーパーバック版のほとんどは第六版のファクシミリ版である（八杉龍一訳の岩波文庫版は初版を底本とし、その後の版での改訂の主要な部分を巻末注としている）。この第六版では、部分的な改訂にとどまらず、新たな章が第七章として挿入された（それにともない初版から第五版までの第七章以降の章は、一章ずつ後送りされた）。

この第七章の章題「自然選択説にむけられた種々の異論」（岩波文庫版では下巻の付録）は、内容をやや偽っているといわざるをえない。具体的に指摘すれば、けっして「種々の」ということはできないはずだ。岩波文庫版で六三頁あるこの章のうち四八頁、すなわち四分の三以上がマイヴァートによる批判に対する回答に費やされているからである――「著名な動物学者マイヴァート氏は最近、ウォーレス氏と私が提唱した自然選択説にたいして私自身および他の人たちがあげた難点を総括し、それらをたくみな技巧と力強さとをもって解説した……」（下巻の二七八頁）。費やした頁数の多さは、マイヴァートの批判が『起原』に対する、すなわちダーウィンとウォーレスが提唱した進化の自然選択説に対する当時の異論のなかで、もっとも手強く無視しえない意見だったことを証明している（ただし、ウォーレス自身の転向と異端説を除けば……）。

ダーウィンは『自伝』で、『起原』に向けられた批判について「ほとんどつねに批評家たちによって公正に扱われてきた」と述懐している（『D自伝』一五六頁）。「しばしば、はなはだしく誤解され、ひどい反対を受け、嘲笑されたが、しかしこれも一般には、誠意でなされたのだと私は信じている」とさえいう。しかし、……

マイヴァート氏は除外しなければならない。氏は、あるアメリカ人が手紙で述べてきたように、〝三百代言的に〟、あるいはハクスリーのいう〝中央刑事裁判所の法律家〟のように、私に対して攻撃を向けた。（同、一五六頁）

ダーウィンがマイヴァート問題でどれほど悩んでいたかは、たとえば、一八七一年一〇月四日付けのフッカーにあてた手紙の文面からもあきらかだ――「ぼくは、君が思うほど善良なキリスト教徒ではありません。マイヴァートへの復讐を楽しんでいたのですから。ちょうど彼〔マイヴァート〕から、ぼくの健康がよくなりますように、とかなんとか、キュウリのように冷静な手紙をもらったところで……」（『D旧書簡集・補』第一巻の三三三頁）。この手紙の日付は、この章で紹介するダーウィンとウォーレスのやり取りの直後である。

ダーウィンにここまでいわせたマイヴァート（Mivart, St. George Jackson : 1827-1900）とは、いったい何者であったのか。まずは『英国人名辞典（ＤＮＢ）』をひもとき、マイヴァートの経歴を調べてみた（松永俊男『ダーウィンをめぐる人々』のマイヴァートの章も参照した）。

一言でいえば、キリスト教の信仰と進化論を統合しようとした人物である。しかも一八四四年、一六歳で英国国教会からカトリックに宗旨変えをしている。一六七三年以来の審査律がようやく解かれ（一八二九年）、カトリック教徒でも財産や公職を保証されるようになってはいたが、マイヴァートはこの改宗のためオックスフォード大学への進学を断念せざるをえなかった。それだけ強固な、確信的な信仰者だったといっていいだろう。

オックスフォード大学をあきらめ、ロンドンの法学院（Lincoln's Inn）に入学したマイヴァートは、一八五一年に法廷弁護士の資格を取得したが、その資格を活用する仕事につくことはなかった。父親が富裕なホテル経営者で博物学にも造詣が深かったことから、研究者として生きることにしたのである。一八五八年にはロンドン動物学協会の会員になり、この学会の例会で研究を発表しはじめた。一八六二年にはリンネ協会の会員に選出され、またロンドンのセント・メアリ病院で比較解剖学の講義をはじめた。そのころから霊長類をはじめ脊椎動物の比較解剖学の研究を矢継ぎばやに発表し、生涯にわたって業績を積み上げていった。たぶん、進化論とキリスト教を統合するという無茶をしなければ、比較解剖学者として歴史に名を残したことだろう（それでは、進化論と心霊主義を統合しようとしたウォーレスは、なぜ歴史に名を残せたのか？）。

マイヴァートの経歴で気になるのは、一八六九年に王立協会の会員に選出されたことだ。そのことじたいが問題なのではなく、その推薦理由となった論文（霊長類の四肢骨の研究）が一八六七年に発表されたときの紹介者が、「ダーウィンの番犬」ハクスリーだったということである。論文の紹介者はその内容に責任をもつのだから、ハクスリーがマイヴァートの研究者としての能力を高く評価していたことは確かだろう。

マイヴァートとハクスリーの出会いは一八五九年だった（『ダーウィン』七九一頁）というから、おそらくロンドン動物学協会の例会でのことだろう。セント・メアリ病院での講師職も、ハクスリーとR・オーエンの推薦でえたという。カトリック信仰を堅持しつつ、ハクスリーやダーウィンの進化論にも共感していたことは、『人間の由来と性選択』のためにイモリの第二次性徴について情報を提供していることからもわかる（邦訳、第Ⅱ巻の一六四頁）。この情報がダーウィンに提供されたのは、一八六八年春だという（『ダーウィン』同前）。

『由来』の第一巻では、マイヴァートの霊長類の比較解剖学的な研究が八個所で引用されているので、ダーウィンもマイヴァートの比較解剖学者としての能力を高く評価していたことはまちがいない。ただし、八個所のうち霊長類の分類に関することを除く七個所は、本文ではなく脚注でマイヴァートの名前をあげている。ささいなことだが、ダーウィンがマイヴァートとの関係に慎重であったことのあらわれかもしれない。じっさい一八六九年六月には、マイヴァートはハクスリーと袂を分かち、ダーウィニズムへの異議申し立てを宣言していた（『ダーウィン』八一三―五頁）。

マイヴァートの最初の自然選択説批判は、一八六九年に『マンス』誌に匿名で掲載された「自然選択説の難点」（Difficulties of the Theory of Natural Selection. *Month*, 11: 35-53, 134-153, 274-289）。ウォーレスはこの記事を読み、その著者がマイヴァートとは気づかないまま、ダーウィンに次のように書いた――「『マンス』誌から送ってきたばかりの記事にも、まあまあの批判が書かれています。発端の器官がいかにして使用できるようになるかは現実的な難点ですが、よく似た複雑な器官の個々独立の起原も難点です。しかし彼が指摘する他の点の大部分は、よく書けてはいますが、とくに恐れるほどのものではありません」（一八六九年一〇月二〇日付け）。

マイヴァートの自然選択説批判の第二弾が、以下で紹介する書簡で問題とされている『種の創始』であり、一八七一年、ダーウィンの『人間の由来』が刊行される直前に、まさに先制攻撃のように出版された（11‐11を参照）。さらに追い討ちをかけるように、『由来』を批判する匿名書評が『クォータリー・レヴュー』誌七月号に出た（12‐3の注8参照）。自然選択説を構成する事実や仮説に対する批判については書簡で見ていただこう。自然選択説を道徳や宗教に適用することに絶対反対、というのがマイヴァートの真の目的であった。しかもその目的のために、ダーウィン、ハクスリー、ウォーレスの三者のあいだでの、自然選択説を人間に適用したときの微妙な意見の食い違いを最大限に利用していた（『ダーウィン』八二三頁）。このことがダーウィンにウォーレスを警戒させたことは、前章で紹介した手紙（11-11）の文面からもうかがえる。

ウォーレスのマイヴァート評は、右に引用した『マンス』誌の記事についての手紙に見られたように、彼を毛嫌いしたダーウィンほど悪くはない。むしろ『種の創始』を絶賛していたことが、以下に引用するバックリー嬢（ライエルの私設秘書で、ウォーレスが心を許した数少ない友人の一人。11-13の注3を参照）への手紙からうかがえる（ただし、時期は『由来』を酷評する書評が発表される数ヵ月前）。

> マイヴァートの本、『種の創始』を読まれましたか？きわめて巧妙に書かれており、読むに値する本です。発展の排他的な様式としての自然選択に対する反論は、その一部はきわめて強力で、とても上手に展開されていますし、全体としてもとても読みやすく興味深い本になっています。
>
> いくつか薄弱で粗雑な議論もあり、また自然選択の力を過小評価しているとはいえ、それでも私は彼の結論の主要部分は私と同意見だと考えていますし、この本のほうが私自身のそれより哲学的ではと考えたい気持ちでいます。この本はチャールズ・ライエル卿を喜ばせるのではと思います。
>
> （ウォーレスからバックリー嬢へ、一八七一年二月二日、『W書簡集』二八八頁）

数年前のアーガイル公爵の『法の支配』（一八六七年）の自然選択説批判に対するウォーレスの徹底的な反論とダーウィン擁護（第7章を参照）を思い返してみるとき、なぜマイヴァートに対しては甘いのか、だれもが疑問を感じて当然だろう。

ウォーレスは自伝『我が生涯』の第二五章から二八章までの四章を「友人と知人たち」にあて、第二五章はまるまるダーウィンに割き、残る三章でそれぞれ複数の友人と知人を紹介している。マイヴァートは第二六章でスペンサーやハクスリーとともにあつかわれているので、それだけ親しい大切な人物とみなしていたと考えていいだろう。じっさい、ロンドンにいたときには晩餐をよくともにしたという。「誠実だが徹底して自由主義的なカトリックで反ダーウィン主義の進化論者というように、精神的にはどちらかというと風変わりで複雑な」ところがあるとしつつ、「友好的で愛想がよく、礼儀作法が洗練され、会話が興味深く、じつにさまざまな話題の持ち主だったので、いっしょにいて魅力的だった」（『W自伝』下巻、四三頁）という。ここで紹介する書簡類の三〇年以上も後年の回想だとはいえ、ダーウィンのマイヴァート評価とは正反対といっていいほどだ。

もちろんマイヴァートのダーウィンに対する批判が「きわめて厳しく、しばしば不公平であった」ことはウォーレスも認め、「彼がやったことは正当化できないという私自身の意見を隠したことは一度もない」（同前、四四頁）という。ウォーレス自身もマイヴァートの「書いたもののいくつかを批判した」ことがあったが、それでも二人は「いつまでもいい友人でありつづけた」。その理由をウォーレスは、博物学以外にも二人に共通する趣味があったからだという。それは郊外の散策であり、園芸であり、そして「心霊研究と心霊現象への強い興味」だった（同前）。

「マイヴァートが〔心霊〕現象のすくなくとも一部は本物だと納得するようになったのは、私との会話と私の小さな本〔一八六六年に出した冊子『超自然の科学的側面』〕によってだと思うのだが、彼はローマ・カトリック教徒だったにもかかわらず、調査の遂行に尻込みすることはなかった」（同前、三〇〇頁）。一八七〇年の冬（つまり以下で紹介する書簡類の半年前）、ナポリを訪れようとしていたマイヴァートは、そのころ当地に居住していた霊媒グッピー夫妻を、その友人であるウォーレスに紹介してもらった。

ナポリでグッピー夫妻に会ったマイヴァートは、彼のための三夜の降霊会についてウォーレスに報告の手紙を書いた（『W自伝』下巻、三〇〇―一頁）。

最初の降霊会ではラップだけでした――質問に対して返答がありました。そのうち二例は、私をおおいに驚かせました。心のなかで質問しただけだったからです。歯の疾患の治療法が指示され、私はそれを試してみました。効果がありそうだと思ったからです。

二回目の降霊会（私が出席したはじめての暗闇での降霊会です）では、花が生じました。ドアには鍵をかけ、室内をすみずみまで調べ、必要な用心はすべてしました。驚かなかったのは、すべてあなたや他の人から聞いていたからです。この現象は私を納得させるものでした。一例のこのような事実は、一〇〇例に値します。

三回目の降霊会（昨夜）では、花がくり返されるような質問をしたいと思いました。えられた答えの真価は、時間があきらかにしてくれるでしょう。まちがえた答えがありました（背の高い人物について）。ホテルで私を待っている手紙についても。全体的にみて、私の到達した結論は以下のとおりです――

I　私は知覚できる物体を、これまでまったく経験していない方法で移動させることのできる力《パワー》に出会った。

Ⅱ　私は目に見える助手のものではない知性に出会った。

Ⅲ　私が出席した降霊会では、この知性は私の考えていることを読む能力があることをしめしたが、まちがいを犯しやすいこと、また厳密に正直なわけではないこともわかった。

Ⅳ　後に起こったことを、そういうことは起こらないといったり、またこうするといっておきながら、それに失敗したりというように、ときどき気まぐれでした。

〔中略〕

私はあなたの友人たちをどれほど好ましく思っているか、ここに書くわけにはいきません。この手紙が彼らに読まれてしまうと思うからです。しかし、親愛なるウォーレス、あなたが彼らを紹介してくれたことに感謝することはできます。本当に心から感謝しています。末永きおつきあいを……敬具

セント・ジョージ・マイヴァート

ウォーレスはこの手紙を『W自伝』に収録するにあたって、次のようなコメントを付している。「現象を質問に答えることに限定したりせずに、力がおのずと働くにまかせていたら、たぶんもっと納得できる結果がえられていただろう……どの初心者《ビギナー》もやる、大きな失敗である」。

ようするにウォーレスは、マイヴァートが心霊現象を研究してくれることに期待していた。数年後（おそらく一八七四年）、マイヴァートは奇跡で有名な南仏のルルド訪問のことをウォーレスに報告（同前、三〇一頁）しているので、それなりにウォーレスの期待に応えたといえるのかもしれない。いずれにせよ、ウォーレスのマイヴァート評価の甘さの原因として、少なくとも本章で紹介する手紙がやりとりされた時期についていえば、心霊主義への両者の共通の関心があったことはまちがいないだろう。

ウォーレスの心霊研究は、科学からの逸脱ではなく、「楽天的」とさえいえるほど素朴な科学への信頼のゆえだった（拙論「アルフレッド・R・ウォーレスとその時代」の末尾を参照）。心霊現象も科学によって解けないはずがない、とウォーレスは信じこんでいた。第4章で問題となった人間進化に自然選択説を適用した「人類論文」を見れば、彼の恐いもの知らずの楽天主義、素朴にすぎる科学信奉がどれほどのものか想像できるだろう。

しかしダーウィンにとっては、マイヴァートのような極端な批判者がいなかったとしても、自然選択説の人間への適用は気の重い仕事であった。学者社会はともあれ、世間は人間の祖先はサルだとしか受けとめていなかった。『由来』を刊行して一年後の一八七二年二月三日、ドイツのドールン博士への手紙に次のような弱気な言葉を書いている（『D旧書簡

集』第三巻、一三三頁)。

あなたの論説を読むまで、私は自分の『人間の由来』がドイツでそれほど熱狂的な興奮を引き起こしているとは知りませんでした。わが国とアメリカでかなり売れましたが、博物学者からは、私の知っているかぎり、ほとんど一人の賛同も聞こえてきていません。だから私は、この本を出版したことは私のまちがいだったのではと考えています。しかし、いずれにせよこの本は、よりよい著作のための道を舗装することでしょう。

この弱気の発言とは裏腹に、ダーウィンは着実に歩を進めていた。次の著作となる『人間と動物の感情の表出』に着手したのは一八七一年一月一七日、『由来』の最後の校正を仕上げたわずか二日後である。その年の初夏から秋にかけては『起原』第六版の準備に忙殺されたようだが、一一月ごろからは『感情の表出』の仕事を再開し、翌年一一月に刊行することになる。この本は一八六七年ごろから構想され、最初の構想では『由来』の一部をなすはずだった(6-3の注7)。ダーウィンは世間を気にして弱音を吐きながらも、自分のなすべき仕事を着実に仕上げつつあった。

1

ダーウィンからウォーレスへ

1871. 7. 9

ダウン、ベッケンハム、ケント州
一八七一年七月九日

親愛なるウォーレスへ

　チャウンシー・ライト[1]の書いた書評を同封します。あなたの意見をぜひ聞きたいからなので、できるだけ早急に送ってください。私はあなたが、私など比較にならないほどすぐれた批評家だとみなしています。この記事は、とても明瞭に書かれているとはいえないし、一部は知識不足のため不毛ではありますが、賞賛すべきように私には思われます。

　マイヴァートの本[2]が自然選択説に対する、とくに私に対する、大きな悪影響を生じさせています。そこで、あなたがこの記事をなんであれよいと考えるようでしたら、私は彼に手紙を書き、追加の原稿を付して一シリングの冊子[3]を出版する許可をもらうつもりです（追加の原稿は、書評の末尾に書き込むだけの余白がなかったので、別紙で同封しました）。出費はせいぜい二〇ポンドか三〇ポンドでし

(1)　ライトは歴史的には無名に近い（巻末の人名解説参照）。ダーウィンあての一八七一年六月二一日付けの手紙に、マイヴァート『種の創始』（次の注2参照）の書評の校正刷りを同封してきた（『D旧書簡集』第三巻、一四三―四頁）。ライトの手紙の抜粋は、以下のとおり。「〔私が書いた〕論考の訂正済みの校正刷りを同封します。ノースアメリカン・レヴュー誌の七月号に掲載されることになっています。あなたが興味をもってくださること、さらにはあなたにおおいに役立つことを願って、これを送ります。マイヴァートの本は、私の論考は実質的にその書評なのですが、私がこの論考中であきらかにしようと努力した、自然選択という学説を防衛し例証する考察を提示するのに、とてもよい背景になると私には思えました。とくに大切な目的は、この学説を哲学的な探究全体のなかに適切に関係づけることによって、この学説に貢献することにありました」。

(2)　Mivert, St. G. J., 1871. *On the Genesis of Species*. この本はダーウィンの『人間の由来』の直前に刊行され、ウォーレスもこの年の一月に読んでいる（本章冒頭の解説を参照）。マイヴァートとこの本については、前章で紹介した手紙（11‐11）も参照されたい。

(3)　この冊子については、12‐3の注3を参照。

(4)　小林司・山田博久『英国生活物語』の、一八九〇年代の物価を基準にした換算では、一ポンド＝二〇シリング＝一万二〇〇〇円なので、二―三〇ポンドは二四万円から三六万円と計算できる。二〇年前のこの手紙の時期には、もうすこし割高だったと考えたほうがいいだろう。

(5)　第六版すなわち最終版のこと。一八六九年に出た第五版は一五シリングだった（『ダーウィン』八二九頁）が、一八七二年二月一九日

よう[4]。

私はいま『起原』の新しい廉価版[5]にとりかかっていて、マイヴァートの本のいくつかの問題に答えるべく、そのための新しい章[6]を導入するつもりです。しかし私は、ライトにくらべ、この問題をそれほど具体的に取りあつかっていないし、たぶんあまり哲学的ではないので、たがいに干渉してしまうことはないでしょう。私はマイヴァートを研究して以来、『起原』に書いた見解の全般的な真実を（つまり個々の点の、ではありません）、これほど確信したことは私の生涯でこれまで一度もなかったといったら、あなたは私のことを偏屈と思うでしょうね。

ライトが見つけてくれたのですが、マイヴァートが言葉を削除していたことを知って[7]、私は心を痛めています。私はMに対して、私の文章の最初の部分しか引用されていず、そのため私のいいたいことが変化してしまっている二例については苦情をいったことがありますが、彼が言葉を削除していたとは、想像さえしていませんでした。不公平な扱いだと思うところが、ほかにもあります。彼がその名に恥じないようにと考えているにもかかわらず、偏屈であるばかりに公平にできないのだと結論するのは、私にとって悲しいことです。

『ネイチャー』誌であなたのレター[8]を楽しく拝見しました

に出た第六版は、半額の七シリング六ペンスだった（同、八四三頁）。大衆向けの廉価版は出版元のマレー社の発案で（同、八三九頁）、版型も活字も小さくして頁数を大幅に減らし、さらに版をニューヨークのアップルトン社に売却して、当初は六シリングという定価を予定していたという。

（6）　新しい章とは、本章冒頭の解説でも述べたように、第六版で挿入された第七章「自然選択説にむけられた種々の異論」のこと（岩波文庫版では、下巻の「付録」）。11‐11の注4から7も参照。

（7）　『W書簡集』の編者注によれば、『ノースアメリカン・レヴュー』誌の第一一三巻八三―四頁でライトは、削除された言葉が、マイヴァートが「ダーウィン氏の権威の拠り所とした点にとって必須」な言葉だったことを指摘した。またマイヴァートが言葉を削除した一節は、引用符なしに引用されていたという（『D旧書簡集』第三巻、一四四頁）。次便（12‐2）とその注7と注8も参照されたい。

（8）　*Nature*. 4: 181 (6 July, 1871) か 4: 221 (20 July, 1871) のいずれか、あるいは両方だろう。前者は"A New View of Darwinism"、後者は"Mr. Howorth on Darwinism"と題され、内容は連続している。したがって「愚かで無遠慮な男」とは Sir. Henry H. Howorth (1842-1923) のことと考えられる。科学ライターだったことまでは判明したが、どのような人物だったかは不明（12‐11の注9参照）。なお、スミスの著作リスト（Smith, 1991）で調べるかぎり、この二本のレターはウォーレス自身がDarwinismという言葉をはじめて使った例と考えられる（9‐4の注6も参照）。他の用例としては、一八六九年二月一日にT・R・R・ステビング師（11‐12の注3参照）がトーキー博物学協会（The Torquay Natural History Society）で「Darwinism」と題した講演をおこなった記録がある（『D旧書簡集』第三巻、一一〇頁）。

（9）　この土地については、前章の11‐12を参照。

（10）　『W自伝』では、この手紙の追伸が紹介されているが、ウォーレスのまちがいで、ダーウィンからの七月一二日付けの手紙（12‐3）の追伸である。

が、愚かで無遠慮な男に対して、ちょっときつかったように思いました。

　あなたの家と土地がうまくいっていること、そしてあなたがあらゆる面で活躍されんことを願っています⑨。

　すこしばかり落ち込んでいましたが、ロンドンで二、三日過ごしたらずいぶん元気になりました。私の愛するすてきな妻が私を、いやがおうでも、この月末にどこかへ連れ出そうとしています⑩。

2 ウォーレスからダーウィンへ

1871. 7. 12

ホリー・ハウス、バーキング、E
一八七一年七月一二日

親愛なるダーウィンへ
　C・ライト氏の非常に有能な論考を読むという余暇の機会をあたえていただき、とても感謝しています。彼のマイヴァート批判は、非常に手厳しいものですが、ほとんどは妥当だと私は考えます。ただし私のみたところ、この論考

(1)　ライトの議論（12－1参照）のあいまいさはダーウィンも承知していたようで、『起原』第六版で追加された第七章での、漸進的ではない突発的な進化についてのやや妥協的な説明のなかで、次のように書いている。「このような〔突発的な進化の部分的な〕許容は、強力な証拠の提出なしにはなされるべきではない。ライト氏がこの見解を支持するためにあげた、無機物質の突然の結晶化とか、多面楕円体がある面から他の面に傾くこととかいうような、あいまいで、ある点では誤っている類比は、ほとんど考察に値しない」。
(2)　乳腺について、『起原』第六版の追加章でのマイヴァートへの回答（下巻の付録の三〇一―三頁）のなかで、マイヴァートによる批判

のかなりの部分は文章が重苦しく、言葉づかいや議論にわりと不明瞭なところが多い[1]ので、分離して印刷しても利用価値があるかどうか、かなり疑問に思います。このかたちのままではマイヴァートの読者たちに読めるとは思えないし、マイヴァートの主張へのあなた自身の〔『起原』第六版における〕返答は非常に明確なものになるだろうと確信しているので、きっとほかのものは必要ないでしょう。

乳腺の起原[2]はどうなっているのかとか、ガラガラヘビのがらがら〔発音器官[3]〕はどう使えるのか、などといった非常に巧妙な示唆は、そのある程度の部分をあなたの〔新しい〕章に引用するのでしょうか。キリンの長い首を生じさせる理論（私の最初の試論[4]で示唆されています）に対するマイヴァートの反論にどんな力があるのか、私には理解しかねるし、そのことはC・ライトも認めているようですが、彼〔ライト〕の「見張り塔《ウォッチ・タワー》」説[5]は、起原の方途としてはより困難だしありそうもないように私には見えます。「なぜ類縁のある他の動物が同じように変化しなかったのか？[6]」という議論が最大の弱点だと、私には思われます。

もうひとついわせていただけば、マイヴァートが省いた「単語」について、文句をいうべきさしたる理由が見当たりません。そのことが意味に実質的な影響をおよぼしているとは、私には思えないからです。あなたの「またわずか

を二ヵ所で紹介している。①「ある動物の幼者が、その母親の偶然に肥大した皮膚腺から出たあまり栄養のない液の一滴を偶然に吸うことによって、死をまぬがれたなどということを、考えることができるだろうか。また、かりにそういうことがあったとしても、そのような変異を永続化する機会が、はたしてありえただろうか」。この批判に対しては、有袋類の育児袋内壁の皮膚腺の一部が発達して乳腺となったことは、自然選択で説明できると回答している。②「何か特別の用意がなければ、子は気管に乳が流入して窒息してしまうにちがいない。だが、特別の用意はあるのである。喉頭は長く伸びていて、鼻道の後端の内部に挙上するようになっており、そのため、乳が伸長した喉頭の両側を障害をおこさずに通過して、そのうしろにある食道に到達するあいだ、空気は自由に肺に入ることができる」。「ではどうしてカンガルー……の成獣では、〝この、すくなくとも罪のない構造〟を、自然選択は取り除いてしまったのか」。これらの批判は有能な比較解剖学者ならではといえよう（本章冒頭の解説を参照）。これに対しダーウィンは、哺乳類の多くにとって重要な音声との関係を指摘し、さらに他の解剖学者（フラワー教授）の意見を引用している。

(3)　ガラガラヘビの発音器官に、ダーウィンは第六版での追加章ではふれていないが、第六章「学説の難点」でもともとふれられていた。自然選択は自身の利益のために作用するのであって、他種の利益のために作用しないことの例としてガラガラヘビの発音器官をあげ、獲物に警告をあたえて逃がすためとする説を否定している。この部分に第六版で、この音は敵となる鳥類や獣類への脅しとみなすほうが確からしいとする補足説明が挿入された。

(4)　キリンの長い首の進化をウォーレスが自然選択説で説明してみせたのは、最初の論考ではなく、一八五八年六月にダーウィンのもとに届けられ、同年七月一日のリンネ協会の例会でダーウィンの草稿などとともに読み上げられた「変種がもとの型から限りなく遠ざかる傾向について」である。この論文の全文を、拙著『種の起原をもとめて』に付録として収録した（キリンの首の説明は四三九―四〇頁）。『起原』第六版で挿入された第七章では、マイヴァートによる批判への回答の最初にキリンの問題を取り上げている（下巻、二八〇頁）。ダー

な程度に遠ざかる傾向がある（and tends to depart in a slight degree)[7]」という表現は、あまり文法的ではないと私は思います。遠ざかる傾向がわずかな程度だとは、あまりいえないからです。遠ざかるのがわずかな程度ということはありえますが、傾向は、わずかな傾向でも強い傾向でもあるはずです。遠ざかるのがどの程度まで達するのかは、傾向そのものに加えて、原因が好ましいか好ましくないかに依存するはずでしょう。マイヴァートの「また親の型から遠ざかる傾向があり」という言葉は、「傾向があり」という言葉が残されているのですから、あなたの文章の言い換え《パラフレーズ》として、反論はまったくできないと私には見えます。あなた自身の見解が、その傾向がどんな程度までも究極的に遠ざからせるかもしれないということであるのは、疑う余地のないことでしょう。マイヴァートの過誤はあなたの言葉が急激に遠ざかるという見解を支持すると憶測したことであり、彼が使った表現が彼の見解を、彼があなたの言葉をそのまま引用したときより、ほんの少しでもより強く支持することになっているのかどうかは、私にはわかりません。彼が依拠しているあなたの表現が「全個体（the whole organism）が可塑的になったように見え[8]」であることは明白で、彼は、そのように「可塑的に」なっているのだから、なんらかの程度ないし大きな程度の、なん

ウィンによれば、マイヴァートのキリンに関する批判はふたつの部分からなる。第一は、首が長くなれば身体も大きくなり食物要求量も増大するので、食物の乏しい時期には首が長いことの利益よりも大量の食物を必要とするという不利益がまさってしまうのではないかということ。第二は、キリンの首が長くなることがそれほど有利なら、なぜ他の動物の首や鼻は長くならなかったのかということ。

(5)「見張り塔《ウォッチ・タワー》」説は、『起原』第六版の追加章でダーウィンが引用しているところによれば、ライトがマイヴァート批判書評で提出した考えであり、キリンの首が長くなればなるほど、ライオンなど捕食者をすぐに見つけられ有利だろうと指摘したという（下巻の二八二頁）。

(6)『起原』第六版の追加章でのダーウィンの反論から、マイヴァートはキリンの長い首が自然選択に有利なら、なぜ他の似たような動物の首は長くならなかったのかと批判したらしい。注4で紹介したマイヴァートによる第二の批判点であり、それに対する回答は、下巻の二八三―四頁に見られる。

(7) 次の注8と考えあわせると、『起原』第一章「飼育栽培のもとでの変異」のはじめに近い部分の一節（上巻、二五頁の末尾）だと考えられる。

(8) 右の注7で指摘した個所の直前だと考えられ、この一節全体は、八杉訳の岩波文庫版では、「全体制は可塑的になってきたように思われ、また祖先形からわずかずつ離れていく傾向が見られる」と訳されている。ようするに「the whole organism」が何を意味しているか、読み手によって解釈が割れることが、誤解の原因となったのだろう。

(9) この混同にダーウィンは追加章で直接には反論や批判を述べていないので、マイヴァートの混同や誤解がどういうものであったかは不明。おそらくは、マイヴァートが「新しい種は〝突然に、そして一時にあらわれる諸変化によって〟出現すると信じるにかたむいている」ことへの反論（下巻の三二一頁）がこの問題に対応するのであろう。

(10)「漸進主義（グラデュアリズム）」は自然選択説の根幹をなす考えであり、『起原』のとくに第六章「学説の難点」で、「博物学で古くからいわれている〝自然は跳躍せず（Natura non facit saltum）〟という格言……」として強調され（上巻の二五一頁）、第一四章「要約と結

らかの方向への急激な変異がありうると、疑問の余地なく誤って、主張しています。

マイヴァートの最大の過ちである「個体変異」と「微細ないし眼に見えない変異」の混同は、[9] C・ライトによって上手に暴露されているので、その部分は再版されたものをぜひ見てみたいものです。しかし、私がつねづね考えてきたことですが、好ましい変異が小さく稀なために自然選択の作用が緩慢なことを、あなたはあまりに強調しすぎていると思います。[10] あなたの自然選択の章には「きわめて微細な変化」、「もっとも微細なものも含むあらゆる変異」、「あらゆる程度の構造上《コンスティテューショナル》の相違」といった表現が見られ、これらがマイヴァートのような過誤をもたらしてきました。私が以上のことを申しあげたのはすべて、私がマイヴァートはけっしてあなたを意図的に誤解させようとすることはないと確信しているからです。彼は自分の本のなかで「無限小」という言葉を、自然選択によって利用される変異に適用して用いたことを後悔し、第二版では変更すると私に言ってきていたし、まちがいなく変更していると思います。

マイヴァートのもっとも強みな点のいくつか――たとえば、眼や耳――は、この書評では留意されていません。[11] あなたはもちろん、これらの点に答えることでしょう。彼が

論」でもくり返されている（下巻の二二六、二三九頁）。ウォーレスと同じ意見を、ハクスリーが『起原』の読後感で述べていた（一八五九年一一月二三日付け、ハクスリーからダーウィンへ）――「私が感じた唯一の異論は、第一には、あなたは〝自然は跳躍せず〟を無条件に採用することで不必要な困難を背負い込んだということで……」（『D旧書簡集』第二巻、二三一頁）。

(11) ダーウィンは追加章で「眼や耳」の問題には答えていない。眼については、初版の第六章「学説の難点」中で「極度に完成し複雑化した器官」として議論し（上巻の二四二頁）、第六版でかなり長い補足説明を加えた（同、四〇二頁）。一八七二年三月三日付けのウォーレスからダーウィンへの手紙（12-6）も参照されたい。

(12) マイヴァートは、地層中の化石の「系列のなかに大きな断絶つまり不連続性がある」ことから、突発的な進化を主張したらしい（『起原』下巻の三二一頁）。これに対してダーウィンは、「突発的な進化を信じたからとて地質学的層における結合連鎖の欠落に光は投じられない」と反論した（同、三二五頁）。ダーウィンは『起原』の初版から、「地質学的記録の不完全」（第九章）なことを強調していた。

「失われた環《ミッシング・リンク》」議論[12]で述べていることも力があり、一般大衆にとってかなり重みをもつことを私は疑っていません。彼の重要でない主張については、あなたと同じように、自然選択をこれまで以上に強めてくれるだけだと考えますが、彼の二、三の主要な主張は、私たちがいまだまったく理解していない、発達についてのなんらかの根本的な生物学的な法則という払拭しえない疑念を私にいだかせます。

　この書評についての私の意見を、けっして重要に考えないようお願いします。非常に巧妙に書かれていますが、ただこの筆者にはちょっと、著者や画家のいわんとするところを本人より知っている評論家に似たところがあるような気がします。

　私の家はいま請負業者の手にありますが、私は塀を造ったりとか、なにやかにやでとても忙しくしています——それではまた、親愛なるダーウィンへ　敬具

アルフレッド・R・ウォーレス

3

ダーウィンからウォーレスへ

1871. 7. 12

ダウン、ベッケンハム、ケント州
一八七一年七月一二日

親愛なるウォーレスへ

いろいろ感謝しなければなりません。私のいちばん上の娘(1)が、なかなかの批評家でして、あの記事(2)は興味深く再刊する価値があると考えているのですが、私はあなたの手紙を読んですぐ、印刷しないと決心しました。そのあと妻がやってきて、「こういうことに関心があまりないので、それがとても退屈なものかどうか、よき裁定者になれるでしょうね」といってくれました。そこで、決断を一日か二日ほど保留することにします(3)。あなたの手紙は、これまでもそうさせてもらってきましたが、他のかたちで使わせてもらうでしょう。なにせ、あなたが最初の論考でキリンの例(4)をとりあげていたことをすっかり忘れていたくらいですから、この手紙のことも注意していなければいけませんね。

マイヴァートへの返答をどこまでうまくできるのか、とても疑問に思えてきました。反論に対して疑問な点も含め

(1) 三女ヘンリエッタ（長女と次女は幼くして死亡）。『由来』の原稿を校閲した（『ダーウィン』八一七頁）ので、意見をもとめられたのであろう。
(2) 前々便（12-1）の注1参照。
(3) この冊子（Wright, C., 1871. *Darwinism : Being an Examination of Mr. St. George Mivart' "Genesis of Species."*）は、九月にマレー社から刊行された（『ダーウィン』八三四頁）。しかし、一〇月末の時点で売れたのはわずか一四冊だった（同、八三六頁）。
(4) 前便（12-2）の注4から6を参照。
(5) 前便（12-2）の注12参照。
(6) 10-9の注6参照。
(7) 一八七〇年一月一二日号の『サイエンティフィック・オピニオン』誌に、ジョン・ハムデン氏（ハムデン司教の親戚）による科学界への挑戦状が掲載された。「どこでもよいから内陸水の水面が曲面であることを証明したなら、五〇〇ポンドの賞金を提供しよう」という（『W自伝』下巻、三六五頁）。ウォーレスはライエルに相談したうえで、この挑戦を受けて立った（このころ生活資金に苦労していたこともあったようだ）。若き日に測量士を生業としていたウォーレスは、ノーフォーク州のオールド・ベッドフォード運河の六マイルの直線区間で測量をおこない、水面が曲面であることを証明した。ところがハムデンはそれを認めず、誹謗中傷のキャンペーンをはり……この経緯については、ブラックマン『ダーウィンに消された男』の第31章にくわしい。
(8) 『クォータリー・レヴュー』誌に掲載された『由来』の匿名書評

て答え、しかも議論を読みやすくするのは、とてもむずかしいことですから。選択をするしかないでしょうね。最悪なことは、個々の点について私が言及したすべてを探し出すのは、たぶんできないということです。耐えがたいほどの重労働をしても、三週間はかかるでしょう。私にもあなたのような明晰に議論する力があったならと思います。

いまはあらゆることが嫌になってしまっていて、もし自分の時間が自由になって、毎日の不快や小さな不幸を忘れることができるなら、もう一言も発表したくありません。しかし、たぶん、悪しき攻撃を乗り越えられさえすれば、すぐに元気になれるでしょう。

ごきげんよう。私がなぜ、私のことであなたをわずらわせねばならないのか、神様に聞いてみたいものです。

失われた環[5]については、すでに話してきたこと以上に話すことはありません。シルル紀以前の時間に、もっと頼るべきなのでしょう。しかしそうすると、W・トムソン卿[6]がおぞましい怪物のように登場するのです。ごきげんよう――敬具

Ch・ダーウィン

『デイリー・ニュース』紙で、あの平らな地球のきちがい男があなたの生命を脅かしていたことを知り、心が痛みました[7]。あなたにとって、とんでもない困難だったにちがい

(*Quarterly Review* 131 (Jul. 1871): 47-90)。本章冒頭の解説参照。

(9)『種の起原』第六版で挿入された第七章「自然選択説にむけられた種々の異論」のこと。本章冒頭の解説参照。

ありません。

追伸――『クォータリー』誌に、私についてのきわめて痛烈な批評が出ています。[8] まだ数頁しか読んでいません。その老練さと文章のスタイルから考えて、マイヴァートだと思います。私はまもなく、もっとも卑劣な男と評価されるでしょう。この『クォータリー』誌の批評はCh・ライトを、たとえだれも読まなくても再版せよとそそのかしています。マイヴァートに一言でも反論する人がいるかどうかわかるし、彼（つまりマイヴァート）の批判を、なにも考えずに胸にしまったりしてはいけないとわかるだろうというのです。

私はあなたがいうように、マイヴァートが尊敬されるような態度をとりたがっていることには賛成します。しかし私には、彼は私たちに対して、とくに私に対して反論しつづけるもっとも有能な法律家たろうとしているように見えます。私の体力と精神力が、マイヴァートや他の人々に反論する章[9]を書き上げるまでもつかどうか、神のみぞ知るです。私は論争が嫌いなので、とんでもないへまをやるのではと思っています。

追伸――批評を読み終えました。マイヴァートが書いたこと、絶対にまちがいありません。すばらしく巧妙に書かれています。

4

ウォーレスからダーウィンへ

1871. 7. 16

ホリー・ハウス、バーキング、E
一八七一年七月一六日

親愛なるダーウィンへ

あなたが落ち込んでいて、批判のことでそんなに悩んでいるのは、私にとっても悲しいことです。改宗者の気高い軍隊をあなたが作り上げたことを、思い出してください！　きわめて才能のある男たちが大勢いて、あなたを全面的に支持しているのです(1)。

C・ライトの論考を『起原』の新しい版の付録にするというのは、どうですか？　そうすれば読んでもらえるし、マイヴァートと『起原』を読んでいて、さらに別の冊子を買って読む人はごく少数だろうという私の主要な異議は排除されるでしょう。冊子というのは、わりと厄介なもので

(1) とくにハクスリーが、ダーウィンと手紙で相談しつつマイヴァート批判の論陣を張り、『コンテンポラリー・レヴュー』誌の一一月号に、マイヴァートによる匿名書評および『種の創生』への批判文を発表した（『D旧書簡集』第三巻、一四七―五〇頁）。この批評の対象には、ウォーレスの「人類論文」での転向（第4章参照）も含まれている。

(2) ウォーレスの著作リスト（Smith, ed. 1991）を調べてみると、この年の七月から八月上旬にかけて四本の書評と三本のレターが『ネイチャー』誌などに掲載された（つまりそれ以前に書かれた）後、一一月まであいだがあいている。ただし一一月に再開された著作活動のひとつは、前便でふれられていた平らな地球協会のハムデンによる誹謗中傷（12-3の注7）への回答の冊子である。家の新築（11-12の注4）のことより、むしろハムデンとの論争のことで頭がいっぱいだったようだ。

す。

私はマイヴァートに『クォータリー』誌の記事を書くことができたとは思えないのですが、読んでみれば、たぶん、そうかどうか報告できるでしょう。

どうか気持ちをしっかりもってください。私のほうは建築の問題で気をとられていて、なにも書くことができていません。[2] 新しいわが家に落ち着くまではなにも書けないでしょう。来年の春ごろには落ち着けるとよいのですが――

それではまた　敬具　　アルフレッド・R・ウォーレス

5 ダーウィンからウォーレスへ

1871. 8. 1

ヘアディーン、アルバリー、ギルフォード州

一八七一年八月一日

親愛なるウォーレスへ

あなたの親切で共感的な手紙をとても楽しく拝見して元気になったのですが、あなたが忙しそうだったので返事を出さないでいました。

(1) ミュラーはブラジルに亡命したドイツ人動物学者で、ダーウィンの文通相手の一人（巻末の人名解説も参照）。ベイツが発見した「ベイツ型擬態」に対して、「ミュラー型擬態」の発見者として知られる。前者は、有毒なスズメバチに姿を似せたカミキリなどの例であり、後者はスズメバチの各種やハナバチ類などがたがいに共通する警告色を発達させている例のことをいう。ただしダーウィンがこの手紙でいっている擬態には、昆虫が樹皮などに似る「模倣的擬態」も含まれている。

今回手紙をさしあげるのは、フリッツ・ミュラー氏[1]から擬態などについて、とても注目すべき手紙を（チョウの翅を紙に貼り付けた絵とともに）受け取ったところだからです。私の考えではあなたが読む価値が十分にありますが、この件について半ペニーのカード[2]を受け取るまでは送りません。彼は模倣の最初の出発点という難題[3]を見事に処理し、模倣の緻密さのすばらしい証拠をあげています。彼はその理論に、性選択との関係で奇妙な追加例[4]を示唆しているのですが、とんでもない仮説の積み重ねだとあなたなら思われるでしょうね。私は非常に異なる種類の例でそのことを考えついたことがありましたが、怖気づいて発表しませんでした。色彩があざやかなときの模倣的保護の説に、役立ちそうです。彼はあなたのイモムシの説[5]をとても喜んでいるようです。私はこの手紙を発表できたらと思っていますが、彩色図版なしでは理解しづらいだろうなと心配です[6]。

ライトの書評をどうするか、まだ気持ちがきまっていません。彼の意見を聞くまでは中断です。あなたの示唆は、すでに厚すぎる『起原』をさらに分厚くしてしまうでしょう。

ところで、合衆国のユーマンズ氏[7]から、自然選択説について一般向けの概略を書くよう依頼がありましたか？ 私は彼に、世界中のだれよりもあなたがダントツだといって

（2）「半ペニーのカード（a 1/2 d. card）」は、おそらく一八七〇年の郵便料金改正で葉書やカードの半額制度が導入され、半ペニー切手が発行されたことを指しているのだろう。この値下げによって、一八四三年にヘンリー・コール（後出の12 - 11の注6参照）が考案したクリスマス・カードが一気に普及したとされる。また半ペニー制度の導入もコールの功績とされる。したがって、ウォーレスから「ミュラーの手紙を読みたいという葉書」を受け取るまで、あるいはウォーレスの手紙に翌春まで落ち着けないとあるので、年末の「クリスマス・カード」を受け取る季節まで、ミュラーからの手紙をウォーレスに送らない、という意味と考えられる。

（3）模倣擬態の進化の発端の困難さについて、『起原』第六版の追加章によれば、マイヴァートは次のように批判していた――「ダーウィン氏の説にしたがえば、つねに不定の変異を生じる傾向があり、そして微小な発端の変異はあらゆる方向にむかうのであるから、それらは相互に打ち消すはずであり、最初はきわめて不安定な変化を生じさせるものであるにちがいない。それゆえ、無限に小さい発端のこのような動揺が、どうして、自然選択によってとらえられ、永久化されて、葉やタケやそのほかの物体への十分にあきらかな類似を生じるようになるのか、それをしめすのは不可能ではないとしても困難なことである」（下巻の二八八頁）。これに対するダーウィンの反論では、ミュラーではなくウォーレスの発見した例が使われている。

（4）ダーウィンはウォーレスへのこの手紙の翌日、八月二日付けのミュラーあての手紙で、次のように書いている（『D旧書簡集』第三巻、一五〇―一頁）――「ウォーレスが鱗翅類における性選択の可能性を認めることはまずありそうもなく、きわめて不可能なことは疑いようもありません。そこで私としては、あなたから知らせていただいた二組のセセリチョウ科の例がとても嬉しく（次の版に引用させてもらうでしょう）……」。これに続く文面から、ダーウィンがミュラーのすぐれた説と考えているのは、「性選択が保護的模倣を促進した」ということらしい。いずれにせよダーウィンは、第六版での追加章などにミュラーのこれらの知見を引用していない。

（5）イモムシ説については、6 - 2とくに注4および、6 - 3の注1

おきました。私の頭はまだ岩のように哀れですが、よくなってきてはいます――敬具

C・ダーウィン

6

ウォーレスからダーウィンへ

1872. 3. 3

ホリー・ハウス、バーキング、E

一八七二年三月三日

親愛なるダーウィンへ

『起原』の新版[1]をご恵送いただき、ありがとうございます。忙しかったものですから、お礼が遅れてしまいました。

を参照されたい。

(6) ダーウィンは右の注4の手紙で、自分がもらった手紙の下書きをできるだけ保管しておいて、いずれ『南ブラジルのあるナチュラリストの覚書』といった本を出版してはと助言し、この件についてウォーレスに相談すると書いている。

(7) ユーマンズは米国の科学啓蒙書作家、編集者（巻末の人名解説を参照）。ダーウィンは、この年の六月にロンドンに住む長男ウィリアム・エラズマスのところで出会った。一般向け科学書シリーズの企画「インターナショナル・サイエンティフィック・シリーズ」のため、ハクスリー、ティンダル、スペンサー、ラボックなどに執筆の打診をするためロンドンに来ていて、ダーウィンも相談にのったらしい（『ダーウィン』八三二頁）。すでに一八六七年にアップルトン社から刊行されていた *The Culture Demanded by Modern Life: A Series of Addresses and Arguments on the Claims of Scientific Education* は、ティンダル、ハクスリー、ヒューエル、ファラデー、スペンサー、ライエルなどの文章を編集したものらしく、序をユーマンズが書いている。

(1) 『種の起原』の第六版であり、二月一九日に刊行された。本章冒頭の解説で述べたように、新たに挿入された第七章の大半が、マイヴァートへの回答で費やされた。

(2) 11-11の注4参照。

(3) 11-11の注6参照。

(4) 後述されているように、昆虫、軟体動物（とくにタコなど）、脊椎動物（魚類、両生爬虫類、鳥類、哺乳類）という、三つの遠く離れ

マイヴァートに対する変化の初期段階についてのあなたの回答は十分かつ完璧であり、クジラとカモの比較はとても美しいと思います。[2] 私はこれらの反論の虚偽を、いうまでもなく、つねに知っていました。

眼や耳の反論にあなたはあまり十分には答えていませんが、[3] 私にとって困難が存在するのは、視覚器官がいかにして三度にわたって、[4] 近似的に同一な装置として発達したかという点です。この三度のうちの一度でも、なぜ熱線あるいは化学線[5]が、この同じ目的に利用されなかったのか？　そのような場合であれば、半透明の媒体は必要ないだろうし、それでも完全な視覚が得られたでしょう。昆虫の眼と軟体動物の眼のいずれもが、私たちが見ても透明だという事実は、スペクトルのうち同じ限られた部分の光線が、私たちと同じように彼らによっても視覚に利用されたことをしめしています。[6]

マイヴァートがいう「幸運な変異」によって生じたということに反論するにしては、偶然があまりに多すぎると私には思われます。

この問題についてはまだまだ難点がありますが、いま立ち入ることはできません。

ご親切な招待に感謝します。どうにか都合をつけ、いつかうかがいますが、いまは家をレディー・デー[7]までに住め

た分類群で眼という同様の構造が進化したこと。

(5)　原語は「chemical ray」だが、具体的にどのようなものを指しているかは不明。

(6)　これはウォーレスの誤解というより、時代の制約だろう。眼のレンズの部分が同じように透明で同じ波長帯の光線を透過させるとしても、網膜上の光感受細胞がどの波長の光を感知するかは別問題である。人間の網膜を考えただけでも波長のちがう光に感知する三種類の視細胞がある。同じ昆虫の同じ鱗翅類でも、モンシロチョウは紫外線を感知するが赤色の波長は感知できず、アゲハチョウは紫外線を感知できないが赤色は感知する。

(7)　「Lady Day」。三月二五日。聖母マリアのお告げの祝日で、英国では四期制勘定支払い日のひとつ。

るようにすべく、とても忙しくしています。その日には家にいなければならないのです。――敬具

アルフレッド・R・ウォーレス

7

ダーウィンからウォーレスへ

1872. 7. 27

ダウン、ベッケンハム、ケント州
一八七二年七月二七日

親愛なるウォーレスへ

『ネイチャー』誌のあなたの圧倒するような記事[1]を、言い表せないほど満足しながら読み終わったところです。この本そのものを見ていなかったので、あなたの書評を読んでよかったと思います。本を注文しなかったのは、B博士の以前の本から考えて、意味のあることを書けるはずがないと確信していたからです。しかし、これほど不正確なことやばかげたことばかり書く人がいるとは、つゆとも思っていませんでした。おもしろいところはすべて、ハーバート・スペンサーのことか、彼からの引用です！

（1） Wallace (1872a)。ブリー（巻末人名解説参照）の次の本の書評。Charles R. Bree, 1872. *An Exposition of Fallacies in the Hypothesis of Mr. Darwin.* 以下の12－8と12－9を参照。

（2） 英国の神学者、哲学者のJames Martineau（1805-1900）のことと思われるが、確証はない。あるいはその姉で小説家、社会評論家のHarriet Martineau（1802-76）の可能性もあるのかもしれない。

（3） ライエル、オーエン、H・スペンサー、マイヴァートについては、巻末の人名解説を参照。ゴドリーについては、確証はないが、おそらくフランスの古生物学者J・A・ゴドリーのことだろう（巻末の人名解説参照）。この年にパリ自然史博物館の古生物学の主任に就任した。

（4） 「ベスナル・グリーン博物館の館長職」にウォーレスが希望をもっていたことについて、ダーウィンはライエルかだれかから聞いていたのだろう。これについては後段の12－11と12－12、および前章の11－7の注1を参照。また7－5の注2も参照されたい。

（5） 『D旧書簡集』に所収のダーウィンからフッカーあての同年七月一二日付けの手紙についての注によれば、キュー植物園園長だったフッカーが所轄官庁である労働庁第一長官から不名誉な仕打ちをうけた

ところで、H・スペンサーのマーティノー[2]への回答は読んだでしょうか。そのすばらしさに衝撃をうけ、崇敬の念をもって彼の前で頭を下げねばという気持ちが、以前にも増して強まりました。あなたの書評のなかでいちばんおもしろかったのは、ライエル、オーエン、H・スペンサー、マイヴァート、ゴドリー[3]等々といった人たちを、みんなまちがっていると断定するB博士の尋常ならざる偏見です。自分にこれほど圧倒的な自信がもてたら、どんなにか楽しいでしょうね。

このところつまらない日々を送っていて、慰安を感じる時間はめったにありません。寝ているときと研究に没頭しているときは別ですが、研究を終えたあとは死んだように疲れ果てています。いま表情についての拙著の校正をしていますが、刊行は一一月になるでしょう。出たときには、もちろん謹呈します。私はすぐにでも、もう進化のようなむずかしい主題についてなにも書かないでやっていけるかどうか、ためしてみるつもりです。

そろそろ新しい家に落ち着いて、このところなかった余裕がもてるようになっているのでしょうか。新聞に新しい博物館の館長職についての告示が載っていないか注意して見ていますが、なにも見つかっていません[4]。あなた自身の考えでなにか決断するときには、ぜひとも私に知らせてく

一件のこと（第三巻、一六六頁）。ライエルやハクスリーなどが署名した請願書がグラッドストーン首相あてに提出され、それが各新聞に大きく取り上げられた。この件については『ネイチャー』誌が同年七月一一日号で大きく取り上げているという。

ださい。親愛なるウォーレスへ　敬具　C・ダーウィン

一般大衆がフッカーの件を、なんと大きく取り上げてくれたことでしょう。[5]

8

ダーウィンからウォーレスへ

1872. 8. 3

ダウン

〔一八七二年〕八月三日

親愛なるウォーレスへ

私は論争がきらいです。たぶん、論争下手なのがおもな理由です。しかし、ブリー博士があなたの「大まちがい」を非難[1]しているので、同封したようなレター[2]を私自身が、もちろんあなたがいやでなければですが、『ネイチャー』誌に送らねばと考えました。いやでなければ投函してください。もし絶対にだめというなら、私は送ったほうがよいと考えているのですが、そのときには破り捨ててください。あなた自身でブリー博士に答えようとしているのなら、私

(1)　次の便（12-9）に、『ネイチャー』誌のことと「ブリー博士のレター」という言葉があるので、ブリー博士が自著のウォーレスによる書評（12-7の注1参照）に対して反論を投稿したと考えられる。

(2)　Darwin, C. 1872. Bree on Darwinism. *Nature* (8 Aug. 1872)。『D旧書簡集』の編者注（第三巻の一六七頁）によれば、ウォーレスは正しく、ブリー博士がまちがえているという、ごく簡単な内容のもの。ブリー博士のいうウォーレスの「大まちがい」とは、ブリー博士の本の書評（12-7の注1参照）のことだろう。

(3)　ウォーレスは『ネイチャー』誌のダーウィンのレターが掲載されたのと同じ号に他の本の書評を載せているが、その前後の号にウォーレス自身がブリー博士への反論を寄稿した記録は見つからない。次便（12-9）も参照。

などよりずっと上手にできるのですから、ぜひそうしてください。[3] このレターが気に入らないときにも、どうぞ破り捨ててください。——親愛なるウォーレスへ　敬具

Ch・ダーウィン

9

ウォーレスからダーウィンへ

1872. 8. 4

ザ・デル、グレイズ、エセックス州[1]

一八七二年八月四日

親愛なるダーウィンへ

あなたのレターを『ネイチャー』誌へ送りました。私がなにをいうよりも、あの懸案をはるかにうまく解決してくれると考えたからです。ここでは『ネイチャー』誌が非常に不定期にしか手に入らないので、まだブリー博士のレターを見ていませんが、ブリー博士の本の本当の過誤以外には一言もふれないようかなり注意したし、それに注意すべき必要があるなどとは想像さえしていませんでした。ああいう本を書評するのは、じつに楽しいことでした。まちが

(1)　この新しい住所については、前章の11 - 12を参照。

(2)　*Nature* 6 : 284-287 (8 Aug. 1872) & : 299-303 (15 Aug. 1872).

(3)　H. Charlton Bastian, 1872. *The Beginnings of Life : Being some Account of the Nature, Modes of Origin, and Transformations of Lower Organisms.* 著者のバスティアン（巻末の人名解説を参照）は、ユニヴァーシティ・カレッジの生理学教授で、この著書のなかで原始地球の化学的スープのなかで生命の胚種が起原したと論じている。ウォーレスがこの本に強い関心をもったのは、「生命の起原」の観点からだろう。『W自伝』での回想によれば、「生命の起原」への関心はマレー諸島探検から帰国した直後からのもの。「一八六二年か六三年、ベイツと私は、いずれも『第一原理』を読んで強い印象を受けていたので、約束をとりつけてだったと思うのだが、ハーバート・スペンサーを訪ねた。二人とも生命の起原という未解決の大問題——ダーウィンの『種の起原』が以前と変わらずあいまいなまま残していた問題——で頭がいっぱいで、スペンサーはこの問題になんらかの手がかりをあたえることのできる、いま生きている一人にちがいないと期待していた

いや思いちがいは不可解なほどあったし、あの男のうぬぼれには呆れてしまいました。ただ、あの本にも上手に書けているところがあって、ものをあまり知らない人にとっては、きわめて価値が高く権威のある仕事に見えてしまいます。

　私はいま、はるかに重要な本の書評を書いています。[2] この本は、私が誤解していなければ、遅かれ早かれあなたの見解に変更をせまるでしょう。ただし、高等動物に適用したときの自然選択説の主要な教義に、なんら影響をおよぼすものではありません。私が言っているのは、いうまでもなく、バスティアンの『生命のはじまり』[3] のことですが、あなたはたぶんすでに入手していることでしょう。読むのに苦労する本ですが、とても興味をそそります。私は彼の主要な結論に完璧に改宗してしまい、あなたの『起原』以来、この本以上に重要な本はなかったのではと考えています。惜しむらくは、恐ろしいほど分厚く、また文章が散漫です。あなたがこの本を十分に消化したときには、あなたがどう考えるか聞かせてもらいたいものです。この本についての私の最初の短評は、たぶん、来週の『ネイチャー』誌に載りますが、急いで書いたものですから、私が思っていたほどうまく書けてはいません。

　あなたの健康が改善されつつあることを願って――敬具

……彼がいうには、あまりに根本的にすぎる問題であり、いまの時点では解決するかどうか考えることすらできない……あれから四〇年が経過したいまも、スペンサーとダーウィンとワイスマンが生命という現象にたくさんの光を投げかけたとはいえ、その本質的な性質と起原は以前のとおり大きな謎のまま残されている」。

(4)　ラボックはダウン村のダーウィンの隣人。銀行家にして国会議員だった。「ラボックの動議」とは、たぶん、キュー植物園長「フッカーの件」についてのライエルやハクスリーたちの首相あて請願書のことだろう（12-7の注5参照）。

アルフレッド・R・ウォーレス

追伸――ラボック[4]の動議が会期末に追いやられて、フッカーの件がまともに検討されなくなるのではと心配しています。この問題が落とされたりしないよう願っています。

――A・R・W

10

ダーウィンからウォーレスへ

1872. 8. 28

ダウン、ベッケンハム、ケント州
一八七二年八月二八日

親愛なるウォーレスへ

バスティアン博士の本[1]を読むという巨大な仕事をようやく終えたところですが、この本に深く興味をおぼえました。私の印象をあなたは聞きたがっていましたが、わざわざ知らせるほどのものではありません。

彼はきわめて有能な男ではないかと私は思います。じっさい、彼の第一の試論を読んでそう思いました。アーケビ

(1) 前便12-9の注3参照。
(2) 「archebiosis」。『W書簡集』の編者注によれば、自然発生（spontaneous generation）のことであり、バスティアンはここで議論されている彼の著書の第六章で、アーケビオシスとヘテロゲネシス（heterogenesis）の区別を議論しているという。
(3) どちらも卵がシスト状態になって乾燥によく耐え、水分をあたえるとすぐ発生する。そのためバスティアン博士は自然発生するとみなし、生命が何度も発生したと考えていたのではないかと想像される。それが彼のアーケビオシス説の実態なのであろう。
(4) 11-7の注1を参照。

オシス[2]に賛成する彼の全般的な議論は、彼の議論のなかに私にはよくわからないところがないわけではありませんが、驚くほど強力です。彼が述べていることを読んで、私は狼狽し驚きましたが、納得はしていません。ただし、全体的にみて、アーケビオシスが真実である可能性はあると私は思います。私が納得しないのは、一部には、彼の推論の多くが演繹的なためだと思います。なぜかは私にもわかりませんが、私が演繹によって納得させられたことは、たとえH・スペンサーが書いたものであっても、これまで一度としてありません。もしこのB博士の本がさかさまになっていて、まずはさまざまな例のヘテロゲネシスから書きはじめ、それから有機溶液に進み、さらに塩類溶液に進んで、それから彼の全般的な議論を展開してくれたなら、たぶん、私はもっと影響を受けたにちがいありません。しかしながら、私の主要な困難は古い確信が脳のなかで定型化されてしまっている影響ではないのかと疑っているので、私としては胚種や最下等な種類の〔生物の〕微細な断片が華氏二一二度〔＝摂氏一〇〇度〕で必ず死ぬのかどうか、もっと証拠を集めなければなりません。たぶん、B博士が述べていることを、私がその判断を尊重している他のだれか、下等生物について長く研究している他のだれかが反復しただけで、私を納得させるに十分でしょう。これは知的な弱さの正直な告白ですが、信念という心の枠組みはどうにも不可解なものです。

輪形動物〔＝ワムシ類〕と緩歩動物〔＝クマムシ類〕の自然発生[3]については、私の心がそのような陳述を消化することは、それが真実であれ虚偽であれ、私の胃が鉛のかたまりを消化するより困難です。

B博士はアーケビオシスや生長を、つねに結晶化と比較しているのですが、この見解に立てば、輪形動物や緩歩動物はその質素な生活条件に、幸運な偶然事によって適応したことになります。これは私には信じがたいことです。上記のような性質の議論がいとも簡単に瓦解してしまうだろうことは、B博士がハクスリーに、彼がミズゴケの葉の全発生を観察したことがあると主張したことであきらかでしょう。窒素原子を含まない塩類溶液にたくさんの生物が出現したということは、彼は一部の例では、混じり物の非常に多い材料を研究したにちがいありません。

後半の章の多くの点については、私はB博士と意見を完全に異にします。ですから、古い地層に一般化された種類が多いことは、私にはあきらかに、共通の由来とより最近の種類の分岐をしめしているように思われます。

彼がどんなにあざけろうとも、パンゲネシスについてまだ降伏するつもりはありません。アーケビオシスは卓越して重要な発見のひとつですから、その真実が証明されるのを見届けるまで生きていたいものです。もし虚偽であっても見届けたいし、そうなればいくつもの事実がちがうふうに説明されることになります。しかし、それらすべてを見届けるまで生きてはいないでしょうね。かりに証明されたら、B博士はその功績の相当部分を手にすることになります。科学の前進はなんと壮大なのでしょう。それだけで十分に慰められます。私たちが犯してしまった数多くの誤りが、また私たちのなしてきた努力が、毎日のようにあきらかになる大量の新しい事実や新しい見解によって押しつぶされ、忘れられていくのです。

　以上がB博士の本について私がいうべきことのすべてですが、やはりいうほどのことではありませんでした。それはさておき、あなたのベスナル・グリーン博物館への任命[4]について、なにかニュースがあればすぐに知らせてください。——親愛なるウォーレスへ　敬具　Ch・ダーウィン

11 ウォーレスからダーウィンへ

1872. 8. 31

ザ・デル、グレイズ、エセックス州
一八七二年八月三一日

親愛なるダーウィンへ

　バスティアンの本[1]についての長く、しかも興味深い手紙をありがとうございました[2]。ただ、私が意見をもとめたばかりに多大なお手間をとらせてしまったのではないかと後悔の気持ちがわいています。あなたの考えかたがよく理解できましたし、自然で適切な考えだと思います。あなたはご自分の見解を人々の頭に叩き込むというたいへんな仕事を最初にやってきたわけで、かりにバスティアンの説が真実であったにしても、彼が訴えている事実はそれ自体が確立の困難な事実ですから、彼はあなたよりももっとたいへんな仕事をすることになるでしょう。ミズゴケについては、あなたはなにかまちがえていませんか？　私の記憶では、ハクスリーはミズゴケの葉の断片を、真菌類のかたまり（グロウス）がひとつ、すでに発育しているのと同じ溶液中に検出したはずです。バスティアンはミズゴケを植物質の

(1)　12-9の注3を参照。

(2)　バスティアンの著書をめぐる手紙のやりとりから、ウォーレスは生命の起原の問題に拘泥するあまり、生命の自然発生説をいまだ信じていたのではないかと考えられる――缶詰や瓶詰による長期保存の原理は一九世紀のはじめから知られていたし、またパスツールが有名な「白鳥の首フラスコ」の実験で生命の自然発生説を否定した『自然発生説の検討』はすでに一八六一年に出ていたにもかかわらずである。なお、一八八九年の『ダーウィニズム』と一九〇五年の『W自伝』にバスティアンは登場していないので、どこかの時点でウォーレスもバスティアン説を見限ったのだろう。

(3)　前便（12-10）でダーウィンは、科学的な議論は演繹的であってはならず、帰納的であるべきだという彼の主張を述べていた。

(4)　Galton, F. 1872. On Blood Relationships. *Proc. Roy. Soc.* 20: 394-402. だと思われるが、『ネイチャー』の一八七二年六月二七日号、一七三―七六頁に同題の論文もあり、ウォーレスがどちらを読んだのかはわからない。『ネイチャー』の論文をざっと見たところでは、人間の遺伝が主題であり、遺伝が明確なことと不明瞭なこと、また隔世遺伝など複雑な遺伝のしかたをなんとか整理しようとしている。末尾で「知性や道徳性」を考えていきたいと述べられているので、『遺伝的天才』（一八六九年）の流れに位置づけられ、後の『遺伝の理論』（一八七五年）につながる論考のひとつなのだろう。

(5)　リポン卿（George Robinson, 1st Marquess of Ripon: 1827-1909）。英国の自由党の有力政治家で、一八六一年から死去するまで内閣の一員だった。

かたまり《グロウス》と見誤ってもいるわけで、ハクスリーはミズゴケの形質についてのこの無知およびそれが溶液中に存在していたことを理由に、バスティアンの観察をすべて、いくぶん軽蔑的に（また私の考えでは非常に非論理的に）却下しました。もうひとつ、窒素の含まれていない塩類溶液についてですが、必要なものを空気が供給することはないのでしょうか？

この本があなたの示唆するように配列されたら力を獲得するだろうことには私も完全に同意しますが、おそらく彼は、彼が新たに集めた事実を人々に検討してもらうためには、全般的な議論からはじめる必要があると考えたのでしょう。[3] 私がもっとも印象を受けているのは、これほど数多くの観察者たち、その一部は自分自身の事実の難点をどうにかして説明しようとしている人々が、同意しているということです。ゴールトンが書いた「血縁関係」についての論文[4]は、なんと巧妙かつ示唆に富む論文でしょう。おかげで数多くの風変わりな遺伝、先祖返り、等々が理解できるようになりました。

チャールズ・ライエル卿がわざわざリポン卿[5]とコール氏[6]に、私とベスナル・グリーン博物館[7]のことについて手紙を書いてくださったのですが、彼が受け取った手紙では、いまのところ館長《ディレクター》の採用は検討されていないとのことです。

（6） コール氏については、巻末の人名解説参照。当時、「サウス・ケンジントン博物館」の館長だった。

（7） 「ベスナル・グリーン博物館」はロンドンのイースト・エンド地区に、「サウス・ケンジントン博物館」（いまのヴィクトリア&アルバート美術館）の分館として一八七二年に開設された。美術品を展示していたが、一九二〇年代から子ども文化に焦点が移り、一九七四年には「ベスナル・グリーン子ども博物館（Bethnal Green Museums of Childfood）」と名称が変わり、今日にいたっている。

（8） 注6の「サウス・ケンジントン博物館」の人たちのこと。とくに館長のコールのことを指しているのだろう。

（9） ハワースについては、12－1の注8を参照。

（10） Royal Anthropological Institute of Great Britain and Ireland. 一八七一年に、ロンドン人類学協会（一八六三年設立）とロンドン民族学協会（一八四三年設立）が合流して設立された。人類学協会はもともと、民族学協会から分派して結成された。この二つの協会とウォーレスの関係については、拙稿「第二ウォーレス線」で検討した。また本書第4章と第10章の冒頭解説なども参照されたい。

私の予想では、自然史の博物館にするすべが見つからず、貸与収集品の雑多な芸術作品でやりくりせねばならないようですし、その場合には、いうまでもなく、サウス・ケンジントン[8]の人たちが管理することになるでしょう。私はそこで得られるなにがしかについてほぼ計算もしていたものですから、かなり落ち込んでいます。

あなたの健康と幸福を祈念しつつ、親愛なるダーウィンへ　敬具　アルフレッド・R・ウォーレス

追伸——いまちょうど、ハワース[9]の『人類学研究所[10]雑誌』に載った論文を読んでいるところです。相当にひねくれた論文です。徹頭徹尾、「多産性」と「個体群の増加」を混同しているのですが、そのことが彼の過ちの主要な原因ではないかと私には思われます。彼は『ネイチャー』誌に出ていた「土地の沈降と隆起」についてのほかの論文では苦労して事実を積み上げていましたが、やはり同じようにまちがいだらけで、全体的にもまったく信用できないものになっていたと思います。

——A・R・W

12

ダーウィンからウォーレスへ

1872. 9. 2

ダウン、ベッケンハム、ケント州
一八七二年九月二日

親愛なるウォーレスへ

　一言だけ返答します。私がハクスリーから聞いたところでは、バスティアンはミズゴケの葉鱗の発生を見たと明言したと理解しています――もちろん、私の聞きちがいかもしれませんが。私はミズゴケが高倍率でどう見えるかを知っていたので驚いてしまい、聞きなおしました。しかし、くり返しますが、私が聞きちがえたのかもしれません。バスク[1]から聞いたのですが、シャーピー[2]が窒素のまったく含まれない溶液のひとつに無数の滴虫類[3]が出現したのに気づいたことがあるそうです。滴虫類が窒素ガスを吸収する可能性を認めるような生理学者がいるとは、私は思いません。たぶん、私的な会話のなかで聞いたことをいうべきではなかったかもしれないので、このことは話したり書いたりしないでください。

　コーン[4]やカーター[5]といった、ヘテロゲネシスのあきらか

（1）バスクについては、巻末の人名解説を参照。
（2）シャーピーについても、巻末の人名解説を参照。
（3）「滴虫類」は古い分類名で、干し草などの浸出液中に出現する繊毛虫類や鞭毛虫類など原生動物の総称。現在は正式の分類名として使われていない。
（4）原文に「判読不能」という編者注が付されている（「Cohn (illegible)」）。
（5）バスティアンの本にH. J. Carterという人物の研究が引用されているが、経歴など詳細は調べがつかなかった。
（6）「ベスナル・グリーン博物館」（12-7の注4参照）の館長になるという期待が破られたこと（前章の11-7の注1参照）。
（7）一八七五年七月に出版された『食虫植物』のための研究だろう。『D自伝』（一六四頁）によれば、この研究のきっかけは「一八六〇年の夏」にハートフィールド近郊を歩いていて見つけた二種のモウセンゴケであり、葉の触毛が昆虫を捕らえる目的を調べるための「決定的な実験」として、「窒素を含む溶液」と「窒素を含まない溶液」、また窒素の種類や濃度を変えた溶液に触毛をつけ、それぞれのときの運動を観察するという方法を考案した。「観察をはじめてから一六年後」であったというように、「昔の研究」に戻ったわけであり、またウォーレスと評価が分かれたバスティアンの著書について、この手紙でも前便（12-10）でも「窒素を含む溶液」にこだわっているのは、おそらく自分のモウセンゴケなどの実験との関連があるからだろう。
（8）前便（12-11）の注4を参照。

な事例を観察している人々がきわめて重要だということについては、私は完全に同意します。いまのところ私は、たとえば下等な種類の〔生物の〕ばらばらになった分子のどれもが親のかたちを再生産でき、そういう分子が普遍的に分布していて、それらが死んだ有機粒子のように分解するような温度に熱せられるまで生命力を失わないというような、きちがい仮説[6]でも好まざるをえないでしょう。

博物館のことを聞いて、私は悲嘆にくれています。これは大きな不幸です。――敬具　C・ダーウィン

私は昔の植物学の研究に着手し[7]、理論はすべて放棄しました。

ハワースの論文について、まったく賛成です。彼から手紙がきたので、意見があまりに異なるのでどんな点について議論してもなんの役にもたたないと返事してあります。

ゴールトンの論文[8]については、私はまだ十分には消化できていません。消化できているかぎりでいえば、私の考えを一掃してはいず、潜在的な形質の大きな部分を顕著に前進させる手伝いをしてくれているだけです。

13

ダーウィンからウォーレスへ

1872. 10. 20

ダウン、ベッケンハム、ケント州
一八七二年一〇月二〇日

親愛なるウォーレスへ

　あなたがたぶん見たがるだろうものを同封しました。標本①と、ライデン〔博物館〕のシュレーゲル②の動物学助手W・マーシャル博士③からの手紙（息子がドイツ語から翻訳してくれました）の抜粋です。標本も抜粋も返却不要です。また受け取りの礼状も必要ありません。断片がカードに糊付けされていますが、類似は私がはじめに思ったほどでもありません。ウーゾーの書評④はすごくよかった。私はこの分厚い本をさらりと読み飛ばしただけでしたが、あなたは私などよりはるかに上手に要点を選び出しています。あなたは生まれながらの批評家です。『ネイチャー』誌に、いったい何本書かれましたか⑤。

　私はいま、この手紙をセブンオークスで書いています⑥。一軒の家を三週間ほど借りているのですが、もう一週間ほど滞在します。ここに来たのは、ちょっと休養をとる

（1）ダーウィンがマーシャルに出した一八七二年六月六日付けの手紙の要約（Darwin Correspondence Project）からは、解剖学や性選択に関連する論文を送ってもらったことしかわからない。ウォーレスに転送した標本も、手紙の抜粋の内容も調べがつかなかった。

（2）シュレーゲルについては、巻末の人名解説参照。

（3）マーシャル博士（Dr. W. Marshall）については、調べがつかなかった。

（4）Wallace（1872b）。これは次の本の書評。Jean Charles Houzeau, 1872. *Etudes sur les facultés mentales des animaux comparées à celles de l'homme, par un voyageur naturaliste.* ウーゾーについては、巻末の人名解説参照。

（5）『ネイチャー』に掲載されたウォーレスの記事の数については、第11章の冒頭解説で集計結果をしめしたが、このころはとくに多数の記事を投稿していた。

（6）セブンオークスはケント州西部の町で、ロンドンの南東三五キロほどの鉄道の要所駅。ダーウィンがこの町で休養をとった理由や目的は不明。この手紙の二日後の一〇月二二日にセブンオークスから米国の植物学者エーサ・グレイにあてた手紙でも、この町の「近くに一軒の家を借り」としか書かれていないが、「モウセンゴケについて四週間か五週間ほど一所懸命に研究して倒れてしまった」と体調不良の理由が説明されている（『D旧書簡集』下巻の三二一頁）。同頁の編者注によれば、『人間と動物の感情の表出』の最終校正を八月二二日に終わらせ、すぐにモウセンゴケの実験に取りかかったというので、校正という神経を使う仕事で疲れたまま、好きな「昔の植物学の研究」

ためです。それほどに休養が必要でした。――敬具

Ch・ダーウィン

アリのある種の本能は経験ないし感覚によって獲得されたということについて、あなたがおっしゃっていたことに関してですが、無性働きアリは子どもを生まないことを考えていましたか[7]？　妊性のある雌つまり女王が、働きアリがその後におこなうのと同じ仕事（つまり、卵を暖かな場所に置くといったことなど）をするのかどうか、それがわかればと願っています。もしそうなら、この問題は相対的に簡単になるでしょう。しかし、私はそうではないだろうと考えていて、さまざまな以前に存在していた本能を選択するほうに突き動かされています。

（12-12参照）に突入してしまったということなのだろう。

（7）　ウォーレスがこの時期にアリの問題を直接に論じた論文は見当たらないので、おそらくウーゾーの著書の書評（この手紙の注4参照）のなかで、この問題が取り上げられているのだろう。不妊の働きアリがどのように進化したかについては、近年の血縁選択理論の登場まで自然選択説では説明できなかった。ダーウィンは『種の起原』の第七章「本能」で、頭を悩ませつつ、さまざまに議論を試みていた。

第13章　「趣味の植物研究」と『動物の地理的分布』

ウォーレスは自伝『我が生涯』（一九〇五年）の、ダーウィンとの交友を述懐する章（第二五章）のなかごろに、次のような言葉を書き記している――「ダーウィンの後半生のこの時期のあいだ、私は彼とわずかな手紙のやりとりしかしなかった。彼がそのころ研究していた主題について、それがなんであれ私に知識がなかったからである」（『W自伝』下巻、一一一頁）。

この時期とは、前章で検討したマイヴァート問題をめぐる手紙をやりとりした直後からのことである。ウォーレスはマイヴァートについての彼とのやりとりの抜粋を自伝に引用し、それを紹介した理由を「ダーウィンがなぜ、『起原』であつかった諸問題の全体を論じる体系的な一連の著作を出さなかったか」の説明に役立つからだとして、この時期のダーウィンについて次のように説明する。

「ほとんどつねに、きわめて気のめいるような体調不良だったことを考えるなら、彼がこれほど多くをなしたことはまことに驚異である。それゆえに私たちがよく理解できることは、彼が『人間の由来』を一八七一年に出版し、その第二版と『動物と植物〔家畜と栽培植物の変異〕』の第二版を一八七五年に刊行し、そのあいだの一八七二年に『〔人間と動物の〕感情の表出』を出したころ、なぜ彼が生きている植物について一連の長期にわたる観察と実験にほぼ完全に専念せねばならなかったのかということだ。これら〔の研究〕は彼の気晴らしと楽しみであり、そして植物の生活の驚異と神秘を研究するすべての人にとって最高の価値と面白さをもつあの一連の著作に結実した。そして一八八一年、彼の最後の著書である『ミミズ〔の活動による腐植土の形成〕』を刊行し、四四年間にわたって継続された観察と実験の結果を発表したとき、彼はそのすばらしい成功という大きな満足を享受し、書評家たちから異口同音の賛嘆や称賛で受容されたのであった」（傍点引用者）。

つまり、植物やミミズの実験と研究はダーウィンにとって、マイヴァートからの批判や言いがかりからの逃避のためだった。そのため「気晴らしや楽しみ」に埋没してしまい、進化についての体系的な著作が書けなかったというのである。

このウォーレスの述懐が一九〇五年、すなわちダーウィンが一八八二年に他界して四半世紀近くが経過してからのものであることは考慮されねばならない。しかし、ウォーレスが生前のダーウィンに、進化論の体系的な著作を書いてほしいと願っていたことは事実だろう。だからこそ彼は、ダーウィン亡き後の一八八九年に、「ほぼダーウィンの仕事の線にそって」進化論を体系的に解説する著書『ダーウィニズム』(Wallace, 1889) を刊行した(『W自伝』下巻、二〇一頁)。執筆を決断したきっかけは、米国での講演旅行で『種の起原』が理解されていないことを知り、一般読者に理解してもらえるような著作が必要なことを痛感したからだという。

だがダーウィン自身の言葉(『D自伝』の第八章「私の著作」)に耳を傾けてみれば、進化に関する体系的な著作より、これら植物やミミズの研究のほうがダーウィンにとってはるかに大切だったことがわかる(ダーウィンにとっての植物研究の意味は、ミア・アレン『ダーウィンの花園』が詳細に検討している)。

しかも植物やミミズの研究は、今日でもときどきいわれるような「晩年の趣味の研究」ではない。それらの研究にダーウィンが着手したのは、いずれも『種の起原』刊行前後のことなのである。当然ながら、マイヴァートが執拗に論争をしかけてくる、ずっと以前からの研究だった。したがって、ウォーレスのいうような現実逃避の研究であったはずがない。

たしかにダーウィンはこの時期、たとえば一八七二年九月二日付けのウォーレスあての手紙の追伸に次のように書いていた――「私は昔の植物学の研究に着手し、理論はすべて放棄しました」(12-12)。また、その一ヵ月前の手紙には、「私は論争がきらいです。たぶん、論争下手なのがおもな理由です……」と書いていた(12-8)。ダーウィンはたしかに論争が嫌いだった。だからこそ若き論客ウォーレスを、自分の意見とは対立する点があるにもかかわらず激励していたのだと考えることができる――自分は論争が嫌いだが、ウォーレスは書き手として有能だ(『種の起原』刊行直後の論争はハクスリーにまかせていたし、ハクスリーたちが結成したXクラブの活動を黙認していたのも、みずからは論争に巻き込まれないためといっていいだろう)。

ダーウィンが右の九月二日の手紙で言及している「昔の植物の研究」とは食虫植物の実験であり、この年の一〇月か一一月に再開された(『ダーウィン』、八四七―八頁)。この研究は一八六〇年夏(『起原』刊行から半年後)にハートフィールドで二種のモウセンゴケを観察したときからはじめられ(『D自伝』一六四頁)、一八七五年七月に刊行された『食虫植物』に結実した。一二ヵ月後の同年九月に刊行された『よじのぼり植物』は、一八五八年（『起原』刊行の前年）からはじめた観察にもとづくものであり、一八六四年秋にリンネ協会で読み上げられた論文に加筆、訂正をくわえたものである（同前、一六〇頁）。また翌一八七六年一一月に刊行される『植物の他家受粉と自家受粉』は、彼の最初の植物の本『ラン類の受粉』（一八六二年）を「補足」するもので、前著では「他家受粉のための手段」が、今回の著書では「その結果の重要性」が「一一年間にわたってなされた……実験」によって検討された（『D自伝』一六五頁）。また同年に出たもう一冊『同種の植物における花の異型』は、一八六二年から一八六七年にかけてリンネ協会で発表したサクラソウ属やアマ属の二型花や三型花についての論文をまとめて加筆したものである。

　他方、「理論はすべて放棄しました」というのは、ダーウィンにとって、たしかに事実であっただろう。この手紙の四ヵ月後の一一月、『人間と動物の感情の表出』が刊行されたからである。理論はやめたと書いたころには、おそらく校正刷りとの格闘も最後の段階に入っていたと考えられる。

『感情の表出』は、私がダーウィンの「進化論四部作」とみなしている一連の著作の第四部である。第一部の『種の起原』（一八五九年）は、ウォーレスがマレー諸島から送ってきた自然選択説論文のため、準備中だった『大著（ビッグ・スピーシス・ブック）』を要約したものとなった（第3章冒頭の解説を参照）。そのさいに大幅に削除した変異論は、一八六八年に大著『家畜と栽培植物の変異』として刊行された。また『種の起原』では一―二行しかふれられなかった人類進化論は、一八七一年に『人間の由来と性選択』として展開された。そして、『人間の由来』の一章とする予定だった問題を拡大した『感情の表出』も刊行できた（この本が構想された経緯については、6-3の注7および6-5の注5参照）。かくして「進化論四部作」は完結した――ダーウィンが理論的な著作活動は終わったと考えて当然だろう。

　ダーウィンは「四部作完結」のことを、ウォーレスにそれとなく伝えていた。一八七二年七月二七日付けの手紙で、『感情の表出』の校正中だと書いたあとに、次のようにつづけている――「私はすぐにでも、もう進化のようなむずかしい主題についてなにも書かないでやっていけるかどうか、ためしてみるつもりです」（12-7）。この言葉から、ダーウィンの理論的な研究の完了というメッセージを受け取るべきだし、ウォーレスはそのことをもっともよく理解できる立場にあったはずだ。しかし彼は、どうも理解できなかったらしい。冒頭の引用にある言葉――「彼〔ダーウィン〕がそのころ研究していた主題について、それがなんであれ私に知識がなかった」――は、たぶん植物やミミズだけのことではない。

『感情の表出』についても、次のような手紙のやりとりを見るかぎり、ウォーレスが内容を理解できていたのかどうか疑問といわざるをえないからだ。

ご本のお礼をもっと早くすべきだったのですが、できるだけ読み進めてから礼状を書こうと思ったものですから。とはいうものの、結局は時間がなく最初の三章までしか読めませんでしたが、あなたがこの主題をどれほど興味深いものにしたか、またどれほど完璧に、また賞賛されるべきほどに研究がなされたかを知るには、それで十分でした。ちょうど『クォータリー・ジャーナル・オブ・サイエンス』誌から書評の依頼を受けたところなので、そうする以上は、私の寸評に批評の香りをもたせるために、ほんの少しですが欠点を探さねばならなくなります。

(ウォーレスからダーウィンへ、一八七二年一一月一五日)

三章まで読んでの、とりあえずの礼状でしかない。しかも書評の依頼を受け、その仕事のために読んでいると誤解されてもやむをえない書きかたである。その書評のできばえは、次の手紙を見るかぎり、それなりであったのかもしれない。しかし、本の内容をウォーレスがどこまで理解できていたかは別問題だった。

あなたの書評をとても興味深く読みました。きわめて懇切丁寧に書いていただいたことに、心から感謝します。ただし、あなたの批判に私が納得したとは、とうていいうことができません。もしあなたが、子ネコが手を伸ばして母親に吸いついたり手で押したりしているのをじっさいに観察し、その子ネコが少し生長してから同じことを柔らかな肩掛けにしているのを観察し、究極的には大人のネコがそうしているのを(私が観察したように)見て、その上でこれが同一の動作だと認めないのならば、私には驚きとしかいいようがありません……驚いたときに手を上げることについて、何人もの人があなたと同じような示唆や反論をしています。びっくりして突き出した腕のように、筋肉がいくらかでも緊張しているのなら、私は同意することでしょう。それでも私は自分の古い意見に執着するにちがいなく、あなたにいわせれば、私は頑固な石頭の老人ということになるのでしょうね。

(ダーウィンからウォーレスへ、一八七三年一月一三日。傍点原著者)

ダーウィンとウォーレスのあいだでの手紙のやり取りが急激に減少するのは、じつはこの手紙の前後からだといえそうだ。議論が対立したりすれちがったりというよりは、むしろ共通の話題がなくなったというべきだろう。ただし、動物の地理的分布については別だった。

動物の地理的な分布、とりわけ自分の足と目で調査したマレー諸島におけるそれは、ウォーレスの進化論のよりどころであった（拙著『種の起原をもとめて』参照）。ウォーレスの主著は『マレー諸島』（一八六九年）と『動物の地理的分布』（一八七六年）とするのが通説であり、後者はもちろんだが、旅行記である前者も動物地理学を主題としていることは、その特異な章立てから明白だろう（10－7の注4。また拙訳『マレー諸島』の解題も参照）。旅行記であるにもかかわらず、八年間の探検の時系列を無視した構成になっている。五つの「島群」つまり動物地理学的な小区分ごとに章立てされ、しかも島群ごとに博物学や動物学的な特徴が整理されて、全体として動物地理学の解説が目論まれているのである。

一方、ダーウィンの進化論は、育種の実験や育種家との文通で収集した家畜や栽培植物の変異についての情報を基盤に構築され、『種の起原』（一八五九年）の第一章「変異」での議論は、その後、大著『家畜と栽培植物の変異』（一八六八年）で詳細に展開された。『起原』第一一章と一二章での「地理的分布」での議論を、ダーウィン自身がそれ以上に展開する本は書かれなかった。それをウォーレスがダーウィンにかわって詳細に検討し議論を展開することになったのが、『動物の地理的分布』だった。そのことは、その序文の末尾にはっきりと明記されている。

> 私が目的としたこと、それはダーウィン氏の『家畜と栽培植物〔の変異〕』と『種の起原』の第一章との関係と同じような関係を、私のこの本と『起原』の第一一章と一二章にもたせなければということであった。そのような位置づけに値すると判定されたなら、私の長く、またしばしば疲れ退屈だった労働も報われることだろう。

ダーウィンが体系的な著作を書かないことに不満を感じていたウォーレスが、自分の得意分野でダーウィンの代理人として体系的な著作を書いたのだと理解していいだろう。おそらくダーウィンもまた、ウォーレスが書いてくれることを期待していたと考えられる。

一八六九年の秋、ウォーレスの心霊研究宣言（10－10）を聞いて狼狽していたダーウィンのもとに、一通のうれしい便りが届いた――「動物の分布について小さな本を書きはじめようと努力しています……」（ウォーレスからダーウィンへ、一八六九年一〇月二〇日）。

……が、事実の収集に怠惰なものですから、書けないことが多いのではと危惧しています。平易な素描をまず書き、それがうまくいったら、いずれそれをふくらませるための材料を集めることになるでしょう。地図をどうするか、これがいちばん大事でしょうね、あるいは他の重要な問題点について、なにか思いつかれたら、なんでもいいので教えていただけたなら幸いです。（同前）

『動物の地理的分布』の執筆に着手したという知らせである。ダーウィンはさっそく、翌日に激励の返信をしたためた。長いあいだ待ちこがれていたことが、ようやく実現する！

分布などについての本に着手したとはとてもうれしい知らせですが、「小さな」はやめてください。地図について、教えられるようなことはありません。時間をかけて一生懸命に熟考する必要のある問題です。フォーブズが分布と氷河期についての試論を発表する前に、私は同じ主題についての試論を書き上げ、それを複写したことがあります。フッカーが読んでいます。もしこの草稿が、そのなかでの論文その他の引用という点で、あなたにとってなんらかの役に立つならば、よろこんでお貸ししますし、いかようにでも利用してください。なぜなら私の体力は、この問題にたどりつくまではけっしてもたないと見越していますから。（一八六九年一〇月二一日）

ウォーレスはこの時期の心境を晩年に次のように述懐している――「私の採集品のどの重要な部分についても、その分類と記載に要求される綿密な研究に専念する……のに十分な関心を、もう持つことができなくなっていた。そういう研究を私より上手にできる人は他にたくさんいるし、また私の特別な趣味は、推論や一般化を多く含むような研究に私を導いていた」（『W自伝』下巻、九四頁）。彼は主著『マレー諸島』を三月に刊行したばかりだった。探検から帰国して六年を費やして準備した著作であり、全身全霊を使いつくした感があったのだろう（『マレー諸島』序文での六年間の遅れについての弁解を読めば、だれもがそう思うだろう）。「綿密な研究」つまり仔細な努力の積み重ねが必要とされる研究が得意な人として、たとえばアマゾン探検をともに敢行したベイツがいた。彼は王立地理協会の副事務局長職のかたわら、甲虫分類学の論文を次々に発表していた（第6章冒頭の解説を参照）。ウォーレスよりベイツのほうがそういう研究に向いていたことも確かだろうが、むしろ、理論的な研究つまり「推論や一般化を多く含むような研究」にはベイツよりウォーレスのほうが向いていたといったほうが的を射ているだろう。この二人を比較するかぎり、この性格のちがいはアマゾン探検に出発する以前から明白であった（拙著『種の起原をもとめて』で紹介した二人のあいだの手紙を参照されたい）。「推論や一般化を多く含むような研究」として「動物の地理的分布の概観」を勧めたのは、「私の二人の友人、A・ニュートン教授とスレイター博士だったと思う」（『W自伝』下巻、九四頁）。ニュートンはケンブリッジ大学の動物学教授で、とくに鳥類の研究で有名であった。スレイターは鳥類学者でロンドン動物学協会の事務局長だが、なによりウォーレスがマレー諸島探検中の一八五九年に論文「マレー諸島の動物地理学」を書くきっかけとなった人物である（3-1の注5、および拙著『種の起原をもとめて』の第11章とくに三四〇―六頁を参照）。

ただし『動物の地理的分布』の序文では、「ダーウィン氏とニュートン教授の激励のおかげであり、約六年前〔つまり一八七〇年前後〕のこと」だとしている。この序文の末尾の謝辞にスレイターの名前があげられてはいるが、ロンドン動物学協会の図書室から一度に多数の本を借り出し、しかも数ヵ月も手元に置いておくという特典への謝辞の相手として、協会の評議会と併記するにとどめられている。

ウォーレスの「マレー諸島の動物地理学」執筆のきっかけとなったスレイターの論文「鳥類綱の構成員の全般的な地理的な分布について」（一八五八年）は、今日もそのまま通用している六大動物地理区を提唱するとともに、造物主による創造は一個所でおこなわれたのか、それとも複数個所だったのかをあきらかにするという、今日から見れば奇想天外な目的をもっていた（拙著『種の起原をもとめて』第11章参照）。しかし、スレイターが進化論に反対したり敵対したりした形跡はない。おそらく職人的な分類学者であり、膨大な数の記載論文を残したが、理論的なことには関心が薄かったようであり、そのためウォーレスとのあいだで動物地理学をめぐる議論はなかったのだろう。

いずれにせよウォーレスは、「スレイター博士による地球の表面の六大動物地理区への区分を受け入れ支持し」（『W自伝』下巻、九四頁）、動物地理学の確立についても、ダーウィンと連名発表された進化の自然選択説と同じように、先取権を主張することはなかった。にもかかわらず、今日の教科書などで動物地理学はウォーレスによって確立されたと書かれ、スレイターの名前が忘れられているのは、すくなくとも私には理解がむずかしい。ウォーレスの性格を考えるなら、彼自身のもっとも望まなかったことだろう。

『動物の地理的分布』上下二巻は、「グレイズで暮らした四年のあいだ、私の持てる時間の大半」（『W自伝』下巻、九六頁）を費やして書かれた。ウォーレスがグレイズに建てた家に引っ越したのは「一八七二年三月」（同、九三頁）。ニュートンともう一人がダーウィンかスレイターかはさておき、執筆を勧められた一八七〇年からの二年間、ウォーレスが執筆を遅らせていた理由はなんだったのか。

「この仕事の困難さを知っていたら、おそらくこの本に着手しなかったにちがいない」（同、九四頁）という言葉どおりの大仕事である。その困難の原因は「多くの分類群における資料の大きな不足、全般的な体系的研究の欠如、そして分類学に浸透していた度を越した混乱」であり、「この主題を取り扱うための満足できる方法」が見つからないことであった（『地理的分布』序文）。しかし「その後の二年間に、いくつもの重要なカタログ（分類群ごとの目録）と体系的な論文が発表され、そのおかげで仕事を再開することになり、この三年間の私の時間の大半を占拠することになった」（同前）。

　執筆が遅れた二年のあいだに発表された「重要なカタログと体系的な論文」が誰のどのような研究なのかは、序文にも『W自伝』にも述べられていない。いずれにせよ三年の年月をかけて上下二巻、合計「一一〇〇頁」の大著が完成した。索引は「六〇〇〇項目を超」える専門書である。文章力には定評あるウォーレスだが、「ライエルの『〔地質学の〕原理』あるいはダーウィンの『〔種の〕起原』を理解することのできる読者なら、本書における主要な議論を読み進み、本書で到達した主要な結論を評価するのに、困難はなにもないだろう」（序文）という。例にあげられた二冊は、当時もいまも難解で知られている。しかし難解な本だと宣言しているのではなく、おそらくは、無味乾燥ではあるが、これらと同程度に重要な本だといいたいのだろう。

　この大著の内容と目的が、序文の冒頭で宣言されている――「本書は陸生動物の分布に関する現存する情報を収集し要約する試みであり、これらの事実がどれほど顕著で興味深いものかを、物理的な変化および有機的な変化の確立された法則によって説明しようとするものである」。「物理的な変化」は地史（地質学的な歴史）のことであり、「有機的な変化」とは、いうまでもなく、生物の変化すなわち進化のことである。ライエルの『原理』で地質学的な変化を学んで独自に生物進化論に到達し、ダーウィンの『起原』執筆をうながしたウォーレスならではの言葉といえよう。この引用につづく次の言葉は、その自信がどこから来ているかをあかしている。

「本書で地球全体についてやや詳細に検討されている主要なアイデアは、一六年前……一八六〇年の「マレー諸島の動物地理学」についての論文の結語の部分で述べられ、一八六三年に再度、王立地理協会で読み上げられた論文で述べられ……」――そう、進化の自然選択説だけでなく、進化論にもとづく動物地理学もまた、若き日のマレー諸島探検中に独力で到達していたのである。ウォーレスはこれらの論文で述べた主要なアイデアの要点を、誇らしげに引用する。

小生の目的は、世界のあらゆる部分での博物学の探求のもつ、その過去の歴史の研究にとっての重要な意味をしめすことにあった。鳥類や昆虫類のあらゆる分類群についての、またその地理的な分布についての正確な知識が、かつての時代の島や大陸を地図に描かせてくれるかもしれない——隣接した地域の動物のあいだの相違の総量は、先立つ地質学的な変化に密接に関連しているからである。かくも微小な事実の収集、ただそれだけで、地質学によってあきらかにされている地球の過去の歴史における大きな空白を埋め、またいまは大洋の底に横たわり、ただそのかつての存在の生きている記録（現生種の動物のこと）のみを残した古代の土地の存在をしめすなにかを得られるという希望をもつことができる。

地域による動物相の相違を、過去における地質学的な変化によって説明するだけでなく、地域による動物相の相違から、過去における地質学的な変化を説明する。ライエルから学んだ地質学的な変化すなわち「物理的な変化」と、生物の変化すなわち「有機的な変化」つまりは「進化」を結びつけ、むしろライエルを乗り越えて、ダーウィンの進化論によって過去の地質学的な変化を推論する。これが一八六〇年にダーウィンの紹介でリンネ協会で発表された動物地理学論文の要旨だったのだと、ウォーレスとしては珍しく自慢げに過去の業績を振り返っている。

ただし、私としては、このライエルを乗り越える見解は、それより数年前に発表された「アルー諸島の博物学」（Wallace, 1857b）で、すでに発表されていたことだけは指摘しておきたい（拙著『種の起原をもとめて』第7章を参照）。

それはさておき、この引用との関係で興味深い資料がある。ライエルからのごく短い手紙である（『W書簡集』二八八頁）。

親愛なるウォーレスへ——序言を読みました。とてもよく書けているし、内容にも大賛成です。ダーウィンが修正をのぞむようなことは、一言もないと思います。自然選択説の独立した創始者としてのあなたの言い分の、この控えめな主張が発表されるべき、いまが絶好のタイミングです。——敬具

チャールズ・ライエル

この手紙の日付は「一八七六年二月一五日」。脚注に、序文というのは「おそらく『動物の地理的分布』のことだろ

う」とある。この本の刊行は同年五月だから、序文の原稿か校正刷りをライエルに読んでもらった、と推測したのだろう。ところが、ライエルは一年前の一八七五年二月二二日にすでに他界している。当然ながら、この日付で手紙を書くことは不可能である。『W書簡集』の編者のまちがいだとして、他の本の序文のことなのか、あるいは日付のまちがいなのか？

　他の本だとした場合、可能性があるのは一八七〇年の『自然選択説への寄与』であり、同年四月に刊行される二ヵ月前、「一八七〇年二月一五日」付けの手紙ということになり、原稿か校正刷りを読んでもらったと考えることができる。やはり『地理的分布』だとした場合には、この日付より一年前（ライエルの死の一週間前）か二年前に、本文に先立って序言だけを書き上げ、その原稿をライエルに読んでもらったことになる。ライエルの「自然選択説の独立した創始者としてのあなたの……」という言葉からは、『自然選択説への寄与』の可能性のほうが高いように思われる（『自然選択説への寄与』の序言と、それについてのダーウィンの反応については、11‐6とその注2を参照）。

　いずれにせよライエルの死は、今日から振り返れば、歴史が大きく変化しつつあった時代の、ひとつの点景とみなすことができる。その前年にはフッカーが最愛の妻を突然に失い、失意のどん底におちいっていた。ダーウィンの健康不安は家族の最大の心配事であり、本人もそれに気づいていたものと思われる。その証拠のひとつとして、ダーウィンが一八七六年五月に『自伝』に着手したことを指摘することができる（『D自伝』九頁）。「自分のたのしみのために、また子孫にも興味があろう」と考えて書きはじめたというが、体力の衰えを無視できなくなったという自覚が自伝の執筆をうながしたと考えたほうが納得しやすいだろう。

　『自伝』に着手した正確な日付は「一八七六年五月二八日（日曜日）」だとされる（『ダーウィン』八八三頁）。その八日後の六月五日、ダーウィンはウォーレスに一通の礼状を書いた（13‐5）。前月に刊行された『動物の地理的分布』を、「一八四頁まで」読んだという礼状である。一八六九年秋にウォーレスから動物地理学の本を書きはじめたと知らされ、「小さな本」でなく本格的なものをと励ましてから、すでに六年半が経過していた。届けられたのは、期待どおりの大著だった。

　待ちに待った本であり、ダーウィンは「かぎりない称賛」の言葉を惜しまなかった。『自伝』で自分の生涯をふりかえりはじめた時期である。後輩のウォーレスが『地理的分布』の大著をようやく書き上げてくれた。自分とウォーレスの二人の進化論という歴史的な仕事について、おたがいにできることはやったという満足感もあったのかもしれない。

ウォーレス自身の『地理的分布』の位置づけに、ダーウィンもきっと同意したことだろう——前段で紹介した序言からの引用をくり返せば、「ダーウィン氏の『家畜と栽培植物〔の変異〕』と『種の起原』の第一章との関係と同じような関係を、私のこの本と『起原』の第一一章と一二章にももたせなければということであった」。

序言にはまた、次のような言葉もあった。「ライエルの『〔地質学の〕原理』あるいはダーウィンの『起原』を理解できる読者なら、本書の主要な議論を読み進み、本書で到達した主要な結論を評価するのに困難はないだろうと信じる」。ライエルの『地質学の原理』がダーウィンとウォーレスの進化論にあたえた影響は、科学史の定説である。その影響の結果、ダーウィンは『種の起原』で進化論を世に問うことになった。ウォーレスもまたライエルから大きな影響を受けて独自に進化論に到達し、そのうえにさらにダーウィンの『種の起原』の影響をかさねて、いまようやく大著『動物の地理的分布』を世に問うことになった！

ダーウィンは立て続けに何通もの手紙を書き送り、事実関係や理論的なことについて、じつに細々と論評している。遠ざかりつつあった二人それぞれに歩む道が、ひさしぶりに交差した。まるで旧友と再会したように、話がはずんだ。二人はひさびさに共通の話題を見いだした。

1 ウォーレスからダーウィンへ

1873. 11. 18

ザ・デル、グレイズ、エセックス州
一八七三年一一月一八日

親愛なるダーウィンへ

あなたの要求を完全に理解できましたので、私の能力のすべてをつくして引き受けさせてもらいます。いうまでもないことですが、この種の仕事をするときに内容を批判するようなことなど、考えてもいません。[1]

どのくらいの時間がかかるか、原稿を見ればわかるとは思いません。改訂や挿入がどのくらい必要かに、すべてかかっているからです。私はライエルの最近の三版か四版を、ちがう点も多々ありますが同じような感じで手伝い[2]、どんなかたちであれ彼に雇われた時間を単純に帳簿につけて、一時間あたり五シリングを支払ってもらいました。しかし、(いうまでもなくこれは内密の話ですが) この種の仕事にこの額が十分だとは私は思っていません。私としては、あなたの仕事の正当な報酬として一時間あたり七シリングを提案したいと思います。仕事に要した時間は、毎日記録し

(1) ウォーレスからダーウィンへの前便(日付は「水曜日の朝」としか書かれていないが、『W書簡集』の編者は一八七三年一一月と推定している)に付された原注によれば、ダーウィンが多忙のなかで『人間の由来』第二版の準備をせねばならなくなり、改訂作業の手伝いをダーウィン自身か出版者(マレー社)がウォーレスに依頼したらしい。『由来』の改定第二版の刊行は、翌一八七四年の秋である。ウォーレスが「内容を批判したりしない」と断っているのは、前章までで明らかなように、二人のあいだに性選択と人類進化をめぐる意見の対立があったからである。

(2) 『W自伝』によれば、ウォーレスは「一八七二年の後半に、ライエル卿を手伝って『人間の古さ』の完成原稿をすべて読み、その後に、〝自然界における人間の位置に関連した種の起原〟を扱った第三部の校正刷りに目を通した」(下巻、四三〇頁)。ウォーレスがこの手紙でライエルを手伝ったというのは、おそらくこのことだろう。しかし、「ライエルの最近の三版か四版」を手伝ったといっているので、他にも同じような仕事をしたと考えられる。可能性があるのは『地質学原理』(初版、一八三〇―三三年)の第一一版(一八七二年)、『地質学の基礎』(初版、一八三八年)の学生版(一八七一年)だろう。

(3) 「複写」というのは、いうまでもなくゼロックス・コピーではなく、だれかに手書きで清書してもらうということ。

(4) ベイツについては、巻末の人名解説および第6章の冒頭解説を参照。ウォーレスは旧友ベイツに仕事がないと愚痴をこぼしていたらしい――「しばらく前にベイツに話したことがあるように、この種の文筆的な仕事をしようと考えています。それで彼がそのことについて手

ます。

定期的な文筆の仕事に慣れていて、他になにもしていない文筆業の人にやってもらったほうが、ずっと安上がりなことは疑問の余地がありませんし、おそらく結果もよいでしょうから、そういう見通しがあって、そちらがよいとお考えのときには、けっして躊躇などせずにその紳士を雇うと決めたとおっしゃってください。

送っていただくときには、あなたの原稿のすべてを複写[3]してもらえると助かります。あなたの書かれたものは（まちがいなくご存じだと思いますが）しばしば判読できないことがあり、そういうことがあると余分な時間が相当にかかってしまうからです。

私が軽率にベイツに書いた手紙[4]は、あなたや他のだれかに見せてもらおうと思ったものではありませんでした。たぶんベイツはマレーから聞いたことがあったので、そこで今回の手配をマレーにしてもらうことになったのだと思います。――それではまた　敬具

アルフレッド・R・ウォーレス

追伸――H・スペンサーの『社会学研究』[5]をおもしろく読みました。後半のいくつかの節は壮大です。あなたはたぶんご存じでしょうが、私はときどき政治にはまってしま

紙をよこしたわけです」（ウォーレスからダーウィンへの前便。右の注1参照）。この引用の最後の部分から、おそらくベイツからウォーレスへ、ダーウィン（かマレー社）に頼んでおきましたという連絡があり、それでウォーレスがダーウィンにこの手紙を書いたと推測される。第6章冒頭の解説に書いたように、ベイツはフリー編集者のような仕事だけでなく「ゴースト・ライター」のようなこともしていた。また、この手紙の前年の一八七二年から七七年にかけてウォーレスは文部科学局（The Science and Art Department）の自然地理学の試験官助手の仕事をしていたが、この仕事もまた、一八七〇年ごろにベイツから紹介された仕事だった。この時期のウォーレスの経済状態については、次の第14章冒頭の解説を参照されたい。

（5）　初版が出たばかりの *The Study of Sociology*（1873）のことだろう。

（6）　ダーウィンがこのころ、ウォーレスの政治的な言動を気にかけていたことは、次の便（13-2）の追伸からあきらかだろう。ウォーレスの政治的な活動については、「エピローグ」の章ですこしくわしく議論したので参照されたい。

うことがあります。[6]

——A・R・W

2

ダーウィンからウォーレスへ

1873. 11. 19

ダウン、ベッケンハム、ケント州
一八七三年一一月一九日

親愛なるウォーレスへ

　とても丁寧なお手紙にお礼を申しあげるとともに、昨日の件であなたを悩ませてしまったことをお詫びします。妻の考えでは息子のジョージ[1]が喜んで仕事を引き受けてくれそうなので、これから手紙を書くところですが、たぶんあなたに苦労をかけなくてすみそうです。もう少し考えてみて、また私のノート類を見終わってから、息子にこの仕事は無理だろうと考えたときには、あらためて手紙をさしあげ、あなたの提案を喜んで受け入れるでしょう。私からの音沙汰がなかったときには、この件は私のほうでやりくりできたのだろうと理解してください。私は生涯で、この『由来』の新版ほど中断を悔しく思ったことは一度もあり

（1）ダーウィンの次男（George Darwin: 1845-1912）。数学者で、オックスフォード大学卒の秀才（7-5の注5、8-5の注10、および8-7も参照）。ウォーレスは前々便（13-1の注1と注4）で、息子さんに頼んだほうがいいのではと提案していた。結局は息子が改訂の手伝いを引き受けたのだろう。ウォーレスは『人間の由来』第二版を受け取った礼状を、一八七四年一二月六日付けでダーウィンに送り、「地理的分布の本……で、ほとんど気が狂いそう」と近況を知らせた。

（2）ダーウィンの植物研究については、本章冒頭の解説を参照。

（3）ウォーレスが『デイリー・ニュース』紙に書いた自由貿易主義と石炭問題を論じた記事のこと（Wallace, 1873a）。

ません。私はいま、植物の生理学的なことの研究に没頭しています。[2]

H・スペンサーの『社会学』について、あなたのおっしゃることに私は完全に賛成です。ヨーロッパ中を探しても、彼の才能に匹敵する男が一人でもいるとは思いません。あなたが政治について書いているとは、石炭問題についてのレター[3]は見るまで知りませんでした。とても興味をもって読んだのですが、頭文字を見て驚きました。

手紙のこと、もう一度お礼をいわせていただきます。それではまた、親愛なるウォーレスへ　敬具

Ch・ダーウィン

政治が自然選択に取って代わったりしませんよう、天にお祈りします。

私の筆跡が言語道断なほどの悪筆なこと、よく承知しております。

3

ウォーレスからダーウィンへ

1875. 7. 21

ザ・デル、グレイズ、エセックス州
一八七五年七月二一日

親愛なるダーウィンへ

新しい本[1]を送っていただき、ありがとうございました。とても忙しかったので、堪能するだけの時間を、まだ十分にはとれていません。

タヌキモ（*Utricularia*）[2]の説明は本当に不思議で、私には思いもよりませんでした。私がちょっと驚いたのは、昆虫を捕獲するためのこれらの尋常ならざる仕掛けの起原について、あなたがなんの意見も述べていないことです。あまりに明白だと考えたのですか？　私はたぶん困難はないと考えますが、自然選択では説明できないととられることは確実だと思うし[3]、この点について無言でいると、あなたもそう考えていると思われてしまいます[4]！

タヌキモとハエトリグサ（*Dionaea*）[5]の仕掛け、それにじつのところモウセンゴケ（*Drosera*）の仕掛けも、ラン類に見られるのと同じほどに並外れて複雑に見えますが、し

（1）　七月二日に刊行されたばかりの『食虫植物』(Darwin, 1875)。

（2）　タヌキモ科の水生植物で、日本にはタヌキモ（*Utricularia japonica*）などが分布する。水田や池の水面に浮遊し、根はない。葉と茎の区別も厳密にはなく、分岐する茎状器官から枝状の葉状器官が細かく互生し、その先端に多数の捕虫嚢をつける。この捕虫嚢でミジンコなどを捕捉し、栄養とする。近縁のミミカキグサ（*U. bifida*）は酸性湿地に生え、地下部に捕虫嚢をつける。

（3）　直後にラン類の例をあげていることから、かつてアーガイル公から受けた誤解と批判をおそれていることがわかる。ダーウィンが『ランの受粉』であきらかにした昆虫に受粉してもらうための「工夫」や「仕掛け」の見事さに、アーガイル公は造物主の知恵を見ようとした（くわしくは第7章参照）。

（4）　ハエトリグサ（*Dionaea muscipula*）。モウセンゴケ科の多年生の食虫植物で、一属一種。ハエトリソウ、ハエジゴクとも呼ばれる。北米のノース・カロライナ州近辺にのみ自生するが、古くから観賞用として栽培されてきた。葉の先端に浅いお椀状の捕虫部がほぼ直角で相対していて、ハエなどがその中央部の感覚毛に接触すると、膨圧によって百分の一、二秒で閉じる。捕虫部の表面に開口する消化腺からの分泌液で、ハエなどを一週間から一〇日で分解吸収する。

（5）　モウセンゴケ属（*Drosera*）には、モウセンゴケ（*D. rotundifolia*）など約九〇種が知られ、そのうち六〇種あまりはオーストラリアに分布する。日本には六種が分布する。湿地に生える多年草で、根生する葉の表面に多数の腺毛が分布し、そこから分泌される粘液で昆虫を粘着捕食する。

（6）　逆算すれば、養分獲得の改善のために、根や葉の発達ではなく、

かし動因の力は同じではないのですね。受粉や他家受粉という目的は、いかなる変形ももたらすに十分なほど重要なことですが、たんなる養分がそれほど重要だとは想像できるでしょうか。養分なんていうものは根や葉を出すことによってきわめて容易に、しかもほとんど普遍的にそうやって獲得されているのですから。かぎりなく複雑な様式で同じ成果を獲得するために根や葉を失った植物があるとは！

　タヌキモの完璧な「罠」ができあがるには驚くような、そして長期にわたって継続してきた一連の変異があったにちがいありません。しかもその過程のどの段階でも、根や葉のちょっとした発達によって同じ成果が、一〇〇〇〇個体のうち九九九九個体の植物で[6]獲得されたでしょう！

　このような難点は考えすぎでしょうか、それともいずれ『起原』を改訂するときに扱われるつもりなのでしょうか？――敬具

アルフレッド・R・ウォーレス

虫を捕食する「仕掛け」が発達する可能性は「一万分の一」にすぎない！　いうまでもなく、的外れな反論である。

4

ウォーレスからダーウィンへ

1875. 11. 7

ザ・デル、グレイズ、エセックス州
一八七五年一一月七日

親愛なるダーウィンへ

『よじのぼり植物』[1]についての美しい小冊をご恵送いただき、とても感謝しています。あなたの『ラン類』[2]と『食虫植物』[3]の、とても興味深い姉妹編ですね。縁を切る贅沢[4]を味わえなかったのは、ちょっと残念です。

　私はいま、きわめて退屈な組み版や校正刷りに埋もれています。[5]どうしても書きこまざるをえなかった膨大な名前や統計数字のせいですが、そのために動物学の専門家以外には、耐えられないほど退屈な本になってしまうのではと恐れています。

　図版や地図が一般の人々をひきつけてくれると信じるほかありません。

　あなたとご家族全員の健康をねがいつつ　敬具

アルフレッド・R・ウォーレス

（1）九月に刊行されたこの本（Darwin, 1875）は、一一年前にリンネ協会で発表した次の論文の改訂版である——Darwin, C., 1865. The Movements and Habits of Climbing Plants. *J. Linn. Soc.* (Bod.), 9: 1-118。

（2）『英国産および外国産ラン類の昆虫による受粉』(Darwin, 1862)。

（3）『食虫植物』については、前便（13 - 3）の注1参照。

（4）10 - 5の注3を参照。

（5）『動物の地理的分布』の校正であり、翌年の五月に刊行されることになる（次の13 - 5の注1参照）。

5

ダーウィンからウォーレスへ

1876. 6. 5

ダウン、ベッケンハム、ケント州
一八七六年六月五日

親愛なるウォーレスへ

まだ一八四頁までしか読んでいないのですが——休息しながらできるだけ少しずつ読むよう、自分に課していたものですから——あなたの本(1)へのかぎりない称賛を表明するという喜びを抑えることができません。あなたは分布についての将来のすべての研究のための幅広く安全な基礎を築かれた、と私は確信します。これから先、植物があなたの見解に厳密に関係づけて検討されていくのを見るのは、どんなにか興味深いことでしょう。そして昆虫類も有肺軟体動物類(2)も淡水魚類もすべて、あなたがこれらの下等動物をあつかっただろうよりもずっと詳細に検討されるでしょう。

私がもっとも興味をひかれた点は、ただしもっとも価値のある点とはいえませんが、フォーブズ(3)が先鞭をつけ、なんということか、フッカー(4)がそれに追随し、そしてウォーラストン(5)やマレー(6)によって戯画化されたような、まったく

(1) ウォーレス『動物の地理的分布』(Wallace, 1876)。参照した一九六二年のリプリント版では、上下二巻で合計一〇三八頁。ダーウィンはまだ上巻の半分以下、全体の二割までも読み進まないうちにこの手紙を書いている。この本は四部構成で、第一部「分布の原理と全般的な現象」、第二部「絶滅した動物の分布について」、第三部「動物学的な地理学——いくつかの区と亜区の主要な生物の概観、およびそれらからわかる地理的変化の兆候」、第四部「地理学的な動物学——陸生動物の主要な科の地理的関係における体系的な素描」となっている。「一八四頁まで」ということは、第二部までは読了した段階で、あるいは第三部の冒頭の章を読んだところで手紙を書いたと考えられる。

(2) 有肺類(Pulmonata)は、巻貝をもつ軟体動物のうちの一群で、現在ではマイマイ類と呼ばれることのほうが多い。いわゆるカタツムリのほか、キセルガイ類やモノアラガイ類を含む。一般には陸産の貝類と考えてよいが、淡水産や海産の種もあり、また有肺類以外の分類群にも陸上に進出してカタツムリ的な生活をする種がいる。

(3) フォーブズについては、1-3の注7および巻末人名解説を参照。

(4) フッカーについては、1-3の注8および巻末人名解説を参照。

(5) ウォーラストンについては、巻末の人名解説参照。

(6) マレーについては、巻末人名解説および3-3の注15、6-4の注5、および11-13の注11を参照。

(7) 動植物の地理的分布を説明する当時の主流派の考えであった「陸地接続説」とくに「仮想の大陸」と、それに対するダーウィンの「偶然の機会的移住説」については、1-3の注6、10-7の注5と注6などを参照。また次章の冒頭の解説も参照されたい。拙訳『マレー諸

思慮分別を欠いたかたちでの想像上の沈みゆく大陸[7]に、あなたが抗議されていることです。ついでながら、最後の人物について私が抱いている印象は、まずもって、科学的な判断力というものがまったくないということです。右のような見解に対して私が声を大きくして抵抗しても無益でした[8]が、あなたはご自分の新しい主張と色刷りの図版があるのですから、成功するだろうことはまちがいないと思います。

特別に重要なのは、私にはそう思われるのですが、地域の決定がおもに哺乳類の状態からできるにちがいないということです[9]。私が何年も前にこの問題について研究していたときには、いまでは旧北区と新北区[10]と呼ばれている区が分けられるべきなのかどうかおおいに疑問に思っていたし、区をもうひとつ作るとしたらマダガスカルにちがいないと心にきめていました。そのようなことがあったので、私はあなたがこれらの点についてあげられた証拠の価値が評価できました。

この二〇年間[11]に古生物学が、なんと進歩したことか！　しかし、古生物学がこれからも同じ速度で進んでいったなら、さまざまな分類群の移住と誕生場所についてのいまの見解に大きな変更がくわえられるのでは、と私はおそれています。氷河期と大型哺乳類の絶滅については心やすらか

島』の注解作業では、初版と第一〇版とのあいだの、とくにこの点についての異同を詳細に検討した。

(8)　ダーウィンがいかに少数派で孤立無援だったかは、1‐3の注9に紹介したライエルあての一八五六年六月一六日付けの手紙が雄弁に物語っている。『起原』第一一章および第一二章の地理的分布の議論も参照されたい。

(9)　ウォーレスは第四章「動物学的な区について」中の「どの綱の動物が動物学的な区の決定においてもっとも重要か」の見出しのもとで、「……現在の分布によって、地球の表面の過去の変化と現在の物理的な条件を示す」のにもっとも適し、また同時に「地層中に遺骸が豊富」にあって地表とその生息者の両方の変化の追跡がしやすい、という条件に合ったものとして哺乳類を選んだとしている。分類の研究が進んでいることも理由とされている（右の注1にしめした原著の五六―七頁）。なおウォーレスが踏襲したスレイターの六大動物地理区分（次の注10参照）は、鳥類にもとづく。

(10)　ウォーレスは地球の表面を次の六大動物地理区に分けた。①旧北区、②エチオピア区、③インド区、④オーストラリア区、⑤新北区、⑥新熱帯区である。この区分と名称は今日にもほぼそのまま通用しており、一般的にはウォーレスの創案とされているが、じっさいには鳥類学者P・スレイターが一八五七年に発表したものをそのまま採用した（注1にしめした原著の五八―九頁）。スレイターについては、3‐1の注5参照。ウォーレスがこのスレイター論文に触発されて書いた論文（「マレー諸島の動物地理学について」と題され、一八五九年一一月九日にダーウィンの紹介によりリンネ協会で発表された。2‐3の注1参照）と、スレイター論文そのものの奇妙さについては、拙著『種の起原をもとめて』の三四〇―六頁でそれなりに議論した。

(11)　「一八七六年」－「二〇年」＝「一八五六年」となる。一八五八年七月の自然選択説連名発表、翌一八五九年一一月の『種の起原』の出版の直前であり、ダーウィンとウォーレスのそれぞれが進化論確立のための最後の詰めの作業で苦闘していた時期といえる。

(12)　ウォーレスは第七章の「旧世界および新世界の絶滅哺乳類相の注目すべき全般的な特徴」の見出しのもとで、鮮新世（たぶん今日の更

というわけにはいきませんが、あなたが正しいことを切に願っています[12]。

陸生軟体動物の分散の困難さ[13]については、あなたはご自分の信念を変えねばならなくなると思います。私は孵化したばかりの幼体が地面にねぐらをとる鳥類の足に付着するかどうかについての実験を開始したところで中断したままになっています[14]。

私が意見を異にするもうひとつの点は、第三紀南極大陸のようなものが存在したはずなのかどうか、そしてそこからさまざまな種類が現在の諸大陸の南端に放散したのかどうかです[15]。

しかし、私は永遠に殴り書きをつづけるばかりでした。あなたは記憶に残るだろう偉大な著作を書き上げた、と私は思います。何年ものあいだ、これからの地理的分布に関するすべての論考の基礎となりつづけるでしょう。——

敬愛するウォーレスへ　敬具　チャールズ・ダーウィン

追伸——あなたがご自分の著作を私の『起原』の分布についての章との関係で語ってくれたことは、私への考えうる最高の賛辞です[16]。そのことについて、心から感謝します。

新世のこと）が終わった後で、全地球的な規模で大型哺乳類が絶滅したことを指摘し、その原因を氷河期で説明している。氷河期の研究が当時はまだ緒についたばかりで、二人のあいだでの議論もまだ行き違いのような部分が多かったことについては、10-9とくにそれに付した注5と注6を参照されたい。また6-1の注7も参照。ダーウィンは若き日のビーグル号航海の最初の上陸地ブラジルでオオナマケモノなど大型絶滅哺乳類の化石を発見していたので、この問題には強いこだわりがあったと思われる。また当時の氷河期説が必要以上に大きな変化を強調していたことが、ケルヴィン卿の地球年代測定とあいまって、ダーウィンが想定していた進化速度をうわまわる急激な変化を求めるウォーレスの見解を受け入れがたくしたのであろう。

(13)　第二章「分散の方途と動物の移動〔渡り〕」中の「軟体動物の分散の方途」の見出しのもとで、淡水産貝類だけでなく陸生貝類についても、鳥の脚などに付着して長距離を運ばれる可能性を列挙し、実験や研究の多くは「ダーウィン氏に負っている」と明記されているし、じっさい『起原』の第一二章「地理的分布（続）」からの引用と考えてよいだろう。分散の困難さがとくに強調されているとは読めず、ダーウィンが何を気にしたのか理解しづらい。ウォーレスからの返信（13-6）の冒頭部分での反論を見るかぎり、ダーウィンの警戒心ゆえの先走りのようだ。

(14)　『起原』第一二章で議論されている海を越えての分布の広がりの方途のうち、種子が海水にどれほど耐えるかの実験は一八五五年に数本の報告がある（Barrett ed. 1977）。しかし、淡水産貝類などの幼生が鳥の脚に付着して運ばれることについては、この手紙より後の、一八七八年と一八八二年（他界する年）になって発表されている。このことから、ウォーレスが『起原』から引用した実験や観察は中断されていたことが裏付けられると考えてよいだろう。

(15)　南極大陸からの放射状の分散について、ウォーレスはとくに述べていない。次便（13-6）の冒頭での反論から考えて、ダーウィンの先走った警戒とみなしていいだろう。

(16)　「序文」での『動物の地理的分布』の位置づけについては、本章冒頭の解説を参照されたい。

6

ウォーレスからダーウィンへ

1876. 6. 7

ザ・デル、グレイズ、エセックス州
一八七六年六月七日

親愛なるダーウィンへ

好意的なお手紙をいただき、たいへん感謝しています。私の本をていねいに読んでくれる人はごくわずかでしょうから、きちんと読んでくださった人からの批評は大歓迎です。

あなたが第一巻の一八四頁までしか読んでいないのなら、たぶんそうだと思うのですが、おっしゃっている点（陸生軟体動物と南極大陸[1]）についての私の結論が、あなたにはまだよく見えていないはずです。私自身の結論は本を書き進めるあいだ動揺していましたので、先のほうで述べていることとまったく一致しない表現（初期のアイデアの遺物《レリック》）をところどころで使ってしまったことを、私は承知しています。第一巻の三九八―四〇三頁や四五九―六六頁を見ればおわかりのように、私は南アメリカをオーストラリアやニュージーランドと一体化させるような、いかなる

（1） 前便（13‐5）でのダーウィンの警戒心からの批評のこと（前便の注13と注15参照）。

（2） ウォーレスが述べている頁は、第三部「動物学的な地理学」の第一三章「オーストラリア区」の冒頭に近い部分と末尾にあたる。四〇二―三頁でウォーレスは、「オーストラリア区と新熱帯区とのあいだのかつての陸地接続の証拠はないが、さまざまな散在的な類似が疑いなく存在」するとし、その原因として次の三つが考えられるとしている。第一は有袋類などの例で、古い時代に広く分布していた動物が、南方のそれぞれ隔離された大陸で進化を続け、北の大陸では絶滅したという場合。第二は両生類や魚類の例で、かつての温暖な時代に両大陸が拡大し接近したことがあり、そのときに分布を広げたという場合。第三はやはり両生類や魚類の例で、浮氷に乗って島から島へと運ばれた場合である。現在では大陸移動説によって、南米とオーストラリアがかつてのゴンドワナ大陸から分離したという、まったく別の角度から説明されている。

（3） 第四部「地理学的な動物学」の第二二章「軟体動物類の地理的分布の概略」のなかで「陸生軟体動物の分布についての全般的な観察」という見出しのもとで述べられている部分のこと。たとえば「地球上の小島嶼で特異な陸生貝類のいないところはほとんどない」と指摘し、陸地の上をのろのろと這って移動したのではなく、「空中ないし水中を運ばれた」可能性のほうがずっと高いとして、ダーウィンの『種の起原』第一二章とほぼ同じ説明をしている。すなわち流木に隠れたり鳥の脚に付着したりして運ばれたという説明である。前便（13‐5）の注13参照。

南方大陸にも積極的に反対です。[2] 陸生軟体動物の分布についての私の全般的な結論は、第二巻の五二二―九頁に書いてあります。[3] これらの個所を読み、そのもとになった全般的な事実を見たうえで、あなたの意見がまだ私と異なるのかどうかを聞かせてもらえたら幸いです。

いうまでもなく、哺乳類の各属の起原と移住についてのいまの結論は、新たな発見によって変更されるにちがいないとはいえ、私としては多くはそのまま影響を受けないものと考えざるをえません。なぜなら、地理学および地質学のすべての発見において主要な概要には近々に到達するだろうし、これからも変更されるのはその詳細だけになるだろうからです。また、地質学的な証拠の多くは、いままでは地理学的な分布とよく一致し、またそれをよく説明しているので、概要においては一見したところ正しいものと私は考えます。とはいうものの、数年のうちに大量の新しい事実が出てくるでしょうから、それらを新版に組み込む苦労を心配せねばなりません。[4]

さて、個人的なことをすこし。二年ほど前から、この場所から引っ越すことを心に決めていました。[5] おもな理由はふたつです。乾燥と風のため、ひ弱な植物がどれもうまく育たないのと、ロンドンでの夜の会合に出席できず、どの招待も断らざるをえないことが耐えられないからです。し

(4) 幸か不幸か、改訂版は出なかった。

(5) この時点での住所に引っ越してきたのは一八七二年三月であり、自然環境が気に入っていたからだった（11‐12とその注4を参照）。ガーデニングを楽しみ、建物に温室も付設されている（『W自伝』下巻の九二頁に向かい合う頁の写真を参照）。それにもかかわらず、この手紙によれば植物がうまく育たなかったらしい。この手紙の翌月にはドーキングへ引っ越したが、二年後にはふたたび引っ越した。引っ越し先はクロイドンで、おもな理由は「子どもたちをまず幼稚園に通わせ、そして中学に通わせるため」（『W自伝』下巻、九八頁）だったが、もうひとつ大きな理由があった。それは霊媒のお告げである（14‐4の注1参照）。

(6) 『D旧書簡集』は、投函場所を「ホープデーン（Hopedene）」と推測している（第三巻、二三〇頁）。その脚注によれば「サリー州のヘンズリー・ウェジウッド氏の家」、つまり妻エマの五歳年上の兄の家である。ホープデーンとドーキングの位置関係は不明だが、どちらもサリー州の町であり、たぶん近接しているのだろう。

かし、買い手が魅力を感じてくれるよう見苦しくなく整えるまでは、とどまっていなければなりませんでした。ようやくそれができ、家を売りに出したので、話が決まりしだい、ドーキングの近辺を探してみようと考えています。あそこならキャノン・ストリートやチャリング・クロスから夜遅くまで列車があるからです。

　お手紙の消印[6]がドーキングになっていましたが、ということはドーキングに滞在していたのでしょうね。ドーキングはいい場所ですか？　あなたの体調がよくなりますように。そして、暇なときに私の本を読みとおされたときには、また数行でも親切な批評と助言がいただけるものと信じています。――敬具

アルフレッド・R・ウォーレス

7

ダーウィンからウォーレスへ

1876. 6. 17

ダウン、ベッケンハム、ケント州

一八七六年六月一七日

親愛なるウォーレスへ

(1)　各動物地理区の動物相の特徴をあつかった第三部の第一二章「東洋区」のなかで、「ジャワ」の見出しを付して論じられている（第一巻、三四九―五三頁）。そこでの分析と議論の進め方は、『マレー諸島』（一八六九年）の第9章「インド・マレー諸島の動物地理学」に

第一巻をすべて読み終わったところです。興味と賞賛の気持ちはこの前と変わらず、また私の判定は正しかったと確信しました。記憶に残るべき本であり、この問題についてのこれからのすべての研究の基礎となるべきです。

とくに申しあげることはありませんが、二、三の点について私の印象を書き連ねてみます。私がいちばん強く印象をうけたのは、ジャワについてのあなたの賞賛すべき、また説得力のある論じかたです。[1] きわめて些細なことをいえば、セイランの頭に装飾がないことについてはお見事です。[2] 指摘されてみれば、なんと簡単なことなのでしょう！

セレベスは、なんとも不思議です！　あなたがアフリカに関する見解[3]をすこし変えたのは私にとって嬉しいことなのでいわせてもらえば、いわゆるレムーリア[4]という大陸については、つまりはアフリカとセイロンの直接の接続については、私は飲み込むことができません。それほど膨大なレベルの変化を正当化できるほど多くの強い事実があるとは、私には思えません。さらにいえば、モーリシャスや他の諸島は、大洋諸島の特徴を見せていると私は思います。しかし、この問題についての私の判断を、私があなたの判断と同じ水準に位置付けているなどとは思わないでください。

とてもすぐれた論文が一年ほど前に、インドについての

おける大陸とくにマレー半島とスマトラ、セレベス、ジャワ、ボルネオの比較とほぼ同じといっていい。違いは『地理的分布』では前段で分析したフィリピン群島と比較されていること、また『マレー諸島』では比較的重視していたチョウ類をあつかっていないことぐらい。10-7とその注11参照。

（2）『地理的分布』第一巻の図版Ⅸ「マレーの森林とそこに特有な鳥類のうちの数種」と本文中のその説明（三三九―四〇頁）のこと。「背後の地上にいるのはセイラン（*Argusianus giganteus*）で、その眼状紋のある翼はダーウィン氏の『人間の由来』におけるもっとも興味深い記述のテーマとされ」とし、「華やかに彩られた羽毛」は、飛翔という元来の目的には役立たないが、「繁殖期における人目を引くディスプレイを目的として発達したとするダーウィン氏の見解の、顕著な裏付けの一例である」とウォーレスは説明したうえで、次のような意見を述べている――「指摘しておくべき興味深いことは、羽毛をディスプレイしているときには鳥の頭部が翼によって、正面で見ているものから隠され、また、キジ類でふつうに見られるのとは反対に、頭部に装飾がまったくなく、冠羽もなければ一点の鮮明な色彩も見られないことである」（傍点引用者）。

（3）『地理的分布』の第一三章「オーストラリア区」のなかに「セレベスの動物相の起原」の見出しがあり（四三六―八頁）、セレベスとアフリカに共通する動物の起原を、ヒマラヤ山脈が隆起する以前のアジア大陸にもとめ、そこから東西に分布を広げた子孫がアフリカとセレベスに残ったのではとしている。この説明は、ウォーレスの「マレー諸島の動物地理学について」（『種の起原』の刊行直前にダーウィンの紹介でリンネ協会の例会で読み上げられた）での、古い地質時代におけるセレベスとアフリカとの直接の接続を示唆する説明にくらべれば、たしかにダーウィンの立場に近づいたといえる。ダーウィンはマレー諸島から届いたウォーレスの動物地理学論文について、一八五九年八月九日付けの手紙（2-3）で、「セレベスがきわめて特異な島だとは知っていましたが、しかしアフリカとの関係は初耳の驚くような話で、私にはほとんど信じられません」と書いていた。ウォーレスのこの論文、とくにセレベスとアフリカとの接続説について、拙著

論文ですが、地質学雑誌に発表されていました――ブランドフォードによるものだったと思います。[5] ラムゼイ[6]と私は、このしばらくのあいだに発表されたなかで最高の論文のひとつだということで、意見が一致しました。この著者は、インドがペルム紀から今日にいたるまで、巨大な淡水湖がいくつもあるひとつの大陸だったことをあきらかにしています。もし私の記憶が正しければ、彼はかつての南アフリカとの接続を信じています。

私はたしか、二〇年か三〇年か前のことですが、フランスのある雑誌で、チモールで発見されたマストドンの歯について書かれているのを読んだはずです。しかし、その報告はまちがいだったのかもしれませんね。[7]

ニュージーランドへの移住[8]についてあなたが述べていることに関していえば、スイスのある氷河の氷のなかで凍っていたカエルが、氷が解けたら生き返ったという報告を、私はどこかで読んだことがあります。もうひとつ付け加えておくと、塩水に耐性があり海岸に出没するインドのヒキガエルがいます。[9]

ガラクシアスほど、私が驚かされた例はありません。しかし、この魚がサケのような回遊魚ではないのかどうか、まだわかっているとは思えません。ニュージーランドへの相次ぐ移住について、あなたは話を複雑にしすぎているよ

『種の起原をもとめて』の第11章（の三四六―五二ページ）ですこしくわしく検討したので参照されたい。

（4）「レムーリア」とは、ウォーレスの動物地理学に着想をあたえたスレイター（冒頭解説を参照）が、原猿のレムール（キツネザル）類の分布を説明するために想定した仮想の大陸で、かつてはマダガスカルからセイロン、スマトラ島まで広がっていたが、いまは海洋底に沈んでいるとされた。スレイターがこの説を提唱したのは一八七四年とされているので、ウォーレスのマレー諸島の動物地理学論文（右の注3参照）の影響も無視できないだろう。『動物の地理的分布』では、六大区を提唱した第四章「動物地理区について」のなかの東洋区を検討する部分の末尾（第一巻の七六―七頁）でレムーリア仮説を紹介し、後段の関連する個所でも言及されているが、セレベスの例（右の注3）を、以前よりもダーウィンに近い立場で説明している。

（5）『W書簡集』の原注によれば、次の論文のことだという。Blandford, H. F., 1875. On the Age and Correlations of the Plant-bearing Series of India and the Former Existence of an Indo-Oceanic Continent. *Quart. J. Geol. Soc.*, 21: 519-542. ブランフォード（ブランドフォード）については、巻末の人名解説を参照。

（6）ラムゼイについては巻末の人名解説を参照。

（7）2-3（とくに注7）および3-5を参照されたい。ダーウィンはチモールのマストドンをとても気にしているが、その理由については不明。チモールはオーストラリア区に含まれ、また東洋区の東端に近いが、『地理的分布』第一七章「哺乳類の科と属の分布」のゾウ類の分布をしめす表（下巻の二二七頁）では、オーストラリア区に分布は記録されていず、また東洋区でもマレー半島を含む島嶼部の亜区にも分布しないとされている。チモール産マストドン化石の報告を、ウォーレスは認めていないということだろう。

（8）『地理的分布』第一三章「オーストラリア区」での「ニュージーランドの動物相の起原」の検討のなかで、ウォーレスは他の研究者の論文を否定的に引用し、飛べない走鳥類の分布を説明するのに、仮想南方大陸がニュージーランドとオーストラリアだけでなく、南アフリカや南アメリカも接続していたという仮説は、かならずしも必要ない

うに私には思えます。私としてはガラクシアスは、シワリク丘陵のヌマガメ⑩と同じように、長いこと同じ形状を維持してきた種だと考えたいと思います。

　ニュージーランドの昆虫と花についてのあなたの意見⑪は、私にはきわめて興味深いものでした。しかし、芳香のある葉を私はずっと、昆虫や他の動物に食べられないための保護と見てきたのですが、ニュージーランドには昆虫は希少なのですから、そのような保護はあまり必要ないでしょう。

　思っていたより筆が進んでしまいました。あなたの本が私の興味をどれほど深く呼び起こしたか、あらためて申しあげておきます。

　次に、かなり異なる問題に移ります。ついこのあいだ、あなたが『アカデミー』誌に書かれた二編の記事⑫のことを聞きつけ、手に入れたところです。マイヴァート氏に対して寛大にも私を防衛してくださったこと、心からお礼申しあげます。

『起原』のなかで私はいかなる種の派生もまったく議論しませんでしたが、しかし、私が自分の意見を隠していると非難されないよう、私の信念を率直に明言していると私には思われた（いまもそう思っています）一行⑬をわざわざ挿入しておきました。これは『人間の由来』に引用してあります⑭。したがってマイヴァート氏が私を低俗で不正な隠蔽

という議論を展開している（四六〇—一頁）。ダーウィンが氷河に閉じ込められていたカエルの例をあげているのは、南方大陸が仮想されていた海域に氷山が多いことを考えてのことだろう。

(9)　*Galaxias* はガラクシアス科（Galaxiidae）を代表する属の魚類。この科は南半球の南アメリカ、南アフリカ、オーストラリア、ニュージーランドなどに分布する。北半球のサケ科に近縁で、いわば南半球のサケ類といえる。北半球のサケ科魚類が海流で移住して進化したとする説と、ゴンドワナ大陸で独自に進化したとする説があり、今日でも定説はない。この手紙の以下での議論やウォーレスの『地理的分布』での記述と照らしあわせると、ダーウィンは後者、ウォーレスは前者に近い考えをもっていたようだ。ガラクシア属魚類が『地理的分布』で扱われているのは、索引で調べるかぎり、魚類の分布を分類群ごとに体系的に検討した第二〇章中の、わずか数行の記載だけ。一属一二種が南半球の温帯に分布し、ニュージーランドとタスマニア、南米南端のフエゴ島から北へクィーンズランドとチリまでで見られ、一二種中の一種は同一種がふたつの動物地理区にまたがるとしている。

(10)　シワリク丘陵は化石の産地として有名。『地理的分布』の第六章「旧世界における絶滅哺乳類」のなかで、「北西インドのシワリク丘陵および他の地域の上部中新世の堆積層」が検討され（一二一—三頁）、発見されている四種の小型カメ類の化石のうち、「ヌマガメ（*Emys*）は現生種である」としている。ダーウィンの指摘は、ガラクシアもヌマガメも古い地質時代から現在にいたるまで形態的にほとんど変化していない種だということだろう。

(11)　『地理的分布』の第一三章「オーストラリア区」の末尾に近いところで、ウォーレスは「ニュージーランドに昆虫が少ないことの原因——植物相の特徴へのその影響」の見出しのもとで議論を展開している（四六二—四頁）。ウォーレスはニュージーランドに昆虫が極端に少ないことを、ダーウィンの花の目立つ色彩は昆虫を誘って受粉してもらうためという「美しい学説」を紹介して、昆虫の少ないニュージーランドには目立つ色をした花がほとんどないことを指摘する。そして、もし当時の多くの学者が主張するようにニュージーランドがかつて他の大陸と接続していたなら多数の昆虫が移住し、植物はその昆虫

をしていると非難するのは、不正直だとはいいませんが、きわめて不当なことです。

ただ、自分のことはほとんどどうでもよいのです。しかし、マイヴァート氏は『クォータリー・レヴュー』誌のある記事で（私はそれを書いたのが彼であることを知っています）、息子のジョージが不品行を助長していると非難し、それにはなんの根拠もないのです[15]。私がこのことをきっぱりと言いきれるのは、ジョージの記事と『クォータリー・レヴュー』誌をフッカー、ハクスリー、その他の人たちに見せましたが、全員の意見が非難は意図的な曲解だと一致したからです。

ハクスリーはこの問題について彼に手紙を書き、その結果、彼との関係をほとんど、あるいは完全に断ち切るにいたりました。またフッカーもそうするつもりだったのですが、王立協会の会長だからということで、そうしないよう助言されました。

とまあ、彼は私に苦痛をあたえるという目的を達成し、そして、なんということか、彼が私にいってきたお世辞、ほとんどこびへつらうような言葉、それを考えることで、彼の目的は達成されたわけです！　もちろん私は彼に手紙を書き、彼に二度と話しかけないだろうと告げました。が、そのくらいにしておくべきなのでしょう。彼は私のことを

をひきつけるため花弁に色彩を発達させ、昆虫がなんらかの原因で減少しても目立つ色彩の花が残るだろうと指摘して、陸地接続説を否定する。そして、ここまで書いてきて気づいたことがあると、さらなる議論を展開する。ならば花の色彩とともに昆虫を引き寄せている芳香のある植物も少ないだろう。植物学者フッカーに問い合わせたところ、ニュージーランドの植物は香りが少なく、花の芳香だけでなく葉から放出される精油の香りをもつ植物も少ないとの回答だった。そこでウォーレスは、葉に香りのある植物がニュージーランドに少なく、また昆虫も少ないという事実から、葉の香りも「昆虫の誘引に役立っているというアイデアが示唆される」と議論を展開している——ダーウィンが疑問視したのはこの最後の部分だろう。

(12)　マイヴァートの著書（Mivart, St. George, 1876. *Lessons from Nature, as Manifested in Mind and Matter*）の書評。『アカデミー』誌に二回にわたって掲載された——*Academy* 9 : 562-563 (10 June, 1876 : no. 214, n. s.) & 9 : 587-588 (17 June, 1876 : no. 215, n. s.)。マイヴァートをめぐる問題は、本書第12章の主要なテーマ。

(13)　次の注の『由来』での引用とあわせて考えて、『起原』の第一四章「要約と結論」の末尾に近い個所の「人間の起原と歴史にたいして、光明が投じられるであろう」（岩波文庫版、下巻の二六〇頁）という一行のことと考えられる。手紙のなかでダーウィンが述べている「いかなる種の派生もまったく議論しませんでした」という個所の原文は、「I did not discuss the derivation of any one species」であり、一般的に考えれば、『種の起原』という書名でありながら、種の起原＝派生そのものは論証されていないという批判に対応する言葉と見ていいだろう。しかしこの手紙ではマイヴァートとの関係という文脈で述べられており、彼がもっとも批判した自然界や動物界における人間の位置づけの問題がダーウィンの念頭にあり、自分は人間という種の派生について一行を挿入したことを主張したかったのだろう。なお、次の注の「序」の後半部分には「人間がもっと下等な別の種類の動物から派生したという考え……」という一節もあり、ダーウィンが「起原（origin）」と「派生（derivation）」、さらに「由来（descent）」という言葉を、ほぼ同義として使用していることがいえる。

下品に扱った、私の知るかぎりただ一人の男なのですから。長々と書いてしまったことを許してください。今後ともよろしく　敬具

Ch・ダーウィン

追伸――あなたが性選択を放棄したこと、とても残念です。私はすこしも動揺していないし、真のブリトン人らしく自説を固守します。頭に飾りのないセイラン(16)のことを考えると、叫んでしまいそうです。ブルータス、お前もか！

(14)　『由来』の「序」の冒頭からすぐの個所だろう――「私は、『種の起原』の第一版に、この研究によって〝人間の起原とその歴史について、光が当てられるようになるだろう〟と書いた……」。

(15)　これについて『W書簡集』の編者は、次のような詳細な注を付している。「『コンテンポラリー・レヴュー』誌の一八七三年八月号に、ジョージ・ダーウィン氏が〝婚姻の自由の有益な制限について〟という論考を書いた。『クォータリー・レヴュー』誌の一八七四年七月号（七〇頁）の〝原始人――テイラーとラボック〟という記事のなかで、マイヴァート氏はダーウィン氏の論考について次のように言及している。〝ジョージ・ダーウィン氏は別の個所（四二四―五頁）で、(1)人口を阻止するための、きわめて過酷な法律と不道徳の奨励を是認するような調子で語っている。(2)異教徒の時代の性的な犯罪行為のなかで、この著者が所属している学派がとなえている原理にもとづいて弁護されないようなものはない〟。一八七四年一〇月号の『クォータリー・レヴュー』誌（五八七頁）に掲載されたジョージ・ダーウィン氏の書簡は一番目の非難を〝完全に否定〟し、また二番目の非難については次のように述べている。〝ここで言及されている言語道断な罪悪の支持に、いかなるかたちであれ手を貸すような考えや言葉が私の試論にひとつでもあるということを、私は否定する〟。この書簡にはマイヴァート氏からの手紙が付され、そのなかで彼は次のように述べている。〝ダーウィン氏個人を（彼はそう考えたようだが）、彼が過酷ないし不道徳と見なしている法律や行為を奨励したとして責めること以上に、われわれの意図から遠いことはないだろう。したがってわれわれは彼の拒絶をきわめて喜んで受け入れるし、また彼が宣伝を手伝っていた教義の完全な趣旨を、彼がじつは理解していないことを知って喜ばしく思う。とはいえ、‘虚偽’ないし‘根拠のない’命題がひとつでも発表されるのを容認することはできず……しかし、書き手が、みずからの告白によって、公然と‘婚姻制度を攻撃’することになるときには、その書き手は吟味され批評されることを予期せねばならない。また、ダーウィン氏が‘考え’や‘言葉’において彼が否認したがっているなにかを是認していると示唆しなくても、それでも彼が唱道する教義はきわめて危険かつ有害だと主張せねばならない。〟――編者」。

8

ダーウィンからウォーレスへ

1876. 6. 25

ダウン、ベッケンハム
一八七六年六月二五日

親愛なるウォーレスへ

このところ以前より早く読むことができるようになり、あなたの本を読み終わりました。いうべきことは、それほどありません。南アメリカの温帯部についての慎重な説明(1)はとても興味深く、この地域についての理解を深めることができました。また、巻末に近いところでの陸生軟体動物についての概説(2)もおおいに気に入っています。そこで、批評をいくつかだけ。

一二二頁。あなたが次のように書いているのは、私には

(16) ウォーレスはセイランの翼の眼状紋（目玉模様）をダーウィンの性選択説の好例としつつ、翼を誇示する求愛動作で頭部が隠されてしまうし、頭部に冠毛も目立つ色彩もないことを指摘していた（右の注2を参照）。ダーウィンは『人間の由来と性選択』で他の鳥類では冠毛や頭部の色彩を議論しているが、セイランなどキジ科鳥類についてはその見事な眼状紋（目玉模様）に議論を集中させている。その盲点をウォーレスに突かれて、たぶん悔しかったのだろう。

(1) 『動物の地理的分布』下巻の冒頭部分にあたる第一四章「新熱帯区」（上巻の八割近くを占める第三部の続き）すなわち南米大陸のうち、温帯部は「チリ亜区」として区分され検討されている（三六一—四八頁）。ダーウィンが「慎重な説明」と興味をしめしているのは、この部分の最後の一ページ半ほどの議論のことだろう。この亜区とオーストラリア大陸との共通要素について、きわめて古い時代に広域分布していたもののレリック（残存）と説明しつつ、他の説明も否定はしていない。ダーウィンはおそらく、南アメリカ大陸とオーストラリア大陸のかつての接続というフッカーの主張を気にかけているのだろう（1‐3の注8参照）。あるいは、生物的環境条件のほうが物理的環境条件より重要という「ダーウィン氏の教え」が引用されていることに納得したのかもしれない。またカエル類とネズミ類を扱った部分では、ダーウィンが多数の種を採集したことにふれられている（いうまでもなく、ビーグル号での航海のときの採集品である）。

(2) 第四部「地理学的動物学」の第二二章「軟体動物の地理的分布の概要」のこと。これに続く章は、最終章の第二三章「分布の要約、お

驚きです。「第三紀の全期間をとおして、北アメリカは今日よりもはるかに、南アメリカと対照的であった[3]」。しかし南アメリカについては、鮮新世をのぞけばほとんどなにもわかっていませんし、鮮新世にはマストドン、ウマ、数種の大型の貧歯類、等々、が北アメリカと南アメリカに共通していました。もしあなたが正しいなら、私は旅行記で大きなまちがいを犯したことになります。私は旅行記で、このふたつの大陸のかつての密接な結びつきを主張しました[4]。

二五二頁[5]、その他。多大かつ高度な分化《デヴェロップメント》には、多数の競合する種類のいる広大な地域がなくてはならないという一般原理に、私は完全に同意します。しかし、あなたはこの原理を拡張しすぎていないだろうか?――しばしば同属のいくつもの種が非常に小さな島で分化《デヴェロップ》していることを考慮するなら、私としては、あなたはあまりに拡張しすぎているといわざるをえません。

二六五頁。ゴジュウカラ科(Settidae)はマダガスカルまで広がっていると書かれていますが、表には番号がありません[6]。

三五九頁。カグー(*Rhinochetus*)が、表では新熱帯の三番の亜区に入っています[7]。

書評者というものはなにか欠点を見つけねばならないと

よびいくつかの綱の動物の移住のルート」だけ。

(3) 第一四章「新北区」のうち、この区つまりは北米大陸の脊椎動物についての「要約」(一二〇―一二頁)の末尾での議論。すなわち、動物地理区の区分は今日の動物相によるが、その結論に反論が出てきた場合には「その地域の過去の歴史にうったえて証拠を補強」するとして、ダーウィンがこの手紙に引用した文章がつづく。

(4) ダーウィンは『ビーグル号航海記』(第二版、一八四五年)の、第七章の半ばあたりで南米と北米の哺乳類の化石種と現生種について議論し(岩波文庫版、上巻の二〇〇―四頁)、また第八章の最後の部分で、南米の巨大哺乳類の化石種と現生種との関係だけでなく、北米と南米とをあわせた大きな変化を、南北アメリカ大陸の接続を前提として議論している(同、二六〇頁)。ダーウィンが気にしているのは、とくに第七章での議論のことだろう。

(5) 第一七章「哺乳類の科と属の分布」のうち、「クスクス科 Phalangistidae(八属、二七種)」の説明の部分。コアラやクスクスからフクロモモンガやフクロミツスイにいたる大きな変化と特殊化から、オーストラリアの動物相がきわめて古いことだけでなく、この地域がかつてははるかに広大だったことが示唆され、広大だったがゆえに「かくも多数の風変わりな変化した種類の分化に必要だっただろう、条件の変異と競合する種類のあいだの闘争がもたらされていた」のではと議論を展開している。

(6) 『W書簡集』のウォーレス自身の原注によれば、誤植のため番号が抜け落ちたという。この表は、科ごとに六大動物地理区の各四亜区の該当個所に、1・2・3・4の番号で分布を示すようになっている(分布しない場合は「-」)。

(7) これにもウォーレス自身による原注が付されていて、オーストラリア区の第3亜区に入れるべきだったのが、誤って新熱帯区の第3亜区に記号(3)が入ってしまった。カグーはニューカレドニア諸島特産の鳥で森林内に生息し、ほとんど飛ばない。

(8) 今日なら巻末に参考文献のリストがあるのが当たり前だが、それがないだけでなく、本文中のところどころで参照した最新の論文や研究書の書名などが書かれていても、著者名だけだったり書名があって考えるものですが、もし私があなたのこの本を書評するとしたら、難癖をつけねばならない唯一の点は、あなたが非常に多数ある参考文献をあげていないことです(8)。それがあれば、あなたの多大な苦労仕事を追随しようとするだれもが助かることでしょう。その言明の典拠を知りたいと思った個所がところどころあったし、やや劣った見解があなたのものなのか、それとも他の人のものなのかを知りたいと思った個所もあります。セント・ヘレナなどの島で大掛かりな採集をした人や、その採集品の地理的な関係をあきらかにしようとした人のことを考えてください。そういう人たちはあなたの本を読んで、セント・ヘレナについて書かれたどの点についても正確な文献がわからないことを、とても空しく感じるでしょう。

あなたが私のことを、とんでもなく話のわからない男だなんて思わないことを期待します。

つい数ヵ月前にアクセル・ブリットから送られてきた重要な試論(9)のことを、お伝えしておきます。スカンディナヴィアの植物の分布に関する試論で、湿潤な時期と乾燥した時期が交互にくり返した可能性が高いことをあきらかにしています。またそのことが分布に重要な役割を果たした可能性もあきらかにされています。

アリについてずっと研究してきたフォレル(10)に手紙を書い

もあいまいだったりという場合がほとんどである。本文中の記述でも、たとえば昆虫の分散について海上での捕獲例が列挙されているが、「ダーウィンは陸地から三七〇マイルのところで一匹のイナゴを捕獲した」とだけ書かれ、出典は示されていない（第二章。上巻の三二頁）。ダーウィンの『人間の由来』の場合であれば、巻末に参考文献リストはないが、脚注で著者名や論文の掲載誌の号数などが明記されている（ただし、今日の一般的な基準からすればあいまいではある）。

(9)『W書簡集』の原注によれば、次の本のこと。Blytt, Axel. 1876. *Essay on the Immigration of the Norwegian Flora.* Christiania. この著者などについては、情報は見つからなかった。

(10) フォレルについては、巻末の人名解説を参照。「盲目の甲虫類の分散」についてのウォーレスの見解とは、『地理的分布』第一〇章「旧北区」中の「地中海亜区」のなかの「マデイラ島とカナリー諸島」の甲虫類についての議論の一節こと（上巻の二一二頁）。マデイラとヨーロッパに共通する二種の翅のない甲虫が、「つねにアリの巣のなかで見つかる」ことが指摘され、次のように説明されている——「アリは、翅をもつ季節には、大群となって飛びまわり風で長距離を運ばれるので、そうやって吹き飛ばされたアリがこれらの非常に小さな甲虫の微小な卵を運んだのかもしれない」。ウォーレスはこのほか、人家に住むので人間によって運ばれる可能性のある甲虫類、また幼虫期にハナバチ類に寄生して大洋を越える可能性のある甲虫類の例もあげている。またダーウィンは『種の起原』の第五章「変異の法則」で、マデイラ諸島の昆虫を例にして翅の進化（発達する場合と退化する場合）を論じていた。ダーウィンのマデイラの昆虫への強い関心については、第11章の書簡11-13の末尾およびその注11も参照されたい。

(11)『ネイチャー』に掲載されたJohn E. Taylor (ed.). 1876. *Notes on Collecting and Preserving Natural-history Objects.* のウォーレスによる書評のことかと思われるが、確証はとれなかった（*Nature* 14: 168 (22 June 1876: no. 347)）。

て、盲目の甲虫類の分散についてのあなたの見解のことを伝え、考えてみてくれるようたのみました。

フッカーにあなたの本のことを話しましたが、彼はまちがいなく、植物の分布をあなたの見解に関係させて考察したがっている、と私は確信しています。しかしその時間がとれるかどうか、彼は疑っているようでした。

さて、簡単なメモはこれくらいにして、あなたがかくも壮大な仕事を出されたことに、もう一度お祝い申しあげます。『ネイチャー』誌の書評[11]には、ちょっと失望しました。

——敬愛するウォーレスへ　敬具

チャールズ・ダーウィン

9

ウォーレスからダーウィンへ

1876. 7. 23

ローズ・ヒル、ドーキング[1]

一八七六年七月二三日

親愛なるダーウィンへ

先日の丁寧かつ興味深いお手紙にすぐ返事を書くべきだ

（1）この引っ越しについては、13‐6とその注5を参照。

（2）この書簡の「進化（Evolution）」という用語は、この単語（Evolution）のごく新しい用法である。この点については11‐10の注5で、スペンサーとの関連で説明した。

（3）「代置（represent）」という用語は、八杉訳『種の起原』では、ったのですが、届いたのが当地への引っ越しに先立つ荷造りの最中で、ようやく本や書類を使える状態に整理し終えたところです。

まずもって、丹念な精読によって表中に二個所のばかげたミスを見つけていただいたこと、おおいに感謝します。

南北アメリカの動物相の差異が、かつてはいまより大きかったことに関しては、私としては自分のほうが正しいと考えています。貧歯類は北アメリカに、（私が考えたように）鮮新世以降の時代に一時的に移住したにすぎず、北アメリカの第三紀の動物相の一部をなしてはいないことが証明されています。ただし、南アメリカで鮮新世にいちじるしい分化《デヴエロップメント》があったことが知られているのですから、もし進化(2)だとか、そのようなことがあったとしたならば、中新世のいつの時代かに、それらに先行する風変わりな祖先の種類がいたにちがいありません。

いっぽうマストドンは、一種か二種が代置(3)しているだけですから、北アメリカから南アメリカへの最近の移住者だったと思われます。

北アメリカでの第三紀全体を通じての有蹄類の（さまざまな科、属、種への）はかりしれないほどの分化は、しかしながら、大きな特徴であり、北アメリカをヨーロッパと同類化させ、そして南アメリカと対照的にしています。真

たとえば「代表種（representative species）」のように「代表」と訳されている。この用語を「代置」と訳すほうが適当と考えた理由については、拙訳『マレー諸島』の第4章「ボルネオ——オランウータン」の訳注18など、また拙著『種の起原をもとめて』の第4章「サラワク（1）」の注2で、くわしく説明したので参照されたい。一〇行ほど後段の、南北アメリカ大陸のウマ類についての記述を見よ。

(4)「あなたの原理」とウォーレスが呼んでいることは、おそらく『種の起原』のどこかの個所での議論なのだろうが、いまのところ該当個所を特定できていない。前便（13-8）のように、ダーウィンはこの問題について基本的にはウォーレスに同意している。

(5) 参考文献がないことについては、前便（13-8）の注8参照。

(6) この手紙についてはダーウィンからの前便（13-8）を参照。アリの問題についても、前便の注10で説明した。

性のラクダ類、多数のイノシシ様の動物、真性のサイ類、そして多数の祖先型のウマ類、これらのすべてが北アメリカを旧世界に、いまよりずっと近づけています。南アメリカのどの地域であっても、ウマ類でさえ代置しているのはウマ属だけなので、おそらく北からの一時的な移住者でしょう。

　さまざまな動物相の分化には比較的大きな地域が必要という原理（あなたの原理です）[4]を遠くまで拡張しすぎているという点については、そう指摘されるところもあるかもしれませんが、私はそうは考えていません。いまさまざまな動物相が存在している島などの大部分が、かつては大きかったという、あらゆる可能性があると私は考えます——例をあげれば、たとえばニュージーランドやマダガスカルのことです。そのような証拠のないところでは（たとえばガラパゴスですが）、動物相は非常に限定されています。

　最後に、参考文献がないことについて[5]。あなたの批判が正当であることを認めます。ですが、私はとんでもなく非体系的なのです。この本は、他の人たちの多大な労働を取り込んだ、私にとって最初の大作でした。はじめは比較的短い素描を書くつもりで書きはじめ、それを拡大し、さらに少しずつ書き加えていきました。表、見出し、その他ほとんどあらゆることを、一度ならず作り直し、そうして自分の資料をどんどん混乱させてしまったので、いま以上に捻じ曲がったり錯綜したりしなかったのが、むしろ驚きというほかないほどなのです。参照文献をあげるべきだったことはまちがいありません。しかし、見いだした情報の多くが断片的でばらばらなものだったので、また相いれない典拠からの情報を結びつけたり圧縮したりすることも多くあったので、それらにどのように言及するか、あるいはどこではそれをやめるべきか、ほとんど判断できなくなってしまいました。あらゆる事実について参考にした著者のすべてに言及したならば、分厚いこの本をさらに厚くしてしまったにちがいなく、また文献の多くの部分はわずか数年のうちに、新たなよりすぐれた典拠のために価値を失うことになるでしょう。参照されている文献に、私自身がこれまでにあたってみた経験では、たいていはとても満足できるものではありませんでした。一〇中の八、九は、その事実が書かれているだけで、ほかにはなにもえられませんでした。あるいは、手に入らない第三の本が言及されているだけでした！

　あらゆる事実や抜粋にくわしい出典を付す習慣を身につけることができたならとは思うのですが、私はあまりに怠け者ですし、だいたいが性急なので、ロンドンに出かけたときに、その日のうちに大急ぎで本を調べまくることになってしまうのです。

ですが、次の版を準備せねばならなくなったときには、この問題をなんとか善処するよう努力してみます。

フォレルの手紙を返却します。[6] 疑問はあまり解決されなかったし、彼が必要と考えている徹底した観察も、それほど役に立つことがあるようには思えません。なぜなら、たぶん甲虫の卵や幼虫や蛹はアリによって体系的に運ばれるのではなく、なんらかの例外的な状況によって偶然に運ばれるだけなのかもしれないからです。それによって分布に大きな影響がもたらされるでしょうが、稀にしか起こらないことなのですから、観察中に見られることはけっしてないでしょう。

先日の手紙でのあなたのいくつもの意見、慎重に考えてみます。主題の大きさに比較して、私の本に粗雑な個所や考察の足りない個所が多々あることは承知しています。しかし、私は自分の見解を詳細な点ではいくらでも変更することを恐れていないので、いくつかの一般化を、可能なところではしたほうがよいと考えていたし、いまでもそう考えています。動物学的なこまごましたことで四苦八苦していたものですから、地質学協会誌を十分にあたることができませんでした。そうすべきだったし、この主題について書き進める前にはそうしようと考えていたのですが。

今後ともよろしくお願いいします。敬具

アルフレッド・R・ウォーレス

10

ウォーレスからダーウィンへ

1877. 7. 23

ローズ・ヒル、ドーキング

一八七七年七月二三日

親愛なるダーウィンへ

『花の異型』[1]についての賞賛すべきご著書をありがとうございます。私がどんな褒め言葉を申し上げても失礼になるでしょうから、ただ「異花柱花の非嫡出子」[2]と「閉鎖花」[3]についての章を多大な興味をもって読んだとだけ申しあげておきます。

ちょっと残念なことなのですが、いま試論などを小さな一冊[4]にまとめるため、動物の色彩という主題などについて復習していて、自発的（ヴォランタリー）な性選択に真っ向から対立する結論に到達したことをお伝えしておきます。私の考えでは、性的な装飾や色彩のすべての現象を、単純

（1） Darwin (1877). ウォーレスは前年の一八七六年一二月二三日付けで『植物の他家受粉と自家受粉』の礼状を、また年を越えた一八七七年一月一七日付けで『ラン類の昆虫による受粉』（第二版）の礼状を書いている。つまりこの時期、ダーウィンは矢継ぎばやに植物本を出していた。これらの植物研究の流れとダーウィンにとっての意味については、本章冒頭の解説ですこしくわしく検討した。

（2） 同じ種の植物に同一の花しかつけないのを同形花、二種類以上の異なる花が咲くのを異形花という（ただし雄花と雌花の場合はのぞく）が、めしべの形状に注目して異花柱花ということもある。よく例にあげられるサクラソウの異形花は、おしべが長くめしべの短い花と、反対におしべが短くめしべの長い花がある二形花であり、ダーウィンが熱心に研究したことで知られる（第8章の冒頭解説の末尾のあたりも参照）。ダーウィンはこれら異形花の研究から、異なる花のあいだでの受粉のほうが同じ種類の花のあいだでの受粉より有利なことを見いだし、異形花は自家受粉を避け他家受粉を促進するために進化したと考えた。また彼は異形花の同じ種類の花同士が自家受粉すると種子の数が少なくなったり、生育結果が悪くなったりすることを実証し、そのような場合を「非嫡出子」と呼んだ。

（3） 異形花のうち、一方の種類の花が開かずに閉鎖したまま内部で自

な自然選択の助力をえた発達の法則によって、(概括的に)説明できます。[5]

ベルト氏の[6]、「大洋氷河が河川を堰き止める」という彼の恐るべき仮説[7]を支持するための一連の注目すべき論文を、あなたが私と同じように賞賛しているとよいのですが。すさまじく壮観なほどに、「氷河」についてのあらゆることをやっつけているし、むずかしい事実を驚くほどたくさん説明していることは確かです。いちばん最近の、『クォータリー・ジャーナル・オブ・サイエンス』誌に掲載された「南半球の氷河期」に関する論文[8]はとくに秀逸ですし、ごく最近には地質学協会で論文を発表したはずです。ラムゼイの「湖沼」[9]と同じほど多数の証拠で支持されているように私には思われますが、ラムゼイはなにもできないだろうと、私は理解しています——いまのところは。それでは

また　敬具　アルフレッド・R・ウォーレス

家受粉するような花のこと。たとえばスミレは、よく目立つふつうの花のほかに、目立たないが、根元近くに閉鎖花をつけている。

(4)　Wallace, A. R., 1878a. *Tropical Nature, and Other Essays*. Macmillan & Co. London. 邦訳は『熱帯の自然』(谷田・新妻訳、ちくま学芸文庫)。原著はこの手紙の翌年の一八七八年四月に刊行された。

(5)　邦訳の第5章「動物の色彩と性選択」での議論のこと。この問題については本書第6章を参照されたい。

(6)　ベルトについては、巻末の人名解説を参照。氷河についての彼の一連の研究については、『ニカラグアの博物学者』(一八七四年)の第二版の編者まえがきで知ることができる。『ニカラグアの博物学者』では第一四章で、中米など熱帯地域にも氷河があったことが指摘されている。氷河期と現生生物の分布との関係を論じ、氷河期には大量の水が氷塊となって海面が三〇〇メートルほど下降し、陸地の形状と分布が大きく変化したことを指摘した。興味深いことは、この議論のなかでベルトがウォーレスの『マレー諸島』(一八六九年)での同様の事例の説明に異論を唱えていること。すなわち、ジャワ島、スマトラ島、ボルネオ島とアジア大陸東南部との接続・分離を火山の噴火に連動した海底の沈下・隆起による説明(10-7とその注11、19を参照)を退け、氷河期における海面の下降によって説明している。

(7)　次の注8の論文で提唱された仮説。南北両半球の氷河期の証拠をあげたうえで、発達した大量の氷で両半球の海洋底が埋め尽くされて大陸の排水溝が堰き止められ、河川の水が「閉じ込められた」と主張した。ウォーレスはこの時点ではベルトの仮説を高く評価していたが、次の注8のように、後の著書の『島の生物』(一八八一年)でも『ダーウィニズム』(一八八九年)でも、ベルトの氷河説には一言も言及していない。

(8)　Belt, T., 1877. On the Glacial Period in the Southern Hemisphere. *Quarterly Journal of Science*. No. XIV : 326-353. 右の注6のように、ベルトは熱帯にも氷河期があったと主張しているが、ウォーレスは熱帯地方の氷河期を否定している(『ダーウィニズム』の第12章「地理的分布」の末尾に近い部分で、熱帯地方の氷河痕跡についての報告を誤りとして却下し、熱帯の気温が大きく低下した証拠はないと主張して

いる)。このことが、本書第14章の主要なテーマとなる熱帯や南半球の高山に生育する北方種の分布についての、ダーウィンとウォーレスの論争につながると考えられる。ベルトはまた、南米熱帯地域の動植物が氷河期の寒冷気候の時代に避難した場所を、「避難場所(レフュージア)」と呼んでいる。14-7の注9も参照。

(9) ラムゼイについては、巻末の人名解説を参照。ラムゼイの「湖沼」とはどういうことか調べはつかなかったが、おそらくベルトの仮説と対立する見解なのだろう。

第14章　最後の論争
――『島の生物』と交わらない二人の道

ダーウィンの『自伝』の第一章「幼年期および少年期」には〈一八七六年五月三一日、私の心と性格の発達についての思い出〉という副題が付されている（ノラ・バーロウ編『ダーウィン自伝』）。出版の意図はなく、ただ家族のために書き残そうと考えて着手したという。自分の人生が終わりに近づきつつあると自覚したのだろう。

みずからの人生を振り返りはじめた二週間後、ウォーレスにあてた手紙の末尾に見過ごせないことが書かれている。第13章で紹介した『地理的分布』についてのダーウィンの手紙（13‐7）であり、第12章で検討したマイヴァートにふれている。ウォーレスが『アカデミー』誌の一八七六年六月一〇日号と六月一七日号に書いたマイヴァート『精神と物質に具現された自然からの教訓』（Mivart, St. George. 1876. *Lessons from Nature, as Manifested in Mind and Matter.*）の書評にふれた後、マイヴァートとの絶交を知らせている。

> 彼に手紙を書き、彼に二度と話しかけないだろうと告げました……彼は私のことを下品に扱った、私の知るかぎりただ一人の男なのです……。　（一八七六年六月一七日）

ダーウィンは絶交の理由を、息子ジョージの論文をマイヴァートが誹謗中傷したからだと説明している（13‐7とその注15参照）。しかし、その一件は二年前の一八七四年のことであり、ダーウィンが絶交状を出したのは翌一八七五年一月一二日である（『ダーウィン』八六七―七二頁）。いまさら一年半も二年も前のことをと首をかしげたくなるし、それ以上に、なぜそれまで伝えなかったかが気になってしまう。

結論をいえば、かつてはハクスリーを中心とするダーウィン護衛団の一員だったウォーレスが、このころにはすでに実質的に除名されていたのではということである。

まずは、一八六四年に結成された非公式集団「Xクラブ」の果たした役割に注目すべきだろう。「Xクラブ」はハクスリーと物理学者ティンダルを中心とし、それにフッカー、スペンサー、ラボック、そして医学者バスク、化学者フランクランド、物理学者スポッティスウッド、数学者ハーストを加えた九名の集団であった（松永俊男『ダーウィンの時代』三六二頁）。彼らは科学を神学と貴族から解放することを目的とし、最初におこなったのは王立協会の「コプリー・メダル」をダーウィンに受賞させることであった（『ダーウィン』七五四頁）。一八六九年の科学週刊誌『ネイチャー』の創刊も、実質的に彼らによるとみなしていい。

この「Xクラブ」がしだいに影響力を増していくにつれて、ダーウィン護衛団の活動の場は学界や政財界に中心を移していき、ウォーレスのような学歴も身分もない在野の学者は不要になっていったと考えられる。この時代の英国における科学とりわけ博物学の制度化と、それにともなうプロとアマチュアの差別と隔離の進行を考えるとき、ウォーレスやベイツといった勤労青年が学者になれた一八四〇年代から六〇年代という時代は、きわめて牧歌的で幸せな時代だったのだなという印象を強くいだかされる。

ウォーレスが「Xクラブ」に誘われなかったもうひとつの理由は、第12章で見てきたマイヴァートとの親しい関係にあったと考えられる。ダーウィン批判を執拗にくり返すマイヴァートは、「Xクラブ」の当面の攻撃対象だった。しかもウォーレス自身、以前から降霊会に出席して観察を継続し、『地理的分布』刊行直前の一八七五年三月に、この分野の二冊目となる『奇跡と現代心霊主義』（邦訳は『心霊と進化と』）を出していた。また一八七六年の「スレイド裁判」も決定的だったと思われる。スレイドという霊媒がペテン師として裁判にかけられ、原告側の証人はハクスリーの弟子で後に大英自然史博物館の動物学部長となるレイ・ランケスター、被告側証人はウォーレスその人であった。しかも訴追費用の一部をダーウィンがひそかに負担していた（R・ミルナー「ダーウィンと心霊術」。『ダーウィン』八八七頁）。

乱暴な言葉づかいになるが、ウォーレスは科学界から干されつつあった。世間からも忘れられつつあった。定職についていないものにとって、社会的な地位は望まないにしても、社会的な位置づけ（有能な博物学者であり、進化論の共同発見者）の風化は生活基盤を失うことにつながる。ウォーレスは『W自伝』の末尾に近い章を、みずからの経済状態にあてている（第三九章「お金の問題に関する一章——収益と損失——投機と訴訟」）。ひとつの章をまるまる当てていることからわかるように、どれほど楽天的な彼にとってさえ、「お金の問題」は生涯を通じてつねに最大の懸案であった。

これまでの章で紹介してきた手紙の文面からは、帰国後のウォーレスの暮らしぶりに不安なようすは感じられなかった。しかし、現実はそうではなかった。生活に暗い影が見えはじめた（唯一とはいえないにせよ）主要な原因は、『W自伝』

第三九章の章題の末尾にある「投機と訴訟」である。

マレー諸島探検中の採集品は逐次ロンドンに送られ、代理人のスティーヴンズがしかるべく売却し、収益金のなかから探検続行のための資金を手配し、残りのいわゆる純益は鉄道株などに投資してくれていた。ただし、自分の研究用の標本だけは手付かずのまま保管されていた。探検記『マレー諸島』（一八六九年）の刊行が、帰国して七年後までかかったひとつの理由は、これら個人用標本の研究成果を盛り込もうとしたためだった。研究が終わった標本も逐次、スティーヴンズを通じて売却され、ウォーレスはその収益金を株などに投資していった。

彼自身、「マレー諸島採集品からの収益のすべてが上手に投資され」たなら、「年に四〇〇ポンドから五〇〇ポンドの確実な収入を得て」いただろうという。しかし、自分で投資した経験もなく、また度し難いほどのお人よしであった彼は、安全で確実な株を選ばず、友人などの勧めで「投機」に手を出してしまった。その顛末は『自伝』にかなりくわしく記録されているが、紹介する以前に読む気にもなれない。ようするに、マレー諸島での八年間の努力の成果をドブに捨ててしまった。もし「四〇〇ポンドから五〇〇ポンド」の安定した収入があったなら、「たぶん本を書かなかっただろうし、田舎に引っ込んで庭や温室を楽しんでいたにちがいない」と本人は書いている。「庭や温室」は妻アニーとウォーレスの（おそらく唯一の）共通の趣味であり、じっさいに二人で楽しんでいたが、彼の経済状態を知れば、かなり無理をしていたのではと想像してしまう。

「訴訟」のほうも、できれば避けて通り過ぎたい話だ。最初の訴訟は一八七二年から四年半住んだエセックス州グレイズの家「ザ・デル」の建築をめぐって。「デル（dell）」は古い英語で「小さな谷」の意味であり、白亜《チョーク》の採掘跡地だったことから名づけられた（書簡11－12参照）。結論だけをいえば建築屋の棟梁が代金を持ち逃げし、現場の作業員の手当ても資材の代金も支払わなかったのだが、ところが五年後になって契約不履行だとして損害賠償をもとめて裁判に訴えてきたのである。この裁判に二年から三年かかり、弁護士費用として「約一〇〇ポンド」も支出せざるをえなかった。

もうひとつの「訴訟」も同時期にはじまり、断続的にではあれ、じつに一四年もの歳月を裁判に費やすこととなった。きっかけは『サイエンティフィック・オピニオン』誌の一八七〇年一月一二日号に掲載された一編の記事であった。ジョン・ハムデン（John Hampden）という「平らな地球」説を唱える男が科学者たちに挑戦状を叩きつけた。どんな内水面（河川や湖沼）でもいいので、水面が「凸面」であることを証明できたら、「懸賞金五〇〇ポンド」を支払うという。ウォーレスはこの挑戦を受けるべきかどうかをライエルに相談し、彼から「受けるべき」との言葉をもらった。若いときに測量士をしていたウォーレスにとって、その程度の実証は簡単なことだった。しかしハムデンは証明を受け入れず、ウォーレスに対する誹謗中傷のキャンペーンを展開した。

これに対しウォーレスは名誉毀損などで裁判所に訴えたが、狂ったような平らな地球論者は敗訴を重ねても退却することなく、訴訟費用は「五〇〇ポンド以上」にもなった。興味深いことは、このウォーレスの勇敢な挑戦と窮状に、ダーウィンがほとんどふれていないことである（書簡12-3の追伸で、「あの平らな地球のきちがい男……」の一件を新聞で知ったことを伝え、同情はしていた）。『D旧書簡集』と『D旧書簡集・補』の索引に「Hampden」も「flat earth」も見つからない。『W自伝』にハムデンによる誹謗中傷の文書が何例か引用されているが、その口汚い言葉を見れば、ダーウィンたちが眼をそむけた気持ちもわからないではない。とくにダーウィンは「論争が嫌い」だった（12-8および第13章の冒頭解説を参照）。たぶん、心中ではウォーレスに同情しつつも、口出しをためらっていたのだろう。

『マレー諸島』（一八六九年）は一八八〇年までに七版を重ね、それなりの収入をもたらしてくれてはいたらしい。『自然選択説への寄与』（一八七〇年）も翌年に改訂版が出ているし、一八七二年と七五年に再版されているが、論文集なので部数は期待できたとは思えない。一八七五年に出した『奇跡と近代心霊主義』の重版は、一八八一年の改訂版までなかった。前章で紹介した『動物の地理的分布』（一八七六年）は重厚長大な専門書の常として、彼の生前に版を重ねることはなかった――一八七六年に抜粋を二つの雑誌に掲載しているが、評判がよかったからなのか、それとも切り売りして「お金」を稼がねばならなかったのかは、判断がむずかしい。書評などを相変わらず書きまくっていたのも、なによりも経済的な事情が第一だったのではと考えられる。

ウォーレスが定職につけそうなチャンスは三度あった。一度目は一八六四年、王立地理協会が事務局長補佐を募集したときだが、親友ベイツとポストを争うようなかたちとなり、ダーウィンをはじめ有力者たちが応援したのはベイツだった（第6章冒頭の解説を参照）。二度目は一八六九年、サウス・ケンジントン博物館（現在のヴィクトリア&アルバート博物館）の分館がロンドンのイーストエンドのベスナル・グリーンに計画されたときだった。館長職にウォーレスは適任だと、ダーウィン、フッカー、ライエル、そしてハクスリーも太鼓判を押してくれ（12-11と12-12を参照）、建設予定地に近いバーキングに居を移して備えていた（11-7の注1参照）。しかし、一八七二年に分館が完成してみると、当局は館長を置く必要はないと判断した。三度目がこの章で紹介する手紙（14−4）に見られる「エッピングの森」計画である。

ロンドンの郊外の「エッピングの森（Epping Forest）」が、一八七八年にロンドン市議会の所有となった。管理者が公募されるという期待があり、ウォーレスはその管理計画を『フォートナイトリー・レヴュー』誌に寄せた（Wallace, 1878b）。ウォーレスは植物の地理的分布を展示する植物園を構想し、博物学関係の学会や協会の会長、議員、近隣の住民など総勢七〇人の推薦状を集めた。ところが任用をあずかる市の財界は「実務的な人物」を欲し……要するに、当局者たちの反発を買ったのだろう。就職話があったときには着任するまでおとなしくしているのが、たぶん当時もいまも世間の常識だったのではと思うが、残念ながら彼にそれをもとめるのは無駄なことだろう。彼は自分の計画に相当な自信があったようで、一九〇〇年に新たな論文集『自然科学と社会科学論集』（Wallace, 1900b）を出すとき、この管理計画論文を収録している。

雑誌や新聞に原稿を書く、いまでいうフリーライターだけで親子四人の生活の糧を稼ぐことは、そう簡単ではなかっただろう。ウォーレスはアルバイトもしていた。試験官補佐である。一八七〇年ごろにベイツから勧められ、翌年から学芸省（the Science and Art Department）の試験で自然地理学を担当した。かなりハードだが楽しんでできる仕事だったようで、「三週間ほどの仕事で年に五〇ポンドから六〇ポンドの報酬、ときにはそれ以上になった」——現在の日本円で一〇〇万円ぐらいと考えていいのかもしれない。

ウォーレスのそんな状況を知り、救いの手を差し伸べてくれる人もいた。「エッピングの森」への期待が裏切られ、鉄道株などからの収入が下がり続けてどん底に落ちる寸前、一人の親戚の女性が名案を提案してきた。ウォーレスの母親の従姉妹の一人で、子どものころから家族ぐるみで親しくしていたという。彼女は遺言で、遺産のうち「一〇〇〇ポンド」をウォーレスに割り当てていたのだが、それをいわば「生前分割贈与」とし、「年に五〇ポンドから六五ポンドずつ」渡してくれるというのだ。ウォーレスがその提案を歓迎したのはいうまでもない。

しかし、そのあとのウォーレスの行動が解せない。建築屋ともめたいわくつきの「グレイズの家が、まずまずの値で売却できたので、一八八〇年にゴダルミングに小さな土地を購入して、そこにコテージを建てた……しかし、いまや自分の著書と、ときどきの講演と、そして書評、その他の記事による収入のほか、ほとんど頼るものがなくなった」。一八八〇年といえば、ウォーレスの最後の専門書となる『島の生物（*Island Life*）』が出た年である。「重要な本をもう一冊も書けるとは考えられず、したがって収入――家族を支え、二人の子どもたちにもっとも経済的な方法で教育を受けさせるのにかろうじて間に合うぐらい――を増やす方法がまったく見えなくなった」。

「この増すばかりの不安」から救ってくれたのが、本章で紹介する書簡で語られている恩給下賜の決定であった。詳細は書簡を見ていただくとして、一点だけ述べておこう。『W自伝』によれば、彼は自分の窮状のことや投機や訴訟での損失のことをだれにも話していなかった。しかし、一人だけ例外がいた――「ミセス・フィッシャー（当時のミス・バックリー）」である。ライエル卿の私設秘書をしていた女性で（ライエルは一八七五年に他界）、マレー諸島探検から帰国したばかりのころから、もとより社交の苦手なウォーレスを気遣ってくれ、彼が気を許した数少ない友人の一人であった。彼女はウォーレスから話を聞くと、すぐに「ダーウィンを訪ね、彼の窮状をダーウィンに話し」た。その結果、ダーウィンが恩給の請願に奔走することになった。

　老齢の高名な科学者が、自然選択説の連名発表者とはいえ一介の在野の科学者、しかも自然選択説の人間への適用を否定し、心霊科学という異端に手を染め、しかも土地の国有化を声高に唱えている男（一八八一年に土地国有化協会が創設され、初代会長に就任）の窮状を見かねて奔走した。科学史上稀に見る美談である。しかし一点だけ、私にはどうしても理解できないことがあった。請願書の準備を知らせる手紙のわずか五日前の手紙の末尾に近いところで、ダーウィンは次のように書いた――「同じ事実を前にして、二人の男の見解がこれほどまで異ならねばならないとは、これほど嘆かわしいことがあるでしょうか。しかし私たちのあいだでは、ほとんどいつでもそうだったようで、私はそのことをとても悔しく思っています」（14-9）。

　ダーウィンとウォーレスは一八五八年七月一日にリンネ協会で「自然選択説」を連名発表し、ウォーレスがまだマレー諸島を探検中から四半世紀ものあいだ手紙で議論をつづけ、ともに進化論の時代を築いてきた。ここにきて、なぜこんなにも悲しい文面になってしまうのか――「いつもそうだった……」。原因はウォーレスの新刊『島の生物』だった。そのなかで議論されていたひとつの「事実を前にして、二人の男の見解がこれほどまで異な」ってしまったのである。

　ダーウィンとウォーレスはそれぞれの道を歩んでいた。それでも、前章で紹介した『動物の地理的分布』（Wallace, 1876）のように、二人の道が交差することもあり、ダーウィンとウォーレスは二人の進化論を少しでも完全なものにしようと議論をたたかわせた。それから四年、その続編である『島の生物』で二人の道はふたたび交差するはずだった。

ウォーレスが『島の生物』をまとめようとした理由は、『W自伝』下巻（九九頁）によれば、次の三点である。①『動物の地理的分布』では目や科など大分類群の分布を論じ、個々の種の分布についてのさまざまな問題の議論を割愛せざるをえなかったこと、②ダーウィンが発見した「大洋諸島」と「大陸諸島」の区別に以前から関心があったこと、③動物の分布拡大や移住は植物のそれに関係があり、むしろ依存しているといったほうがいいので、動物だけでなく植物の地理分布も考察すべきと考えたこと。

①についていえば、たとえばカンガルーなど有袋目の哺乳類は、分布がオーストラリア大陸とその周辺の島々に限定されている。だれの眼にも興味深い現象であり、こういった問題を整理すれば動物相についての理解が深まることはまちがいないだろうし、事実、ウォーレスの『地理的分布』はそれゆえに今日でも科学史の年表に確固たる位置をあたえられている。しかし大分類群の分布パターンの検討だけでは、動物相の構造やその歴史的な成り立ちは説明できても、進化そのもののメカニズムやダイナミズムは説明できない。

そもそもウォーレスの進化論は、ダーウィンやライエルを驚かせた進化論宣言論文（Wallace, 1855）の結論が「種は種から生じる」と要約できるように、種を基本単位としたものだった。ダーウィンにしても、彼の進化論の著作の題名をあえて『種の起原』としたのではなかったのか。大分類群の分布パターンを整理した『地理的分布』の続編として、個々の種の分布の問題について議論を展開することは必然だった。

先に③の植物の分布についていえば、ダーウィンがウォーレスより自分のほうがくわしいと思っていたことはまちがいないだろう。前章で見たように、植物研究はダーウィンのライフワークといっていい。母親を早くになくし、姉たちに囲まれて育ったダーウィンの性格には、庭の花壇の世話を受け持つなど「女性的」な側面が見え隠れする。六歳のダーウィンの肖像画は、私なりに題をつけるとすれば『花持つ少年』（！）。妹のキャサリンが低い椅子に腰掛け、その傍らに片ひざをついたダーウィンが、両手で鉢植えの花を大切そうに抱えている（アレン『ダーウィンの花園』二七頁）。

最大の問題が②であった。ダーウィンの「大洋諸島（Oceanic Islands）」と「大陸諸島（Continental Islands）」との区別は、彼の地理的分布の議論のもっとも重要な鍵となる問題であり（たとえば『種の起原』第一二章「地理的分布（続）」）、ウォーレスがマレー諸島探検中の手紙のやりとりでもすでに議論されていた。この問題との関連でウォーレスが『島の生物』で提出したのが種子の「空中散布説」であり、これがなぜかダーウィンの神経を逆なでしてしまった。「二人の男の見解がこれほど異ならねば」と嘆いた「事実」とは、赤道直下の熱帯の孤峰の山頂、あるいはアフリカ南部やマダガスカルなどで見られる北半球の寒帯や温帯起原の植物のことであり、ウォーレスはこの奇妙な分布現象を「空中散布説」で説明しようとした。

ダーウィンは『種の起原』以前から、大洋諸島への動植物の分布の広がりを海流などによって偶然に運ばれる機会的な移住に帰していた（とくに1-3の注6と注9参照）。たとえばダーウィンがビーグル号航海で立ち寄ったガラパゴス諸島の小鳥類などと南米大陸の近縁種との関係を考えれば、この問題がダーウィンにとってどれほど重要かは容易に理解できるだろう。ダーウィンのこの偶然の移住による説明は、大陸間あるいは大陸と島とのあいだに共通ないし近縁な種が分布するとき、かつて両者をつないでいた陸橋ないし仮想の陸地を想定するという当時の多数派の考えに、真っ向から対立するものであった。ウォーレスは最初のうちは多数派の陸地接続説にくみし、たとえば主著『マレー諸島』（一八六九年）でその説明を採用していた。しかししだいにダーウィン側に傾き、第一〇版（一八八九年）ではダーウィン説を大幅に採用した（初版と第一〇版との異同については、拙訳『マレー諸島』の訳注を参照されたい）。

「空中散布説」は、ダーウィン説の「大陸と島および海流」を「北方地域と熱帯の高山および風」に置き換えたものである。ウォーレスは熱帯高山の山頂を「熱帯という海に浮かぶ島」とみなし、そこに生育する北方起原の植物の「島状分布」にダーウィンの「偶然の機会的移住説」を適用したのである（くわしくは拙著『種の起原をもとめて』三五二—六頁、および拙論「ジャワ島のサクラソウを求めて」を参照されたい）。今日の「島嶼生物学（Island Biology）」の理論と共通するところもあり、時代を超えた卓見だといっていいだろう。

ウォーレスとしてはダーウィンから学んだことにもとづいての新説の提唱なのだから、きっとダーウィンに誉められると期待していたことだろう。ところがダーウィンは、ウォーレスの予想もしていなかった反応をしめした。それがどのようなものであったかは、二人の手紙のやりとりを直接に見ていただいたほうがいいだろう。

壮年ウォーレス（五八歳の誕生日の六日前）としては論争によって二人の進化論を検証し、さらに強固な体系にしていくという強い信念に衝き動かされていただろう。しかし老ダーウィン（死の前年であり、あと一ヵ月で七二歳だった）にとっては、意見の食い違いは弱った体力にさらに追い討ちをかけるものだったのかもしれない——「体調はまずまずなのですが、いつも疲れていて半分死んでいるみたいです」（14-9）。

1

ダーウィンからウォーレスへ

1877. 8. 31

ダウン、ベッケンハム、ケント州
一八七七年八月三一日

親愛なるウォーレスへ

論文(1)を送っていただき、とても感謝しています。きわめて興味深く、またきわめて明確に書かれていると思います。あなたが驚かれることはないでしょうが、性的な色彩に関しては、私はあなたと意見がまったく異なっています。クジャクの尾羽とそれを苦心して誇示することが、ただ雄の精力、活動性、生命力のゆえにちがいない(2)というのは、私の見解があなたにとってそうであるように、私にはまったく信じがたいことです。マンテガッザ(3)が数年前に、似たところのある見解をイタリアで発表していました。色彩による認識(4)については、私としては疑問をもたざるをえません。ウマもイヌもニワトリもハトも自分の種がわかっているようですが、個体によって色がちがっていることがあります。あなたは芳香を発する器官や音声を発する器官を、それが雄に限定されているときには、雄のほうが精力などがまさ

（1） 前章の最後の手紙（13-10）も参照。ウォーレスが送ってきた論文はWallace (1877)で、この論文を拡大して『熱帯の自然』（13-10の注4参照）の第5章となった。また、この論文の続編（植物の色彩）は同じ雑誌の一〇月号に掲載され、それが拡大されて同書の第6章となった。なお九月号に掲載された論文をダーウィンがなぜ八月中に読んでいるのか、原稿の写しを読んだのか、それとも九月号が八月のうちに印刷されていたのかは不明。

（2） ウォーレスは、一般に雄のほうが雌より美しく色彩が濃いのは「雄が非常に元気で活動的であり……精力が旺盛なため」であり、「もっとも元気があり、大胆で、精力旺盛な雄」ほど羽毛が発達し、「色も美しく装飾も顕著」だとし、健康で活力のある雄が雌とつがうという競争の結果生じる自然選択で説明できるので、ダーウィンの主張する性選択を無用だとして却下した（拙訳『熱帯の自然』第5章）。

（3） マンテガッザについては、巻末の人名解説を参照。

（4） ウォーレスは動物の色彩を、その機能によって次の四種類に分類した。①保護色、②警告色（(イ)特別の防御手段をもつ動物の場合、(ロ)防御手段をもたず、(イ)に擬態している場合）、③雌雄色、④典型色であり、このうちの典型色について「色によって雌雄または幼体が同種を認知する」と説明している（『熱帯の自然』第5章）。

（5） 自発的《ヴォランタリー》という用語については、次のウォーレスからの返信（14-2）を参照。

（6） ワイスマンについては、巻末の人名解説を参照。ウォーレス『ダーウィニズム』（一八八九年）にワイスマンによるスズメガの幼虫の眼状紋の研究が引用されている（一四〇頁）。文献は明記されていな

っているからというのだろうか。あなたと対立することをたくさんいうことができますが、私の主張などあなたの眼からみればなんの重みもないでしょうし、私はこの問題について、あるいは他のむずかしい問題についても、なにか書いて発表しようとは思いません。それはともかく、性選択について自発的《ヴォランタリー》という用語を採用すべきかどうか(5)、私は疑問だと考えています。ある男が可愛いらしい少女に魅力を感じたとき、それを意図的《ヴォランタリー》とはとてもいえないわけで、動物の雌が派手な雄に魅了されたり興奮したりするのも、ほぼ同じようなものだろうと私は考えています。

ドイツで最近、あなたの興味をひく試論が三編ほど発表されています。ひとつはワイスマン(6)が書いたもので、スズメガ類の幼虫の色のついた縞模様が見事に保護的であること、また、からだの前のほうの幅広な体節に大きな眼状紋のある幼虫を餌場におくと、小鳥が驚いて逃げることをあきらかにしています。フリッツ・ミュラー(7)はチョウ類について、擬態の最初の段階をとても上手に考察して、あなたに近い、あるいはあなたとまったく同じ結論に到達していますが、その結論を支持するのにこれまでにない議論を付け加えています。

フリッツ・ミュラーは最近、ある種のチョウの雄だけが翅ににおいを出す腺をもち（鳥が嫌がる物質を分泌する腺

いが、この手紙でダーウィンから教えられた文献だと考えられる。

(7) ミュラーについても、巻末の人名解説を参照。12－5とその注3も参照。

(8) 今日では「発香鱗」と呼ばれる発香性の鱗粉で、チョウの雄の翅にしばしば見られる。翅の全面に散在することもあるが、ヒョウモンチョウなどのように特定の部位に密集することもある。鱗粉の基部が発香腺とつながり、腺の分泌物の排出口となっている。この香りは求愛のとき、雌の反応の解発因となる。

(9) サリー州の田舎町エイビンガー（Abinger）。妻エマがダーウィンに休暇をとらせようと、一週間ほど過ごした。ウォーレスが住んでいたドーキングから数キロのところらしい。エマがこの場所を選んだ理由は不明。

とはちがいます）、この腺がある場所では鱗粉の形状が異なっていて、小さな芝生のようになっていることもあきらかにしています。(8)

それではごきげんよう。あなたがドーキングを気に入っているといいですね？　このあいだエイビンガー・ホール(9)に滞在していたとき、あなたに会いに行こうと思ったのですが、馬車に疲れてしまい、気持ちがくじけてしまいました。――敬具

チャールズ・ダーウィン

2

ウォーレスからダーウィンへ

1877. 9. 3

マデイラ村、マデイラ街道、ヴェントノール、ワイト島(1)

一八七七年九月三日

親愛なるダーウィンへ

お手紙をありがとうございます。私の論文があなたの意見になんらかの影響をあたえるだろうなど、私が期待していなかったことはいうまでもありません。あなたはあらゆる事実をあなたなりの視点から長年見つづけてきたのです

(1)　この住所でなにをしていたのか、調べはつかなかった。

(2)　「自発的」と「意識的」という用語については、次のダーウィンからの返信（14-3）も参照。ウォーレスは『熱帯の自然』にこの論文を収録するときには、「あらためて発表するときには……変更する」とここで書いているように、「意識的」という言葉だけを使い、「自発的」という言葉は使っていない（拙訳『熱帯の自然』第5章）。

(3)　「雄だけにある音やにおいを発する器官」について、ウォーレスはこの論文に加筆して『熱帯の自然』（一八七八年）に収録するさいも議論していない。『ダーウィニズム』（一八八九年）では第一〇章「性の特徴としての色彩と装飾」のなかの「自然選択による性的特徴」

から、あなたに影響をあたえるには決定的な議論が要求されるでしょうし、この問題の複雑な性質からして、そんなことはたぶん望めないでしょう。私の考えでは、この件は他の人たちの手にゆだねられるべきだと思うし、私の論文がこの問題への注目を喚起し、ダーウィニアンたちという大きな学派のなかに、この問題を取り上げ徹底的に解明しようとする人々が出てきてくれたなら、というのが私の希望です。あなたはご自分の見解を支持する大量の事実をすでに集め、この問題を十分に議論されているのですから、あなたにこれ以上すべきことがあるとは私にはほとんど思えません。あなたが、そして私も、そう願っているように、やがて真実が勝利をおさめることでしょう。

一、二点だけ、意見を書いておきます。「自発的《ヴォランタリー》」という言葉は、根本的に異なる二種類の「性選択」を明確に区別するために、私の証明だけに挿入しました。おそらく「意識的《コンシャス》」のほうがよい言葉だと思うし、そのことにあなたが反論するとは思いませんので、あらためて発表するときには言葉を変更することになるでしょう。[2] 私は「自発的」という言葉を、とくに強調することはしません。

雄だけにある音やにおいを発する器官が、「自然」選択、「自動的」な選択という、「意識的」な選択とは対立する選択によるものであることはまちがいありません。[3] もし

の部分で「雄にだけある音やにおい」が扱われているが、「自然選択の力の範囲内にあることは明白」としている。ダーウィンは『人間の由来』の第一〇章「昆虫における第二次性徴」で「雄にだけある発声器官」をくわしく検討しているが、しかし「におい」にはふれていない。「におい」の問題については、9-8およびその注5も参照されたい。

(4) 前便(14-1)でダーウィンが教えてくれたワイスマンによるスズメガの幼虫の色彩についての試論(前便の注6参照)。

(5) この手紙から半年ほどで、ドーキングからクロイドンへ引っ越ししている。この引っ越しについては14-4の注1を参照。

発せられる音に、ただの雑音から洗練された音楽までの漸次移行《グラデーション》があるならば、その場合は「色彩」や「装飾」と同じことでしょう。しかし、その用途は手引きという比較的単純なことなのですから、自然選択だけで十分なように思われます。大きな音ほど、より遠くから聞きつけることができ、よりたくさんの雌が引き付けられたり耳にしたりするでしょうし、また他の雄を引きつけて雌をめぐる闘い《コンバット》が起こるかもしれませんが、だからといって、あなたが色彩や装飾に理論を適用するときの本質的な部分である、摩擦音が他の雄より少しばかり大きくない雄が拒否されるという意味での選り好み《チョイス》が意味されるわけではないでしょう。しかし、一般的に精力が強いほど音が大きかったり持続したりすることはほとんどまちがいないでしょうから、いずれの場合〔音あるいはにおいを発する器官〕にも私の理論にもとづいて同じことが適用されるでしょう。

　文献のご教示ありがとうございます。[4] 私はドイツ語に無知なため、海外で次々になされている大量の観察で自分の見解を支持することができず、自分の考えをその程度にしか前進させることができないのです。

　ドーキングはとても気に入っているのですが、適当な家が見つからず、また引っ越さねばならないのではと懸念しています。[5]

今後ともよろしく　敬具

アルフレッド・R・ウォーレス

3

ダーウィンからウォーレスへ

1877. 9. 5

ダウン、ベッケンハム、ケント州

〔一八七七年〕九月五日

親愛なるウォーレスへ

「意識的《コンシャス》」のほうが「自発的《ヴォランタリー》」よりずっとよいように、私には思われます。意識的な動作《アクション》が、二匹の雄が一匹の雌をめぐって闘う《ファイト》ときに作用する、と私は仮定しています。とはいえ、たとえば雄鶏の蹴爪が性選択によるといったことを、あなたが認めるかどうか私には知るよしもありませんが。

一部の雄の音や声の器官が挑戦にだけ使われることを認めるにやぶさかではありませんが、テナガザルの音楽的な鳴き声やアメリカのサルの吠え声（私はおもにレンガーから判断しています(1)）にそれを適用できるかどうか、私は疑

(1)　南米のホエザルの声のことだろう。ダーウィンが参照しているレンガーはドイツ人の探検博物学者で、おそらく一八三〇年刊のパラグアイ探検記のことだろう。巻末の人名解説を参照。

(2)　「挑戦」という言葉で表現されていることは、今日の見地からいえば「縄張り宣言」と理解していいだろう。直翅類の音声コミュニケーションの研究は、近年の録音・分析機器の発達にともなって急速に議論が活発となり、鳴き方のレパートリーがいくつかあることがわかっている。コオロギ科では次の三種類とされている――「呼び鳴き（calling song）」「求愛鳴き（courtship song）」「闘争鳴き（aggressive song）」。またキリギリス科も「ひとり鳴き（calling song）」と「脅し鳴き（rivalry song）」に分けられ、後者は「妨げ鳴き（disturb call）」としても機能しているのではとされている。以上は日本直翅類学会編『バッタ・コオロギ・キリギリス大図鑑』（二〇〇六年、北海道大学出版会）による。

(3)　小鳥のさえずりについて今日では、一般的には、縄張り宣言（他の雄に対する「挑戦」）であると同時に雌に対する求愛の歌だと考えられている。

(4)　『人間の由来と性選択』（一八七一年）。

問に思います。雄の昆虫の鳴き声について、それが挑戦だとするような説明を私はひとつも見たことがありません[2]。小鳥の声に耳を傾けたことのある人はだれもが、そのさえずりは雌を魅了するものであって、挑発するものではないとみなしています[3]。たいていは雄が雌を捜し求めているので、雄のにおい器官が雌を見つけるのにどのように役立つのか、私には見当がつきません。しかし、これ以上書くのは私にとってばからしいことです。なぜなら、これについてほとんどのことを、すでに私の本[4]に書いてあるはずだからです。いずれにせよ、このことを忘れずに考えていきます。雄鹿の「ベリング〔発情期の鳴き声〕」は、私の記憶が正しければ挑発ですから、たぶんライオンの繁殖期の咆哮もそうなのでしょう。

あなたからの前便についてちょっと付け加えておくと、小鳥については雄の闘争《ファイティング》がその魅力と協同しているということに私は完全に同意しますし、私はバートレットの、雄の派手な色彩はほとんどかならず喧嘩好きに伴っているという意見を引用したと記憶しています[5]。しかし、天に感謝、私が科学においてなにかもう少しだけなしうるとして、それは単純な問題についての観察に限定されることでしょう[6]。へまもたくさんしてきたかもしれませんが、私は最善をつくしてきたし、そのことがいつも私の慰めなので

(5) バートレットはロンドン動物園の園長（くわしくは巻末の人名解説を参照）。『人間の由来』に、ここでダーウィンが述べているようなバートレットの言葉は見つからない。

(6) この手紙以降に刊行されたダーウィンの著書は、四年後の一八八一年の『ミミズの活動による腐植土の形成』のみ。ダーウィンは自分のなすべき仕事が着実に片づきつつあると意識していたと思われる。

す。——敬具

C・ダーウィン

4

ウォーレスからダーウィンへ

1878. 9. 14

ウォールドロン・エッジ、デュッパス・ヒル、クロイドン(1)

一八七八年九月一四日

親愛なるダーウィンへ

近々、新しい法律のもとでエッピングの森の管理のために誰がしかが任命されることになっています(2)。このポストは私にとって格別に好ましいにちがいないので、これを確保するのに十分なつてをそろえるべく精一杯の努力をしています。

その手段のひとつが同封した請願書で、すでにJ・フッカー卿(3)とJ・ラボック卿(4)に署名してもらってありますが、あなたもお名前を付け加えてくださると確信していますし、そうすれば「シティー(5)でも」重みをもつようになると期待しています。

私はこの六ヵ月ほど、ほかにすることがないので、スタ

(1) クロイドンに引っ越した理由について『W自伝』では、ふたつの異なった理由が説明されている。ひとつは子どもたちを学校に通わせるためであり、もうひとつは、なんと霊媒の「お告げ」だった（13-6の注5参照）。「ドーキングに住んでいたとき、五歳だった私の小さな男の子がとても虚弱になり、病気ではないのに消耗していくように見えた。そのころ私自身が慢性的な体調不良をアメリカ人の霊媒に治療してもらっていて、その霊媒を私はとても信頼していた。ある日、いつものトランス状態に入った彼が、私のほうから尋ねたわけでもないのに、その少年は危険な状態にあり、もし彼を救いたいのならばドーキングから立ち去るべきであり、もっとすがすがしいところへ行き、できるだけ戸外に出るようにさせ、〝大地のにおいを嗅がせる〟べきだという。私は家族のだれもが、理由がなにかはわからないまま体調が思わしくないことに思い当たり、そこで〔一八七八年の〕春にクロイドンに引っ越し、そこでは家族全員が元気になり、少年はすぐに体調が回復しはじめ、それ以来ずっと健康を維持している」。この引用は『W自伝』の第四〇章「性格——新しいアイデア——現実となった予言」のなかの「予知」の一例である。「新しいアイデア」の部分では、自然選択説にはじまる彼の独創的な研究業績が列挙されている。

(2) 「Epping Forest」は、ロンドンの北東のエセックス州との境界に広がる森林地帯。氷河の作用によって形成された砂利の多い土壌で、

ンフォードのためのオーストラリアの地理学についての本(6)に精を出しています。
　あなたの健康を祈念しています。ダーウィン夫人および他のご家族によろしくお伝えください。それでは　敬具

アルフレッド・R・ウォーレス

5

ウォーレスからダーウィンへ

1880. 1. 9

ウォルドロン・エッジ、デュッパス・ヒル、クロイドン

一八八〇年一月九日

親愛なるダーウィンへ

　ときどきいただくあなたからのお手紙は、とても大きな喜びです――とくに私たちの意見がそれほどへだたっていないときにはそうです。

農業に適さないことから開発を免れた。王室の御料地であり、エリザベス一世の時代からの狩猟用ロッジがいまも残る。一八七八年の「エッピングの森法（The Epping Forest Act）」で公園とすることが決定され、一八八二年五月六日に同地を訪れたヴィクトリア女王は次のように布告した――「この美しい森を庶民がいつでも利用し楽しむために下賜することは、きわめておおいなる満足である」。この就職活動については、本章冒頭の解説ですこしくわしく紹介した。

（3）フッカーが「サー（Sir）」の称号を受けたのは、この手紙の前年の一八七七年。なお、ここにライエルの名前があがっていないのは、三年半前の一八七五年二月にすでに他界していたからである。

（4）ラボックについては、巻末の人名解説を参照。

（5）ロンドンの旧市街の中心地で、ウォーレスの計画に反対した財界の本拠地。

（6）翌年に刊行される『オーストラレーシア』（Wallace, 1879a）。地理学と旅行に関する概論シリーズの一冊で、すでにあった版をウォーレスが編集し増補した。

（1）ダーウィンは一月五日付けの手紙で、『ナインティーン・センチュリー』誌に掲載されたウォーレスの論文（「種と属の起原」）の読後感を知らせ、「あなたはまちがいなく、明解な説明というむずかしい芸術の達人です」と絶賛した。この論文（Wallace, 1880a）は、ウォーレスの論文集『自然科学と社会科学論集』に収録されている（Wallace, 1900b. vol. 1 : 283-304）。

（2）『島の生物』のことであり、この手紙の九ヵ月後の一〇月に刊行された。この論文「種と属の起原」は、第四章「進化、分布の鍵」の

あなたが私の論考[1]を好んでくださったこと、私がとても喜び満足したことはいうまでもありません。あの論考を書いたおもな理由は、この主題についてまだ新鮮なことが少しはあると考えたからです。また私のいまの立場について、人々が誤解しつづけているものですから、正しく定義しておきたいという気持ちもありました。この論考の主要な部分は、「地理的分布」という私のお気に入りの主題についての、いまほとんど書き上げつつある本[2]の一章の一部となっています。これは私の前著の補足[3]のようなもので、より読みやすく一般向け[4]だろうと私は確信しています。

以下のようなことについて、かなり十分に書きこんでいます[5]。変異と分散の諸法則、種の分布範囲と属の分布範囲の正確な特徴およびそれらの原因、種や分類群の生長、分散、絶滅の、地図などによる例証、地理的な変化と気候的な変化の分散への影響、これにはクロールの見解を採用し、氷河説をかなり議論しました（その一部は別の論文として『クォータリー・レヴュー』誌の昨年七月号に発表[6]しましたが、クロール[7]とギーキー[8]が高く評価してくれました）、そして大陸と海洋の永続説[9]についての議論で、これはあなたが最初に採用したものだと私は知っていますが、残念ながら、地質学者たちはまったく無視しています。このどれも予報的なものです。このあとに、さまざまな種類の島、

一部に組み込まれている。

（3）前著とは『動物の地理的分布』（一八七六年）。『地理的分布』と『島の生物』との関係について、またウォーレスが続編と呼ぶ理由については、本章冒頭の解説を参照されたい。『島の生物』の序文でも、ウォーレスは同じ位置づけをあたえている――「本書は拙著『動物の地理的分布』で基礎を敷いた線にそった四年間の追加的な熟考と調査の成果であり、あの著作の通俗的な補足であり補完とみなされるのかもしれない」。

（4）序文で次のように説明している。「……大きな拙著（『地理的分布』）はその目的のため属だけを考慮せねばならなかったが、本書ではしばしば種の分布を議論するので、本書を科学的な知識のない読者にも理解しやすいものにしているだろう」。

（5）『島の生物』は二部構成で、第一部「生物の分散――その現象、法則、原因」は次の一〇章から構成されている。第一章「序論」、第二章「分布の基本的な諸事実」、第三章「分布の諸事実の分類――動物地理区」、第四章「進化、分布の鍵」、第五章「動物と植物の分散の諸力」、第六章「地理学的および地質学的な変化――大陸の永続性」、第七章「生物の分散に影響をおよぼしてきた気候の変化――氷河期」、第八章「氷河期の諸原因」、第九章「古い氷河期と、北極地域の温暖な気候」、第一〇章「地球の年齢、および動物と植物の発展の速度」。そして第二部「島嶼の動物相と植物相」は、次の一四章で構成されている。第一一章「島の分類」、第一二章「大洋諸島――アゾレス諸島とバミューダ諸島」、第一三章「ガラパゴス諸島」、第一四章「セント・ヘレナ島」、第一五章「サンドウィッチ諸島」、第一六章「最近に起原した大陸諸島――グレート・ブリテン島」、第一七章「ブルネオとジャワ」、第一八章「日本と台湾」、第一九章「古い大陸諸島――マダガスカル島群」、第二〇章「変則的な島――セレベス」、第二一章「変則的な島――ニュージーランド」、第二二章「ニュージーランドの植物相――その類縁関係と可能性のある起原」、第二三章「南方の温帯植物相における北極要素について」、第二四章「要約と結論」。

（6）この論考「氷河期と温暖な北極気候」（Wallace, 1879b）は匿名で発表され、内容は氷河に関する以下の学者たちの著書のレヴューとな

大陸島と海洋島についての一連の章と、それらの動物相と植物相の典型的な例における特徴、類縁性、そして起原についてのわりとくわしい議論がつづきます。なかでも私自身がとくにおもしろかったのはニュージーランドの章(10)で、私はニュージーランドの植物相とオーストラリアの植物相の主要な特異性のすべてを、十分に説明し理由づけることができたのではと考えています。この本の題名は『島の生物』で、まあそれはともかく、おもしろい本になるだろうと思っています。

エッピングに関するあなたの遺憾の意と親切なお気遣いに感謝しています(11)。委員会によい友人たちがいて、そのため希望をもちすぎていたので、そのぶん失望しました。ついでに書き添えておけば、バーミンガムの新しいジョシア・メイソン科学大学の学籍担当官か主事あるいは司書など、なんらかのポストに、友人たちを通して応募でもしてみようかと考えているところです(12)。理事会が次の一〇月からの教授をもとめる広告を出しました。もし理事会のだれかをご存じであれば、あるいはバーミンガムに影響力をもつご友人がいるようでしたら、ぜひご助力をお願いします。

今回の本は、この本でいうべきことすべてをかなりうまく書けたので、また私はあなたのように実験に熱中したりしたことが一度もないので、私の最後の本になるだろうと

っている。ジェームズ・クロール（James Croll）、ジェームズ・ギーキー（James Giekie）、ジョージ・S・ネアズ（George S. Nares）、オズワルド・ヘール（Oswald Heer）、ジュリウス・ペイヤー（Julius Payer）。

（7）クロールについては、10-9の注5参照。

（8）ギーキーは『大氷河時代』（Geikie, J. 1874. *Great Ice Age.*）で、第四紀に氷河期が一度だけあったとする当時の主流派の意見に対して、クロール（10-9の注5）が一八六四年に提出した天文学的要因説にもとづく氷河期複数説を支持した。ダーウィンは『大氷河時代』を一八七六年に読み、同年一一月一六日付けで長い質問の手紙をギーキーに出している（『D旧書簡集』第三巻、二一三―一六頁）。

（9）ウォーレスは『W自伝』の第四〇章で、自然選択説をはじめ自分が提出した一二項目の科学上の重要な新アイデアの六番目に「海洋域と大陸域の全般的な永続性」をあげ、「最初に米国の著名な地質学者J・D・デーナ教授が、そしてダーウィンが『種の起原』で」述べたが、徹底した議論を加えて「論争の余地のない基盤のうえに定理として確立」したのは自分であり、『島の生物』の第六章に自分の説明を述べたとしている（右の注5参照）。デーナ教授については、巻末の人名解説を参照。

（10）ニュージーランドの植物相について、フッカーに校正刷りを読んでもらい意見をもらったことが、序論の謝辞で特記されている。

（11）ダーウィンは請願書（14-4参照）に署名して返送した手紙（九月一六日付け）に、「あなたが成功されることを、あなた自身のためだけでなく、自然の科学のために、ほんとうに心からのぞんでいます」と書いた。しかし半年後（翌年一月五日）には「シティー・オブ・ロンドンがあなたをエッピングの森のために選ばなかったこと」を聞いて胸を痛め、「あのような男たちに正しい選任を期待するのが無理というものなのでしょう。あなたがなにか落ち着いた地位を獲得し、穏やかに科学的な研究にいそしめる余裕ができるようになることを、私は願っています」と慰めの言葉を書き送った。

（12）この求職について『W自伝』にはなにも書かれていない。

（13）『島の生物』が最後の本になるだろうという予想はまちがいなかった。その後に書いた本は、社会科学であれ自然科学であれ、専門的

思います[13]。しかし、私の下降しつつある年月のためになにか楽な職をもとめていますが、ただし、あまり拘束されたりデスクワークばかりだったりすると、私には持ちこたえられません。私のほうには、あなたに手紙を書かなければならない理由があること、あなたはわかってくださるでしょう。ですが、あなたのほうに私に伝えることがなければ、お手をわずらわせて返事を書いたりしないでください。

いつもありがとうございます。敬具

アルフレッド・R・ウォーレス

『フォートナイトリー』誌[14]はまだ見ていませんが、近いうちに見てみます。

6 ダーウィンからウォーレスへ

1880. 11. 3

ダウン、ベッケンハム、ケント州

一八八〇年一一月三日

親愛なるウォーレスへ

な研究書というよりは、評論家としての仕事といったほうがいいかもしれない。ただし、『ダーウィニズム』（一八八九年）は、進化の自然選択説の初の体系的な教科書として特筆されるべきだろう。この本は、一八八六年から翌年にかけての米国講演旅行で、ダーウィンの『種の起原』は理解できなかったがウォーレスの講演「ダーウィニズム」で理解できたという意見を数多く聞いて、執筆を決断した（『W自伝』下巻、二〇一頁）。世紀が変わって一九一〇年に刊行した『生命の世界』は、進化論と心霊主義を統合しようとしたもので、ウォーレス自身は「意欲的な」著作と位置づけていた。

（14） ダーウィンが一月五日付けの手紙の追伸で、この雑誌の最新号に掲載されていたファラー氏（Mr. Farrer）の記事に注意を喚起し、「これを見て私は、あなたが数年前に書いた遺産についての、私が興味をひかれほとんど改心させられた論考を思い出しました」と知らせていた。ファラーの記事も、またウォーレスが数年前に書いたという「遺産」についての論考も見つけられていない。なおファラー（Thomas Henry Farrer: 1819-99）は晩年のダーウィンと親交があり、とくに植物について手紙をやりとりしていた（植物の受精についてファラーも研究していた）。またファラーとダーウィンは縁戚関係にあった（ファラーの妻はダーウィンの妻エマの姪であり、またダーウィンの五男ホラスはファラーの娘と結婚した）。

（1） いうまでもなくウォーレス『島の生物』（Wallace, 1880b）のこと。一〇月に刊行された。

（2） 『W自伝』によれば、このメモは大判の紙で七枚分もあり、ダーウィンの膨大な読書量がうかがわれるものだったという（下巻、一二

ご著書[1]を読み終わったところですが、おおいに興味をひかれました。とてもよく書けた本ですし、あなたがこれまでに出されたなかで最高の本ではないかと私は思います。が、もっとも最近に読んだ本だからそう思うだけなのかもしれません。読みながら、すこしメモをとってみました[2]。おもに、あなたと意見が強く異なると思ったことのメモです。しかし、あなたにとって読むほどの価値があるのかどうか、神のみぞ知るでしょう。メモの多くにはがっかりするかもしれませんが、あなたがやろうとしたことを、私もしようという意思はあったことを、そのやり方がわからなかったのですが、知ってもらえるでしょう。

　メモにはひとつも書いていませんが、私が感嘆したり、初耳だったりした個所や意見も数えきれないほどありました。私のメモはうまく書けていませんが、あなたなら私なりの苦労を察してくれるだろうと思います。どうしようもない悪筆がすこしでもましになればよいのですが。

　このあいだフッカーから手紙をもらいましたが、献辞をとても喜んでいることが私にはわかりました[3]。

　さらなる活躍を祈りつつ　敬具　　Ch・ダーウィン

　二、三週間のうちに、私の新しい本[4]が届くはずです。どんな本なのか気になるようでしたら、序論のなかの新しい

頁）。とくに問題となっていたのは氷河期の原因についての議論と、第二三章の南半球の温帯植物相に見られる北極要素についての議論であった。後者の問題はダーウィンとウォーレスのあいだの意見の主要な相違点のひとつであり（同、一六一―二一頁）、ダーウィンのメモの該当部分がそのまま引用されている（同、一二一―三頁）。「これは私の古くさい頭には少々スペキュレーションにすぎます。私としては、あなたは山頂の新しい表面や、山から山への分散ということの重要性に、重きを置きすぎていると考えざるをえません。私はいまでも、高山植物が低地や南半球の熱帯地域に生育していたのは、氷河期のあいだ寒冷化したからだと考えていますし、そのようにしてのみ、孤立したアフリカの山々の植物相の特徴を理解することができます。大洋諸島へがある高山の山頂から別の高山の山頂へまっすぐに飛んでいかねばならないのでしょうか？　暴風だけは残りますが、かりに種子がそのようにして長距離を運ばれることがありえるとしても、いまのところ種子が暴風で数マイル以上運ばれたといういかなる証拠もないと思います」。

（3）　献辞の言葉は以下のとおり――「植物の地理的な分布とりわけ島嶼の植物相／の知識を、他のだれにもまして増進させた／ジョゼフ・ドールトン・フッカー卿（K. C. S. I., C. B., F. R. S., &c., &c.）に／同じ主題についての本書を／賞賛と敬意のしるしとして献呈する」。フッカーが『島の生物』の読後感をウォーレスに書き送った手紙が二通、残されている（一八八〇年八月二日および一一月一〇日付け、『W書簡集』二八九―九〇頁）。オーストラリアとニュージーランドなどの植生について意見を述べたうえで、「第一級の本です」と称賛している。しかし同時に、「これほどの男が心霊主義者でなければならないとは……」とフッカーは驚いた（『ダーウィン』九一九頁）。14－10の注1も参照されたい。

（4）　ダーウィン『植物の運動力』（Darwin, 1880）。実質的には、息子フランシス（Francis Darwin）との共著。

用語についての部分をまず読み、それから最後の章を読めば、本全体の内容がわかってもらえるでしょう。

7 ウォーレスからダーウィンへ

1880. 11. 8

ペン・イ・ブリン、セント・ピーターズ街道、クロイドン

一八八〇年一一月八日

親愛なるダーウィンへ

私の本についての親切なご意見とメモ[1]をありがとうございます。メモのいくつかは、第二版を準備せねばならなくなったときに利用させてもらいますが、そういう機会があるかどうか[2]、私はあなたが思われているらしいほどには考えていません。

1　化石の少なさを水温の冷たさのためとすることとの[3]疑わしさについてのあなたの意見は、私がアルプス山脈の緯度の、中新世と始新世[4]のことしかいっていないことを見過ごしていると、私には思われます。この時代には氷山や氷河が、それがなければ暖かかった海に、一時的に南

(1)　この「メモ」は、前便（14‐6）の注2のように、一部は『W自伝』で引用されているが、残りの部分は残されていないようだ。

(2)　『島の生物』の改訂は二度おこなわれ、改訂第二版は一八九二年に出た。この改訂のさいにダーウィンのメモがどのように役立てられたかは、調べがついていない。いうまでもなく第二版が出たときには、ダーウィンはすでにこの世にいなかった。改訂第三版は一九〇二年刊。

(3)　『島の生物』の第九章（14‐5の注5参照）のうち、見出し「第三紀における氷作用の証拠」の部分だろう。アルプス山脈周辺の各種の地層中の化石の多い少ないが、気候の変化と関連づけて議論されている。

(4)　当時の地質時代の区分も名称も、いまのそれとは異なっている（4‐7の注9も参照）。現在通用している地質時代の区分と名称は、一九〇〇年のパリ万国地質学会議で制定された。

(5)　ここも古い時代の氷河期と北極域の温暖な気候をあつかった第九章についてだろう。ただし、ダーウィンとウォーレスで意見がすれちがっているのが、具体的にどの部分かはよくわからない。なお、注3の部分もそうだが、ウォーレスは氷河期の主要な原因を、クロールの研究にもとづいて太陽を周回する地球の軌道の離心率によって説明し

下してきたのです。この時期に氷河時代はなかったが、しかし遠日点における高い離心率と冬のために、雪線と氷河の局地的かつ一時的な南下だけはあったというのが、私の仮説です。

2 氷河期の休止についての難点ということ、私にはわかりません。[5] 中新世と更新世とのあいだに地理学的な変化が起こり、それが高い離心率とともに真の氷河期を可能にしました。高い離心率が終われば、温帯では氷河期も過ぎ去りました。しかし北極帯では氷河期が持続し、そこでは中新世のあいだ気候がおだやかだったわけですが、それは変化した地理学的条件が持続したためです。現在の北極帯の気候は、それじたいが比較的新しい、地理学的な変化のための異常な状態です。「エポック（時代）」と「ピリオド（時代）」については、同じ言葉のくりかえしを避けるため、同義語として使っています。

3 堆積の速度と地質学的な時間。[6] これについては疑問の余地なく私は極論してしまっているのかもしれませんが、私のいう「二八〇〇万年」は一億年以下のどこかというぐらいのことです。侵食と堆積の平均値と最大値のあいだには、膨大な差があります。最悪の場合には、ある線にそった隆起そのものが隆起した部分の侵食を（地表であれ海であれ）、平野や台地よりおそらく百倍もはやい

ている。

(6) 第一〇章「地球の年齢、および動物と植物の発展の速度」のうち、見出し「堆積岩の平均堆積速度をどのように推定するか」の、とくに末尾の部分。クロールなどの研究にもとづいて、地殻の侵食と堆積の平均速度と堆積岩層の平均的な厚さを推定し、そこから「これだけの厚さの岩石を、浸食と堆積の現在の速度で生み出すのに必要な時間は、たったの二八〇〇万年にすぎない」と結論している。

(7) 第一四章「セント・ヘレナ島」のなかの、見出し「セント・ヘレナの在来植生」の部分についての議論。

(8) 第二三章は「南方の温帯植物相における北極要素について」であり、本章冒頭の解説で述べたように、ダーウィンとウォーレスの意見の対立は激しく、これが最後の論争となった。この問題について私は、ウォーレスがマレー諸島探検中にジャワ島の高山の山頂近くで観察した特異なサクラソウを例に、現場での観察もまじえてくわしく議論したことがある。拙論「ジャワ島のサクラソウを求めて――ウォーレスとダーウィンのもうひとつの論争」（『ＵＰ』二四〇号）。前便の注2も参照されたい。

(9) 今日では、氷河期にも大きな山脈の谷間など特定の狭い地域に多くの種が遺存し、ふたたび温暖化するとともに分布を回復したと考えられていて、そのような地域は「レフュージア（refugium, *pl.* refugia）」と呼ばれている。たとえばアマゾンのなかでも種の多様度のとくに高い「ホット・スポット（hot-spot）」と呼ばれる地域は、かつての「レフュージア」だった地域だと考えられる。これとの関係で気になるのは、トーマス・ベルト『ニカラグアの博物誌』（一八七四年）での南米の氷河期についての議論を、ウォーレスもダーウィンも無視ないし失念していることである。ベルトは南米の熱帯の動植物が氷河期に生き残った場所を「レフュージア」と呼んでいた。13－10とその注6と8を参照。

(10) 原文では「*Habinaria* 属」だが、「*Habenaria* 属」の誤植とみなした。この属には、本州以南の湿地に自生するサギソウ（*H. radiata*）が含まれる。熱帯から温帯に分布する六〇〇種から八〇〇種からなる大きな属で、とくに北米および東南アジアと南米の熱帯で種分化がい

速度に促進するでしょう。同じように、局地的な沈降が非常に急速な堆積をもたらすかもしれません。たとえば、メキシコ湾のミシシッピ川河口に近い部分が二―三〇〇〇年のあいだ沈降したとすると、ミシシッピの全流域からの流送土砂の大部分を受け取り、それによって地層が非常に急速な速度で形成されるでしょう。

4　あなたはパンパスアザミなどを、私が先住者の重要性について述べたことに反するものとして引き合いにだしています。[7] しかし私はとくにセント・ヘレナについていっているのであり、隣接する大陸から自然に移入された植物についていっているのです。たしかに、もし一定の数のアフリカ産植物がこの島に到達し、その気候条件に完全に適応するよう変化したならば、その後に到着したアフリカ産植物に駆逐されることはまずないでしょう。そういうことも考えられるかもしれませんが、起こりうるとは思えません。

パンパ、ニュージーランド、タヒチなどの場合はかなりちがっていて、これらの場所には高度に発達した攻撃的な植物が人為的に移入されました。自然下では、付近の島に最初に到達するのはこれらの非常に攻撃的な植物であり、それがその島に適応して全域に移住し、そして同じ地域からの、たいてい性格がより攻撃的でない他の植物に対して

ちじるしい。

対抗するでしょう。このことを本で十分に説明すべきでしたが、そこまではしていませんでした。ですから、あなたの批評は有用でした。

第二三章[8]が推測ばかりなのはまちがいなく、あなたが私の見解を認めることに躊躇するのを驚くことはできません。ですが私にとっては、多数の現生種が熱帯の低地を越えて北半球の温帯から南半球の温帯へ移住するとするあなたの説のほうが、よほど憶測的であり、ありそうもないように思われます。なぜなら、そのようなことに十分なほどの全般的な冷却期間のあいだ、低地の豊富な赤道植物相はどこで生存できたのでしょうか[9]? また、驚くほど豊富なケープ植物相はどうなるのでしょうか? もし熱帯アフリカの気温が最近にそれほど低下したなら、この植物相はまちがいなく北へ広がったはずでしょうが、暑さが戻ったとき、この植物相がいま存在する明確に定義される非常に限定された地域に追い戻されるというのは、なかなかありえなかったでしょう。

山から山への植物の移住が、遠い孤島へのそれほどには起こりえないということについては、私は次のふたつのことを考慮すれば十分に相殺されると考えます。

(a)アンデスくらいの範囲に沿った山岳拠点の面積と数は、たとえば北大西洋の島々のそれよりはるかに大きいでしょう。

(b)移住中の植物が山岳拠点を一時的に占拠することによって（そのようなことが、あきらかに起こりえたと考えています）、分散している植物が数と変種を増大させるには、時間がはるかに重要な要素となります。それにくらべ島々の場合には、植物相は固定したその地方独特の形質をすみやかに獲得するし、また種数が必然的に限定されるでしょう。

種子が空中を長距離にわたって運ばれるという直接的な証拠が欠けていることはまちがいありませんが、そのような証拠を獲得するのはほとんど無理ではないか、と懸念しています。ただ私としては、種子がそのようにして運ばれていることを、最大限に確信しているわけです。たとえば、アゾレス諸島の二種類の特異なラン（*Habenaria* 属[10]）のことを考えてみてください。ほかにどのような運搬が考えられるでしょうか？　この問題はどこをとっても最大の難問ですが、私が書いた章によって、植物の分布におけるこれまで顧みられていなかった要因に注目が集まれば、と願っています。

あなたがおっしゃっていたモーリシャスの文献はとても興味深く、今後の参考になるでしょう。もう一度、あなたの有意義なご意見に感謝します。それではまた　敬具

アルフレッド・R・ウォーレス

8

ウォーレスからダーウィンへ

1881. 1. 1

ペン・イ・ブリン、セント・ピーターズ街道、クロイドン
一八八一年一月一日

親愛なるダーウィンへ

　数週間前から手紙を書こうと思っていたことがあります。山から山への植物の陸上移住[1]についての私の見解を確証する（あるいは、なんにせよ支持する）と思われることに、あなたにも注目してもらいたいと考えたからです。『ネイチャー』誌の一二月九日号の一二六頁で、キュー（王立植物園）のベイカー氏[2]が、マダガスカルの多数の高山植物がアビシニア（エチオピア）の山岳地域やカメルーン山地など、アフリカの山々で見られるものと同一種だと述べています[3]。

　さて、マダガスカルが中新世（おそらく中新世初期）以来[4]、アフリカから分離されていたこと以上に明白なことはないでしょう。したがってこれらの植物がこの島に到達したのは、そのとき以降か、あるいは結合していた時代であり、前者の場合には植物は空中を長距離にわたって通過し

(1)　ウォーレスが『島の生物』で新説を提出する以前には、二人はどう考えていたか。ダーウィンは『起原』第一一章「地理的分布」のなかの「氷河時代のあいだの拡布」を全般的に論じた部分で、熱帯高山の山頂に見られるヨーロッパ産と近縁な植物や赤道を越えての分布の移動についても議論している（下巻、一一二―三二頁）。寒冷な氷河期に南に分布を移動した植物や動物が、氷河の後退につれて北へ戻っていくとともに、一部が山岳頂上付近の寒冷な気候のもとに取り残されたというのが、ダーウィンの基本的な説明である。ウォーレスも『マレー諸島』（一八六九年）で、ジャワ島の高山の頂上付近に分布するヨーロッパ産に近縁な植物を、ダーウィンの『起原』を引いて説明していた（拙訳、上巻の一九三―二〇一頁）。

(2)　ベイカー氏については、巻末の人名解説を参照。

(3)　ダーウィンはこれらアフリカの高山植物の、とくに種子について、フッカーへの一八八一年二月二六日付けの手紙（『D旧書簡集・補』下巻の二四―六頁）で問い合わせた。ウォーレスの指摘に対して、「それらの植物がどのような種類の種子か（風に飛ばされるようなものかどうか）を調べもせずに、風による分散を証明すると考えている」とダーウィンは判断したからである。『D旧書簡集・補』のこの手紙には、ウォーレスによる補足説明が脚注として付されている。

(4)　当時の地質時代の区分と名称については、14-7の注4参照。

(5)　右の注3の手紙に付された脚注（『D旧書簡集・補』下巻の二五頁）によれば、アフリカの高山の山頂の植物とこの大陸の東の洋上の島々の植物との類似を最初に指摘したのは、ほかならぬフッカーだった（一八六一年の『リンネ協会雑誌』第六巻、三二頁）。ギニア湾に浮

たにちがいないことは確実です。しかし、中新世も始新世もまちがいなく温暖な時代でしたから、これらの高山植物が熱帯林の土地を越えて移住することはまずできなかったし、これほど遠い時代に隔離されて、マダガスカルとアビシニアのような気候的にも生物的にも異なった環境にさらされたなら、いずれの場所においてもこれらの植物の特有の形質が変化しないまま保持されたというのは、非常にありそうもないことです。したがって、これらの植物は比較的最近の移住者だと推測され、もしそうならば、マダガスカルの森林植生の豊かさと特殊性から考えて氷河期がこの島に深刻な影響をあたえたことはなかったと考えられるので、海を越えて山から山へとやってきたにちがいないということになります。[5]

あなたが健康で、よき日々を過ごされることを祈念しつつ　敬具

アルフレッド・R・ウォーレス

かぶフェルナンド・ポー島のクラーレンス峰の植物について、「類縁がもっとも近いのはモーリシャス、ブルボン、マダガスカル。合計七六種のうち、一六種がこれらの島に生育し、八種以上はこれらの島産の植物にごく近縁である。三種の温帯種はクラーレンス峰と東アフリカの島々の特産……」。またウォーレスがダーウィンに知らせたベイカーの論文で報告されている事実とは、マダガスカル産のスミレ（*Viola*）が、カメルーン山地の七〇〇〇フィート地点、フェルナンド・ポー島とアビシニア山地の一万フィート地点でのみ見られ、またマダガスカル産のゲラニウム（*Geranium*）でも同じことがいえるということ。

9

ダーウィンからウォーレスへ

1881. 1. 2

ダウン、ベッケンハム、ケント州
一八八一年一月二日

親愛なるウォーレスへ

教えていただいたのはきわめて顕著な例です。私は『ネイチャー』誌で見過ごしていました。しかし、私はこれまでと同様、とんでもない異端者のままです。

植物の種子がアビシニア山地やアフリカの中央の他の山々からマダガスカルの山に吹き飛ばされたにちがいないという仮説にくらべれば、他のどんな仮説もはるかにありうるように私には思われます[1]。マダガスカルが氷河期にははるか南まで伸びていて、また南半球が、クロールのいうように当時はずっと温暖だったというほうが、ほとんど際限ないほどありえるように私は思います。そのころにはアフリカ全体になんらかの温帯の種類が生育していて、それらがおもに鳥類や海流という作用によって越えたのです。また少数のものは風によってアフリカの海岸からマダガスカルの海岸へ運ばれ、そのあとで山へ登っていったのでし

(1) 前便（14-8）の注3参照。種子についてのダーウィンの問い合わせに対してフッカーはどのように答えたのか、その返信はまだ調査できていない。

(2) じつはダーウィンは一八五七年に、はじめてウォーレスに出した手紙（1-1）の末尾で、大洋諸島への生物の分布について実験していること（塩水が種子の発芽率にあたえる影響を調べる実験）、この問題で苦労していることを知らせていた。そして二通目の手紙（1-3）の末尾では、次のように述べていた。「あなたのすべての理論が、大洋諸島のことを除いて、成功されんことを――大洋諸島の問題に関しては、私は死ぬまで闘うでしょう」（傍点引用者）。ダーウィンがほぼ四半世紀前にこの事態を予想していたはずはないし、四半世紀前のことを思い出していたとも考えがたい。

ょう。

同じ事実を前にして、二人の男の見解がこれほどまで異ならねばならないとは、これほど嘆かわしいことがあるでしょうか。しかし私たちのあいだでは、ほとんどいつでもそうだった[2]ようで、私はそのことをとても悔しく思っています。

体調はまずまずなのですが、いつも疲れていて半分死んでいるみたいです。あなたの健康については、しばらく前に可もなく不可もなくという話を聞いただけですが、いまはもう少しよくなっているものと信じています。――

それではまた、親愛なるウォーレスへ　敬具

Ch・ダーウィン

10

ダーウィンからウォーレスへ

1881. 1. 7

ダウン、ベッケンハム、ケント州

一八八一年一月七日

親愛なるウォーレスへ

（1）　バックリー嬢については11‐13の注3を参照。本章冒頭の解説で述べたように、ウォーレスは当時の窮状を彼女にだけ話していた。恩給の手続きは、当初はスムースに進まなかった（『ダーウィン』九一八‐二〇頁）。ウォーレスの心霊主義と「平らな地球協会」相手の賞

バックリー嬢(1)から聞いていると思いますが、彼女に手伝ってもらい、あなたの科学への功績についてグラッドストーン氏(2)への請願書を作成しました。その請願書をハクスリーが修正しましたが、彼は彼がなしうるあらゆる面で私を手助けしてくれました。一二名のしかるべき人たちの署名(3)が寄せられていますが、彼らがあなたの請求資格についてどれほど力説しているかを見たら、あなたはきっと満足されることでしょう。

アーガイル公(4)が、彼に請願書を私から送ったのですが、グラッドストーン氏に私信を書いてくれました。請願書を送付したのはつい先日の一月五日ですが、さきほどグラッドストーン氏の自筆の手紙を受け取ったところです。彼は次のように書いてきました。「あなたに通知するのに、時間を無駄にする必要はありません。基金に余裕があるわけではなく、現在は不足しておりますが、小生はウォーレス氏を年間二〇〇ポンドの恩給に推薦することにします」。この手紙を念のため保管しておくことにします。もし現在の政府が退陣したとき(5)、この手紙が次の政府を拘束するだろうことを、私は疑っていないからです。

私が申し入れた各科学者たちだけでなく、政府もあなたの生涯にわたる科学的な努力を評価していることを知って、あなたがなんらかの満足をおぼえられたならと希望してい

金稼ぎ（12‐3の注7）をこころよく思っていなかったフッカーが反対したからである。その後、『島の生物』の評判がよく、またこの本がフッカーに献辞されていたのを絶好の機会ととらえ、ダーウィンはハクスリーと相談して話を進めた。14‐6の注3参照。

（2）　グラッドストーンは自由党の政治家であり、英国の当時の首相（第二次グラッドストーン内閣、一八八〇―五年）。

（3）　署名者はいずれもダーウィン主義者の親しい人々だったようだが、具体的にだれが署名したかの記録は見つからなかった。申請の協力者として、ハクスリー、ラボック、スポッティスウッド（当時の王立協会会長）の名前があげられている（『ダーウィン』九一九頁）。フッカーも、最初は反対したが賛同した。

（4）　アーガイル公爵については、巻末人名解説のほか、第7章とくに7‐1の注3を参照されたい。アーガイル公は王室にも近しい政治家であり、第一次内閣（一八六八―七四年）以来、グラッドストーン首相に協力していた。しかし第二次内閣（一八八〇年―）が発足して一年後にはアイルランド政策をめぐってグラッドストーン首相と決別しているので、ダーウィンのアーガイル公を通じての対グラッドストーン工作は、ぎりぎりのところで間に合ったというべきなのかもしれない。

（5）　当時のグラッドストーン内閣が不安定要素をかかえていたことについては、右の注4を参照されたい。またアイルランド土地問題についての、グラッドストーンの政策とウォーレスの社会活動とのあやうい関係について、「エピローグ」の章ですこしくわしく述べることになる。

ます。――それではまた、親愛なるウォーレスへ　敬具

Ch・ダーウィン

あなたのところに公式の連絡があるのは、少し遅れると予想すべきでしょう。

11

ウォーレスからダーウィンへ

1881. 1. 8

ペン・イ・ブリン、セント・ピーターズ街道、クロイドン

一八八一年一月八日

親愛なるダーウィンへ

私があなたの不断のご好意、とりわけグラッドストーン氏に私を推薦してくださったご苦労をどれほどありがたく思っているか、申し上げるまでもないでしょう。また、これほど多数の傑出した人たちが私のやってきた小さな科学的研究をこのように評価してくれたと聞いて、どんなにか喜んでいることもまた、いうまでもないでしょう。なぜなら、私自身としては、自分の業績など他の多くの人たちに

（1）前便（14-10）のとおり、年二〇〇ポンド。この年のダーウィン家の収支は、投資からの収益だけで八〇〇〇ポンドだった（『ダーウィン』九二〇頁）。

（2）ウォーレスの生活苦については、本章冒頭の解説ですこしくわしく述べた。

（3）私は以前、ウォーレスのマレー諸島探検中の自然選択説への道のりを検討したさい、もっとも重要な島であるアルー諸島とテルナテに到着した日付が、いずれも彼の誕生日であることにちょっとした疑惑を指摘した（拙著『種の起原をもとめて』二七三、二九六頁）。しかし、この手紙のことを考えあわせるなら、やはりたんなる偶然だったのだと考えなおすべきかもしれない。

くらべたらとても小さなものだと思っていたからです。

あなたから聞いたグラッドストーン氏が推薦を提案したという金額[1]は、私が予想していたよりかなり多く、これで何年ものあいだそのために苦労してきた大きな心配事から解放されるでしょう[2]。今日は私の五八歳の誕生日です[3]。あなたの手紙が今朝届かねばならないというのは、幸福の前兆なのでしょう。

私のために請願書に署名してくださった人たちにお礼をいうのは、正式の通知が届いてからが適当なのだろうと考えています。グラッドストーン氏へのお礼は、私信を出すのがよいのか、それとも一般的な事務的な礼状のほうがよいのか、どちらが礼儀作法にかなっているのか私にはよくわかりません。政府からなにかいってきたときには、すぐにお知らせします。

もう一度、あなたのご親切に感謝いたします。それではまた　敬具

アルフレッド・Ｒ・ウォーレス

12

ダーウィンからウォーレスへ

1881. 1. 10

ダウン、ベッケンハム、ケント州
一八八一年一月一〇日

親愛なるウォーレスへ

　あなたに請願書のことで喜んでもらって、私としても心から嬉しいことです。

　あなたが手紙に書いている点について、私はさして価値のある意見を申しあげられるとは思えません。政府関係の事務所で働いている親戚がいて、彼の判断は十分に信頼していいだろうと私は思っているのですが、受け取った公式通知に私信が添えられていないならば、事務的な返信を出すべきということですが、もしこれが私のことだったなら、事務的な文書のなかに私の考えや感じたことを書き込むことでしょう。彼の推測によれば、グラッドストーンが恩給を出したり推薦したりするときには、公共的な根拠だけにもとづいてするだろうとのことです。

　私の場合でしたら、請願書に署名してくれた人たちに手紙を書いたりはしないでしょう。なぜなら、彼らは政府に

(1)　本章冒頭の解説で述べたように、ハクスリーはこのころ科学界の実力者の一人であり、一八七〇―五年には「科学教育と科学振興」の、この手紙の前後には「医療関係の法律」についての王立委員会委員を務めるなどしていたので、政界にも人脈をもっていただろう。また解説でふれた「Xクラブ」がもっとも力をもっていたのも、ちょうどこの前後の時期であった。

(2)　ラボックについては巻末人名解説を参照。ラボックは自由党の有力政治家であり、同じ自由党のグラッドストーン首相とは太いパイプがあったのだろう。一八八一年には大英学術振興協会とリンネ協会の会長になるなど、政界と科学界の有力者だった。

(3)　バルフォアについては、巻末の人名解説を参照。

(4)　前々便（14-10）にあるように、アーガイル公はグラッドストーン首相に私信を書いてウォーレスへの恩給支給決定を側面援助した。

対する要求において多くの陪審員がするのと同じように行動したのだと私は考えるからです。それでも、もしそのうちのだれかに会ったり、なにか別のことで手紙を書くことがあったりしたときには、その機会を利用して自分の気持ちを伝えようとするにちがいありません。私の考えでは、ハクスリーには仁義をつくして手紙を書いたほうがよいかもしれません[1]。彼は今回の計画に心底からかかわっていたし、さまざまなことについてもっとも重要なやりかたで助力してくれました。

昨日はラボック[2]が寄ってくれたし、F・バルフォア氏[3]が私の息子といっしょに訪ねてくれました。請願書の成功を知らせたときの彼らの手放しの喜びようをあなたが知ったら、きっと喜んでくれるでしょうね。

またアーガイル公[4]にも手紙で成功のことを知らせましたが、その返信にほんとうに心から喜んでいると書いてきました。——親愛なるウォーレスへ　敬具

Ch・ダーウィン

13 ウォーレスからダーウィンへ

1881. 1. 29

ペン・イ・ブリン、セント・ピーターズ街道、クロイドン
一八八一年一月二九日

親愛なるダーウィンへ

あなたからの手紙をさきほど受け取り、とても嬉しく拝見しました。届くのが遅れましたが、それでどうということはありませんでした。すでに女王の恩給認可の公示を知っていましたし、もちろんまちがいないと思っていたからです。最初の支払いをさかのぼってくれるとのこと、きわめて寛大かつ思慮のあることではありますが、これがなんであれ私に関しての例外的処置だとは考えていません。さかのぼって支払うのは慣例で、それはその人が死亡した後では支払いがおこなわれないからだと聞いています。最初の支払いが遅れてしまったら、推薦された受取人が半年前（あるいは四分の一日前）に死んでしまうかもしれず、そうなったら一銭も受け取れませんからね。

あなたのセイモア氏[1]への手紙は、住所が正確だったのでしょうか。彼からまだなにもいってきていないのですが、

（1） セイモア氏（Mr. Seymour）については不詳。

たぶん、来週にはなにかいってくるのでしょう。
　バックリー嬢とハクスリー教授の両方から聞いて、今回のおおいなるご好意について私がまず恩義を感じるべきはあなたであり、また今回の件を成功にみちびくにあたってあなたがどれほどの労苦をとられたかを、確信するにいたりました。あらためて私の最大限の感謝をお返しさせていただくとともに、この種の問題において、この世ではあなた以外のだれに対しても、これほどの喜びと満足とをもって恩義に感じることはないと断言させていただきます。
――それではまた、親愛なるダーウィンへ　敬具
アルフレッド・R・ウォーレス

14

ウォーレスからダーウィンへ

1881. 7. 9

ナッツウッド・コッテージ、フリス・ヒル、ゴダルミング(1)
一八八一年七月九日

親愛なるダーウィンへ
　いま私がしていることは、これまでにもしたことがある

(1)　ウォーレスは一八七八年にクロイドンに引っ越したが、一八八一年五月にそこからほど近いゴダルミングに家を建てて七年間を過ごした。引っ越しの第一の目的は息子と娘を学校に通わせるためだが、ゴダルミングの家（ハシバミがたくさん生えていたので「ナッツウッド・コテージ」と名づけた）の写真を見ると温室があり庭の手入れも

とはいえ、めったにしたことのないことです――一冊の本を、熟読したばかりなのに、また熟読しているのです。私が一冊の本にこれほど魅了されたことは、おそらくあなたの『種の起原』、それとスペンサーの『第一原理』と『社会静学』[2]を例外として、これまでなかったと思います。というわけで、あなたにもこの本のことを知っていただきたいと考えました。あなたが社会的な問題や政治的なことに関する本に関心があればの話ではありますが、あなたも私も恩義を認めているマルサスの『人口論』[3]についての入念な議論も書かれています。

この著者、ジョージ氏[4]は、主要な原理が自明であり、また動植物の場合には実際に作用していることを認める一方で、人間の場合には作用がこれまでにあったことを、あるいは作用しうるかどうかを否定し、これまでこの原理への論及によって支持されてきた膨大な社会的および政治的な問題に、なんであれ意味をもつことを、ほとんど認めていません。彼はその見解を、豊富な実例となる事実と説得力のある議論で例証し支持しています。彼の説得力に匹敵する議論を私はこれまでほとんど見たことがないし、彼の議論のスタイルはバックルのそれに匹敵するとなれば、読んでいてわくわくするわけです。この本の表題は『進歩と貧困』です。アメリカで六版をかさね、イングランドではケ

行き届いているので、妻アニーとの共通の趣味である園芸を楽しむためだったのだろう（『W自伝』下巻、一〇三頁）。左の注6も参照されたい。

（2）　スペンサーとウォーレスとの関係、とくにウォーレスの「人類論文」とスペンサー『社会静学』との関係については、第4章の冒頭解説を参照されたい。またこの問題については拙論「第二ウォーレス線――進化論と人種論」ですこしくわしく議論した。

（3）　ダーウィンもウォーレスも、マルサス『人口論』（一八二六年）から自然選択説の着想をえた。第2章とくに2-2とその注7を参照。

（4）　ジョージ（Henry George：1839-1897）は米国の経済学者、土地制度改革論者。水夫、印刷工、新聞記者などをしながら、独学で経済学を学ぶ。主著『進歩と貧困（Progress and Poverty）』（原著は一八七九年、邦訳は山嵜義三郎訳、日本経済評論社）は、米国よりヨーロッパで反響を呼び、フェビアン協会の創始者たちに影響をあたえたとされる。注7で述べる「土地国有化協会」設立の直後、ヘンリー・ジョージが英国を訪れたので、ウォーレスは会って意見をかわし、各地での講演を依頼した（『W自伝』下巻、二五五頁）。次の手紙（14-15）の注2も参照。

（5）　アダム・スミス『国富論』（一七七六年）のことを指しているのだろう。

（6）　一八八九年六月にはさらにドーセット州パークストーンに引っ越し、そこでもさらに熱心に庭造りに力をこめたが、種苗をわけてもらった人たちの名前が列挙されているなかに、「ジーキル」という名前がある（『W自伝』下巻、二〇六頁）。ジーキル（Gertrude Jekyll：1843-1932）は英国の女性園芸家で、今日の英国風の庭の基本的な様式を、一九世紀末から二〇世紀初頭にかけて確立したことで知られる。ジーキル『ジーキルの美しい庭――花の庭の色彩設計』（土屋昌子訳、恵泉女学園大学園芸文化研究所監修。平凡社。原著一九一四年）は、彼女が庭造りを実践しながら研究を重ねた「マンステッド・ウッド」の自宅の庭が舞台となっているが、この庭はサリー州ギルフォードの町に近い「ゴダルミング」にいまも一部が残っている。

（7）　翌年三月に刊行される『土地の国有化』（Wallace, 1882）。この手

ガン・ポール社から出たばかりです。
本書の主要な部分は、非常に広く受け入れられている政治経済学の格言のいくつか、たとえば賃金と資本の関係、地代と利益の本質、配当の法則などについての、見事な議論と論駁ですが、そのどれもが中扉で述べられている主要な問題の各部分として取り扱われています。その主要問題とは、「富の増加をともなう産業の不況および貧困の増大の原因の探究」です。この本は過去二〇年間でもっとも驚くべき、これまでにない独創的な書物であり、もし私がまちがえていないならば、将来には政治学や社会学に、一世紀前にアダム・スミス[5]がなしたのに匹敵する進歩をもたらしたものと位置づけられるでしょう。

私はいま自分の小さなコテージに落ち着いて、私のいちばん楽しめる仕事に従事しています——庭をつくり、植物的生命の無限の変化と美を堪能しているのです[6]。一日中、戸外に出ているものですから、ほとんど本を読むことができません。長い夕方がやってくると、「土地問題」に関する私の本[7]に着手します。そうしていて、私はジョージ氏のなかに強力な同盟者を見つけたわけです。

あなたのご健康を祈念しつつ、それではまた　敬具

アルフレッド・R・ウォーレス

紙の前後、一八八一年に「土地国有化協会」が創設され、ウォーレスはその初代会長に就任した。ウォーレスの晩年の社会主義者としての活動は、この前後から本格化したといっていいだろう。

15
ダーウィンからウォーレスへ

1881. 7. 12

ダウン、ベッケンハム、ケント州
一八八一年七月一二日(1)

親愛なるウォーレスへ

お手紙をいただき、あなたの近況を知ることができたこと、心からうれしく思っています。

『進歩と貧困』(2)は、主題にとても興味があるので、かならず注文するでしょう。しかし、何年も前のことになりますが、政治経済学の本を何冊か読んだことで、私の精神に悲惨な影響がもたらされました。つまるところ、この問題についての自分の判断がまったく信用できなくなっただけでなく、他のだれの判断についても非常に疑い深くなってしまったのです！　そんなわけで、ジョージ氏の本も私の精神をいまよりさらに悪い方向に困惑させるだけだろうと、ほぼ確信しています。

それと、私はちょうど、自分が多大な興味をもってきた本を読み終えたところなのですが、だれか他の人が興味をもつかどうか、私にはわかりません。W・グレアム（A・

(1)　ダーウィンからウォーレスへの最後の手紙となった。

(2)　前便（14‐14）の注4も参照。ウォーレスは、『進歩と貧困』のうち、とくにマルサス『人口論』についてのジョージの見解について意見がほしかったようだ。『進歩と貧困』は土地問題について、地代のすべてを租税として国家が徴収し、他の租税をいっさい廃止すべきとする「土地単税論」を唱えていた。ウォーレスは土地国有化問題（前便の注7、および「エピローグ」の章を参照）の参考資料としてこの本を読んだのだろう。

(3)　Graham, W., 1881. *The Creed of Science: Religious, Moral, and Social*. London. グレアムについては、巻末の人名解説参照。ダーウィンはこの手紙の直前の七月三日に、グレアム自身にこの本の読後感を書き送っている（『D旧書簡集』第一巻、三一五―七頁）。「宇宙は偶然の結果ではない」という点では同意しつつ、「高等な文明人種」が「下等人種」を駆逐する自然選択をグレアムは軽視していると批評している（『ダーウィン』九二七頁も参照）。この手紙では「どんな人物なのか私は知りません」といっているので、おそらくこの直後のことだろうが、自宅で昼食をともにしたこともあった（同、九三五頁）。

(4)　アマチュアの昆虫学者、植物学者だったエドワード・ニューマンのことだろう（くわしくは巻末人名解説参照）。シダ類、鳥の営巣、蝶や蛾の本などを出しているが、ダーウィンのいう題名を忘れた本がどれを指すかは不明。一〇代の半ばから二〇代の半ばまでゴダルミングで父親の仕事を手伝っていたので、この土地の風土が描かれていたのだろう。

(5)　六月に家族とともに、湖水地方のアルズウォーター（Ullswater）湖の湖畔に滞在した。体調がおもわしくなく、狭心症で倒れるなどさ

M）の書いた『科学の信条』[3]です。彼がどんな人物なのか私は知りませんが、神の存在、不死、道徳感覚、社会の進歩などといった、大きな問題をいくつも議論しています。私の考えでは、彼の命題のいくつかは不確かな基礎のうえに立てられているし、彼の神の観念は私にはまったく理解できません。これらのことや他の欠点にもかかわらず、この本に私はきわめて強い興味をおぼえたのです。彼が私のしてきたことを高く評価しすぎていることは明白なので、おそらくそのために私は少しばかり惑わされているのでしょう。

　あなたが長い時間を戸外の庭で過ごしていると聞いて、喜んでいます。なぜなら、あなたの驚くべき観察力をもってすれば、他のだれも気づかないできたことを見つけるにちがいないと思うからです。ゴダルミングからほど近い地方についてのニューマンの古い本（題名は忘れました）[4]から考えて、とても魅力的な土地にちがいありません。

　私たちはアルズウォーター[5]で五週間を過ごして、つい最近帰ってきたところです。景色のとても魅力的なところでしたが、私は歩くことができず、なにをしても疲れるばかりで、景色をながめてもだれと話をしていても疲れ、読書さえ疲れのもとでした。自分の人生の残りの何年かをどう過ごすのか、ほとんど考えることができません。私はこれ

んざんだったらしい（『ダーウィン』九二六頁）。

（6）バックリー嬢については、14-10の注1を参照。

（7）ライエルは六年前の一八七五年二月二二日に他界し、ウェストミンスター寺院に埋葬された。ここで言及されているのは、刊行が準備されていた書簡集のことだろう（Lyell, K. M. 1881. *Life, Letters, and Journals of Sir Charles Lyell, Bart.* 2 vols. Murray）。

（8）このころにスイスを訪れた記録はない。たぶん計画だけだったのだろう。

（9）前便（14-14）の注7参照。

まで、なにをやっても幸せで満ち足りていましたが、人生が私にとってとても疲れるものになってきました。

このあいだバックリー嬢[6]からライエルの生涯[7]のことで連絡があったのですが、彼女はあなたがスイス[8]のことを考えていると教えてくれました。あなたならスイスを堪能してくるにちがいないと思うし、そうであることを願っています。

もっともむずかしい政治的問題、土地について、あなたは書こうとしているのですね[9]。なにがしかのことがなされねばなりません――しかし、なにが裁決されるべきなのでしょうか？　あなたが博物学を裏切ったりしないことをのぞみます。でも、政治はとても心をそそるものなのでしょうね。

あなたとご家族が健康でありますよう。親愛なるウォーレスへ　敬具

チャールズ・ダーウィン

16

ウォーレスからダーウィンへ

1881. 10. 18

ナッツウッド・コッテージ、フリス・ヒル、ゴダルミング
一八八一年一〇月一八日(1)

親愛なるダーウィンへ

ミミズの本(2)の礼状が、読んでからと思っていたものですから遅れてしまいましたが、いま読み終えて多大な愉悦と利益とを享受することができました。地表の物体が見かけのうえで沈んでいく、あるいは埋められていくこと、そしていにしえの建造物が例外なく被覆されていることについて、数多くの不明瞭なことが解明されているからです。私はミミズのことを、これまでは庭師の視点から見てきていました――つまり邪魔者と思ってきたわけですが、これからはその有益性と重要性という観点から、彼らの存在を寛大に見つめていくでしょう(3)。あなたの本を貸そうと思っている近所の友人から聞いたのですが、西オーストラリアのスワン川の近くに住んでいたある農学者が何年も前にそこでの農業に希望がもてないことを彼に話してくれたとき、土壌の貧困さと乾燥とを表現するのに「土のなかにミミズ

(1) 二人のあいだで交わされた最後の手紙となった。ダーウィンが他界したのは、この手紙のちょうど半年後の一八八二年四月一九日水曜日、享年七三歳であった。そのときウォーレスは五九歳、まだ三一年の生涯を残していた。

(2) 邦訳は渡辺弘之訳『ミミズと土』（平凡社ライブラリー）が読みやすく、また入手しやすい。拙論「ダーウィンとミミズと地球の歴史」（『みすず』二〇〇六年一一月号、一六―三〇頁）および拙著（絵＝杉田比呂美）『ダーウィンのミミズの研究』（一九九六年、福音館書店）も参照してもらえたらありがたい。

(3) ギルバート・ホワイト『セルボーンの博物誌』（原著、一七八九年）の一節に、ダーウィンがたぶん気づいていた可能性があることを、筆者は右の論考（拙稿、二〇〇六年）で指摘した。ウォーレスのこの手紙の文面から、ウォーレス自身はまちがいなくそれに気づいていないと考えられる。『セルボーン』のその一節を引用しておこう――「……ミミズは一見したところでは、自然の連鎖の小さくていやしい環のひとつにすぎないとはいえ、しかしミミズがいなくなったなら、それは嘆かわしい欠損となります……ミミズが穴をうがちトンネルを掘り進んで土壌を隙間だらけにして、雨がしみこみやすく植物の根が伸びやすくしなければ、またミミズが枯れ草や葉柄、小枝などを土中に引きずりこまなければ、植物は不完全にしか育たないでしょう。またなにより重要なことは、地面に掘り上げられる無数の土粒（これはミミズの糞です）が、穀物や草のすばらしい肥料になっているということです……庭師や農夫たちはミミズは嫌いだとよくいいます。庭師たちは歩道を汚され、仕事を増やされるからです。また農夫たちは、

が一匹もいないのだ」といっていたそうです。

あなたが腐葉土の形成について、木の葉などの腐敗だけしかいっていないことが、私にはよくわかりません。好適な場所ならば、何インチもの、あるいは一フィートもの腐植土が形成されます——私の推測ではミミズの作用なしに。もしそうであるならば、すべての腐植土の形成にミミズが関与しているわけではない[4]ことになりますね？　また草の根の腐敗やあらゆる一年草の腐敗もありますが、それともあなたはこれらのすべてがミミズに食われると考えているのだろうか？　ご本を通読して、誤植はひとつも見つかりませんでした。

同封したのは『マーク・レーン・エクスプレス』誌に送った二通の書簡[5]の写しです。編集者からの依頼で書いたものですが、私のいまの研究の方向がおわかりいただけるものと思いますし、ちょっとうまく書けたかなと思っています。

それではまた　敬具　　アルフレッド・R・ウォーレス

ミミズが小麦の芽立ちを食害すると考えているからです。しかし庭師や農夫なら、ミミズがいないと土壌が冷えて固くなり、醗酵もおこらなくなること、そして最後には不毛の土地になってしまうことがわかるはずです。それはともかく、ミミズの弁護をしておけば、小麦の芽立ちや他の作物や草花に被害をあたえるのは、ミミズよりもむしろコガネムシ類やガガンボ類の幼虫であります。また想像を絶するほど無数のナメクジが、音もなく気づかれないままに、畑や庭を驚くほど荒しまわっているのです……」（デインズ・バリントン氏あての書簡、第三五信。拙訳の小学館地球人ライブラリー版、二二〇—二頁）。

（4）　ダーウィンがこの本でミミズの消化作用にしか注目していないこと、他の土壌生物、とりわけ菌類やバクテリアなど微生物の作用を無視していることは、私だけでなく多くの人が疑問を拭えないだろう。時代を考慮するなら、微生物はまだダーウィンの主要な関心事にはなっていなかったのだろうが、ウォーレスのいうように「腐敗」（バクテリアの作用）に気づいていないとは思われない。フランスのパスツール（Louis Pasteur : 1822-1895）が単純かつ巧妙な実験で「自然発生説」を否定したのは一八六〇年、発酵や腐敗を研究して殺菌法を考案したのも一八六〇年代であり、その後、病原菌の研究へと重点を移していった。

（5）　『マーク・レーン・エクスプレス』誌の編集長からの依頼で書いた土地国有化についての書簡（Wallace, 1881）。

エピローグ――「ひとつの時代の終わり」

一八八二年四月一九日、チャールズ・ダーウィンは妻のエマや子どもたちに看取られながら永遠の眠りについた。享年、七三歳だった。

　前年の暮れぐらいから何度か発作をくり返していた。心臓と胃がかなり弱っていた。かかりつけの医者は薬だけでなく、痛み止めにモルヒネも処方した。意識がかすむこともしばしばだった。気付け薬のブランデーやウィスキーの世話になる頻度も増していった。それでもダーウィンは科学者としての仕事を計画どおりにつづけ、二月一二日の七二回目の誕生日も無事に迎えることができた。

　炭酸アンモニウムが植物の根などに及ぼす影響について実験をくり返し、その結果を三月六日と一六日のリンネ協会例会で発表した。二枚貝が付着したゲンゴロウの標本を手に入れ、淡水産貝類の分散という長年の研究テーマについての続報を『ネイチャー』誌の四月六日号に投稿した。他界する前日の四月一八日のロンドン動物学協会の例会では、シリアの野良犬の性選択に関するW・ファン＝ダイクの発表についての短いコメントが読み上げられた。自分の肉体と精神の変化も、彼の観察眼には興味深くうつった――生理学的な限界に近づきつつある自分自身を冷静に観察し、嘔吐、痛み、めまいなどの症状を記録した。

次男フランシスは『D旧書簡集』の末尾に、ダーウィンの最期の数日間のようすを次のように記録している。

……一五日（土曜）、夕食の席で眩暈に襲われ、ソファーに行こうとするうちに卒倒した。一七日には回復し、私が一時的に不在になったあいだには、私もいっしょにおこなっていた実験の進展具合を記録していた。四月一八日夜の一二時一五分前ごろ、激烈な発作が起こって気を失い、意識が戻るまでにかなり苦労があった。死が近づきつつあることがわかっているようで、「死ぬことをすこしも恐れてはいない」といった。翌朝はずっと猛烈な吐き気と意識の衰弱に苦しみ、ほとんど回復しないままに最期を迎えた。

息を引き取ったのは、一八八二年四月一九日水曜日の四時ごろだった。

『D旧書簡集』の巻末付録Iは、ダーウィンの葬儀に関連する記録である。それによれば、ダーウィンの死の二日後の金曜には、ウェストミンスター寺院の司祭、ブラッドリーあてに請願書が発送された。

下院にて、一八八二年四月二一日

真にその名に値する聖職者殿——私どもの大胆な申し入れを、貴殿が身勝手なことと思われないことを切に望みます。かの著名な同郷人、ダーウィン氏をウェストミンスター寺院に埋葬すべきことは、あらゆる階級、あらゆる意見の同国人の非常に多くの人々に受け入れられることでありましょう。

敬具

署名者は二〇名の下院議員たちであり、その筆頭に名があがっているジョン・ラボックが仕掛け人であることは明白だろう。ラボックはダウン村のダーウィンの隣人の銀行家で、当時は下院議員だった。ダーウィンの訃報を家族が発信したのは木曜になってからだから、ラボックはおそらく、金曜日に議会内で議員たちに呼びかけて署名を集めたのだろう。たまたま海外にいた司祭は、電報で受諾の意向を知らせてきた。

ダーウィンの家族としては、ダウン村のセント・メアリー教会の墓地に埋葬することを望んでいた。幼くして亡くなった子どもたちの墓があり、前年に先立った兄エラズマスも埋葬されていた。ダーウィン自身もそのそばで眠りたかったことだろう。ダーウィンの隣人ラボックも、内心ではそれを望んでいた。しかし彼は下院議員という立場にもあった。ラボックはダーウィン家の長男ウィリアム・エラズマスに手紙を書いた。

下院にて、一八八二年四月二五日

親愛なるダーウィンへ――あなたがたの感情にまったく同情していますし、私個人としては、お父上にはダウン村の私たちのそばで眠りについてもらいたいと、どんなにか思っております。あなたがたがどうなされたいかは、主張はされていなくても、だれもが理解していると私は確信しています。それでもなお、国としての見地からいえば、彼がウェストミンスター寺院に埋葬されることが、あきらかに適切なのです。墓所まで師に付き添うことが許されたなら、私にとってそれは大いなる名誉であります。

心をこめて　敬具
ジョン・ラボック

W・E・ダーウィン殿

ダーウィンの亡骸は急遽、息子たちに付き添われてロンドンに運ばれた（妻のエマはそのままダウンに残り、ひとりで亡き夫を想うことにした）。

そして翌日の水曜日（一八八二年四月二六日）、ウェストミンスター寺院で葬儀が厳かにかつ盛大に執りおこなわれた。

ウォーレスは『W自伝』で、このときのことを次のように回想している――「……この年、親切な友であり師であったチャールズ・ダーウィンの死のために世界は寂しいものとなり、私は彼の葬儀（四月二六日）に、九人のきわめて著名な友人や称賛者とともに、柩の付き添いの一人として招待されるという光栄に浴した」。

ダーウィンの柩に付き添ったのは次の一〇名である。(1)ジョン・ラボック卿、(2)ファラー（聖堂参事会員）、(3)ハクスリー氏、(4)ジョゼフ・フッカー卿、(5)ジェイムズ・ラッセル・ローウェル氏（駐英米国公使）、(6)ウィリアム・スポッティスウッド氏（王立協会会長）、(7)A・R・ウォーレス氏、(8)ダービー卿、(9)デヴォンシャー公爵、(10)アーガイル公爵。

この一〇名のうち、最後の三名の爵位もちは国の代表として付き添った。聖堂参事会員のファラーはウェストミンスター寺院にダーウィンを埋葬する件で、参事会などへの働きかけで貢献したとされる。米国大使のローウェルは、参列した各国大使の代表ということだろう。王立協会会長のスポッティスウッドは、関連するいくつもの学会や協会の代表として選ばれたのだろうが、彼はまた「Xクラブ」の会員でもあった。ラボック、ハクスリー、フッカーもまた「Xクラブ」の会員であり、柩に付き添った一〇人のうち四人が同クラブの会員ということになる。そして残る一人が、本書のもう一人の主人公、アルフレッド・ラッセル・ウォーレスである。

「Xクラブ」会員のうち、下院議員のラボックを除けば、ハクスリーの政治力は抜群だったらしい。彼の手早い采配によって、ダーウィンの亡骸は大英帝国の中心に位置するウェストミンスター寺院で永遠に記念されることとなった。ダーウィンの墓碑は主祭壇の左側、通路の入り口に近い場所にあり、主祭壇前のアイザック・ニュートンの墓碑からわずか「数フィート」（じっさいには数メートル）。床にはめこまれた大きな墓石には次のように刻まれている。

Charles Robert Darwin.
Born 12 February, 1809.

Died 19 April, 1882.

ダーウィンの柩に付き添うウォーレスの心情はどのようであっただろう。（私自身が墓参したときの心情については、拙著『種の起原をもとめて』の冒頭に記録した。）

二六年前の一八五六年一〇月一〇日、ウォーレスはマレー諸島からはじめてダーウィンに手紙を書いた（そのときウォーレスは三三歳、ダーウィンは四七歳だった）。そして一八五八年の二月か三月、ウォーレスはテルナテから自然選択説論文をダーウィンに送り、その論文は同年の七月一日にリンネ協会の例会でダーウィンの草稿とともに読み上げられ、ダーウィンが『種の起原』を書き上げ刊行するきっかけとなった。それから四半世紀のあいだ、二人の進化学説をさらに完全なものにすべく手紙をやりとりして議論し、いくつかの点では意見が食い違ったとはいえ、それでもダーウィンを師と仰ぐ気持ちが変わることはなかった。

しかし、柩に付き添う人々のなかで、あきらかにウォーレスだけが異質だった。科学者のうち彼を除く全員が「Xクラブ」会員であり、ダーウィンをウェストミンスターに埋葬すること自体、「Xクラブ」が仕組んだであろうことに、ウォーレスもうすうすは気づいていただろう。葬儀の手配を仕切ったハクスリーは、ウォーレスに連絡するのを忘れ、柩の付き添い人リストに急遽付け加えたともされる（『ダーウィン』九四九頁）——裏付け資料を確認していないが、さもありなんという印象はいなめない。

葬儀の翌日（四月二七日）号の『ネイチャー』誌に、ハクスリーによるダーウィン追悼文が掲載された。あまりの手回しのよさにすこしばかり複雑な思いを禁じえないが、著名人の死というのは、いまも昔もそういうものなのだろう。一〇〇年以上も昔のことに私的な印象を述べても場違いだろうが、「Xクラブ」の政治性がどうしても鼻についてしまう。しかしウォーレスはちがったらしい。二〇年後に書かれた『W自伝』の言葉を額面どおりに受け取るべきか迷いはあるが、彼はハクスリーによる追悼を「もっとも短く、他から際立った、きわめて美しい」ものと絶賛し、「この真実で魅力的な評価を読んでいない人のために」と、その一節を引用している――

> ダーウィンと言葉をかわして、ソクラテスを思い出さないものはいなかった。自分より賢いものを見つけたいという、ソクラテスと同じ願いがそこにはあった。ソクラテスと同じように、理性の主権を信じていた。同じようにユーモアを備えていた。人々のどんな営為と仕事にも、ソクラテスと同じように共感的な興味を寄せていた。しかし、解決不能として自然の諸問題から目をそむけることなく、この現代の哲学者はそれらの問題に、ヘラクレイトスとデモクリトスの精神をもって、その全生涯をささげた。彼のもたらした成果は、ヘラクレイトスやデモクリトスの空理空論を先行する影とする、本質としてのそれであった。

古代ギリシャの哲学者たちにたとえ、ソクラテスの洞窟の比喩でまとめる――ダーウィンは洞窟の壁にうつる影にまどわされることなく、本質（イデア）を見つめた。たしかに格調高い追悼文であり、脱帽というほかない。

ほかにどんな追悼文が発表されたのか、ウェブ上の「ダーウィン・オンライン」（http://www.darwinonline.com）」で「死亡記事（obituary）」をクリックしてみると、雑誌や新聞に掲載されたものはそれほど多くはない。英国内で直後に出たものに限れば、右のハクスリーのほか、G・アレンという人物が『アカデミー（*The Academy*）』誌（521（29 Apr.）: 306-7）に書いている。おそらく、後に科学ライター・小説家として名をなしたグラント・アレン（Grant Allen: 1848-99）だと思われる。『エディンバラ植物学協会議事録（*Transactions & Proceedings of the Botanical Society of Edinburgh*）』（14: 284-8）には、エディンバラ植物園園長で進化論に強硬に反対したバルフォアが追悼の言葉を寄せている。また『タイムズ（*The Times*）』紙（3 May: 10）と『王立地理学協会議事録（*Proc. Royal Geographical Society and Monthly Record of*

Geography)』(4 (5): 314) に、匿名の追悼文が掲載されている。

ちょっとおもしろいのは、週刊風刺漫画雑誌『パンチ(*Punch*)』(29 Apr.: 203) に、葬儀の三日後に追悼記事が出たことだろう。無関係な風刺漫画のあいだに、次のような六行の詩文がぽつりと挟まれている。

チャールズ・ロバート・ダーウィン。
一八〇九年二月一二日生まれ、
一八八二年四月一九日死亡。
…………………………………………………
自然界の設計図を熱心に熟読した人、
自然の足取りを、鋭敏に、油断なく、聡明に、そして静かに追跡した人。
人類の長大な由来を記録した人、
そして人類の起原の最高の生き証人だった人。
彼の生涯をかけた研究は、闘いにつづく闘いだったかもしれないが、
それでもなお、人類に思考の導きの灯火を残してくれた。

ウォーレスがダーウィンを追悼する機会をえたのは、ようやく翌一八八三年一月の季刊『センチュリー・マガジン』誌である。一二頁にわたる力のこもった論考であり、『自然選択説への寄与』(一八七〇年)と『熱帯の自然』(一八七八年)を合本再版した『自然選択と熱帯の自然』(一八九一年)の最終章として収録されたものでは二五頁分ある。見出しを列挙すれば、「ダーウィン以前の世紀」、「ビーグル号の航海」、「『ビーグル号航海記』」、「家畜の研究」、「栽培植物と野生植物

の研究」、「サクラソウとミソハギの研究」、「生存闘争」、「生物の地理的分布と分散」、「『人間の由来』および後期の著作」、そして「ダーウィンの生涯をかけた仕事の評価」。まさにダーウィン伝といっていい内容だ。

最後の見出しのもとでは、『種の起原』が自然についての考え方に革命的な変化をもたらしたことが、それ以前の、創世記の造物主による個別創造説のそれと比較しつつ評価される。ただし「その著者が主張したように、動物や植物に変化をもたらすにおいて〝自然選択〟理論が重要な要因なのかどうかの問題は別にして」と条件がつけられている。おそらく、進化の事実は広く社会に浸透したが、その変化をもたらすメカニズムとしての自然選択は必ずしも理解されていない、とウォーレスはみなしていたのだろう。この思いが数年後に、『ダーウィニズム』(一八八九年)を執筆させるひとつの動機となったのかもしれない。

この追悼の末尾をウォーレスは次のように結んでいく——自然についての知識は今後も発展していくだろうが、その「道筋は彼〔ダーウィン〕が明確にしてくれたものであり、これからも長年にわたってダーウィンという名前は、自然の研究者はかくあるべきという典型例とされることだろう」。そしてダーウィンの業績は、ニュートンにいたる物理学の発展にたとえることができるという。

> また科学の全領域を振り返ってみても、彼の横に同等に並び立つものを一人として見いだせないだろう。なぜなら彼のなかに、ティコ・ブラーエ〔Tycho Brahe : 1546-1601。デンマークの天文学者で、彼の観測が後にケプラーの法則を導いた〕におけると同じ、事実の忍耐強い観察と収集を見いだし、ケプラーと同じような、それらの事実を使って法則を確定する力と、ニュートンのインスピレーションの才能を見いだすからであり、彼はそれによって基本的な原理を把握し、それを適用して混沌から秩序を取り出し、ニュートンが物質の宇宙を照らしたように、生命の世界を照らすことができた。詩人の賛美の言葉をパラフレーズするならば、真実にかなり接近できるかもしれない——

「自然と自然の法則は夜の闇に隠されていた。そこで神は〝ダーウィン出でよ〟といわれた。そしてすべてが光で照らされた」。

引用されている詩人の言葉は、ニュートンと同時代のアレキサンダー・ポープの詩の一節であり、いうまでもなく、「ニュートン」の個所が「ダーウィン」とパラフレーズされている。ダーウィンの亡骸はウェストミンスター寺院のニュートンの墓碑のすぐそばに埋葬されたのだから、彼をニュートンにたとえるのは当然なのかもしれない。

だが、ダーウィンをニュートンにたとえ、『種の起原』（一八五九年）をニュートンの『プリンキピア（自然哲学の数学的諸原理）』（一六八七年）にたとえるという評価は、ウォーレスがまだマレー諸島で探検を続けていたころからのものだった。幼友だちシルクにあてた一八六〇年九月一日の手紙では『種の起原』を「ニュートンの『プリンキピア』と同じぐらいに長命だろう」と絶賛し（本書第3章の冒頭解説、四七―八頁）、翌年三月一五日の義兄シムズあての手紙でも、ダーウィンを「博物学のニュートンと尊敬しています」と書いていた（『W自伝』上巻、三七二頁）。

ニュートンにいたる物理学の発展にたとえることは、ダーウィンの『種の起原』の結びの言葉にも呼応する――「生命はそのあまたの力とともに、最初わずかなものに、あるいはただ一個のものに吹き込まれたとするこの見方、そしてこの惑星が確固たる重力の法則にしたがって回転するあいだに、かくも単純な発端からきわめて美しくきわめて驚嘆すべき無限の形態が生じ、いまも生じつつあるというこの見方のなかには、壮大なものがある」。

このたとえは、ウォーレス自身のものでもあった。彼の最初の進化論論文、ダーウィンに「あなたの論文のほとんど一言一句にいたるまで真実であることに同意します」（1-1）といわせた論文の、やはり末尾で、ウォーレスは次のように書いていた――この論文で提出された法則を認めるならば、「自然界のもっとも重要な諸事実の多くが、重力の法則から惑星の楕円軌道が演繹されるように、ほかでもなくこの法則からほとんど必然的に演繹されることになるだろう。

サラワク（ボルネオ島）にて、一八五五年二月」。

社会的な地位のないことを自覚していたウォーレスは、ただ弔意を述べるよりも、学問を引き継ぎ、研究と議論をさらに前進させることのほうが似合っていると考えていたことだろう。しかしウォーレスは、ダーウィンの死とともに時代が終わったことも強く感じていたと思われる。なによりも議論を闘わせるべき偉大な文通相手、胸を貸してくれる恩師がいなくなってしまった。

またそれ以上に、彼自身の人生も転機を迎えていたことを強く自覚していたはずだ。具体的にいえば、前年の一八八一年に「土地国有化協会（Land Nationalization Society）」が設立され、その会長に、「自分の意思に反して」選ばれたことが大きかったと考えられる。この協会の設立にともない、一八七〇年に『マレー諸島』を読んだジョン・スチュアート・ミルに誘われて参加していた「土地所有制度改革協会（the Land Tenure Reform Association）」からは離脱した。

直接のきっかけは、一八八〇年に発表した論考だった。「いかにして土地を国有化するか——アイルランド土地問題のひとつの根本的《ラディカル》な解決策」。二一頁におよぶ長大な論文であり、『コンテンポラリー・レヴュー』誌の一八八〇年一一月号に発表された（一九〇〇年に論文集『自然科学と社会科学論集』第二巻、二六五—九五頁に収録）。この論文を読んだ数人（Mr. A. C. Swinton, Dr. G. B. Clark, Mr. Roland Estcourt など）が連絡をとってきて、やがてスウィントン宅で何度か議論を交わすなかで土地国有化の具体的な計画の素案が作成され、そして協会の結成にいたったという。この三人の名前をウェブ上で探してみたが、経歴や本業などは不明である。余談を書き添えておけば、ウォーレスはこの論文の直前に『アカデミー』誌に「昆虫の感情と感覚」という五頁の書評記事を書いていたが、その本の著者は同じスウィントンという名前である（Archibald H. Swinton, 1880. *Insect Variety, its Propagation and Distribution*）。珍しい名前であり、偶然の一致にしてはできすぎているように感じられる。

「アイルランド土地問題」とは、今日でもまだくすぶりつづけている問題であり、その根底にはアイルランド系の小作農

（カトリック教徒）とイングランド系の地主（プロテスタント教徒）との対立が横たわっている。地主の多くは不在地主だった。一九世紀半ばの一八四五年から三年間にわたるジャガイモの大凶作では、数十万人の農民が死んだとされる。また一八四六年に穀物法が廃止されると、国外とくに米国からの小麦などの輸入が急増して国内農業が衰退し、多くの不在地主は農地を牧畜用の草地に転換した。そのため小作農たちは離村を余儀なくされ、米国への移民が急増した。一九世紀後半のあいだにアイルランドの人口は半減したとされる。このような情勢のなか、一八七九年に下院議員C・S・パーネル（Charles Stewart Parnell: 1846-91）らが「アイルランド土地同盟（the Irish Land League）」を結成し、農民運動が開始されて問題が顕在化した。

　ウォーレスはこの種の問題に敏感だった。「一八七九—八〇年にアイルランドの地主制度の話題がしばしば見聞きされるようになったとき、解決不能といわれてきた実際的な困難のすべてをきれいに排除すると思われるアイデアに思いいたることとなり、私はただちにこの問題を議論する機会をとらえ、私の見解をかなり詳細にまとめて発表した」（『W自伝』下巻、二三九—四〇頁）。

　ウォーレスの主張の第一は、「土地同盟」の提案は非現実的だということ。「土地同盟」は政府が土地を買い上げ、小作農（tenant）を自作農（peasant-proprietor）に転換することを提案した。自作農となった農民はその土地を、三五年間で買い取らねばならない。ウォーレスはこの政策では急場しのぎにしかならず、早晩、アイルランドの全土が特権階級の所有となり、人口の残りの全員が生まれ故郷の土地から追い出されるだろうと考えた。

　それに対するウォーレスの対案も「土地の国有化」だが、ただし土地そのものと、所有者によってその土地になされた「改良（improvement）」とは明確に区別される。土地を徐々に国有化していくあいだに地主によって加えられた「改良」（建物、排水溝、農園など）による付加価値は、その所有者の所有となる。土地を借りて農業を営むときには、「土地の賃貸料」と「建物などの賃貸料」を別々に支払うので、地主が土地を「改良」して築いた付加価値分の資産は保証されるだろう。最終的に土地が国有化されたときには、国はとくに「改良」を加える必要はないから、農民はいずれは固定した土地代のみを支払えばよいことになる。以上は『W自伝』でのウォーレスの説明の概要である。

この引用の前段でウォーレスは、この問題に最初に気づいたきっかけとして、一八年前（つまり一八六二年、マレー諸島探検から帰国した直後）にハーバート・スペンサーの『社会静学』を熟読し、土地を私有財産とすることが不道徳で政策としても妥当でないと学んだことをあげている。第4章で検討した「人類論文」に重要なヒントをあたえたのも、スペンサーの『社会静学』であった。

当然ながら、ウォーレスはスペンサーに協力依頼の手紙を書いたが、それに対する返信は丁重な断り状だった（一八八一年四月二五日付け）。「親愛なるウォーレスへ——あなたの推測どおり、あなたが提案された土地国有化協会の全体的な目的に、私は全面的に共感します。しかし、この問題の現状においては、あなたが送ってくださった計画に関わることに、諸般の事情にかんがみて躊躇しています。考えを特別な形にまとめる前に、全体的な問題について広範な世論を喚起する必要があると私は考え……」（『W書簡集』）。ようするに、拙速にすぎるということらしい。

ウォーレスは、ダーウィンにも一読を薦めたH・ジョージの『進歩と貧困』を、スペンサーにも薦めていたらしいが、スペンサーは「ちょっと覗いてみただけで、この著者とは根本的に意見があわないにちがいないとわかり……」と一蹴した（同年七月六日付け）。「文明化のプロセスで人類が苦しんできた困窮は、それがどんなものであれ、なんらかの可能性のある社会的な合意によって防止できたという、この本が示唆している仮定に、私は全面的に反対」（同前）だからだという。しかし、これにつづく文面で述べられているスペンサーの「社会ダーウィニズム」は、ウォーレスにとってはまったく受け入れがたいものだったと思われる。

その全プロセスは、その悲惨さ、暴虐非道、奴隷制、戦争、あらゆる種類の嫌悪感をおぼえることのすべてとともに、

> 最強者の生存と伸展にともなう、また小さな諸部族が大きな社会に統合されることにともなう、不可避なことだったのです。なかでも、プロセスのある時期において、土地が私的な所有制度に転落することは、個人が奴隷に転落するのと同じように、まったく逃れられないことです。原始的な共産的な所有制度から、将来には見られるかもしれない高度で完成された国有制度にいたる、どのような変遷も、私たちが見てきたような、そしていまも存在しているような段階を経ないで起こりうるとは、これっぽっちも信じていません。議論はさておき、どんな計画であれ即座の行動に関与するつもりはありません。以前にも申しあげましたが、まだ期は熟していないと考えるからです……

アイルランドの土地問題は、最終的には、国が農民たちに土地買い取りの資金を貸与することで当面の解決をみたとされる。ウォーレスたちの「土地国有化協会」は終始、少数派のままだったようだが、彼はその後も社会的な問題に発言をつづけ、『土地の国有化』（一八八二年）、『悪しき時代』（一八八五年）、『自然科学と社会科学論集』（一九〇〇年）と著書にまとめていき、死の前年にも『社会環境と道徳の進歩』（一九一三年）と『民主主義の反乱』（一九一三年）の二冊を出して世に問いかけた。

ダーウィンの死と前後して、ウォーレスの政治の季節がはじまった。ダーウィンがウォーレスにあてた最後の手紙の末尾での不安は、残念ながら的中していた――「あなたが博物学を裏切ったりしないことをのぞみます。でも、政治はとても心をそそるものなのでしょうね」（14-15）。当時の首相グラッドストーンが、土地国有化の動きが出たことでアイルランド問題での態度を硬化させたとされることを考え合わせるなら、もしダーウィンの恩給請願が数ヵ月でも遅れていたなら、ダーウィンがどんなに奔走したとしても、ウォーレスへの恩給下賜の請願書にグラッドストーンが署名しなかった可能性は高いだろう。

かつてウォーレスは、ダーウィンからの、二人の「子ども」（自然選択説）を「殺めたり」しないよう（10-8）という嘆願を、いとも簡単に却下した。土地国有化問題でウォーレスは、ダーウィンの願いをふたたび裏切ることとなった。ダーウィンもウォーレスがそのまま政治に突き進むだろうことは予期していただろう。しかし寿命が終わりに近づきつつあることを知るダーウィンは、「性急な若者」（一九〇八年七月一日、リンネ協会での「自然選択説発表五〇周年記念式典」での主賓挨拶）をただ見守ることしかできなかった。すでに一八七三年のダーウィンからの手紙に、次のような言葉があった。

「政治が自然選択に取って代わったりしませんよう、天にお祈りします」（13-2）。

この時代のアイルランド問題の専門家による研究書をめくってみたら、ウォーレスらの活動が次のように位置づけられていた。「土地国有化論が、一方ではアメリカのヘンリ・ジョージから、他方では、ウォーレスを中心とする「土地国有化協会」から持ち込まれ、それは一八八〇年代の〝社会主義の復活〟をはぐくむ思想的土壌となった」（安川悦子『アイルランド問題と社会主義』一九九三年、御茶ノ水書房、一七五頁）。

ウォーレスはこのころから、自分が社会主義者だと自覚しはじめたらしい。『W自伝』の第三四章の章題は「土地国有化から社会主義へ、およびそれを私にもたらした友人たち」。当時の社会主義者の名前を列挙した部分に、シドニー・ウェッブとエドワード・カーペンターの名前はあがっている（二七二頁）。しかし、彼らが中心的な役割を果たして一八八四年のはじめに設立されたフェビアン協会にウォーレスがかかわった形跡はない。また一九〇六年の英国労働党の設立にかかわった形跡もない。

『W自伝』の土地国有化問題の章の末尾（二七四頁）に、「私はなぜ社会主義者なのか？」という、おそらくインタビューでの質問への回答が再録されている。

私が社会主義者なのは、人類のもっとも高次の法則は正義であると信じているからです。だから私のモットーは〝正義をなせ、たとえ天が墜ちてこようとも（*Fiat Justicia Ruat Coelum*）〟、私の社会主義の定義は〝すべての人による各自の能力の公益のための使用と、全員の平等な利益のための自発的な労働の組織〟です。

英国の歴史学者ホブズボームは、ウォーレスとダーウィンを比較して次のように述べていた。ダーウィンは「ブルジョアであり、自由主義の穏健左派であった」一方、「職人層にみられた科学と急進主義の伝統のなかから出てきた」ウォーレスは、「チャーチズムとオーエン主義の〝科学ホール〟の影響下に人格を形成し……終始極左派であった」（松尾太郎訳、『資本の時代――一八四八―一八七五年』第二巻、みすず書房、三六九頁）。

ウォーレスの政治の季節はまた、彼の社会思想家としての時代（プロローグの年表を参照）の幕開けでもあり、文筆活動の内容が大幅に変化していった。「土地国有化協会」設立の翌年、一八八二年のはじめには「心霊科学協会（the Society for Psychical Research）」が設立された。会長就任こそ断っているが、この協会設立のもとになったのは一八七六年九月に開催された大英学術振興協会大会のD部門（生物学）で発表されて物議をかもしたバレット教授（Prof. Barrett）の心霊現象研究であり、それを仕組んだのはこの部門の議長であったウォーレスだった（この一件が、フッカーのウォーレス評価を徹底的に下げさせた）。

ウォーレスの心霊現象研究はマレー諸島探検から帰国した直後の一八六〇年代半ばに開始され、ダーウィンやハクスリーの苦言を無視して研究がつづけられた。進化の自然選択説の当時唯一の教科書といっていい『ダーウィニズム』（一八八九年）の最終章は「ダーウィニズムの人類への適用」であり、次のように結論されている――「人類の身体は下等な動物から自然選択という法則のもとで発達しただろうが……知的および道徳的な能力は……その起原については、見えざる霊の宇宙（the unseen universe of Spirit）にしか妥当な原因は見いだせない」。世紀末を目前にして書いた『すばらしい世紀』（一八九八年）は一九世紀を科学技術の時代と称賛しつつ、次の世紀は「心霊科学」と「骨相学」の時代になるだろうと、今日から見れば、能天気にもほどがあるといいたい妄言を主張している。そして八七歳となった一九一〇年には『生命の世界』を刊行して、みずからの進化論と心霊科学の研究成果を統合した（とウォーレス自身は考えた）。

ここで一点、注意しなければならないことがある。ウォーレスは科学に限界を感じて政治的な活動にのめりこんだわけではないし、心霊主義や社会主義に逃避したわけでもない。彼が書き残したものを読んで強く感じられるのは、彼が科学的な合理主義を確信していたということである。事実を収集し、それを整理し分析してパターンや法則性を発見し、その事実や法則にもとづいて整合的に論理を組み立てていくという、勤労青年時代から探検博物学者時代に独学で身につけた科学的な方法を、社会現象や心霊現象にそのまま応用し、そして議論を整合的に展開していった。その結果として、過激な主張や変人とささやかれるような議論を主張することになった。

たとえば一八九五年、種痘反対運動に接して疑問をおぼえたウォーレスは戸籍本署の年次報告書を四五年間分にわたって調べ上げ、過去数十年間に天然痘は減少しつつあるが、減少率は他の感染症の場合と大差なく、したがって種痘の効果はとくに認められないこと、また種痘が原因で発病した例が存在することを明らかにした（『W自伝』の第三八章「反種痘運動」）。天然痘など感染症の予防にとっては、むしろ居住環境を清潔にし、人々の健康な生活を確保することのほうが重要だとする主張は、彼の社会主義との関連で注目していいだろう。

ただし、ウォーレスがこの主張の裏付けとしてしめしているグラフなどを見るかぎり、彼の統計分析の能力がどれほどのものであったのか、数学的なセンスの欠如した私の目から見ても、判断を保留せねばならないと思う。ウォーレス自身も、数学に弱いことは自覚していた――「……彼らの詳細な研究と議論についていくのが、私にはまったく無理とわかりました。数学的な思考力の欠如のせいですが、私にはそれがないのです」（ウォーレスからA・リード博士あて、一九〇九年一二月二八日。『W書簡集』三四〇頁）。

この手紙のあて先のリード博士（Sir George Archdall O'Brien Reid: 1860-1929）は英国の医者で、公衆衛生や進化についての著作活動で知られる。彼から謹呈された著書への礼状だが、内容は終始、メンデル遺伝学について。オーストリアの修道士メンデル（Gregor Johann Mendel: 1822-1884）が一八六五年に発表したエンドウマメの遺伝実験が、一九〇〇年、ドフリースなど三人の学者によってそれぞれ独自に再発見され、遺伝学の時代の幕が切って落とされていた。リードあての手紙をあらためて見てみよう。

あなたがメンデル遺伝学者《メンデリアン》たちの主張する誤謬をあばこうとしていると知り、私は喜んでいます。私も努力してきましたが、彼らの詳細な研究と議論についていくのが、私にはまったく無理とわかりました。数学的な思考力の欠如のせいですが、私にはそれがないのです。

しかしメンデル遺伝《メンデリズム》と進化との全体的な関係については、非常に明確な結論に到達しています。すなわち、メンデル遺伝は種や高次分類群の進化になんの関係もなく、そのような進化にじつは対立している！　きわめて微細であまねく行き渡っている環境全体への適応といったことを含む進化の本質的な基礎は、生存と適応の条件としての、きわめて大きないまも存在する可塑性です。しかし、メンデル的な形質の本質は、その硬直性にあります。それらは変異することなく伝えられ、したがって、きわめて稀な偶発事がなければ、つねに変化しつづけている条件に適応していくことは、けっして起こりえません。しかも、交配しても同じ一対のタイプがはじめと同じ比率で生じ、したがって選択もありません。有害あるいは無用な形質を永続的に生み出していくという点で、進化に対立します。このことが、メンデル遺伝が自然ではきわめて稀にしか見いだされず、ほとんどが人為的な品種（breed）や変わりもの（sport）であることの理由です。したがって私の意見は、メンデル的な形質はその本性として異常あるいは怪物的であり、また「メンデル的な法則」は、ふつうに考えて、それらの形質が役に立たないときに除去し、そうすることによってより可塑性のある品種の自然選択と適応の正常なプロセスを妨害しないようにする、という目的には役に立つということです……

メンデル遺伝についてのウォーレスの理解に、私は誤解や曲解を見いだすことができない。メンデル形質は何世代くり返しても同じ比率のまま生じ、いつまでたっても緑色のマメと黄色のマメとの比率は変わらない。この結果は実験によって検証可能であり、メンデルの「法則」として確立された。何世代が経過しようとも変化しないということは、進化とは「対立する（antagonistic）」。見方を逆転させれば、進化を実験によって検証することはできない。遺伝学の時代は、実験科学の時代でもあった。プロローグで述べたように、進化は死語となり進化論は凋落していった。

　メンデルがエンドウマメの実験結果を発表した一八六五年、五六歳のダーウィンは『種の起原』の補足ともいうべき大著『家畜と栽培植物の変異』（一八六八年）を準備中だった。ダーウィンがメンデルの遺伝論文を読んだ形跡はない。『変異』執筆の主要目的のひとつはダーウィン独自の遺伝理論「パンゲネシス説」の提示にあり、そのために彼はダウン・ハウスの裏庭でさまざまな実験をおこなっていた。そのひとつがキンギョソウの交配実験であり、彼はメンデルの「優性の法則」の「三対一」に近い比率をえていたとされる。『変異』の索引でキンギョソウの関連頁を探してみると、第一四章「遺伝（続き）」のなかでこれに該当する実験結果が述べられていた。

　キンギョソウ（*Antirrhinum majus*）は色あざやかな花を多数つけるゴマノハグサ科の園芸植物で、花壇や切り花によく利用されるが、ときどき「正化（pelory, peloria）」と呼ばれる変わりもの（sport）があらわれる。キンギョソウの花は左右相称花であり、花弁が筒状になっているので対称面が小さいが、その対称面が広くなった（たとえば放射相称となった）花を咲かせることがあるらしい（今日の園芸界で「ペンステモン咲」と呼ばれる突然変異のことだと思われる）。そのような変わり種が出ることを「ペロリア化（pelorisation）」という。穂状花序の頂部の花が「ペロリア化」することもあるが、ダーウィンが目をつけたのは花序のすべての花が「ペロリア化」した変異個体のようだ。

　ダーウィンのキンギョソウの交配実験は次のようにおこなわれた。まず、ペロリア型の株の花に正常型の花粉を、また正常型の花にペロリア型の花粉を受粉させ、二つの大きな花壇で育てた。その結果、二通りの掛け合わせでえられた交配株のなかに「ペロリア型はひとつもなかった」。また「九〇株の花を注意深く調べたが、数例を除いて……その構造は交配によってごくわずかな影響も受けていなかった」。したがって、えられた交配株の花は正確に「正常型」だったとみなされる。この結果を今日のメンデル遺伝学に照らして見るなら、「正常型」が「優性形質」、「ペロリア型」が「劣性形質」であり、これらの対立形質に対応する対立遺伝子が相同染色体の対応する部位に存在している可能性が示唆される。

ダーウィンはまた、「ペロリア型のキンギョソウを、自株の花粉で人為的に受粉」する実験もおこなっている。気象条件のためだろうか生育はあまり順調ではなかったようだが、「冬を生き延びた一六株はすべて、親株と同じように完全なペロリア型であった」。この結果は、彼が実験に使った「ペロリア型」の株が、今日の用語でいえば、「劣性ホモ」の「純系」だったことを示唆している。

ダーウィンは、交配してえられた雑種第一代の自家受粉実験もしている。もし実験に使われた「正常型」の株が「優性ホモ（NN）」、「ペロリア型」の株が「劣性ホモ（pp）」だったならば、雑種第一代の遺伝子型は「ヘテロ（Np）」だったはずである。ダーウィンの実験結果は……

> 交配株〔雑種第一代〕は、通常のキンギョソウに完全によく似ているが、それがみずからタネをこぼすままにしたところ、一二七株のうち八八株は通常のキンギョソウとなり、二株はペロリア型と正常型の中間的な状態にあり、三七株は祖父母の一方の構造に先祖返りして完全なペロリア型であった。

キンギョソウの「正常型」と「ペロリア型」がメンデル遺伝学の「優性の法則」にしたがうと仮定するならば、この交配実験の結果は、理論的には、遺伝子型は「$Np \times Np \Rightarrow 1NN + 2Np + 1pp$」となり、「NN」と「Np」の株は正常の花を、

「pp」の株はペロリア型の花を咲かせるはずなので、表現型では「正常型：ペロリア型＝3:1」となるはずである。それに対してダーウィンの実験結果は、中間的な二例を無視するなら、「正常型：ペロリア型」の比率は「88:37≒2.38:1」と計算される。

ミア・アレン『ダーウィンの花園』は、この「2.38:1」という「三対一」に近い比率を指摘し、残念ながらダーウィンは「数学者ではなかった」ため法則を推論できなかったとしている。ミア・アレンのダーウィン評価が正しく、またダーウィンがあと二〇年ほど長生きしてメンデルの再発見に出会い、遺伝学の時代を迎えたとしたら、たぶんウォーレスと同じことをつぶやいたかもしれない――「〔メンデル遺伝学者たちの〕詳細な研究と議論についていくのが、私にはまったく無理とわかりました。数学的な思考力の欠如のせいです……」。

しかし、ダーウィンが法則性を見いだせなかったのは、数学や統計処理の能力の問題だけではないだろう。これらの実験結果が述べられているのは、前述の章のなかの「形質伝達の強力遺伝」という見出しが付された部分である（上巻の七〇―一頁）。「強力遺伝（prepotency）」とは、ダーウィンの説明によれば、形質の異なるものを交配したときの第二代は中間型となることも多いが、「ある個体、品種、種が、その類似性を伝達するうえで強力（prepotent）な場合」があるということだという。

ダーウィンは雑種第一代で「ペロリア構造が完全に消失」したことについて、それを「伝達能力のなさによって説明できると考えてはならない」と注意を喚起し、ペロリア型（劣性ホモ）を自家受粉させた実験結果を、「ある形質が遺伝するということ（the inheritance of a character）と、それが交配した子孫に伝達される力（the power of transmitting to crossed offspring）とのあいだに、大きな相違があることの好例である」という。そして雑種第一代を自家受粉させる実験結果についてあれこれ考察した後、議論を次のようにまとめている。

交配したキンギョソウでは正常な花、すなわちふつうのキンギョソウとよく似た非整形な花を生ずる傾向が、第一世代では一般的（prevail）であった。その一方、ペロリア化する傾向は、一世代中断されることによって強められるようなようすを見せ、第二世代の実生においてある程度は一般的であった。ある形質が、一世代中断することによって、どのようにして強化されうるのかについては、パンゲネシスの章で考察することにしよう。（傍点引用者）

ダーウィンがメンデル遺伝の法則に気づかなかったのは、けっして数学の問題だけではなかった。むしろ『変異』で提唱した「パンゲネシス説」（第8章参照）という独自の遺伝理論がかえって邪魔をしたというべきだろう。彼は遺伝を担う「粒子」として「ジェミュール（gemmule）」を想定している。遺伝因子という粒子を想定することは、突発的な変異（ペロリア型のような変わりもの）の遺伝の仕組みの説明には役立つだろうが、そのような粒子に「量的な変異」の遺伝を担わせるには無理がある。しかし、彼があつかってきた進化は基本的に、自然選択による微細な変異の漸次的で蓄積的な変化プロセスであり、たとえば体長や角の大きさ、あるいは色彩の濃淡のような「量的な変異」の漸次的変化プロセスであった。また全身の細胞中に存在する「ジェミュール」が血液で運ばれて生殖細胞に集まり、それが子孫に伝えられると考えたため、体の各部分で環境の影響を受けたジェミュールが伝えられるというように、「獲得形質の遺伝」を認めることになってしまった。

ダーウィンが没して七年後、ドイツの生理学者ワイスマンの『遺伝に関する試論集』の英訳本が刊行された（Weismann, A., 1889. *Essays upon Heredity*. Oxford: Clarendon Press）。英訳したのはオックスフォード大学動物学教授のポールトンである。ポールトンがこの本の校正刷りをウォーレスに送って相談したときの手紙が何通か残っている。ウォーレスの意見の大半は、彼が遺伝理論を理解できていないことをしめすとともに、ワイスマンの理論がまだ遺伝のごく一部しか説明できていないらしいことをうかがわせる──遺伝の時代の幕開けまで、あと一〇年ほどの年月が必要だった。しかしワイスマンの遺伝理論のうち「生殖質連続説」だけは、科学史の年表の重要な項目として今日の教科書にも記録されている。「生殖質」は遺伝を担うもので生殖細胞に含まれ、生殖によって親から子へと伝えられていく。生殖細胞以外の、身体を形成する細胞は「体細胞」と呼ばれ、世代ごとに受精卵から派生して形成される。ウォーレスとポールトンの手紙での議論から、ダーウィンのパンゲネシス説とくに獲得形質の遺伝がワイスマンの「生殖質連続説」によって最終的に葬られたことだけは、二人ともに明確に認識できていたことがわかる。「偉大な神パン〔パンゲネシス〕」は「死産した神」ではないかというダーウィンの悪い予感（8-2）は、残念ながら彼の死後七年で現実のものとなった。

ダーウィンはいい時代に生まれ、いいタイミングで他界したのかもしれない。ダーウィンが五年におよぶビーグル号の航海から帰国した翌一八三七年、ヴィクトリア女王が一八歳で即位した。大英帝国が経済的にも文化的にも世界の中心に君臨したヴィクトリア時代は、一八七〇年代の終盤には勢いが衰えはじめ、同時にダーウィンの生命力も衰えはじめた。ヴィクトリア女王はみずからの時代の衰退を四半世紀近くも見つめつづけ、一九〇一年に死去した。死の前年のメンデル遺伝学の再発見を彼女がどう感じていたか、それを記録した資料があるのかどうかさえ寡聞にして知らない。

ダーウィンが没したとき、ウォーレスはまだ五九歳の働き盛りであり、晩婚だったので子どもたちもまだ小さかった。「師であり友人」であったダーウィンを失ったウォーレスは、まだ三一年半の人生を残していた。ヴィクトリア女王の治世が終わると同時に、遺伝学の時代が本格的に幕をあけた。時代が大きく変化していく荒波にもまれながらも、ウォーレスはみずからが信じる学者としての道を、さまざまな批判や揶揄をものともせずに突き進んでいった。そして第一次世界大戦勃発の前年、一九一三年一一月七日金曜の朝九時半、九一年におよぶ波乱の生涯の幕を閉じた。長女ヴァイオレットと次男ウィリアムの回想によれば、父親は「かたく信じていたように、ほかの生命に静かに乗り移って」いった。

あとがき

本書は月刊『みすず』の一九九七年一一月号から二〇〇二年一一月号まで、断続的に一三回にわたって連載した原稿に、大幅な加筆と修正を加えたものである。この連載の構想と下準備は、前作『種の起原をもとめて』（一九九七年、朝日新聞社。現在入手可能なのはオンデマンド版）の続編として、この前作の執筆中にはじめていた。自分をウォーレスと比較するのはおこがましいが、前作と本書との関係は、ウォーレスの『マレー諸島』と『動物の地理的分布』との関係に対応するといっていいのかもしれない。

この二冊で私のウォーレス研究は一応の区切りとなる。そこで副題を、連載時とは順序を逆にして「ウォーレス＝ダーウィン往復書簡」とした。本書の主題は、ウォーレスとダーウィンの進化の自然選択説が連名で発表された後の、二人の進化理論をより完成させるための手紙での議論についてではあるが、ウォーレスを鏡にしてダーウィン進化論を検討するという前作以来の視点を重視したいと考えたからでもある。

前作を仕上げながら感じていたのは、ウォーレスとダーウィンという、歴史を動かす偉業をなしとげた二人の男たちの、圧倒されるような存在感だった。興奮をなんとか抑えこみ、冷静になろうとしていたことを思い出す。いまから一世紀半も昔の産業革命が終わったばかりの時代に、ウォーレスという一人の男が独学で研究をつづけ、そして自然選択説という時代を大きく変化させる学説に到達してしまった。そして、彼以上に大きな仕事をやり遂げたダーウィンという大学者が存在していた。

本書を仕上げながら感じていることは、奇妙な言いかたかもしれないが、ウォーレスとダーウィンをようやく卒業できるかなという思いだ。二人それぞれに、あの時代のあの社会をまじめに生きようとした多数の男たちの一人だった。

成功し名を歴史に残したが、無駄や失敗やまちがいもたくさんしていた。

人間はいつだってその時代に生きている。科学はノンフィクションであり、観察した事実、調べえた事実にもとづく推論である。フィクションのように想像力だけで時代の先を語ったり夢見たりすることはできない。科学者が科学的であろうとすれば、その時代という制約から逃れることはできない。

先行研究を読んでいてときどき思うのは、ウォーレスとダーウィンのどちらが時代に先駆けていたかへの、意識的なのか無意識的なのかはわからないが、微妙なこだわりが多くの人にあることだった。前作以来、二〇年ほどのあいだ断続的に勉強を重ねてきてはっきりと理解できたことは、二人とも時代の子だったということである。たとえば、ウォーレスは「集団選択」的だが、ダーウィンは時代を超えて「個体選択」的だったといわれることがある。しかし、二人はいずれもその区別を明確に認識できていなかったからこそ、「不毛な論争」をつづけねばならなかった（第8章）。本書で紹介した往復書簡を見てもらえば、ほかにも数多くの、いまから見れば的外れな、あるいは誤った議論を見つけることができるだろう。

しかし、そういった幼稚といいたいほど素朴な議論を、二人は真剣な顔つきで闘わせていた。ウォーレスもダーウィンも、あの時代の制約を身にまとっていることを自覚しつつ、時代の制約を突き崩して新たな展望をえようとする努力を、生涯を終えるまでやめなかった。ヒューエルの帰納科学の精神を尊重し、自分たちが到達した学説を、批判と反証にひらかれたひとつの仮説にすぎないと認識していたことは、たとえば「パンゲネシス」仮説をめぐる二人のやりとりを見れば一目瞭然だろう（とくに8-1参照）。

私は研究者としてB級以下だと自覚しているが、前作から本書にいたる過程でウォーレスもダーウィンもまちがいをいくつもしていたことを知り、二人に親近感を覚えたと同時に、それ以上に、その制約を認識しつつ、その制約を打破して前進しようとする二人の強い精神力に、あらためて学ぶところが多くあった。それは時代の限界を見据え、それを乗り越えようとするだけでなく、自分自身の限界をしっかりと見据え、それを乗り越えようとする二人の、謙虚でひたむきな姿勢である。時代を乗り越えられなくてもかまわないが、いい仕事を仕上げるためには、自分を謙虚に見つめることができなければならない。

脱稿までに一〇年以上を要したことについて、弁解のそしりをまぬがれられないことを承知で、若干の説明をさせてもらいたい。連載の最終回は、じつは病院のベッドの上で書いた。仕事を整理する必要にせまられ、一部の問題をスキップして連載を終了した。そのため本書を仕上げるにあたって、最終回を二つの章に分割して内容を組み替える必要があり、それに合わせてそれ以前の章にも新たな書簡を加えることにした。それにともない、訳注を増やしたり位置を入れ替えたりがあり、訳注同士の参照関係の修正など、パズルのようなチェック作業も必要となった。

仕事を整理せねばならなかったのも、また三ヵ月も入院せねばならなかったのも、ひとえに多忙のゆえだった。連載を開始した同年の同月に前作で毎日出版文化賞を受賞するという望外のことがあったが、予想していた原稿依頼の急増という危惧は、幸か不幸か、完全に肩透かしをくった。しかし翌年の四月から現在の大学に着任することになり、四九歳にしてはじめての定期収入で生活は安定したが、一年目がようやく終わろうとした矢先に新学科設立という重責を背負うことになった。文筆業と教育業との両立でさえ困難を感じていたときに、さらに管理職というもっとも不得手な仕事が重なったわけである。

学科の立ち上げは、最後に文部省の担当者と喧嘩腰で交渉せねばならない場面もあったが無事に船出し、昨年からは少子化と不景気のなか後任者たちが引き継いでくれた。術後五年間の「保護観察処分」も無事にクリアし、すでに七年目を迎えることができた（みすず書房刊の『鶴見良行著作集』第3巻の月報に書かせてもらった「良行さんをなぞる」という文章の末尾に、私は次のように書いた――「じつはいま、また鶴見さんの真似をしてしまっているのだが、それについてはいい結果が出たときに報告したい」。幸運にも「いい結果」となり、その顛末の一部をここで報告することができたことを喜びたい）。そして、ようやくこの春に連載原稿の修正と加筆に本格的に着手することができ、大学が夏休みに入ったいま、こうしてあとがきを書くところまでくることができた。

この一〇年あまりの年月は、自分にとっては短く感じられるところもあるが、社会全体を見渡したときにはその数倍にも長く感じられるほど変化の激しい時代だったように思う。とりわけIT技術の進歩には目を見張らされるものがあり、機械音痴の私でさえウェブ情報をかなり利用するようになった。とくにふれておかねばならないのは、英国の「ダーウィン・オンライン」(http://www.darwin-online.org.uk) だろう。ダーウィンが書き残したものと関連する文献資料のほとんどを、ウェブ上で閲覧することができる。またウォーレスが書き残したものも、そのかなりの部分が米国の西ケンタッキー大学のチャールズ・H・スミスが管理するページ（http://people.wku.edu/charles.smith/index1.htm）に載っている。

また当時のマイナーな科学者についてなど、以前には調べようのなかった情報もウェブ上を丹念に探せば見つかるようになった。前述のように本書の最後のほうは今年になってから書いたが、はじめのほうの章はすでに一〇年もの時間が経過している。そこで、エピローグをほぼ書き終えた段階で、冒頭に戻って文体などを統一しなおすとともに、当時は不明のままにしていた訳注を中心に、ウェブで情報を捜索して書き足すことにした。情報が増えて資料価値が高まったならさいわいであり、煩雑になるなど逆効果になったりしていないことを願っている。

印刷媒体でも、この一〇年間のあいだに変化があった。とくに述べておくべきは千年紀の変わり目をはさんで突発した「ウォーレス本ラッシュ」ともいうべき現象だろう。ウォーレスの新しい評伝などが相次いで刊行された（巻末の参考文献リストの末尾に「付録」として付しておいた）。また前後してダーウィンについての新しい研究書や、ハクスリーの評伝なども出た。前述の「ダーウィン・オンライン」などダーウィン関係の資料の整理がほぼ終わりつつあることと関係があるのだろう。ダーウィン研究はまちがいなく今後も続いていくだろうが、同時にダーウィンと同時代の人々の業績にも関心が広がりつつあるということができそうだ。ただし、ウォーレスについてはとくに新しい資料の発見はなく、彼の進化論についての新たな展開も見られず、ほとんどの著者がこれまで避けられてきた晩年の心霊主義や社会主義に焦点をあてている。

はじめのほうで書いたように、本書で私のウォーレス研究は区切りがついたと考えている。進化論の時代以降のウォーレスの社会主義活動や、進化論と心霊主義の統合という無謀な試みにも、けっして関心がないわけではない。失敗を恐れることなく信念にもとづいて行動した愚直な人柄の魅力は、失敗に終わったことで色褪せるのではなく、むしろ失敗によって魅力をより増しているだろう。

しかしいま、私の関心は別の方角を向いている。もとよりウォーレスへの関心は、ダーウィンと進化論の歴史をうつす鏡としてのウォーレスであった。また進化論の時代への関心は、この時代に人間と自然環境との関係そのものが変化しただけでなく、人間の自然環境についての認識と姿勢も大きく変化し、そして今日の環境の時代へとつながったことへの関心であった。一九九〇年代のはじめ、ロンドンの図書館でウォーレスが博物学を勉強し、進化論にいたる論文を次々に投稿した雑誌を調べていたとき、進化論の萌芽がところどころに垣間見られる誌面のあちこちに、「ガーデニング」が顔をのぞかせていることに気づいた。ダーウィンが愛読し、もっとも数多く投稿した雑誌は『ガーデナーズ・クロニクル』という週刊園芸誌であり、一八四一年に創刊された。編集者は、ロンドン万博（一八五一年）の会場「クリスタル・パレス」を提案した造園家パクストン（Sir Joseph Paxton : 1802–65）と、一八二九年にロンドン大学の初代植物学教授となり近代植物学の基礎を築いたリンドリー（John Lindley : 1799–1865）の二人である。リンドリーはまた、王立園芸協会（ＲＨＳ）を軌道にのせ、今日につづく興隆を導いた中心人物でもある。

庭や庭園は人間と自然環境との接点に広がる。そこにはそれを造った人の自然観、その時代の自然環境への認識と姿勢のあり方が刻み込まれているにちがいない。

ウォーレスは引っ越しを何度もくり返したが、後年になるほど住所を郊外から田園地帯に移し、しだいに庭造りに没頭していったことが『W自伝』のところどころにうかがえる。妻のアニーは庭師（コケの専門家でもあった）の娘であり、植物への共通の趣味が二人を結びつけた。一八八九年に建てたパークストーンの家の庭造りのために苗木などを分けてもらった人々のなかに、「ジーキル」（Gertrude Jekyll : 1843–1932）の名前が見つかる（『W自伝』下巻、二〇六頁）。スティーヴンソンが『ジキル博士とハイド氏』（一八八六年）で名前を借用した友人の姉であり、彼女の主著『花の庭の色彩設計』（一九一三年）はガーデニングのバイブルとしていまも英国の書店に並んでいる。邦訳は『ジーキルの美しい庭』（土屋昌子訳）として平凡社から刊行されたが、この邦訳版を監修した「恵泉女学園大学園芸文化研究所」の所長は、じつは私である。しかし、ウォーレスが書き残したなかに園芸やガーデニングについてのものは、残念ながら見当たらない。

一方、ダーウィンは少年時代には自宅の花壇を担当し、生涯に書いた一七冊の著書のうち半数近くは植物に関するものであり、そこに盛り込まれた実験や観察のほとんどはダウン・ハウスの庭でおこなわれた。死の半年前に刊行された『ミミズの活動による腐植土の形成』（邦訳は『ミミズと土』平凡社ライブラリー）も、ビーグル号航海から帰国して間もなくにミミズの問題を示唆してくれたウェジウッド叔父さんをして、「大陸を股にかける仕事をしている若い紳士にとって、ガーデニングのささいなことなど関係ないのでは」といわしめたとされるように、当時もいまも女子どもの領域とみなされる庭いじりの延長にあったし、じっさい実験と観察のほとんどは裏庭と居間でおこなわれた（拙論「ダーウィンのミミズの研究と地球の歴史」、『みすず』二〇〇六年一一月号）。

本書のタイトルを『進化論の時代』としたように、私がこれまでダーウィン（とウォーレス）の進化論を中心にして見てきたのは、彼（ら）のなした仕事のうち、新たな時代と学問分野を切り拓き、社会を突き動かした男性的な側面であった。しかし二人ともにガーデニング趣味や裏庭での観察といった女性的な側面を色濃くあわせ持っていた。なかでもダーウィンは、研究書や論文という男性的な装いをまといながら、女性的な「趣味の研究」をやりとげて書き残したということができる。

私は一九六〇年代後半から七〇年前後という激動の時代に自然環境に目を開かれ、学生時代の大型野生動物の観察からはじめて何度か方向転換をかさね、そしてウォーレスとダーウィンの研究にいたった。これからしばらくの研究は、ダーウィンのもつ自然環境への女性的なまなざしに私自身の視線をかさね、あらためてダーウィンの残した仕事を読み直す作業からはじめることになるだろう。

この新たな転進は、これまでの仕事の必然的な展開だと私自身は考えているが、同時に、本書の刊行を可能にしてくれた恵泉女学園大学の出版助成への返礼でもあるのかもしれない。学園が八〇年前に創設されて以来、教育の三本柱は「聖書」「国際」「園芸」であり、大学では一年生全員に有機農場での畑作業を必修としている（私は教育農場長でもある）。

大学の出版助成という制度の恩恵と、みすず書房という良心的な出版社の存在とがなければ、資料価値は十分にあるはずだが、けっして手軽に読める本ではない本書の出版は不可能だっただろう。

『みすず』連載に私を導いてくれた当時の編集担当者、郷雅之さんに、この場をかりてお礼を申しあげます。五〇枚もの原稿を一〇回以上も連載させてもらうという、他ではありえない機会がなければ、このように分厚い本の完成はありえなかったでしょう。また郷さんから編集を引き継いでいただきながら、なかなか仕事を再開できずにいる私に、季節と私の心理を見計らったような適切なタイミングでメールを送ってくれた石神純子さんにも感謝しています。女性らしい気遣いのこもった文面でありながら、じわじわと効いてくる圧力は、胃にこたえました。ようやく脱稿したと称する原稿は、一〇年以上の歳月と五年もの中断、そして時代と著者自身の変化のため、矛盾や不整合が散見されるものとなっていました。石神さんの編集力と忍耐力とがなければ、印刷して本にできるものには絶対に仕上がらなかったでしょう。

献辞みたいなことを、生まれてはじめて書こうと思う。数年前に続けざまに他界した母・登貴子と妹・麻知子、そして叔母の花子さんがいっしょに眠る墓前に、本書をささげます。三人とも読む気はないと突っ返すでしょうが、放浪癖のある私を見てみない振りしてくれただけでなく、黙って経済的な援助までしてくれたことへの礼の気持ちとして。また、私など足もとにもおよばないほど我儘な人生を送ってきた九二歳の父・博とともに、迷惑をかけてきたことの詫びとして。そして母がよく嘆いていた「父親と息子の道楽競争」の途中経過の記録として。

二〇〇九年の夏
『種の起原』刊行一五〇周年を迎えた今年、ようやくひとつの区切りができたかなと願いつつ――

新妻昭夫

新妻昭夫

進化論の時代

ウォーレス＝ダーウィン往復書簡

2010 年 3 月 19 日　印刷
2010 年 3 月 30 日　発行

発行所 株式会社 みすず書房
〒113-0033 東京都文京区本郷 5 丁目 32-21
電話 03-3814-0131（営業） 03-3815-9181（編集）
http://www.msz.co.jp

本文印刷所 三陽社
扉・カバー印刷所 栗田印刷
製本所 誠製本

Printed in Japan
ISBN 978-4-622-07529-5
［しんかろんのじだい］

著者略歴

(にいづま・あきお)

1949年，札幌に生まれる．北大ヒグマ研究グループ出身．京都大学大学院理学研究科博士課程修了．理学博士．専攻は動物学，博物学史など．恵泉女学園大学教授，同大学園芸文化研究所所長．著書『種の起原をもとめて』（朝日新聞社，1997）で第51回毎日出版文化賞を受賞．そのほかの著書に『ダーウィンのミミズの研究』（絵＝杉田比呂美，福音館書店，2000）など．訳書に，A・R・ウォーレス『マレー諸島』（ちくま学芸文庫，1993），同『熱帯の自然』（共訳，平河出版社，1987），A・C・ブラックマン『ダーウィンに消された男』（共訳，朝日新聞社，1984），S・J・グールド『フラミンゴの微笑』上下（早川書房，1989），同『神と科学は共存できるか？』（共訳，日経BP社，2007），E・マイア『進化論と生物哲学』（共訳，東京化学同人，1994），G・ホワイト『セルボーンの博物誌』（小学館地球人ライブラリー，1997），R・マッシュ『新版　恐竜の飼いかた教えます』（共訳，平凡社，2009）など．

人名解説・人名索引

アーガイル公爵（8th duke of Argyll）．本名 Campbell, George Douglas（1823–1900）は，ホイッグ党の政治家で，政治や科学や宗教について多数の著書がある．郵政大臣，インド所管大臣などを歴任した．当時の有力者であるとともに，知識人として高く評価され，ダーウィンとも親しくつきあいがあった．ダーウィンの葬儀では柩に付き添った 10 名の一人であった．ダーウィン批判の著書がある―― Argyll, G. D. Campbell, 8th Duke of, 1867. *The Reign of Law*. London : Alexander Strahn.　**164–177**, 275, 276, 296, **301**, 314, 320, **343**, 395, **452**, 455–**456**, **470**

アガシ（Louis Agassiz : 1807–73）は，スイス人の地質学者，動物学者．ヌーシャテル大学博物学教授だったが，1846 年にアメリカに移民し，翌年からハーヴァード大学の博物学教授となり，1859 年に比較動物学博物館を設立する．王立協会外国会員．進化論に徹底して反対したことで有名．　54–**55**, **72**, **79**, **80**, **84**, **143**, 314–**315**

アーノット（George Walker Arnott : 1799–1868）は，英国人の植物学者．グラスゴー大学の植物学の欽定教授．若いころにフッカーの父親と共同研究したことがある．進化論に激しく反対した．　54

アップルトン（Charles Edward Cutts Birchall Appleton : 1841–79）は，オックスフォードのセント・ジョンズ・カレッジの哲学講師．『アカデミー』誌を創刊し，1869 年から 1879 年まで編集長を務めた．　334–**335**

アール（George Windsor Earl : 1813–65）のことと考えられる．経歴は不明だが，鶴見良行『ナマコの眼』（筑摩書房）によれば，1838–49 年にオーストラリアのアーネムランド地方のエッシング島の港湾建設のため，マレー語通訳として働いていた．　41–**42**

ヴァーリー（Cromwell Fleetwood Varley : 1828–83）は，オッペンハイム『英国心霊主義の抬頭』によれば，有名な電気技師で大西洋海底ケーブル計画に深くかかわっていたという．その妻は霊媒であった．　295–**296**

ウィルバーフォース（Samuel Wilberforce : 1805–73）は，英国人の有力聖職者．オックスフォード大学の司祭（1845–69 年）．ダーウィンの進化論に激しく反論し，とくに 1860 年のオックスフォードでの大英学術振興協会年次大会でのハクスリーとの論争は，進化論史におけるもっとも有名な逸話．『種の起原』を激烈に批判する書評を匿名で発表した（Wilberforce, 1860）．　**4**, **74**–75, 273, 294, **303**

ウェア（John Jenner Weir : 1822–94）は，英国人の博物学者．昆虫学協会，リンネ協会などの会員．経理士として税関に勤務しながら，擬態と保護色を実験的に研究し，自然選択説を裏付けた．　**141**, 145, 210–**211**, 241–**242**, 247, **280**

ウェストウッド（John Obadiah Westwood : 1805–93）は，英国人の昆虫学者．古文書学の研究でも知られる．ロンドン昆虫学協会の主要会員で，1861 年にはオックスフォード大学のホープ記念教授に就任．1855 年に王立協会ロイヤル・メダル受賞．　**68**, **77**–78

ウェルズ（William Charles Wells : 1757–1817）は，スコットランド生まれの英国人の内科医，印刷業者．王立協会会員．オランダや米国フロリダなどで暮らしたこともあるが，1784 年には英国に戻って開業医となる．1793 年，王立協会会員．1798 年からはセント・トマス病院の内科医．1813 年に自然選択の原理を述べた論文を発表していたことが，『種の起原』第 3 版（1861 年）で追加された「種の起原にかんする意見の進歩の歴史的概要――本書の初版刊行にいたるまで」（岩波文庫版の上巻の付録）で述べられている．　**142**

ウォーラストン（Thomas Vernon Wollaston : 1822–78）は，英国人の昆虫学者，貝類学者．マデイラ諸島の昆虫と貝類の研究が，『種の起原』の数個所で引用されている．また『種の起原』を批判する匿名書評の筆者とされる（[Wollaston, T. M.], 1860. Review of Origin of Species. *Ann. Mag. Nat. Hist.* 3rd ser. 5 : 132–43）．　**54**, **398**

ウォルシュ（Benjamin Dann Walsh : 1808–69）は，米国人の昆虫学者．ダーウィンと同時期にケンブリッジ大学で学んでいた．ウォルシュは学生時代に会って甲虫の収集品を見せてもらったと言っているが，ダーウィンはあまり記憶がなかったらしい．1838 年に米国に渡り，原野を買い取って一人で開拓生活をした後，イリノイ州に移住．1858 年ごろから本格的に昆虫学を研究し，1867 年前後には『プラクティカル・エントモロジスト』という雑誌を編集していた．害虫防除に天敵を使うことを提唱した．1868 年の暮れにイリノイ州の昆虫学者に任命されたが，翌年には他界した．ダーウィンと文通し，『起原』第 4 版（1866 年）の改訂のさい，ウォルシュの研究が数個所で引用された（たとえば第 5 章「変異の法則」の注 38）．　**247**

ウーゾー（Jean Charles Houzeau : 1820–88）は，ベルギー人のジャーナリスト，天文学者．当時の政情不安定のなかでジャーナリスト活動をつづけるため，欧米の各国を転々とせざるをえなかった．ようやく 1876 年，ベルギー天文台の所長となる．小惑星「ウーゾー（2534 Houzeau）」は，この天文学者にちなんで命名された．　**376**–377

ウッドバリー（Thomas White Woodbury : 1818–71）は，父親の新聞社を手伝っていたが，1850 年に引退してミツバチの研究をはじめた．地中海東部の品種のミツバチを英国に導入したことや，巣箱の工夫で知られる．　**77**

オーエン（Richard Owen : 1804–92）は，英国人の比較解剖学者，古生物学者．王立外科学校の比較解剖学と生理学の教授を経て，1856 年に大英博物館自然史分館（現在のロンドン自然史博物館）の最高責任者となり，1881 年の同館のサウス・ケンジントンへの移設に主要な役割を果たした．ダーウィンがビーグル号航海で採集した南アメリカの化石哺乳類も研究し，ダーウィンが進化に開眼するきっかけのひとつとなった．しかし，進化論には最後まで反対した．なかでも『エディ

ンバラ・レヴュー』誌に匿名で発表した『種の起原』の書評が有名（Owen, 1860）. **3**, **43**, 53–**54**, 61–**63**, **72**, **74**–75, 92, **95**, **167**, 170, 198, **200**, **268–269**, **342**, 362–**363**, **481**

オールブット（Sir Thomas Clifford Allbutt : 1836–1925）は，英国人の内科医で，体温計の発明で知られる．ナイトの称号は 1907 年． 231–**232**

ギーキー（James Geikie : 1839–1915）は，スコットランド人の地質学者．地質学調査所で研究をつづけ，1882 年に兄（Sir Archibald Geikie : 1835–1924）の後任としてエディンバラ大学の地質学と鉱物学の教授となる．『大氷河時代とその人類の古さとの関係』（Geikie, J., 1874. *Great Ice Age and its Relation to the Antiquity of Man.*）で，第四紀に氷河期が一度だけあったとする当時の主流派の意見に対して，クロールが 1864 年に提出した天文学的要因説にもとづく氷河期複数説を支持した． **439**–440

キュヴィエ（Georges Cuvier : 1769–1832）は，フランス人の動物学者，比較解剖学者，古生物学者，系統分類学者で，パリ自然史博物館を基盤に活躍し，ナポレオンに重用されてからは行政面でも権力を行使した．ラマルクの進化論を徹底的に批判し，天変地異説を提唱したことでよく知られる． **291**–292

クラーク（William Clark : 1788–1869）は，英国人の解剖学者で聖職者．ケンブリッジ大学解剖学教授（1817–66 年）．王立協会会員． 53–**54**

グラッドストーン（William Ewart Gladstone : 1809–98）は，英国自由主義を代表する政治家．保守主義者として出発したが，若くして能力を認められ，25 歳のとき保守党政権で要職に抜擢された．その後，紆余曲折を経て 50 歳で自由党に入党，同時にパーマストン内閣の蔵相となって，英国の自由貿易政策を完成させた．第一次グラッドストーン内閣（1868–74 年）につづく，第二次グラッドストーン内閣（1880–85 年）を成立させた直後に，ダーウィンたちによるウォーレスへの恩給の請願があった．その後，第四次内閣まで組閣するが，次第に影響力を強める帝国主義勢力におされ，1895 年に政界を引退した． 363, **452–455**, **479**

クラパレード（Jean Louis René Antoine Edouard Claparède : 1832–71）は，スイスの動物学者．ジュネーヴ科学アカデミーの動物学・比較解剖学の教授だったこと以上のくわしいことは不明．スイスでもっとも早く『種の起原』を支持した一人とされ，フッカーあての 1862 年 9 月 11 日付けの手紙（『D 旧書簡集・補』第 2 巻，288 頁）によれば，『起原』フランス語訳の翻訳者ロイヤー（Mdlle. Royer）を手伝ったらしい． **319**, **322**

グールド（Augustus Addison Gould : 1805–66）は，米国人の内科医で貝類学者．アメリカ海軍の探検航海（1832–42）で採集された貝類の研究結果を，1852 年から 1856 年にかけて刊行された報告書に発表した． **23**, **304**

グリーノウ（George Bellas Greenough : 1778–1855）は，英国人の地質学者．ロンドン地質学協会を 1807 年に創設した一人．最初の数年間のまだ晩餐クラブのあいだは例会の議長を務め，協会が本格的な活動をはじめた 1811 年に初代の会長に選任された．博物学や地質学の研究をはじめる前には法学を学び，1807 年から 12 年まで下院議員を務めた政治家であり，後に協会が「英国地質学の父」と認

めたウィリアム・スミス（William Smith: 1769-1839）を追放するなど，かなり横暴なところがあったとされる．　42

グレアム（William Graham: 1839-1911）は，アイルランド人の哲学者，政治経済学者で，1882年からベルファースト大学法学・政治経済学教授．　**461**

グレイ（Asa Gray: 1810-88）は，米国人の植物学者で，ハーヴァード大学の博物学教授．アメリカ科学アカデミー会長などを歴任．ダーウィンとは「進化論」が話題になる以前から，植物についての情報を手紙で交換していた．ペリー提督の黒船艦隊が持ちかえった日本産植物の研究を担当したことでも知られる．王立協会外国人会員．　**30**, **39**, 49-**50**, 54-**55**, 75, **78**-**80**, 107, 376

グレイ（George Grey: 1812-98）は，英国人の陸軍将校．オーストラリア，ニュージーランド，南アフリカに赴任し，各地を探検した．オーストラリア探検記がある．　**89**

クロッチ（George Robert Crotch: 1841-74）は，英国人の昆虫学者．『W 書簡集』の原注によれば，甲虫の研究で有名であり，ケンブリッジ大学図書館の事務員をしていたという．　334-**335**

クロール（James Croll: 1821-90）は，スコットランド人の物理学者．村の小学校に数年通っただけで車大工の丁稚に入ったが辛抱できず，保険会社の外交員となる．1859年にグラスゴーのアンダーソニアン大学および博物館の館長（keeper）に任命された．1867年から1881年までは，エディンバラの地質調査部に任用されていた．最初の科学的な業績は1861年に『フィロソフィカル・マガジン』誌に掲載された論文で，同じ議論が1864年に試論としてまとめられた（“On the Physical Cause of the Change of Climate during the Glacial Period”）．1876年に王立協会の会員に選ばれ，他界した年に最後の著作（*The Philosophical Basis of Evolution*）が出版された．　**291**-292, **295**, 311, **439**-440, 443-444, **450**

ケイザーリング（Alexandr Andreevich Keyserling: 1815-91）は，ロシア人の地質学者，古生物学者，植物学者．　**53**

ケルヴィン卿（Lord Kelvin）　→トムソンの項を見よ．

ゲルトナー（Karl Friedrich von Gärtner: 1772-1850）は，ドイツ人の内科医で植物学者．開業医だったが，1800年以降は医者を辞めて植物学の研究に専念し，1824年ごろからは生活のほとんどを植物の雑種の研究にささげた．　**16**-17

ケールロイター（Joseph Gottlieb Kölreuter: 1733-1806）は，ドイツ人の植物学者．カールスルーエ（Karlsruhe）植物園の植物学教授兼園長．植物の交雑実験をくり返した．　**16**-17

ゴドリー（Albert-Jeanno Gaudry: 1827-1908）は，フランス人の古生物学者．ギリシャやキプロス島の中新世の哺乳類化石の研究で知られる．1872年に，パリ自然史博物館の古生物学の主任に就任した．　362-**363**

コール（Sir Henry Cole, K. C. B.: 1808-80）は，英国人の行政家．15歳で公務員となり，さまざまな部署での新たな考案に主要な役割を果たした．とくに有名なのは郵便事業で，1840年5月1日発行の世界初の切手（「ペニー・ブラック」）の図柄は彼の発案とされる．また社会教育分野でも活躍し，とくに1851年のロンド

ン万博の運営では主要な役割を果たした．彼が 1857 年から 73 年まで館長を務めた「サウス・ケンジントン博物館」は，いまの「ヴィクトリア&アルバート美術館」．　181, 359, **371**

ゴールトン（Francis Galton : 1822-1911）は，英国人の旅行家，統計学者で，ダーウィンの従兄弟にあたる．20 歳代の後半に南西アフリカを探検した後，気象学などさまざまな分野の研究をおこなう．後半生は遺伝を主要な課題として統計学的な研究をおこない，1904 年には優生学研究所を設立した．メンデル遺伝学では説明できない量的形質の遺伝性の研究に端緒を開いた功績は大きいが，優生学的な主張には科学的にあいまいな部分があり，人種差別に理論的な根拠をあたえたとして批判される．　112, 195, **316**, 371-**372**, **375**

サウンダーズ（William Wilson Saunders : 1809-79）は，英国人の昆虫学者で，ロンドン昆虫学会の会長などを務めていた．『マレー諸島』の序言に，採集した昆虫類の標本のほとんどはサウンダーズのコレクションになっているとある．彼はロイズの保険引受人の一人だったので，おそらく相当な資産家だったのだろう．サウンダーズの所蔵標本の研究は専門家に委託され，大英博物館のフレデリック・スミスもその一人であった．スミスがリンネ協会で発表した論文の紹介者は，すべてサウンダーズとなっている．　**35**-36

ジェンキン（Henry Charles Fleeming Jenkin : 1833-85）は，英国人の電気工学者で，当時はエディンバラ大学の教授であった．電報用の海底ケーブルの研究が有名で，また辛口のエッセイや書評でも名を知られていた．海底ケーブルの絶縁や抵抗の実験をケルヴィン卿と共同研究するなど親交があり，ジェンキンの自然選択説批判はケルヴィン卿との協同といっていい．　170, 176, **275-277**

シーマン（Berthold Carl Seemann : 1825-71）は，ドイツ生まれの植物学者．王立キュー植物園で研究した後，同植物園の派遣する探検隊に同行したり，探検隊の報告書の作成に加わったりした．　198, **200**, 203-**204**, **220-221**

ジャーディン（William Jardine, 7th Baronet : 1800-74）は，英国人の博物学者．『アナルズ・アンド・マガジン・オブ・ナチュラル・ヒストリー（AMNH）』誌の創刊者の一人．王立協会会員．『種の起原』を批判する匿名書評を書いた（[Jardine, W.], 1860. Review of Origin of Species. *Edinburgh New Philosophical Journal* n. s. 11 : 280-9）．　53-**54**

シャッフハウゼン（Hermann Shaaffhausen : 1816-93）は，ドイツ人の解剖学者で，ボン大学の教授．ネアンデルタール渓谷の石灰岩洞窟で 1857 年に発見された頭骨化石を調べ，1861 年に発表した論文で額の傾斜など原始的な特徴を指摘し，ケルト人よりはかなり古い時代の野蛮人の骨ではないかと示唆した．　**55-56**

ジャネ（Paul Alexandre René Janet : 1823-99）は，フランス人の哲学者で，昆虫学にも興味を持っていた．パリの国立高等中学校（リセ）の論理学教授だったが，1864 年からソルボンヌ大学の哲学史の教授に就任した．ダーウィンの自然選択説を批判する次の著作がある——Janet, P., 1864. *Le matérialisme contemporain en Allemagne : examen du système du docteur L. Büchner.*　**122**, **126**, 129, **130**

シャーピー（William Sharpey : 1802-80）は，スコットランド生まれの英国の解剖学

者，生理学者．王立協会の事務長，大英学術振興協会の委員，ロンドン大学の理事など要職にあった．ダーウィンと親交があった．　**374**

ジュークス（Joseph Beete Jukes：1811–69）は，英国人の地質学者で，大英地質調査所アイルランド支部の部長．王立協会会員．　**53**

シュレーゲル（Hermann Schlegel：1804–84）は，ドイツ人の動物学者，鳥類学者で，オランダのライデンの王立自然史博物館の二代目館長を務めた．1820 年代に長崎の出島に滞在したシーボルトが日本で採集した標本を研究し，テミンクらと『日本動物誌（*Fauna Japonica*）』を執筆した．シュレーゲルアオガエル（*Rhacophorus schlegelii*）などに名を残す．　**376**

スプルース（Richard Spruce：1817–93）は，英国人の植物学者．アマゾンとアンデスを探検し，マラリアの特効薬キニーネの原料であるキナノキの種子を英国にもたらしたことで知られる．ウォーレスはアマゾン探検中に出会い，帰国後も親しくつきあった．スプルースの死後，遺稿がウォーレスによって編まれ出版された（Spruce, 1907）．スプルースの 14 年にもおよぶ南米探検と業績，および彼の人となりについては，ピーター・レイビー『大探検時代の博物学者たち』の第 4 章で見ることができる．またスプルースとその業績についての最新の研究として，Seward & FitzGerald eds.（1996）がある．　80, **82**, 113, **115**, 272–**273**

スペンサー（Herbert Spencer：1820–1903）は，英国人の社会学者，哲学者．学校教育を受けず，父親と叔父を教師として育った．鉄道技師（1837–45 年），『エコノミスト』誌編集部員（1843–53 年）を経て，33 歳から他界するまで在野の学者として著述に専念した．とくに社会進化論と自由放任主義は，社会学者ジョン・スチュアート・ミルや鉄鋼王 A・カーネギーなど多方面に強い影響をあたえた．主著は『総合哲学体系（A System of Synthetic Philosophy）』全 10 巻．そのうちわけは第 1 巻『第一原理』（1862 年），第 2–3 巻『生物学原理』（1864–67 年），第 4–5 巻『心理学原理』（1870–2 年），第 6–8 巻『社会学原理』（1876–96 年），第 9–10 巻『倫理学原理』（1879–93 年）．彼の社会進化論は，今日の進化生物学の立場からはダーウィニズムの誤用であり，「弱肉強食」という誤った理解と帝国主義的な植民地主義や資本主義を鼓舞しただけでなく，ナチズムにもつながる人種差別主義の主要な原因となったとされる．日本では明治 10 年代から 20 年代にかけての自由民権運動の思想的な拠り所とされ，当時の日本における進化論の受容においてもスペンサーの著作の影響が強かった．X クラブ会員．　**71–72**, 81, **83**, 86, 89, **102–103**, 111, 113, **123**, **129–131**, **134–135**, 170, 177, **194–195**, 197–**198**, 201–**202**, 215–**216**, **269**, 324, **343**, 360, **362–363**, 365–366, **368**, **392**, **394**, 412, **422**, **459**, **478**

スポッティスウッド（William Spottiswoode：1825–83）は，英国人の数学者，物理学者．王立協会会長を務める．X クラブ会員．　111, **423**, 452, **470**

スミス（Frederick Smith：1805–79）は，英国人の昆虫学者．膜翅目（ハチやアリ）の専門家で，1849 年から大英博物館の動物学部門で研究をつづけていた．ウォーレスのマレー諸島での採集品のうち，膜翅目の分類と新種記載論文をリンネ協会で，筆者が見つけただけでも 10 編発表している（彼の論文の紹介者はすべてサウンダーズ）．ウォーレス『マレー諸島』の序言によれば，彼が同地域で採集

した膜翅類は900種以上，そのうち新種は200種におよんだ． **35**-36

スレイター（Philip Lutley Sclater：1829-1913）は，英国人の弁護士で鳥類学者．1858年創刊の『アイビス（*Ibis*）』（大英鳥類学者連盟の学会誌）の創刊者の一人で，1865年まで編集長．1859年から1903年までロンドン動物学協会の事務局長を務める． **50**, **92**, 283, **386-387**, 399, 405

セジウィック（Adam Sedgwick：1785-1873）は，英国人の地質学者で聖職者．ケンブリッジ大学のウッドワード記念教授．王立協会会員．ダーウィンはケンブリッジ大学の学生時代にセジウィックの地質学の講義は受けなかったが，卒業間際に北ウェールズでの地質調査に同行して地質学を実地で学んだ． 53-**54**

タイラー（Edward Burnett Tylor：1832-1917）は，英国人の文化人類学者．オックスフォード大学人類学教授．人類学に進化論を導入し，アニミズムから多神教，一神教という宗教の進化を論じた．文化を「信仰，芸術，道徳，法律，風習など諸要素の複合総体」と定義したことでも知られる． **110**, **113**

ダラス（William Sweetland Dallas：1824-90）は，英国人の昆虫学者．大英博物館で昆虫を研究した後，ヨークシャー哲学協会博物館の学芸員となる．1868年からはロンドン地質学協会の副事務長職のかたわら，『AMNH』誌の編集長を務めた．またフリッツ・ミュラー『ダーウィンのために』を英訳し，ダーウィンの『家畜と栽培植物の変異』の索引を作成したり，『種の起原』第6版の用語解説を書いたりするなど，ダーウィンと親交があった． 111

チェンバーズ（Robert Chambers：1802-71）は，英国人の出版業者．『チェンバーズ・ジャーナル』の編集者．匿名で出版した『創造の自然史の痕跡』（1844年）は，『種の起原』以前に進化を論じた本として版をかさねていた．ダーウィンはその観念論的な思弁性を毛嫌いしたが，若い日のウォーレスは高く評価していた． **3**, 295-**296**

デイヴィス（Joseph Barnard Davis：1801-81）は，英国人の頭蓋学者．彼が収集した頭骨の数は，当時の英国内の全博物館の所蔵コレクションの合計より多かったといわれている．ウォーレスは『マレー諸島』（1869年）の付録「マレー諸島の諸人種の頭蓋骨と言語について」の冒頭でデイヴィス博士の研究を引用している．またマレー諸島探検中から手紙をやりとりしていたが，人種の分類や進化について意見をまったく異にしていた（ウォーレスから幼なじみのジョージ・シルクへの手紙，1858年11月ごろ．『W自伝』上巻，366頁）． **34**-35

ティンダル（John Tyndall：1820-93）は，アイルランド人の物理学者，科学啓蒙家．独学で物理学を学び，1853年にファラデーの後任として王立研究所の自然哲学教授となる．微粒子による光の散乱によるティンダル現象を発見し，空が青く見えることや夕焼けや朝焼けが赤く見えることを説明したことで有名．王立協会会員．Xクラブ会員． 111, 177, 360, **422**

デーナ（James Dwight Dana：1813-95）．米国人の地質学者，動物学者．南太平洋探検隊（1838-42年）に参加し，地質学および植虫類（固着性海産動物）と甲殻類の分類について報告した．イェール大学の教授（博物学，地質学，鉱物学）．1877年に王立協会のコプリー・メダル（the Copley Medal）受賞，1884年には

王立協会外国人会員に選出された．フジツボ類の分類やサンゴ礁など関心領域が重なっていたので，ダーウィンは手紙のやりとりをしていた．ただし進化論については，最後まで認めなかった．　440

ドケーヌ（Joseph France Decaisne: 1807–82）は，ベルギー生まれのフランスの植物学者．1824 年，17 歳でパリの植物園の庭師に弟子入りし，8 年後に植物学者ジュシュー（Luarent de Jussieu: 1748–1836）の助手になったころから研究者としての能力を発揮し，1847 年には科学アカデミーに迎え入れられた．後年にはパリ植物園の園長を務め，科学アカデミーの総裁にまで登りつめた．王立協会外国人会員．日本産のアケビやカタクリ，センニンソウなど，あるいはフノリなど海藻の学名の命名者として名前を残している．　**283**–284

ドーソン（John William Dawson: 1822–99）は，カナダ人の地質学者．マックギル大学の地質学教授で学長も務めた．『起原』を批判する書評を書いた（Dawson, J. W., 1860. Review of Darwin on the Origin of Species by Means of Natural Selection. *Canadian Naturalist* 5: 100–20）．　**54**

トムソン（Sir William Thomson: 1824–1907），すなわちケルヴィン卿（Lord Kelvin）は科学者で発明家．グラスゴー大学の自然哲学教授．熱力学の研究で有名であり，また電報や無線通信のシステムを考案し，大西洋横断海底ケーブルの敷設を指導したことでも知られる．1851 年に王立協会会員．1883 年にコプリー・メダルを受賞．地球の年齢を地熱の損失率から検討し，溶融した状態から地殻が固まるまでの時間を 1 億年から 4 億年と推定し，この結果にもとづいてライエルの斉一説を批判した（Thomson, W., 1866. The “doctrine of uniformity” in geology briefly refuted. *Proceedings of the Royal Society of Edinburgh* 5: 512–3）．この推定値が予想よりはるかに短いことから，ダーウィンもウォーレスも困難な議論を強いられた．　170, **291**–292, 310, 311, 313–**314**, **355**, 400

トリメン（Roland Trimen: 1840–1916）は，英国人の昆虫学者，動物学者で，1858 年に南アフリカに移住．植民地政府の仕事をしつつ，とくにチョウ類を研究．南アフリカ博物館（the South African Museum）のチョウ類標本の整理に貢献し，1873 年に非常勤の館長となり，1876 年には正式に館長に迎えられた．　201–**204**

ドールン（Felix Anton Dohrn: 1840–1909）は，ドイツ人の博物学者．父親（August Dohrn: 1806–92）は昆虫学者．イェナ大学で師事したヘッケルの影響で進化に関心が深く，甲殻類の系統や毛足類の研究などをおこなった．1868 年にイェナ大学の講師となったが，ほどなくして職を辞した．今日も世界的に有名な「ナポリ臨海実験所」を，私財を投げ打って建設（1872–74 年）したことで知られる．　**345**

ニュートン（Alfred Newton: 1829–1907）は，英国人の動物学者で鳥類学者．ケンブリッジ大学の動物学と比較解剖学の教授を務める．大英鳥類学者連盟の学会誌『アイビス』編集長（1865–70 年）．1854 年から 1863 年にかけて北ヨーロッパと北アメリカを探検し，鳥類について調査した．　**386–387**

ニューマン（Edward Newman: 1801–76）は，英国人の昆虫学者，植物学者．ハムス

テッドのクエーカー教徒の家庭に生まれ，熱心な自然愛好家だった両親の影響で昆虫や植物などを独学で研究する．33歳でリンネ協会会員になり，また同年にロンドン昆虫学協会を創設した一人．シダ類，鳥の営巣，蝶や蛾の本などを書き，また40歳代から印刷・出版業をはじめ，博物学や科学の本を多数出版した． **461-462**

ネアズ（Sir George Strong Nares : 1831-1915）は，英国人の海軍提督で，北極探検でよく知られる．とりわけ1875年のディスカヴァリー号による北極点探検で発見されたグリーンランドとエルズミーア島のあいだのネアズ海峡に名を残す． **440**

ネーゲリ（Carl Wilhelm von Nageli : 1817-91）は，スイス生まれでドイツで活躍した植物学者．目的論的な進化論を主張したことで知られる．ミュンヘン大学教授などを歴任． **289-290**

ノリス（Richard Hill Norris : 1831-1916）は英国人の生物学者で，バーミンガム大学のクィーンズ・カレッジの生理学の教授（1862-91年）．血液の病理学のほか，写真についても研究し，また心霊主義についての資料収集でも知られているが，オッペンハイム『英国心霊主義の抬頭』ではふれられていない． **295-296**

ハーヴィー（William Henry Harvey : 1811-66）は，アイルランド人の植物学者．ダブリンのトリニティ・カレッジの植物学教授．若いころはケープタウンの植民地出納官をしていた．神学から抜けきれず，ダーウィンたちを批判する「まじめで滑稽な風刺文」（私家版）を発表した．Harvey, W. H., 1860. *An Inquiry into the Probable Origin of the Human Animal, on the Principles of Mr. Darwin's Theory of Natural Selection, and in Opposition to the Lamarckian Notion of a Monkey Parentage.* Dublin : Privately Printed. **54**

ハクスリー（Thomas Henry Huxley : 1825-95）は，英国人の博物学者．1846-50年，「ラトルスネーク号」の探検航海に外科医補として乗船し，クラゲなどを研究した．王立鉱山学校の講師，大英地質調査所の研究員を経て，王立外科学校のハンター記念教授などを歴任．王立協会会員で，晩年には会長を務める．『種の起原』の刊行後，「ダーウィンの番犬」を自認して進化論擁護の論戦を展開した．Xクラブ会員． **4**, **39**, 50-**51**, 61-**62**, 74-75, **84**-86, 92, 93, **95**, 111-113, 177, **180**, 181, **192-193**, **243**, 273, 294, **300**, 303, **312-313**, 319, **340-343**, 352, 357, 360, 363, 366, **369**, **371**, 372, 374, 381, 407, **422-423**, 425, 452, 455-**456**, **458**, **470-472**, 481

バスク（George Busk : 1807-86）は，ロシア生まれの英国海軍外科医，動物学者，寄生虫学者，古生物学者．開業医を1856年に辞めた後は研究に専念し，苔虫類などの研究で知られる．リンネ協会，顕微鏡学会などの主要会員であり，1871年には王立外科学校の校長に任命された．バスクはハクスリーの海軍軍医時代からの親友であり，「Xクラブ」のメンバーでもあった．王立協会の1864年度のコプリー・メダル受賞者にダーウィンを推薦したのは，このバスクであった． **111**, **374**, **422**

バスティアン（Henry Charlton Bastian : 1837-1915）は，英国人の生理学者，脳神経学者．ユニヴァーシティー・カレッジの生理学教授で，生命の自然発生説を唱え

た．王立協会会員．　201, 365–**372**, **374**

ハースト（Thomas Archer Hirst : 1830–92）は，英国人の数学者．ロンドン大学のユニヴァーシティー・カレッジの物理学，数学の教授．大英学術振興協会の事務総長などを歴任．ロンドン数学協会の創設会員（1865 年）で，後に会長も務める．X クラブ会員．　111, **423**

バックリー嬢（Miss Arabella Buckley, later Mrs. Fisher Buckley : 1840–1929）は，地質学者チャールズ・ライエルの私設秘書を，1864 年から 1875 年のライエルの死まで務めた．ウォーレスがたぶん最初にライエルと会食したとき，ライエル夫人とともに同席していて知り合った（『W 自伝』上巻，433 頁）．その後も，社交下手なウォーレスにそれとなく気を使ってくれ，終生変わらぬ友情がたもたれたという（同，435 頁）．ライエルの死後は，子ども向けの科学書を書くなどした．**332**, **335**, **343**, **427**, 451–**452**, **458**, 462–**463**

バックル（Henry T. Buckle : 1821–62）は，英国人の歴史家．富裕な商人一家に生まれ，正規の教育は受けなかったが，父親の死後に大陸旅行や広範な読書によって独学で歴史を研究し，大著『イングランド文明史』（1857–61 年）を残して夭折した．明治期に何度か翻訳され，その進歩史観は日本の福沢諭吉や田口卯吉に影響をおよぼした．　113–**114**, **459**

バートレット（Abraham Dee Bartlett : 1812–97）は，理髪師の息子だったが，独学で剝製術を学び，1851 年の第 1 回ロンドン万博で受賞して認められた．1859 年にロンドン動物園の園長となり，生涯を閉じるまでその職にあった．　**66**, **286**, 287, **436**

ハーバート（William Herbert : 1778–1847）は，英国人の博物学者，古典研究者，言語学者，政治家にして聖職者．植物の交雑の研究で知られる．　**16**–17

ハーフトン（Samuel Haughton : 1821–97）は，英国人の聖職者で古植物学者．ダブリン大学の地質学教授．王立協会会員．ダブリン地質学協会での会長講演で『起原』を批判した（Haughton, S., 1860. Presidential Adress. *J. Geol. Soc. Dublin* 8 (1857–60) : 137–56）．　**54**

バルフォア（John Hultton Balfour : 1808–84）は，英国人の内科医で植物学者．エディンバラの王立植物園の植物学教授と欽定園長を務める．王立協会会員．進化論に反対し，論文中などでダーウィンの見解を激しく批判した．　54, **472**

バルフォア（Francis Maitland Balfour : 1851–82）は，スコットランド生まれの英国の生物学者．イタリアのナポリにあったケンブリッジ大学の臨界実験所で魚類の解剖学を研究し，発生学に新たな知見をもたらした．大著『比較発生学』上下二巻（1880–81 年）で名声を獲得し，1882 年にケンブリッジ大学の動物形態学教授に迎えられた．しかし，腸チフスからの体力回復のため訪れたアルプス山脈のモンブランで，同年 7 月に事故死した．　455–**456**

ピクテ（François Jules Pictet de la Rive : 1809–72）は，スイス人の動物学者，古無脊椎動物学者で，ジュネーヴ大学の動物学教授．『起原』の数個所で言及されている．ダーウィンが歓迎したピクテの『起原』書評は，Pictet de la Rive, F. J., 1860. Sur l' origine de l' espèce. *Bibliothèque universelle, revue suisse et étrangère.*

Archives des sciences physique et naturelles n. s. 7 : 233–55.　52–**53**, **74**–75

フィリップス（John Phillips : 1800–74）は英国人の地質学者．大英科学振興協会の副事務局長，オックスフォード大学教授などを歴任．王立協会会員．『種の起原』を批判する著書がある（Phillips, J., 1860. *Life on the Earth. Its Origin and Succession*. Cambridge）.　53–**54**, **63**

フォークト（Karl Vogt : 1817–95）は，ドイツ人の動物学者．学位取得後，スイスのルイス・アガシのもとで研究をつづけ，1846年に帰国してギーセン大学の動物学教授となる．1848年に革命が起こるとスイスに亡命し，ジュネーヴに居住．1852年，ジュネーヴ大学の地質学教授，1872年には動物学研究所長．アガシと共著で淡水魚の論文を書いた．チェンバーズが匿名で出版した『創造の自然史の痕跡』（1844年）のドイツ語版の翻訳者でもある．自然科学的唯物論者として知られ，精神は脳の産物であると主張した．　**243**

フォーブズ（Edward Forbes : 1815–54）は，英国人の地質学者，古生物学者，動物学者，植物学者．王立協会会員．早くから才能を認められ，エディンバラ大学教授や地質学協会会長などを務めていたが，夭折した．フォーブズの時代を先駆けた研究と，それに対するウォーレスの反応について，拙著『種の起原をもとめて』のとくに第5章と6章で議論されている．　22–**23**, **43**, 203, **385**, **398**

フォレル（Auguste-Henri Forel : 1848–1931）は，スイス人の神経解剖学者，精神医学者，昆虫学者．1879年にチューリヒ大学医学校の精神医学の教授となり，この分野の研究の先駆者としてフロイトに影響をあたえたとされる．研究分野は多岐にわたり，精神病のほか刑務所の改革，社会道徳，優生学などについての論文を多数発表した．社会主義的な発言や人種差別的な発言も目立ったが，晩年には転向して「バハイ教」の信者となった．また昆虫学とくにアリの分類学を精力的におこない，自宅を「アリの巣」と呼んでいたほど．日本産のシワクシケアリ（*Myrmica kotokui* Forel）などの命名者として名を残している．　**411**, **416**

フォン・ブーフ（Christian Leopold von Buch : 1774–1853）は，ドイツ人の地質学者，地理学者．世界中を旅したことで知られる．王立協会の外国会員．『種の起原』第3版（1861年）で追加された「種の起原にかんする意見の進歩の歴史的概要」（岩波文庫版では上巻の付録）で，変種から新種への進化を明確に述べた先駆者の一人としてあげられている（Buch, C. L. von, 1836. *Description Physique des Isles Canaries*）.　**56**–57

フッカー（Joseph Dalton Hooker : 1817–1911）は，英国人の植物学者．キュー王立植物園の園長職を父親から引き継いだ．ダーウィンの親友であり，地質学者ライエルとともに，1858年7月1日のリンネ協会例会におけるダーウィンとウォーレスの自然選択説連名発表を手配した．王立協会会員．Xクラブ会員．　**1**, 15, **23**, **28**–**40**, 42–**43**, **49**–**51**, 53–**55**, 75, 88, 109–**111**, 170, 196, 197–**198**, **215**, **239**–**240**, 242–**243**, 247, 283, **290**, **303**, 309, **341**, 362, **364**, 366–**367**, **385**, **389**, **398**, **407**, 409, **412**, **422**, **425**, **437**–438, 440, **442**, 448, 450, 452, **470**, **481**

プッシェ（Felix Archimède Pouchet : 1800–72）は，フランス人の博物学者．ルーアン自然史博物館館長および植物園園長を経て，ルーアン医学校教授．生命の自然

発生説を唱えて，パスツールに反対した．　196

ブライス（Edward Blyth : 1810–73）は，英国人の動物学者で，ダーウィンが情報交換をしていた多数の文通相手の一人．生涯にわたって恵まれない状況にあったが，当時はインドのカルカッタにあったベンガル・アジア協会博物館の館長を務めていた．1863 年に帰国後も，研究と執筆をつづけていた．アメリカの科学史家ローレン・アイズリーが，ダーウィンはブライスの論文や手紙から，データやアイデアを無断借用したのではという疑問を提起している（アイズリー『ダーウィンと謎の X 氏』）．　**12**, 21–**22**, 247

フランクランド（Edward Frankland : 1825–99）は，英国人の化学者．セント・バーソロミュー病院の化学講師，王立研究所の化学教授などを歴任し，化学協会会長を務める．王立協会会員．X クラブ会員．　111, **422**

ブランフォード（Henry Francis Blanford or Blandford : 1834–93）は，英国人の気象学者，地質学者で，20 歳代前半からインドで活動していた．1864 年にインド東部を襲って 7 万人が死んだサイクロンについての報告書で警報システムを提案したことで知られる．兄の William Thomas Blanford（1832–1905）は地質学者，博物学者．　**405**

ブリー（Charles Robert Bree : 1811–86）は，英国人の動物学者で，エセックス・コルチェスター病院の内科医．ダーウィンの進化論に反対する著書がある——Bree, C. H., 1860. *Species not Transmutable, nor the Result of Secondary Cause. Being a Critical Examination of Mr. Darwin's Work entitled "Origin and Variation of Species."* London & Edinburgh.　61–**62**, 362–**365**

ブルック（James Brooke : 1803–68）は，ボルネオ島のサラワク地方を統治していた英国人で，この一族の統治は第二次世界大戦後までつづいた．ウォーレスはこの地に滞在中，ブルックの世話になり，『マレー諸島』第 6 章「ボルネオ——ダヤク族」で彼の統治を絶賛した．　**12**, **17**–18, **51**, **85**–86, **284**–285

フルーランス（Marie Jean Pierre Flourens : 1794–1867）は，フランス人の解剖学者，神経生理学者．1832 年からパリ自然史博物館の比較解剖学教授，翌年には G・L・キュヴィエの遺言により科学アカデミーの終身幹事となる．実験を重視する生理学者で，進化論には終始一貫して強固に反対し，反進化論の著書もある（Flourens, 1864）．　98–**99**

ブロン（Heinrich Georg Bronn : 1800–62）はドイツ人の古生物学者で，ハイデルベルク大学の自然科学教授．『種の起原』のドイツ語訳（1860 年）の訳者．『ラン類の昆虫による受粉』のドイツ語訳もある（1862 年）．　52–**53**

フンボルト（Alexander von Humboldt : 1769–1859）は，ドイツ（プロイセン）人の探検家で，植物地理学の確立や生態学の先駆けとして知られる．1799 年から 1804 年にかけて植物学者エーメ・ボンプランとともに敢行した南米探検の成果は，ダーウィンとウォーレスに有形無形の多大な影響をあたえた．王立協会外国人会員．　**3**, 109–**110**, **284**–286

ベイカー（John Gilbert Baker : 1834–1920）は，英国人の植物学者で，植民地の植物相について幅広い業績を残した．とくにシダ類の権威として知られていた．ヨー

クシャー州のサースク市（Thirsk）で服地商をいとなみながら植物学を研究し，1866 年から王立キュー植物園の植物標本室の助手となり，1890 年からは植物標本室と図書室の室長．またロンドン医薬学校およびチェルシー薬草園で植物学の講義を担当した．　**448**-449

ベイツ（Henry Walter Bates : 1825-92）は，英国人の博物学者．ウォーレスのアマゾン探検に同行し，ウォーレスが病気で帰国した後も探検をつづけた．主著は『アマゾン河の博物学者』（1863 年）．「ベイツ型擬態」の発見者として有名．
3, **4**, 20, 25, **48**, 57, 61, **63**, **70-71**, 76, **80**, 82, 92, **96**, 110, **134-138**, **144-146**, **155**, 171, 197, 201, **226**, 247, 314, **319**, 358, 365, **385**, 391-**392**, **423**, **425**, **426**

ペイヤー（Julius von Payer : 1842-1915）は，オーストリア人の探検家，画家．北極航海（1872-74 年）で知られる．　440

ベネット（Alfred William Bennett : 1833-1902）は，英国人の植物学者，出版業者．クエーカー教徒のフレンド会の月刊誌『フレンド（*Friend*）』の編集長．セント・トマス病院などで植物学を講義していた．出版の世界では，写真を本の挿絵に使った最初の一人といわれている．　320-**321**, 322

ヘール（Oswald Heer : 1809-83）は，スイス人の生物地理学者，古生物学者，植物学者．チューリヒ大学の植物学教授．とくに第三紀や中新世の植物化石の研究で知られ，1874 年にはロンドン地質学協会のウォラストン・メダル受賞．　440

ベル（Charles Bell : 1774-1842）は，英国人の解剖学者，外科医．王立外科学校解剖学教授，エディンバラ大学外科学教授などを歴任．王立協会会員．ペイリーの自然神学の信奉者で，『ブリッジ・ウォーター叢書』の執筆者の一人．神経系の解剖学をとくに研究し，脊髄神経の腹根が運動神経であることを証明した（「ベル・マジャンディーの法則」）．主著『表情の解剖学』（初版 1806 年）への批判が，ダーウィンの感情表出の研究のきっかけのひとつとなった．　**152**

ベル（Thomas Bell : 1792-1881）は，英国人の歯科医で博物学者．ビーグル号での航海でダーウィンが採集した爬虫類の記載を担当した．レイ協会会長や王立協会事務局などを歴任し，ダーウィンとウォーレスの自然選択説が連名で発表されたときのリンネ協会会長だったが，この発表の重要性を認識していなかった．ギルバート・ホワイトの『セルボーンの博物誌』（原著 1789 年）を再評価し，他の資料を加えた版（1877 年）を編集したことでも知られる．

ベルト（Thomas Belt : 1832-78）は，英国人の地質学者，博物学者．20 歳のときにゴールドラッシュに沸くオーストラリアに渡り，その後もノヴァ・スコシアやシベリアなどの金鉱山で技師として働いた．とくに 1868 年から 72 年にかけてのニカラグア滞在中の探検記『ニカラグアの博物学者』（1874 年）は，副題のなかに「生物の進化学説に照らして見た動物と植物の観察」とある．　**136**, 285, **418**-419, 444

ベンサム（Jeremy Bentham : 1748-1832）は，英国人の哲学者，法学者．功利主義の代表的な理論家で，著書に『道徳と立法の諸原理序説』（1789 年）などがある．
60

ベンサム（George Bentham : 1800-84）は，英国人の植物学者．研究の基盤をキュー

王立植物園に置き，フッカーと協力しあった．1861 年から 1874 年までリンネ協会の会長を務めた．王立協会会員．ベンサムの種子植物の分類は，今日の維管束植物の分類体系の基礎となったとされる．またウォーレスの友人である植物学者スプルースの南米探検の後援者でもあった．　**239**

ヘンズロー（John Stevens Henslow: 1796–1861）は，英国人の植物学者，鉱物学者，聖職者．ケンブリッジ大学の植物学教授．ダーウィンがケンブリッジの学生時代にもっとも影響を受けた恩師といってよく，ビーグル号による探検航海への参加もヘンズローの推薦によるものだった．　53–**54**, 107, 291–292

ベンディーシェ（Thomas Bendyshe: 1827–86）は，英国人の人類学者．人類学の開祖とされるドイツの生理学者ブルーメンバッハ（Johann Friedrich Blumenbach: 1752–1840）が五大人種の分類を提唱した *De Generis HumaniVarietate Nativa*（1775 年）を，1865 年に英訳したことで知られる．　**112**

ホプキンズ（William Hopkins: 1793–1866）は，英国人の数学者で地質学者．数学の才能に秀で，地質学や地球物理学を量的に分析した．1851 年から 3 年間，地質学協会の会長を務めた．『起原』の書評は，Hopkins, W., 1860. Physical Theories and the Phenomena of Life. *Frazer's Magazine* 61: 739–52 & 62: 74–90.　**74**–75

ホランド卿（Sir Henry Holland, Bart.: 1788–1873）は，ダーウィン家およびウェジウッド家の従兄弟にあたる．内科医で，1840 年からアルバート公の侍医，1852 年からヴィクトリア女王の侍医を務める．1853 年，準男爵に叙せられる．1865 年から大英王立協会会長．　**197**

ポールトン（Sir Edward Bagnall Poulton: 1856–1943）は，英国人の動物学者．オックスフォード大学の動物学教授．ベイツやウォーレスの影響を受けて動物の体色を研究したほか，幅広い業績がある．リンネ協会会長（1912–6 年）．　195, **487–488**

マイヴァート（St. George Jackson Mivart: 1827–1900）は，英国人の解剖学者で，ダーウィンの進化論に徹底的に反対した．その反進化論は，彼の特異な宗教的立場もあってか，独特なところがある．ウォーレスは，彼の反進化論には反対したが，心霊主義を通じて親交があった．　294, 326–**329**, **339–363**, **380–381**, **406**–408, **422–423**

マオ（George Maw: 1832–1912）は，タイル工場主で，アマチュアとして地質学と植物学を研究し，また古物収集家としても知られる．自宅の庭とクロッカスの品種改良で有名．1871 年にはフッカーとともにモロッコとアルジェリアを旅行したこともある．彼が書いた『起原』書評は，Maw, G., 1861. Review of *Origin of Species* and Other Works. *Zoologist* 19: 7577–611.　**74**–75

マシュー（Patrick Matthew: 1790–1874）．政治学や農業に関する著作がある．ダーウィンに先駆けて自然選択説を述べていたと主張した（Matthew, P., 1831. *On Naval Timber and Arboriculture*. London and Edinburgh）．マシューの先取権についてダーウィンは『起原』第 3 版（1861 年）に付した「種の起原にかんする意見の進歩の歴史的概要」のなかで説明している（上巻，366 頁）．この問題についての手に入りやすい議論としては，グールド『フラミンゴの微笑』の第 22

章「ハンナ・ウェストの左肩と自然選択の起原」がある．　54–**55**, 57

マーチソン（Roderick Impey Murchison: 1792–1871）は，英国人の陸軍武官，地質学者．とくに層位学の権威だった．地質学協会会長などの要職を務め，王立地理協会会長だったとき，ウォーレスのマレー諸島探検に政府の援助がえられるよう助力した（拙著『種の起原をもとめて』76–82 頁参照）．王立協会会員．　94, **97**

マーフィー（Joseph John Murphy: 1827–94）は，米国人の博物学者で進化論者ではあったが，自然選択説には懐疑的だったとされる．関連する著書として次がある．Murphy, J. J., 1869. *Habit and Intelligence in their Connexion with the Laws of Matter and Force.*　310–**311**

マレー（Andrew Murray: 1812–78）は，英国人の昆虫学者，植物学者．王立園芸協会の副事務局長で，作物害虫の研究で知られる．『起原』を批判する書評を書いた（Murray, A., 1860. On Mr Darwin's Theory of the Origin of Species. *Proc. Royal Society of Edinburgh* 4（1857–62）: 274–91）．　**54**, 149–**150**, **153**, 203–**204**, 322–**323**, 334, **398**

マンテガッツァ（Paolo Mantegazza: 1831–1910）は，イタリア人の生理学者，人類学者．神経生理学を専門とし，コカの葉からコカイン成分を抽出し，人間の精神への効果を研究したことで知られる．ダーウィンと手紙のやりとりがあった．**430**

ミュラー（Fritz Müller: 1821–97）は，ドイツ人の動物学者．1852 年にブラジルへ亡命して研究をつづけた．ダーウィンの文通相手の一人であり，『起原』の改訂でたびたびミュラーの研究を引用した．とくに発生学において，同じ綱でも胚と成体はきわめて異なっているが，胚段階で密接に類似していることを，『起原』初版で少ししか議論しなかったことを後悔し，この問題についてはミュラーとヘッケルに名誉があたえられたとしている（『D 自伝』157–8 頁）．ダーウィニズムの信奉者であり，ドイツ語で書いた『ダーウィンのために』（Muller, Fritz. 1864. *Für Darwin.* Leipzig: Wilhelm Engelmann）がダーウィン自身の発案と出資によって 1868 年に英訳された．より一般的には，ベイツの発見した「ベイツ型擬態」に対して，「ミュラー型擬態」の発見者として知られる．　**111**, 113, **115**, 310–**311**, 358–**359**, **431**

ミル（John Stuart Mill: 1806–73）は，英国人の哲学者，政治経済学者．ウォーレスの『マレー諸島』（1869 年），とりわけ巻末の「追記」を読んで，1870 年 5 月 19 日に手紙を書き，土地所有制度改革協会にウォーレスを誘った．ただし，まもなく意見の食い違いがあきらかとなる．　**71**, 81, **84**, **103**, 112–**113**, **134**, **476**

メイヤー（Adolf Bernhard Mayer: 1841–1911）は，ドイツ人の博物学者で，ウォーレス『マレー諸島』のドイツ語版（1869 年）の翻訳者．1870 年から 1873 年にかけマレー諸島の北スラウェシ，トギアン，サンギヘなどで鳥類や海産魚類をはじめ博物学標本を採集し，とくに齧歯類の新種を多数発見した．帰国後，ドレスデンの博物館長を務めていたが，晩年を迎えた 1905 年，「性格不安定で問題あり」として館長を解雇され，ベルリン界隈の売春街に身をやつしたという（ヴェント

『世界動物発見史』). **309**, **311–312**

ユーマンズ（Edward L. Youmans: 1821–1887）は，米国人の科学ライター，編集者で，啓蒙書による科学教育に貢献があった．最初の著書は 1851 年の *Classbook of Chemistry* で，最終的には 14 万部が売れた．弟（William Youmans）は英国に渡ってトマス・ハクスリーのもとで学び，やはり科学書の編集で活躍した．両者ともに「アップルトン社（the Appleton Publishing House）」をベースに活躍した． **359**–360

ライエル（Sir Charles Lyell: 1793–1875）は，スコットランド人の地質学者．キングズ・カレッジの地質学教授．王立協会会員．地球の表面には，過去も現在も同じ作用因が同じように作用しつづけているとする斉一説を提唱し，それまでの天変地異説的な考えかたを否定した．その主著『地質学の原理』は多数の版をかさね，ダーウィンもウォーレスも多大な影響を受けた．ウォーレスが『地質学の原理』からなにをどう学んだかについては，拙著『種の起原をもとめて』のとくに第 4 章と第 7 章を参照されたい． **1**, **10**, 15, 21–**23**, **28–31**, **33–40**, **49–50**, 52–**55**, 75, 86, 88, 92, 93, **96**, 110–111, 143, **165**, **167**, **169**–170, 174, 179–**180**, 181, 194, **201**, 209–**210**, **213**, **221**, 240, **265**, **273–275**, 283, **291**–293, **295**, **301**, 309, **312**–314, 319, **332**, **335**, **343**, 354, 360, 362–**363**, 366, **372**, **387–391**, 399, **425**, **427**, **428**, 438, 462–**463**

ライト（Chauncey Wright: 1830–75）は，1654 年に英国から米国マサチューセッツ州ノーサンプトンに移住した家系に生まれ，1852 年から同州ケンブリッジにあった海事暦事務所の計算担当者を務めながら，独学で形而上学を学んでいた．米国の科学哲学の祖とされることもあるが，どちらかというと歴史的には無名の人物．主著は Wright, Ch., 1877. *Philosophical Discussions.* 321, **347–352**, **356–357**, **359**

ラボック（John Lubbock: 1834–1913）は，銀行家で政治家．第 4 代の準男爵．父親の代から 1861 年までダウン村に邸宅をかまえ，同村に 1842 年に引っ越してきたダーウィンのよき隣人であった．アマチュア学者として昆虫学や人類学を研究した．著書のうち『自然美とその驚異』（1892 年）の邦訳が岩波文庫にある．X クラブ会員． **39**–40, **85**, **110**–112, **114**, **143**, 203–**204**, 360, 366–**367**, **422**, **437**–438, 452, 455–**456**, **468–470**

ラマルク（Jean Baptiste de Lamark: 1744–1829）は，フランス人の博物学者．パリの王立植物園で研究を開始し，1793 年からパリ自然史博物館の動物学教授．自然発生説と動物の前進的な進化を信じ，進化論を提起した（Lamark, J. B., 1809. *Philosophie zoologique*. 2 vols. Paris: Dentu.）． 130, **292**–293

ラムゼイ（Andrew Crombie Ramsay: 1814–91）は，英国人の地質学者で，大英地質調査所で研究に従事するとともに，国立鉱山学校で講義を受け持っていた．王立協会会員． **53**, 155, **405**, **418**–419

リヒトホーフェン（Ferdinand Paul Wilhelm von Richthofen: 1833–1905）は，ドイツ人の地質学者，地理学者，探検家．1859 年から 1860 年にかけて，ユーレンブルク伯爵フリードリヒ・アルブレヒトが指揮する東アジア探検隊に参加して日本，中国，タイなどを訪れた．その後，インドネシア，フィリピン，ビルマを旅行し，

またアメリカ合衆国西部も探検した．帰国後はベルリン大学教授などを歴任．
60–**61**

リュティメイヤー（Karl Ludwig Rütimeyer：1825–95）は，スイス人の古動物学者，地理学者．バーゼル大学の動物学や比較解剖学の教授などを歴任．とくに有蹄類の自然史と進化を専門とした．ダーウィンは『家畜と栽培植物の変異』を執筆中に，参考資料を送ってもらってから文通するようになった．　313–**314**

リンドリー（John Lindley：1799–1865）は，英国人の植物学者，園芸学者．1829 年にロンドン大学（後のユニヴァーシティ・カレッジ）の初代植物学教授に就任．リンネ式分類体系に反対し，自然分類体系を展開したことにより，近代植物学の父といわれる．王立園芸協会の庭園事務局長補佐，協会副事務局長，名誉事務局長などを歴任し，またダーウィンの愛読誌だった『ガーデナーズ・クロニクル』誌の編集人も長く務め，園芸学の発展にも多大な寄与をした．またウォーレスが博物学に開眼したのはリンドリーの『植物学原論』に出会ってのことだった．王立協会会員．　152–**153**

ルイス（George Henry Lewes：1817–78）は，英国人の哲学者，文芸評論家．妻と離婚できないまま女流小説家ジョージ・エリオットと同棲し，彼女に小説の執筆をすすめたことで知られる．評論活動の幅は広く，進化論についても批評し，ダーウィンと手紙で議論もしている．　240–**241**, **243**

レッキー（W. E. H. Lecky：1838–1903）は，アイルランド人の歴史家．　**110**, **113**

レンガー（Johann Rudolph Rengger：1795–1832）は，ドイツ人の内科医，探検家，博物学者．1818 年から 26 年にかけて南米とくにパラグアイを探検し，その探検記を 1830 年に刊行した．　**435**

ロウ（Richard Thomas Lowe：1802–74）は，英国人の聖職者で植物学者．1832 年から 1852 年にかけてマデイラ諸島に住んでいた．　**23**

ロジャーズ（Henry Darwin Rogers：1808–66）は，米国人の博物学者．ペンシルヴァニア地質調査所などを経て，グラスゴー大学の博物学の欽定教授．　**53**

ワイスマン（August Weismann：1834–1914）は，ドイツ人の動物学者．動物の形態学と発生学，とりわけ無脊椎動物の発生を研究したが，眼の疾病のため遺伝，発生，進化の理論的な研究に転じた．生殖細胞には生殖と遺伝に関与する「生殖質」が含まれ，その生殖質が受精によって次世代に受け継がれるとする「生殖質説」すなわち「生殖質の連続」を提唱した．生殖細胞の系列以外のすべての細胞すなわち「体細胞」は，次世代に引き継がれた生殖質を含む生殖細胞から個体発生によって派生する．また遺伝の本体である「生殖質」は粒子「デテルミナント」だとワイスマンは唱えた．ワイスマンの「生殖質説」は遺伝学を大きく進展させただけでなく，体細胞を遺伝から完全に排除することにより，獲得形質の遺伝とラマルク的な進化論を否定することになった．その結果，進化のメカニズムとして自然選択のみを強調することになり，自説を「ネオダーウィニズム」と呼んだ．本書の立場からいえば，ワイスマンの進化理論はダーウィンの折衷主義を否定したという意味で，ウォーレスの「自然選択万能主義」に近いといえる．
6, 195, 366, 430–**431**, 433, **487**–**488**

ワード（Nathaniel Bagshaw Ward : 1791-1868）は，英国人の植物学者．父親を継いで開業医をするかたわら，植物学を研究した．小型の密閉温室「ワーディアン・ケース」を考案し，植民地からの苗木輸送に革命的な改善をもたらしたことで有名．顕微鏡学会の創設会員であった．　**68**

ワリントン（Robert Warington : 1838-1907）は，英国人の農業化学者で，肥料の研究で知られる．同名の父親は化学協会の創設者．　**177**-178

参考文献

多用するものは，次のように略記した．

『W 書 簡 集』：Marchant, James（ed.），1916. *Alfred Russel Wallace : Letters and Reminiscences.* Harper & Brothers（Reprint ed. 1975 by Arno Press Inc.）.

『W 自伝』：Wallace, A. R., 1905. *My Life : a Record of Events and Opinions.* George Bell & Sons.

『マレー諸島』：ウォーレス『マレー諸島――オランウータンと極楽鳥の土地』（原著1869年．新妻昭夫訳，1993年，ちくま学芸文庫）．

『種の起原をもとめて』：新妻昭夫『種の起原をもとめて――ウォーレスの「マレー諸島」探検』（1997年，朝日新聞社，現在はオンデマンド版）．

『D 新書簡集』：Burkhardt, F. & S. Smith（eds）., 1985-2009. *The Correspondence of Charles Darwin.* Vol. 1（1821-36）-17（1869）, Cambridge University Press.

『D 旧書簡集』：Darwin, F.（ed.），1887. *The Life and Letters of Charles Darwin.* 3 vols. John Murray, London.

『D 旧書簡集・補』：Darwin, F.（ed.），1903. *More Letters of Charles Darwin : A Record of His Work in a Series of Hitherto Unpublished Letters.* 2 vols. John Murray, London.

『D 自伝』：ノラ・バーロウ編『ダーウィン自伝』（原著1958年．八杉龍一・江上生子訳，2000年，ちくま学芸文庫）．

『ダーウィンの生涯』：ド・ビア『ダーウィンの生涯』（原著1963年．八杉貞雄訳，1978年，東京図書）．

『ダーウィン』：デズモンド＆ムーア『ダーウィン――世界を変えたナチュラリストの生涯』I・II巻（原著1991年．渡辺政隆訳，1999年，工作舎）．

『種の起原』あるいは『起原』：ダーウィン『種の起原』上下巻（原著1859年．八杉龍一訳，1990年，岩波文庫）．

『人間の由来と性選択』あるいは『由来』：ダーウィン『人間の由来と性選択』（原著1871年．邦訳は『人間の進化と性淘汰』I・II巻，長谷川眞理子訳，1999-2000年，文一総合出版）．

アイズリー『ダーウィンと謎のX氏――第三の博物学者の消息』（原著1979年．垂水雄二訳，1990年，工作舎）．

アレン『ダーウィンの花園――植物研究と自然淘汰説』（原著1977年．羽田節子・鵜浦裕訳，1997年，工作舎）．

ヴィックラー『擬態――自然も嘘をつく』（原著1968年．羽田節子訳，1970年，1983年，1993年，平凡社）．

ヴェヴァーズ『ロンドン動物園〈150年〉』（原著1976年．羽田節子訳，1979年，築地書館）．

ウォーレス『心霊と進化と――奇跡と近代スピリチュアリズム』(原著 1875 年．近藤千雄訳，1985 年，潮文社)．

ウォーレス『熱帯の自然』(原著 1878 年．谷田専治・新妻昭夫訳，1987 年，平河出版社．1998 年，ちくま学芸文庫)．

ウォーレス『アマゾン河探検記』(原著 1853 年．長澤純夫・大曾根静香訳，1998 年，青土社)．

オッペンハイム『英国心霊主義の抬頭――ヴィクトリア・エドワード朝時代の社会精神史』(原著 1985 年．和田芳久訳，1992 年，工作舎)．

グールド，S・J『フラミンゴの微笑』(原著 1985 年．新妻昭夫訳，1989 年，早川書房，2002 年，早川ノンフィクション文庫)．

グルーバー『ダーウィンの人間論』(原著 1994 年．江上生子・月沢美代子・山内隆明訳，1977 年，講談社)．

菅野賢治『ドレフュス事件のなかの科学』(2002 年，青土社)．

スマート『世界 蝶の百科』(原著 1975 年．白水隆監訳，1978 年，秀潤社)．

ダーウィン『植物の運動力』(原著 1880 年．渡辺仁訳，1987 年，森北出版)．

ダーウィン『ビーグル号航海記（第 2 版)』上・中・下巻（原著 1845 年．島地威雄訳，1961 年，岩波文庫)．

ダーウィン『よじのぼり植物――その運動と習性』(原著 1875 年．渡辺仁訳，1991 年，森北出版)．

新妻昭夫「ダーウィニズムとウォレス」(JICC 出版局編『進化論を愉しむ本』，1985 年，JICC 出版局，70–85 頁)．

新妻昭夫「性選択・ウォーレスとダーウィン」(柴谷篤弘・長野敬・養老孟司編『講座・進化』第 4 巻，1991 年，東京大学出版会，199–235 頁)．

新妻昭夫「ジャワ島のサクラソウを求めて――ウォーレスとダーウィンのもうひとつの論争」(『UP』240 号，1992 年 10 月，東京大学出版会)．

新妻昭夫「アルフレッド・R・ウォーレスとその時代」(ウォーレス『熱帯の自然』谷田・新妻訳，1998 年，ちくま学芸文庫の巻末解説)．

新妻昭夫「第二ウォーレス線――進化論と人種論」(尾本惠一ほか編『海のアジア 第 4 巻　ウォーレシアという世界』，2001 年，岩波書店，21–51 頁)．

新妻昭夫「ダーウィンのミミズと地球の歴史」(『みすず』544 号，2006 年 11 月号，みすず書房，16–30 頁)．

新妻昭夫（訳・解題）「ダーウィン“種が変種を作り出す傾向について，および変種と種が自然による選択によって永続化することについて”」(『現代思想』第 37 巻第 5 号，2009 年 4 月臨時増刊号，青土社，8–29 頁)．

長谷川眞理子『クジャクの雄はなぜ美しい？』(1992 年，増補改訂版 2005 年，紀伊國屋書店)．

ブラックマン『ダーウィンに消された男』(原著 1980 年．羽田節子・新妻昭夫訳，1984 年，朝日新聞社．1997 年，朝日選書)．

フンボルト『新大陸赤道地方紀行』上・中・下巻（原著 1814–25 年．大野英二郎・荒木善太訳，2001–3 年，岩波書店)．

ベイツ『アマゾン河の博物学者』(原著 1863 年．長澤純夫・大曾根静香訳，1996 年，平凡社)．

ベルト『ニカラグアの博物学者』(原著 1874 年．長澤純夫・大曾根静香訳，1993 年，平凡社)．

ボウラー『ダーウィン革命の神話』(原著 1988 年．松永俊男訳，1992 年，朝日新聞社)．

ボウラー『チャールズ・ダーウィン――生涯・学説・その影響』(原著 1990 年．横山輝雄訳，1997 年，朝日選書)．

ポリアコフ『アーリア神話――ヨーロッパにおける人種主義と民族主義の源泉』(原著 1971 年．アーリア主義研究会訳，1985 年，法政大学出版局)．

マイア『進化論と生物哲学――進化学者の思索』(原著 1988 年．八杉貞雄・新妻昭夫訳，1994 年，東京化学同人)．

松永俊男『ダーウィンをめぐる人々』(1987 年，朝日選書)．

松永俊男「マイヴァートのダーウィニズム批判」(『生物学史研究』第 64 号，1999 年 10 月，25-35 頁)．

松永俊男「マイヴァートの生涯と業績」(『生物学史研究』第 67 号，2001 年 4 月，9-19 頁)．

松永俊男『ダーウィンの時代――科学と宗教』(1996 年，名古屋大学出版会)．

松永俊男『チャールズ・ダーウィンの生涯――進化論を生んだジェントルマンの社会』(2009 年，朝日選書)．

ミルナー「ダーウィン最後のポートレート」(『日経サイエンス』1996 年 1 月号，37 頁)．

ミルナー「ダーウィンと心霊術」(『日経サイエンス』1997 年 1 月号，84-92 頁)．

八杉龍一編『ダーウィン』(『世界の思想家』14，1977 年，平凡社)．

リーダー，W・J『英国生活物語』(原著 1964 年．小林司・山田博久訳，1983 年，晶文社)．

レイビー『大探検時代の博物学者たち』(原著 1996 年．高田朔訳，2000 年，河出書房新社)．

渡辺公三『司法的同一性の誕生――市民社会における個体識別と登録』(2003 年，言叢社)．

Barrett, P. H. ed., 1977. *The Collected Papers of Charles Darwin*. 2 vols. Univ. Chicago Press.

Bastin, J., 1986. Introduction to *The Malay Archipelago by A. R. Wallace*. Oxford University Press.

Bates, H. W., 1861. Contributions to an Insect Fauna of the Amazon Valley. Diurnal Lepidoptera. *Trans. Entomol. Soc. London* n. s. 5 (1858-61): 223-8, 335-61.

Bates, H. W., 1862. Contributions to an Insect Fauna of the Amazon Valley. Lepidoptera: Heliconidae. *Trans. Linn. Soc. London* 23: 495-566.

Bell, C., 1806. *Essays on the Anatomy of Expression in Painting.* London : Longman.

Brackman, A., 1980. *A Delicate Arrangement : The Strange Case of Charles Darwin and Alfred Russel Wallace.* Times Books.

Brooks, J. L., 1984. *Just Before the Origin : Alfred Russel Wallace's Theory of Evolution.* Columbia Univ. Press.

Campbell, B. ed., 1972. *Sexual Selection and the Descent of Man 1871-1971.* Aldine, Chicago.

[**Chembers, R.**], 1844. *Vestiges of the Natural History of Creation.* Chumchill, London.

Clements, H., 1983. *Alfred Russel Wallace : Biologist and Social Reformer.* Hutchinson.

Darwin, C., 1842. *The Structure and Distribution of Coral Reefs. Being the First Part of the Geology of the Voyage of the Beagle, under the Command of Cap. Fitzroy, R. N. during the Years 1832 to 1836.* Smith, Elder and Co.

Darwin, C. & A. R. Wallace, 1858. On the Tendency of Species to form Varieties ; and on the Perpetuation of Varieties and Species by Natural Means of Selection. By Charles Darwin, Esq., F. R. S., F. L. S., & F. G. S., and Alfred Russel Wallace, Esq. Communicated by Sir Charles Lyell, F. R. S., F. L. S., and J. D. Hooker, Esq., M. D., V. P. R. S., F. L. S., & c. *J. Proc. Linn. Soc. Zool.* 3 (9) : 45-62.

Darwin, C., 1862. *On the Various Contrivances by which British and Foreign Orchids are Fertilised by Insects, and on the Good Effects of Intercrossing.* Murray.

Darwin, C., 1863. A Review of H. W. Bates' Paper on Mimetic Butterflies. *Natural History Review,* vol. 3 : 219-24.

Darwin, C., 1865. On the Sexual Relations of the Three Forms of *Lythrum salicaria. J. Proc. Lin. Soc.* (*Botany*) 8 : 169-196.

Darwin, C., 1867. On the Movement and Habits of Climbing Plants. *J. Linn. Soc.* (*Botany*) 9 : 1-118.

Darwin, C., 1868a. On the Specific Difference between *Primula veris,* Brit. Fl. (var. *officinalis,* of Linn.), *P. vulgaris,* Brit. Fl. (var. *acaulis,* Linn.), and *P. elatior,* Jacq. ; and on the Hybrid Nature of the Common Oxlip. With Supplementary Remarks on Naturally-Produced Hybrids in the genus *Verbascum. Linn. Soc. Jour.* X. 1869 (Botany) : 437-54.

Darwin, C., 1868b. On the Character and Hybrid-like Nature of the Offspring from the Illegitimate Unions of Dimorphic and Trimorphic Plants. *Linn. Soc. Jour.* X. 1869 (Botany) : 393-437.

Darwin, C., 1868c. *The Variation of Animals and Plants under Domestication.* 2 vols. John Murray. (reprint ed., 1969. Bruxelles : Culture et Civilisation).

Darwin, C., 1872. *The Expression of the Emotion in Man and Animals.* (Reprint ed. By Univ. Chicago Press, 1965).

Darwin, C., 1872. Bree on Darwinism. *Nature* 6 : 279 (8 Aug., 1872).

Darwin, C., 1875. *The Movements and Habits of Climbing Plants.* Murray.

Darwin, C., 1875. *Insectivorous Plants.* Murray.

Darwin, C., 1877a. *The Different Forms of Flowers on Plants of the Same Species.* Murray, London.

Darwin, C., 1877b. A Biographical Sketch of an Infant Mind. *Quarterly Review of Psychology and Philosophy.* 2 : 285–94.

Darwin, C., 1880. *The Power of Movement in Plants.* John Murray, London.

Desmond, A. & J. Moor, 1991. *Darwin : The Life of a Tormented Evolutionist.* Warner Books.

Fichman, M., 1981. *Alfred Russel Wallace.* Twayne Publishers.

Forbes, E., 1846. On the Connexion between the Distribution of the Existing Fauna and Flora of the British Isles, and the Geological Changes Which Have Affected Their Area, Especially during the Epoch of the Northern Drift. *Memoirs of the Geological Survey of Great Britain, and of the Museum of Economic Geology in London.* 1 : 336–432.

George, W., 1964. *Biologist Philosopher : A Study of the Life and Writings of Alfred Russel Wallace.* Abelard-Schuman.

Gruber, H. E. & P. H. Barrett, 1994. *Darwin on Man.* Dutton.

Harrison, T., 1859. The Piltdown Forgery-I. *The Sarawak Museum Journal* 9 (13–4): 147–50.

Hooker, J. D., 1844–55. *The Botany of the Antarctic Voyage of H. M. Discovery Ships Erebus and Terror in the Years 1839–1843, under the Command of Captain Sir James Clark Ross.*

Hooker, J. D., 1859. *On the Flora of Australia, its Origin, Affinities, and Distribution ; being an Introductory Essay to the Flora of Tasmania.* London.

Huxley, T. H., 1863. [*Evidences as to*] *Man's Place in Nature.* Reprint ed. published by Ann Arbor Paperbacks, The University of Michigan Press, 1959.

Huxley, T. H., 1882. [Obituary of C. Darwin]. *Nature* 25, no. 652 (27 Apr., 1882).

Kohn, D. (ed.), 1985. *The Darwinian Heritage.* Princeton Univ. Press.

Kottler, M. J., 1985. Charles Darwin and Alfred Russel Wallace : Two Decades of Debate over Natural Selection. pp. 367–432 in Kohn, D. (ed.), *The Darwinian Heritage.* Princeton Univ. Press.

Linnean Society, 1908. *The Darwin-Wallace Celebration Held on Thursday, 1st July, 1908, by Linnean Society of London.* The Linnean Society.

Lyell, C., 1863. *The Geological Evidences of the Antiquity of Man, with Remarks on Theories of the Origin of Species by Variation.* John Murray, London.

Mayr, E., 1982. *The Growth of Biological Thought : Diversity, Evolution, and Inheritance.* The Belknap Press of Harvard University Press.

Mckinney, H. L., 1972. *Wallace and Natural Selection.* Yale Univ. Press.

[**Owen R.**], 1860. Darwin on the Origin of Species. *Edinburgh Review* III : 487–532.

Pauly, D., 2004. *Darwin's Fishes : An Encyclopedia of Ichthyology, Ecology, and Evolution.* Cambridge University Press.

Peckham, M. (ed.), 1959. *The Origin of Species by Charles Darwin : A Variorum Text.* Univ. Pennsylvania Press.

Sclater, P. L., 1858. On the General Geographical Distribution of the Members of the Class Aves. *J. Proc. Linn. Soc. Zoology* 2 : 130–45.

Seaward, M. R. D. & S. M. D. FitzGerald, 1996. *Richard Spruce (1817–1893) : Botanist and Explorer.* The Royal Botanic Gardens, Kew.

Smith, C. H. ed., 1991. *Alfred Russel Wallace : An Anthology of His Shorter Writings.* Oxford Univ. Press.

Spencer, H., 1864. *Principles of Biology.* vol. 1., London : Williams and Norgate.

Spencer, H., 1867. *Principles of Biology.* vol. 2., London : Williams and Norgate.

Spruce, R., 1907. *Notes of a Botanist on the Amazon and Andes.* 2 vols., Macmillan & Co. : London.

Stauffer, R. C. ed., 1975. *Charles Darwin's Natural Selection : Being the Second Part of His Big Species Book written from 1856 to 1858.* Cambridge Univ. Press.

Steenis, C. G. G. J. van, 1972. *The Mountain Flora of Java.* E. J. Brill (Leiden).

Trimen, R., 1868. On Some Remarkable Mimetic Analogies among African Butterflies. *Trans. Linn. Soc. London.* 26 (1868–70) : 497–522.

Wallace, A. R., 1853. *A Narrative of Travels on the Amazon and Rio Negro, with an Account of the Native Tribes, and Observations on the Climate, Geology, and Natural History of the Amazon Valley.* Reeve and Co.

Wallace, A. R., 1855. On the Law Which has Regulated the Introduction of a New Species. *Ann. Mag. Nat. Hist.* 16 : 184–96.

Wallace, A. R., 1856a. Some Account of an Infant "Orang-utan". *Ann. Mag. Nat. Hist.* 17 : 386–90.

Wallace, A. R., 1856b. On the Orang-utan or Mias of Borneo. *Ann. Mag. Nat. Hist.* 17 : 471–6.

Wallace, A. R., 1856c. On the Habits of the Orang-Utan of Borneo. *Ann. Mag. Nat. Hist.* 18 : 26–32.

Wallace, A. R., 1856d. Attempts at a Natural Arrangement of Birds. *Ann. Mag. Nat. Hist.* 18 : 193–216.

Wallace, A. R., 1857a. On the Great Bird of Paradise, Paradisea apoda, Linn. ; 'Burong mati' (Dead Bird) of the Malays ; 'Fanehan' of the Natives of Aru. *Ann. Mag. Nat. Hist.* 20 : 411–6.

Wallace, A. R., 1857b. On the Natural History of the Aru Islands. *Ann. Mag. Nat. Hist.* 20 : 473–85.

Wallace, A. R., 1858. Note on the Theory of Permanent and Geographical Varieties. *Zoologist.* 16 : 5887–8.

Wallace, A. R., 1860. On the Zoological Geography of the Malay Archipelago. *J. Proc. Linn. Soc. Zool.* 4 : 172–84.

Wallace, A. R., 1863a. Remarks on the Rev. S. Haughton's Paper on the Bee's Cell, and

on the Origin of Species. *Ann. Mag. Nat. Hist.* 12 (3rd s.): 303–9.

Wallace, A. R., 1863b. On the Physical Geography of the Malay Archipelago. *J. Royal Geogr. Soc.* 33: 217–34 & a map.

Wallace, A. R., 1863c. A List of the Birds Inhabiting the Islands of Timor, Flores, and Lombock, with Descriptions of the New Species. *Proc. Zool. Soc. London,* 1863: 480–97 and 1 colour plate.

Wallace, A. R., 1864a. Bone-cave in Borneo. *Reader,* 3: 367.

Wallace, A. R., 1864b. The Origin of Human Races and the Antiquity of Man Deduced from the Theory of "Natural Selection." *J. Anthro. Soc. London* 2: clvii–clxx (discussion pp. clxx–clxxxvii).

[**Wallace, A. R.**], 1864c. Mr. Wallace on the Phenomena of Variation and Geographical Distribution as Illustrated by the Malayan Papilionidae," *Reader* 3: 491b–493b.

Wallace, A. R., 1864d. "Natural Selection" Applied to Man. *Natural History Review* 4 (n. s.): 328–36 (July 1864).

Wallace, A. R., 1864e. On the Parrots of the Malayan Region, with Remarks on their Habits, Distribution, and Affinities, and the Descriptions of Tow New Species. *Proc. Zool. Soc. London,* 1864: 272–95.

Wallace, A. R., 1864f. On some Anomalies in Zoological and Botanical Geography. *Edinburgh New Philosophical J.* 19: 1–15 (7 Jan. 1864).

Wallace, A. R., 1865a. On the Phenomena of Variation and Geographical Distribution as Illustrated by the Papilionidae of Malayan Region. *Trans. Linn. Soc. London* 25, part I: 1–71 (& 8 colour plates).

Wallace, A. R., 1865b. How to Civilize Savage. *Reader* 5 (17 Jun. 1865: no. 129): 671a–672a.

Wallace, A. R., 1865c. Public Responsibility and the Ballot. *Reader* 5 (6 May, 1865: no. 123): 417a-b.

Wallace, A. R., 1865d. On the Pigeons of the Malay Archipelago. *Ibis* 1 (n. s.): 365–400 (& 1 colour plate) (Oct. 1865: no. 4, n. s.).

Wallace, A. R., 1866a. *The Scientific Aspects of the Supernatural: Indicating the Desirableness of an Experimental Enquiry by Men of Science into the Alleged Powers of Clairvoyants and Mediums.* F. Farrah, London.

Wallace, A. R., 1866b. On the Progress of Civilization in Northern Celebes. *Trans. Ethnological Soc. London* 4: 61–70.

Wallace, A. R., 1866c. On Reversed Sexual Characters in a Butterfly, and their Interpretation on the Theory of Modifications and Adaptive Mimicry (Illustrated by Specimens). *J. Proc. ESL.,* 1866–7: xxxviii–xxxix.

Wallace, A. R., 1867a. Ice Marks in North Wales (With a Sketch of Glacial Theories and Controversies). *Q. J. Science* 4: 33–51.

Wallace, A. R., 1867b. On the Pieridae of the Indian and Australian Regions. *Trans. ESL* 4 (3rd s.), part III: 301–416 with 4 colour plates.

[**Wallace, A. R.**], 1867c. Mimicry, and other Protective Resemblances among Animals. *Westminster Rev.* 32 (n. s.), no. 1: 1–43 (1 July 1867: no. 173).

Wallace, A. R., 1867d. Caterpillars and Birds. *The Field, The Country Gentleman's Newspaper* 29: 206a–b (23 March 1867: no. 743).

Wallace, A. R., 1867e. The Philosophy of Birds' Nests. *Intellectual Observer* 11 (6): 413–20 (July, 1867).

Wallace, A. R., 1867f. The Disguises of Insects. *Hardwicke's Science-Gossip* 3: 193–8 (1 Sep. 1867).

Wallace, A. R., 1867g. Birds' Nests and their Plumage; or the Relation between Sexual Differences of Colour and the Mode of Nidification in Birds. *The Gardeners' Chronicle and Agricultural Gazette* 12 Oct. 1867: 1047–8.

Wallace, A. R., 1867h. Creation by Law. *Q. J. Science* 4: 471–88 (& 1 plate) (Oct. 1867: no. 16).

Wallace, A. R., 1868a. On the Raptorial Birds of the Malay Archipelago. *Ibis* 4 (n. s.): 1–27 (& 1 colour plate) (Jan. 1868: no. 13, n. s.).

Wallace, A. R., 1868b. A Theory of Birds' Nests: Shewing the Relation of certain Sexual Differences of Colour in Birds to their Mode of Nidification. *J. Travel & Nat. Hist.* 1 (2): 73–9.

[**Wallace, A. R.**], 1869a. Sir Charles Lyell on Geological Climates and the Origin of Species (review of *Principles of Geology* (10th ed.), *1867–68,* and *Elements of Geology* (6th ed.), 1865, both by Sir Charles Lyell). *Quarterly Rev.* 126: 359–94 (Apr. 1869: no. 252).

Wallace, A. R., 1869b. The Origin of Moral Intuitions. *Scientific Opinion.* 2: 336b–337a (15 Sept., 1869: no. 46).

Wallace, A. R., 1869c. The Origin of Species Controversy [review of *Habit and Intelligence in their Connexion with the Laws of Matter and Force* by Joseph John Murphy, 1869], *Nature* 1: 105–7 (25 Nov. 1869) & 132–3 (2 Dec. 1869).

Wallace, A. R., 1869d. The Origin of Moral Intuitions. *Scientific Opinion* 2: 336b–337a (15 Sep. 1869; no. 46).

Wallace, A. R., 1870a. *Contributions to the Theory of Natural Selection. A Series of Essays.* Macmillan & Co., London and New York.

Wallace, A. R., 1870b. The Limits of Natural Selection as Applied to Man. pp. 332–71 in *Contributions to the Theory of Natural Selection.*

Wallace, A. R., 1870c. The Measurement of Geological Time. *Nature* 1: 399–401 (17 Feb. 1870) & 452–5 (3 Mar. 1870).

Wallace, A. R., 1870d. Natural Selection – Mr. Wallace's Reply to Mr. Bennett. *Nature* 3: 49–50 (17 Nov. 1870).

Wallace, A. R., 1871a. Review [of The Intelligence and Perfectibility of Animals from a Philosophic Point of View. With a Few Letters on Man by Charles Georges Leroy, 1870], *Nature* 3: 182–3 (5 Jan. 1871).

Wallace, A. R., 1871b. Review of *The Decent of Man and Selection in Relation to Sex* by Charles Darwin. *Academy* 2: 177–83 (no. 20: 15 Mar. 1871).

Wallace, A. R., 1871c. The President's Address [read at the ESL annual meeting of 23 Jan. 1871]. *Proc. ESL,* 1870: xliv–lxix.

Wallace, A. R., 1872a. The Last Attack on Darwinism. *Nature* 6: 237–9 (25 Jul., 1872).

Wallace, A. R., 1872b. Houzeau on the Faculties of Man and Animals. *Nature* 6: 469–471 (10 Oct., 1872).

Wallace, A. R., 1873a. Free-trade Principles and the Coal Question. *The Daily News* (London) no. 8546: 6d–e (16 Sep. 1873).

Wallace, A. R., 1873b. Cave-deposits of Borneo. *Nature* 7: 461: 462.

Wallace, A. R., 1875. *On Miracles and Modern Spiritualism. Three Essays.* James Burns, London

Wallace, A. R., 1876. *The Geographical Distribution of Animals: with A Study of the Relations of Living and Extinct Faunas as Elucidating the Past Changes of the Earth's Surface.* 2 vols. (rep. ed., Hafner Publishing Co., 1962).

Wallace, A. R., 1877. The Colours of Animals and Plants. I—The Colours of Animals. *Macmillan's Mag.* 36: 384–408 (Sep. 1877: no. 215). /II—The Colours of Plants. 36: 464–71 (Oct. 1877: no. 216).

Wallace, A. R., 1878a. *Tropical Nature, and Other Essays.* Macmillan & Co., London.

Wallace, A. R., 1878b. Epping Forest, and how best do deal with it. *Fortnightly Rev.* 24 (n. s.; 30, o. s.): 628–45 (1 Nov. 1878: no. 143, n. s.).

Wallace, A. R. ed., 1879a. *Australasia.* Stanford's Compendium of Geography and Travel: Edward Stanford, London.

Wallace, A. R., 1879b. Glacial Epochs and Warm Polar Climates. *Quarterly Rev.* 148: 119–35 (July 1879: no. 295).

Wallace, A. R., 1880a. The Origin of Species and Genera. *Nineteenth Century* 7: 93–106 (Jan. 1880: no. 35).

Wallace, A. R., 1880b. *Island Life: or, The Phenomena and Causes of Insular Faunas and Floras, Including a Revision and Attempted Solution of the Problem of Geological Climates.* Macmillan & Co. (rep. ed., Prometheus Books, 1998).

Wallace, A. R., 1880c. How to Nationalize the Land: A Radical Solution of the Irish Land Problem. *Contemporary Review.* 38: 716–36 (Nov. 1880).

Wallace, A. R., 1881. Nationalization of the Land. *Mark Lane Express.* 51: 1351 (3 Oct. 1881).

Wallace, A. R., 1882. *Land Nationalization; Its Necessity and its Aims; Being a Comparison of the System of Landlord and Tenant with that of Occupying Ownership in their Influence on the Well-being of the People.* Trubner & Co., London.

Wallace, A. R., 1889. *Darwinism: An Exposition of the Theory of Natural Selection, with some of its Applications.* The Humboldt Publishing Co., New York.

Wallace, A. R., 1891. *Natural Selection and Tropical Nature : Essays on Descriptive and Theoretical Biology*. Macmillan and Co.

Wallace, A. R., 1900a. The Coleoptera of Madeira as Illustrating the Origin of Insular Faunas. pp. 250-66 in *Studies Scientific and Social,* vol. 1.

Wallace, A. R., 1900b. *Studies Scientific and Social.* 2 vols. Macmillan, London.

Whitmore, T. C. ed., 1981. *Wallace's Line and Plate Tectonics.* Clarendon Press.

Whitmore, T. C. ed., 1987. *Biogeographical Evolution of the Malay Archipelago.* Clarendon Press.

[**Wilberforce, S.**], 1860. On the Origin of Species. *Quartely Review* 108 : 225-64.

Wilson, L. G. ed., 1970. *Sir Charles Lyell's Scientific Journals on the Species Question.* Yale Univ. Press.

Woodcock, G., 1969. *Henry Walter Bates : Naturalist of the Amazon.* Faber and Faber, London.

付録（近年に刊行されたウォーレスの評伝など）

Berry, A. (ed.), 2002. *Infinite Tropics : An Alfred Russel Wallace Anthology.* Verso.

Camerini, J. R. (ed.), 2002. *The Alfred Russel Wallace Reader : A Selection of Writings from the Field.* Johns Hopkins University Press.

Daws, G. & M. Fujita, 1999. *Archipelago : The Islands of Indonesia, from the Nineteenth-Century Discoveries of Alfred Russel Wallace to the Fate of Forests and Reefs in the Twenty-First Century.* University of California Press and Nature Conservancy.

Fichman, M., 2004. *An Elusive Victorian : The Evolution of Alfred Russel Wallace.* The University of Chicago Press.

Green, L., 1995. *Alfred Russel Wallace : His Life and Work.* Occasional Paper No. 4. Hertford and Ware History Society.

Knapp, S., 1999. *Footsteps in the Forest : Alfred Russel Wallace in the Amazon.* Natural History Museum.

McCalman, I., 2009. *Darwin's Armada : Four Voyages and the Battle for the Theory of Evolution.* Norton & Co. (N. Y.).

Raby, P., 2001. *Alfred Russel Wallace : A Life.* Princeton University Press.（ピーター・レイビー『博物学者アルフレッド・ラッセル・ウォレスの生涯』（長澤純夫・大曾根静香訳，2007 年，新思索社）.

Shermer, M., 2002. *In Darwin's Shadow : The Life and Science of Alfred Russel Wallace : A Biographical Study on the Psychology of History.* Oxford University Press (Oxford).

Slotten, R. A., 2004. *The Heretic in Darwin's Court : The Life of Alfred Russel Wallace.* Columbia University Press (New York).

Smith, C. H. & G. Beccaloni (eds.), 2008, *Natural Selection and Beyond: The Intellectual Legacy of Alfred Russel Wallace,* Oxford Univ. Press.

Van Oosterzee, P., 1997. *Where Worlds Collide: The Wallace Line.* Cornell University Press (Ithaca, N. Y. and London).

Wilson, J. G., 2000. *The Forgotten Naturalist: In Search of Alfred Russel Wallace.* Australia Scholarly Publishing (Melbourne).